卓越工程师培养计划
■单片机■

http://www.phei.com.cn

◎ 侯玉宝　陈忠平　邬书跃　编著

# 51单片机
# C语言程序设计
# 经典实例（第2版）

U0322856

电子工业出版社
**Publishing House of Electronics Industry**
北京·BEIJING

## 内 容 简 介

本书是"以项目为载体，采用任务驱动方式"编写而成的。本书以 STC89C52RC 单片机为蓝本，结合 Keil C51、Proteus 虚拟仿真软件，从实验、实践、实用的角度出发，通过丰富的实例详细介绍了 51 系列单片机 C 语言程序设计和单片机控制系统的应用技术。本书的主要内容包括单片机系统的软/硬件开发环境、C51 程序设计语言基础、LED 灯光设计、按键控制与数码管显示、中断控制应用设计、定时器/计数器控制应用设计、单片机串行通信设计、LED 点阵显示器设计、LCD 液晶显示设计、A/D 与 D/A 转换、串行总线扩展及应用设计、综合应用设计实例共 12 个项目 67 个任务。

本书内容全面，取材新颖，叙述清楚，理论联系实际，突出实用特色。本书适合单片机爱好者自学使用，还可作为高等院校 51 单片机课程"教、学、做"一体化的教学用书，也是 51 系列单片机应用开发人员的实用参考书。

**图书在版编目（CIP）数据**

51 单片机 C 语言程序设计经典实例/侯玉宝，陈忠平，邬书跃编著．—2 版．—北京：电子工业出版社，2016.5

（卓越工程师培养计划）

ISBN 978 - 7 - 121 - 28777 - 0

Ⅰ．①5… Ⅱ．①侯… ②陈… ③邬… Ⅲ．①单片微型计算机 - C 语言 - 程序设计 Ⅳ．①TP368.1 ②TP312

中国版本图书馆 CIP 数据核字（2016）第 098982 号

责任编辑：张 剑（zhang@ phei. com. cn）

印 刷：三河市华成印务有限公司

装 订：三河市华成印务有限公司

出版发行：电子工业出版社

    北京市海淀区万寿路 173 信箱 邮编 100036

开 本：787×1 092 1/16 印张：27.25 字数：698 千字

版 次：2012 年 5 月第 1 版

    2016 年 5 月第 2 版

印 次：2016 年 5 月第 1 次印刷

印 数：3 000 册 定价：69.00 元

凡所购买电子工业出版社图书有缺损问题，请向购买书店调换。若书店售缺，请与本社发行部联系，联系及邮购电话：（010）88254888，88258888。

质量投诉请发邮件至 zlts@ phei. com. cn，盗版侵权举报请发邮件至 dbqq@ phei. com. cn。

本书咨询联系方式：zhang@ phei. com. cn。

# 第 2 版前言

单片机是芯片级的微型计算机系统，可以嵌入到各种应用系统中，以实现智能化控制。近 30 年来，8 位单片机以其性价比高、功耗低、易于开发等优点，加上嵌入式 C 语言的推广普及，片载 Flash 程序存储器及其在系统内可编程（ISP）和在应用中编程（IAP）技术的广泛应用，使其越来越受到广大电子工程师的喜爱。

本书第 1 版自 2012 年 5 月出版以来，已被许多学校或培训机构作为单片机课程的实践教材来使用，受到众多教师、学生和读者的认可，在此我们表示衷心的感谢。该书以国内最流行的 80C51 系列单片机的硬件和软件的设计为背景，以 C 语言为基础，以项目为载体，采用任务驱动方式的教学方法，通过丰富的 C 程序实例，由浅入深地介绍了 80C51 系列单片机的基础知识及各种应用开发技术。

鉴于单片机及嵌入式系统技术发展迅速，决定对本书进行修订。第 2 版坚持原版"项目为载体，任务带动教学"、"软硬结合，虚拟仿真"、"C 语言编程，增强可读性"、"兼顾原理，注重实用"的编写原则，并在此基础上，根据读者的建议对原版进行修订与补充。

与第 1 版相比，本书第 2 版主要在以下 3 个方面进行了修订。

☺ 将第 1 版的项目一和项目二整合为一个项目，并精简为 3 个任务，使用的编译软件 Keil 和仿真软件 Proteus 均为最新版本。

☺ 由于篇幅原因，仅第 1 版项目三中的内容全部保留，而第 1 版其余项目中均删除了部分任务。

☺ 为了增强读者的综合实践能力，本书第 2 版新增加了综合应用设计实例项目。该项目中包含 4 个不同的综合实践任务，以进一步加强、巩固读者对定时器控制、中断控制、矩阵键盘控制、数码管动态显示控制、LCD 液晶显示控制等知识的综合应用和实际设计能力。

本书由湖南涉外经济学院侯玉宝、湖南工程职业技术学院陈忠平和湖南涉外经济学院邬书跃编著。参加本书编写的还有湖南工程职业技术学院陈建忠、李锐敏、龚亮、龙晓庆、周少华，湖南航天诚远精密机械有限公司刘琼，湖南涉外经济学院高金定，湖南科技职业技术学院高见芳，湖南三一重工集团王汉其，湖南航天局 7801 研究所武娟梅、袁芳和葛建。全书由湖南工程职业技术学院徐刚强教授主审，在编写过程中还得到了湖南工程职业技术学院许睿等诸多高工和老师的大力支持及帮助，在此向他们表示衷心的感谢。同时，对在编写过程中参考的多部 51 单片机原理及相关著作的作者表示深深的谢意！由于编者知识水平和经验有限，书中难免存在缺点和错误，恳请广大读者给予批评指正。

编著者

# 第 1 版前言

单片机是芯片级的微型计算机系统，具有性价比高、功耗低、易于开发等优点，可以嵌入各种应用系统中，以实现智能化控制。近 20 年来，嵌入式 C 语言的推广普及，片载 Flash 程序存储器及其在系统内可编程（ISP）和在应用中编程（IAP）技术的广泛采用，使得单片机越来越受到广大电子工程师的欢迎。

本书以国内最流行的 80C51 系列单片机的硬件和软件设计为背景，以 C 语言为基础，以项目为载体，采用任务驱动方式的教学方法，通过丰富的 C 语言程序实例，由浅入深地介绍了 80C51 系列单片机的基础知识及各种应用开发技术。在编写过程中，作者注重题材的取舍，使本书具有以下 4 个特点。

**1. 项目为载体，任务带动教学**

本书是"以项目为载体，采用任务驱动方式"编写而成的，强调"教、学、做"一体化，坚持理论知识够用的原则，并将知识点分散到多个任务中，使读者能够边学边做，轻松完成单片机学习之旅。

**2. 软硬结合，虚拟仿真**

沿用传统单片机学习与开发经验，通过相关编译软件（如 Keil）编写程序并生成 *.Hex 文件，然后在 Proteus 中绘制硬件电路图（这一过程相当于硬件电路的焊接），调用 *.Hex 文件进行虚拟仿真（这一过程相当于硬件调试）。对于单片机初学者来讲，这样可节约学习成本，提高学习积极性；对于单片机系统开发人员来讲，可缩短开发时间，提高设计效率，降低开发成本。

**3. C 语言编程，增强可读性**

C 语言是一种编译型程序设计语言，它兼顾了多种高级语言的特点，并具备汇编语言的功能。用 C 语言来编写程序会大大缩短开发周期，可以明显地增加程序的可读性，便于改进和扩充。采用 C 语言进行单片机程序设计是单片机开发与应用的必然趋势。许多人员在学习 MCS—51 单片机时，均先学习了汇编语言，然后再学习用 C 语言编写 MCS—51 程序代码，通过这种历程他们深深地感悟：汇编指令太枯燥，学习起来费时费力，用汇编语言编写一个程序或读懂程序不是一件容易的事情；使用 C 语言进行编程时，不必对单片机的硬件结构有很深入的了解，编写程序相对简单，且程序的可读性和可移植性均很强。

**4. 兼顾原理，注重实用**

基本原理、基本实例一直是学习和掌握单片机应用技术的基本要求，本书侧重于实际应用，因此很少讲解相关理论知识，这样避免了知识的重复讲解。为紧随技术的发展，在编写过程中还注重知识的新颖性和实用性，因此本书介绍了 SPI 总线、$I^2C$ 总线、1–Wire 总线芯片的使用方法，使读者学习的知识能够紧随时代发展的步伐。

参加本书编写的有湖南工程职业技术学院陈忠平、徐刚强、李锐敏，湖南航天局 7801 研究所刘琼，湖南涉外经济学院侯玉宝、高金定，湖南科技职业技术学院高见芳，湖南三一重工集团王汉其等。全书由湖南工程职业技术学院陈建忠教授主审，在编写过程中还得到了湖南工程职业技术学院龚亮、龙晓庆、许睿等众位高工和老师的大力支持及帮助，在此向他们表示衷心的感谢。同时，对在编写过程中参考的多部 51 单片机原理及相关著作的作者表示深深的谢意！由于编者知识水平和经验的局限性，书中难免存在缺点和错误，敬请广大读者给予批评指正。

编著者

# 目　　录

# 项目一 单片机系统的软、硬件开发环境

## 【知识目标】

☺ 掌握 STC89C51 单片机最小系统的组成及相关电路的工作原理。

☺ 掌握单片机编译软件 Keil μVision 5 的使用方法。

☺ 单片机虚拟仿真软件 Proteus 8 Professional 的使用方法。

## 【能力目标】

☺ 学会搭建单片机最小应用系统电路。

☺ 学会利用 Keil μVision 5 软件对单片机 C 程序进行编译与调试。

☺ 学会利用 Proteus 8 Professional 软件进行单片机程序的硬件仿真。

## 任务 1 单片机最小应用系统的组成

单片机最小应用系统又称为单片机基本系统，是指用最少的元器件能使单片机工作起来的一个最基本的应用系统。在这种系统中，使用 STC89 系列单片机的一些内部资源就能够满足硬件设计需求，不需扩展外部的存储器或 I/O 接口等器件，通过用户编写的程序，单片机就能够达到控制的要求。

单片机的最小应用系统结构只能使用在控制较简单的场合，该系统包括单片机、时钟电路、复位电路等部分。同时，单片机要正常运行，还必须具备电源正常、时钟正常、复位正常 3 个基本条件。STC89C51 单片机组成的最小应用系统电路原理图如图 1-1 所示。

从图 1-1 中可以看出，电路以 STC89C51 单片机为核心，STC89C51 的第 18 脚、第 19 脚外接由 C1、C2 和 X1 构成的石英晶体振荡器电路；STC89C51 的第 9 脚外接由 K1、R1、R2 和 C3 构成的按钮复位电路；STC89C51 的第 31 脚外接电源，以进行片内和片外程序存储器的选择控制。当然，STC89C51 单片机要正常工作，还需提供电源，因此在实际电路中，STC89C51 的第 20 脚应该接地，而第 40 脚应该接电源 +5V。

图 1-1 所示的单片机最小应用系统通上电时，单片机就开始工作，4 组 P 端口处于高电平的状态。在这种情况下，是否说明单片机正常工作呢？单片机要完成相应的任务操作，还需要程序来进行控制，没有固化程序的单片机系统不能完成任何实质上的工作，所以图 1-4 所示的电路在通电后，单片机进入工作准备就绪状态。

### 1. 电源电路

电源电路是单片机工作的动力源泉。对应的接线方法为：单片机的第 40 引脚（$V_{CC}$）为电源引脚，工作时接 +5V 电源；第 20 引脚（$V_{SS}$）为接地线。

### 2. 时钟电路

时钟电路为单片机产生时序脉冲，单片机所有运算与控制过程都是在统一的时序脉冲的驱

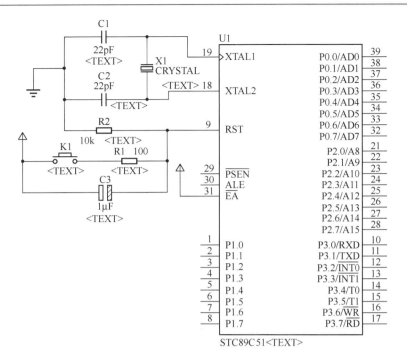

图 1-1  STC89C51 单片机最小应用系统电路原理图

动下进行的。时钟电路就好像人的心脏，如果人的心跳停止了，人就没有生命。同样，如果单片机的时钟电路停止工作，那么单片机也就停止运行了。单片机的时钟具有两种工作模式，即片内时钟和片外时钟模式。

**1）片内时钟模式**  STC89 系列单片机的内部也有 1 个高增益单级反相放大器，XTAL1 为反相放大器的输入端，XTAL2 为反相放大器的输出端。单片机的这个反相放大器与作为反馈元件的片外晶体或陶瓷谐振器和电容一起构成了稳定的自激振荡器，发出的脉冲直接送入内部的时钟电路，作为单片机 CPU 的时钟。图 1-2 所示为片内时钟模式电路的连接方法。

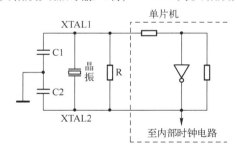

图 1-2  片内时钟模式电路

当外接晶振时，电容 C1 和 C2 容量值通常选择 30pF；外接陶瓷谐振器时，C1 和 C2 的典型值约为 47pF。在设计印制电路板（PCB）时，晶体或陶瓷谐振器和电容应尽可能安装在单片机芯片附近，以减少寄生电容，保证振荡器稳定和可靠工作。为了提高温度稳定性，应采用 NPO 电容（具有温度补偿特性的单片陶瓷电容器）。C1、C2 对频率有微调作用，晶振频率越高，系统时钟频率也越高，单片机的运行也就越快。运行速度越快，对存储器的速度要求就越高，对 PCB 的工艺要求也越高。

使用片内时钟模式时，如何判断单片机的外接晶振是否工作呢？可以使用电压法来进行检测。具体操作是：使用高阻电压表分别测量 XTAL1 和 XTAL2 两引脚的对地电压，在正常情况下，两引脚的对地电压应该是电源电压的 1/2 或者更低一些，且 XTAL2 引脚上的电压要高于 XTAL1 引脚上的电压。

📖 **注意**：使用此方法时，会对频率有一点影响，严重的会导致晶振停振，这是因为电压表一加上去相当于在振荡电路上又并上或串上了分布电容、电阻和电感等，这样就影响了原来电路的状态。

**2）片外时钟模式**　在系统中，若有多片单片机时，为了使各单片机之间时钟信号同步，应当引入唯一的公用外部脉冲信号作为各单片机的振荡脉冲。这个外时钟信号由外部振荡器产生，可以为有源晶振或其他的时钟芯片。但是，对于不同工艺类型的单片机，外部时钟的输入引脚不同。

对于普通的 8051 单片机，外部时钟信号由 XTAL2 引脚接入后，直接送到单片机内部的时钟发生器，而引脚 XTAL1 则应直接接地，如图 1-3（a）所示。

📖 **注意**：由于 XTAL2 引脚的逻辑电平不是 TTL 信号，因此需要外接一个上拉电阻。

对于 CMOS 型的单片机，和普通的 8051 不同的是其内部的时钟发生器的信号取自于反相放大器的输入端。因此，外部的时钟信号应该从单片机的 XTAL1 引脚输入，而 XTAL2 引脚则需要悬空，如图 1-3（b）所示。这里单片机有 80C51、80C52、AT89S52、STC89C51 等。

（a）普通 8051 单片机片外时钟电路　　　　　（b）CMOS 型单片机片外时钟电路

图 1-3　片外时钟模式电路

外部脉冲信号通过一个二分频的触发器而成为内部时钟信号，故对外部信号的占空比没有什么要求，但最小的高电平和低电平持续时间应符合产品技术的要求。如果 STC89 系列单片机的时钟频率超过 33 MHz 时，应直接使用外部有源晶振。

STC89 系列单片机时钟电路中 R 的阻值、C1 和 C2 容量的大小与单片机的时钟模式、晶振频率有关，见表 1-1。对于 STC89C5xD + 和 STC89LV5xD + 单片机而言，外接晶振的频率范围则与单片机的工作电压有关，见表 1-2。

**表 1-1　R、C1 和 C2 的规格选择**

| 时钟模式 | 12 时钟模式 | | | | | |
| --- | --- | --- | --- | --- | --- | --- |
| X1（晶振）/MHz | 2～25 | 26～30 | 31～35 | 36～39 | 40～43 | 44～48 |
| C1，C2/ pF | ≤47 | ≤10 | ≤10 | ≤10 | ≤10 | ≤10 |
| R/ kΩ | 不用 | 6.8 | 5.1 | 4.7 | 3.3 | 3.3 |
| 时钟模式 | 6 时钟模式 | | | | | |
| X1（晶振）/ MHz | 2～25 | 26～30 | 31～35 | 36～39 | 40～43 | 44～48 |
| C1，C2/ pF | ≤47 | ≤5 | 不用 | 不用 | 不用 | 不用 |
| R/ kΩ | 不用 | 6.8 | 5.1 | 4.7 | 3.3 | 3.3 |

表 1-2　STC89C5xD + 和 STC89LV5xD + 单片机时钟频率范围

| 单片机工作电压 | 内 部 时 钟 | | 外 部 时 钟 | |
|---|---|---|---|---|
| | 12 时钟模式 | 6 时钟模式 | 12 时钟模式 | 6 时钟模式 |
| 5.0V | 2～48MHz | 2～36MHz | 2～48MHz | 2～36MHz |
| 3.3V | 2～48MHz | 2～32MHz | 2～36MHz | 2～18MHz |

### 3. 复位电路

单片机的复位操作，使 CPU 和系统中的其他部件都处于一个确定的初始状态，并从这个初始状态开始工作。只要单片机的复位端 RST 保持高电平，单片机便保持复位状态。复位后，除 SP 值为 0x07、P1 ～ P3 口为 0xFF 外，其他所有特殊功能寄存器 SFR 的复位值均为 0x00。

单片机通常采用上电复位和按钮复位两种方式。图 1-4（a）所示为上电复位电路，图 1-4（b）和（c）所示为按钮复位电路。

上电复位是利用电容的充放电来实现的，上电瞬间，RST 端的电位与 $V_{CC}$ 相同，RC 电路充电，随着充电电流的减少，RST 端的电位逐渐下降。只要 $V_{CC}$ 的上升时间不超过 1ms，振荡器的建立时间不超过 10ms，该时间就足以保证完成复位操作。上电复位所需的最短时间是振荡周期建立时间加上 24 个时间周期，在这个时间内，RST 端的电平就维持高于施密特触发器（Schmidt Trigger）的下阈值。

按钮复位有按钮脉冲复位和按钮电平复位两种方法，如图 1-4（b）和（c）所示。按钮脉冲复位是由单片机外部提供一个复位脉冲，此脉冲保持宽于 24 个时钟周期；复位脉冲过后，由内部下拉电阻保证 RST 端为低电平。按钮电平复位是上电复位和手动复位相结合的方案，上电复位的工作过程与图 1-4（a）相同，在手动复位时，按下复位按钮 RESET，电容对 R1 迅速放电，RST 端变为高电平，RESET 松开后，电容通过电阻 R2 进行充电，使 RST 端恢复为低电平。

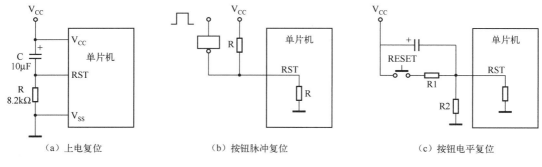

图 1-4　单片机复位电路

### 4. 控制引脚 $\overline{EA}$ 的接法

控制引脚 $\overline{EA}$ 为片内、片外程序存储器的选择控制引脚，当 $\overline{EA}$ 为低电平时，单片机从外部程序存储器取指令；当 $\overline{EA}$ 接高电平时，单片机从内部程序存储器中取指令。

### 5. 四组 I/O 端口 P0、P1、P2 和 P3

☺ P0（P0.0～P0.7）：8 位三态双向 I/O 端口。在访问外部存储器时，它是分时作为低 8 位地址线和 8

位双向数据总线用的。在不访问外部存储器时，作为通用 I/O 端口用于传送 CPU 的 I/O 数据。P0 端口能以吸收电流的方式驱动 8 个 LSTTL 负载，一般作为扩展时地址/数据总线使用。

☺ P1（P1.0～P1.7）：带内部上拉电阻的 8 位准双向 I/O 端口（作为输入时，端口锁存器置 1）。对 P1 端口写 1 时，P1 端口被内部的上拉电阻拉为高电平，这时可作为输入口。当 P1 端口作为输入端口时，因为有内部上拉电阻，那些被外部信号拉低的引脚会输出一个电流。P1 端口能驱动（吸收或输出电流）4 个 TTL 负载，它的每个引脚都可定义为输入或输出口，其中 P1.0、P1.1 兼有特殊的功能。

◇ T2/P1.0：定时器/计数器 2 的外部计数输入/时钟输出。

◇ T2EX/P1.1：定时器/计数器 2 重装载/捕捉/方向控制。

☺ P2（P2.0～P2.7）：带内部上拉电阻的 8 位准双向 I/O 端口。当外部无扩展或扩展存储器容量小于 256B 时，P2 端口可作为一般 I/O 端口使用，扩充容量在 64KB 范围时，P2 口为高 8 位地址输出端口。当作为一般 I/O 使用时，可直接连接外部 I/O 设备，能驱动 4 个 LSTTL 负载。

☺ P3（P3.0～P3.7）：带内部上拉电阻的 8 位准双向 I/O 端口。向 P3 端口写入 1 时，P3 端口被内部的上拉电阻上拉为高电平，可用做输入口。当作为输入时，被外部拉低的 P3 端口会因为内部上拉而输出电流。第一功能作为通用 I/O 端口，第二功能作为控制口，见表 1-3。

**表 1-3 P3 端口引脚的第二功能**

| P3 引脚 | 第二功能 | 功能描述 | P3 引脚 | 第二功能 | 功能描述 |
|---|---|---|---|---|---|
| P3.0 | RXD | 串行口输入 | P3.4 | T0 | 定时器 0 的外部输入 |
| P3.1 | TXD | 串行口输出 | P3.5 | T1 | 定时器 1 的外部输入 |
| P3.2 | $\overline{INT0}$ | 外部中断 0 输入 | P3.6 | $\overline{WR}$ | 片外数据存储器写信号 |
| P3.3 | $\overline{TNT1}$ | 外部中断 1 输入 | P3.7 | $\overline{RD}$ | 片外数据存储器读信号 |

# 任务 2 Keil C51 编译软件的使用

Keil C51 标准 C 编译器是众多单片机应用开发优秀软件之一，它集编辑、编译、仿真于一体，支持汇编语言、PLM 语言和 C 语言的程序设计，界面友好，易学易用。本任务通过 P1 端口输入、P0 端口输出实验为例，简单介绍 Keil C51 软件的基本操作方法。

### 1. Keil C51 软件基本操作

**1）启动 Keil C51 软件** 双击桌面 Keil μVision5 快捷图标，弹出图 1-5 所示的画面。之后，进入 μVision5 集成开发环境，如图 1-6 所示。

**2）创建一个新的工程项目** 在图 1-6 的界面中，执行菜单命令 "Project" → "Close Project"，关闭已打开的项目。执行菜单命令 "Project" → "New μVision Project"，弹出 "Create New Project" 对话框，在此对话框中选择保存路径，并输入项目名，如图 1-7 所示。

输入项目名后，单击 "保存" 按钮，弹出 "Select Device for Target 'Target 1 '..." 对话框，如图 1-8 所示。因 Keil μVision5 中没有 STC 单片

图 1-5 启动 Keil 时的画面

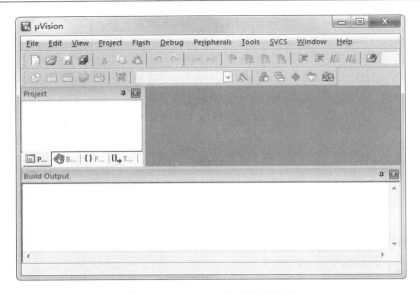

图 1-6    μVision5 集成开发环境

图 1-7    "Create New Project" 对话框

机型号，可以用 Intel 公司的 8052/87C52/87C54/87C58、Atmel 公司的 AT89C/5152/55/55WD 或 NXP 公司的 P87C52/P87C54/P87C58/P87C51RD + 等替代。在图 1-8 中将其当做 Atmel 公司的 AT89C51RC。

选择目标芯片后，单击"OK"按钮，弹出如图 1-9 所示的对话框，询问用户是否将标准的 8051 启动代码复制到项目文件夹并将该文件添加到项目中。在此单击"否"按钮，项目窗口中将不添加启动代码；单击"是"按钮，项目窗口中将添加启动代码。这二者的区别如图 1-10 所示。

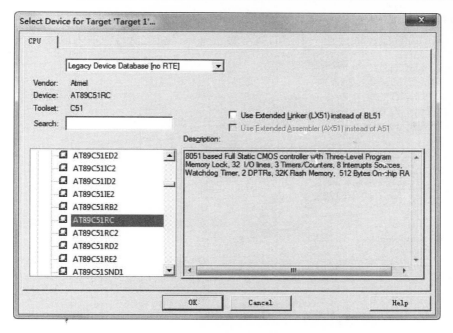

图 1-8 "Select Device for Target 'Target 1'…" 对话框

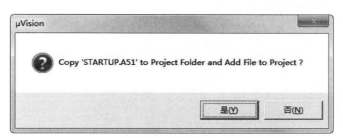

图 1-9 询问是否添加启动代码对话框

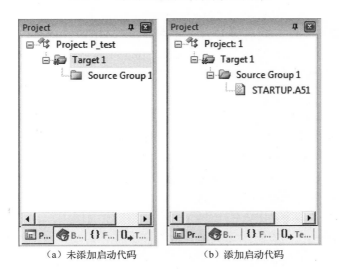

（a）未添加启动代码　　　　（b）添加启动代码

图 1-10 是否添加启动代码的区别

**3）新建 C51 源程序文件**　创建新的项目后，执行菜单命令"File"→"New"，或者在工具栏中单击 图标，将打开一个空的文本编辑窗口。在此窗口中输入以下源程序代码：

```
#include "reg52. h"
#define uint unsigned int
sbit BZ = P3^7;
sbit key = P1^0;
void delayms( uint ms)
  {
    uint i;
    while( ms -- )
      {
          for( i = 0 ; i < 120 ; i ++ ) ;
      }
  }
void main( void)
  {
    while( 1)
      {
        if( key == 0)
          {
            BZ = 0x0;
            delayms( 10 );
            BZ = 0x1;
            delayms( 50 );
            P0 = 0xFF;
          }
        else
      {
      P0 = ~ P0;
      delayms( 500 );
      }
    }
  }
```

源程序输入好后，执行菜单命令"File"→"Save"，弹出"保存"对话框。在此对话框中输入保存的文件名称，保存时后缀名为 . c。在项目窗口的"Target1"→"Source Group 1"上单击鼠标右键，在弹出的菜单中选择"Add Existing Files to Group 'Source Group 1'"，然后选择刚才所保存的源程序代码文件，并单击"ADD"按钮，即可将其添加到项目中，如图 1-11 所示。

**4）编译文件**　添加源程序文件后，执行菜单命令"Project"→"Build target"，或者在工具栏中单击 图标，进行源程序的编译。编译完成后，μVision5 将会在输出窗口（Output Window）的编译页（Build）中显示相关信息。如果编译的程序有语法错误，双击错误信息，光标将会停留在 μVision5 文本编辑窗口中出现该错误或警告的源程序位置上。修改好源程序代码后，再次执行菜单命令"Project"→"Build target"，或者在工具栏中单击 图标，对源程序重新进行编译。

**5）HEX 文件的生成**　写入 51 系列单片机中的文件一般为 . HEX 文件。要得到 . HEX 文件，在 Keil 中需进行相关设置。执行菜单命令"Project"→"Options for Target 'Target 1'"，或者在工具栏中单击 图标，然后在弹出的"Options for Target 'Target 1'"对话框中选择"Output"选项卡，选中"Create HEX File"选项即可，如图 1-12 所示。

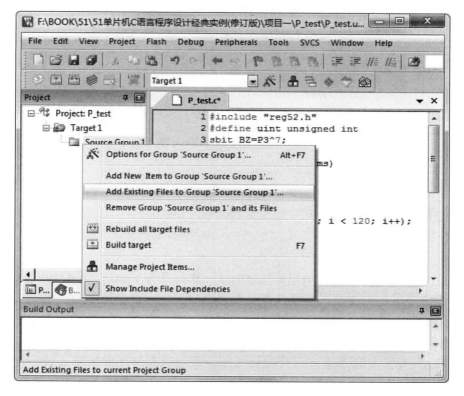

图 1-11 在项目中添加源程序文件

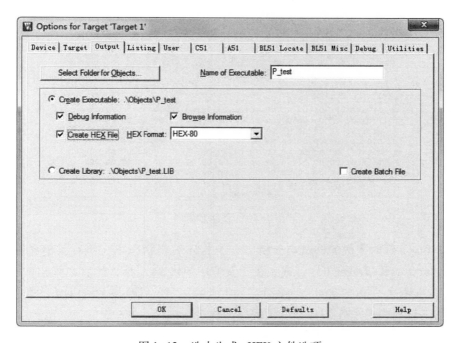

图 1-12 选中生成 . HEX 文件选项

设置好后，再次进行编译，如果源程序文件没有语法错误或警告提示时，将会在编译输出窗口（Build Output）中显示已创建一个以 . HEX 为后缀名的目标文件，如图 1-13 所示。

图 1-13　提示已生成 . HEX 目标文件

### 2. Keil 程序调试与分析

**1）寄存器和存储器窗口分析**　执行菜单命令 "Debug" → "Start/Stop Debug Session" 或在工具栏中单击图标，即可进入调试状态。执行菜单命令 "Debug" → "Run"，或者单击图标，全速运行源程序。

在源程序运行过程中，可以通过存储器窗口（Memory Window）来查看存储区中的数据（若在调试状态下没有此窗口，可执行菜单命令 "View" → "Memory Window"，或者单击图标将其打开）。在存储器窗口的上部，有供用户输入存储器类型的起始地址的文本输入栏，用于设置关注对象所在的存储区域和起始地址，如 "D：0x30"。其中，前缀表示存储区域，冒号后为要观察的存储单元的起始地址。常用的存储区前缀有 d 或 D（表示内部 RAM 的直接寻址区）、i 或 I（表示内部 RAM 的间接寻址区）、x 或 X（表示外部 RAM 区）、c 或 C（表示 ROM 区）。由于 P0 端口属于 SFR（特殊功能寄存器），片内 RAM 字节地址为 80H，所以在存储器窗口的上部输入 "D：0x80" 时，可查看 P0 端口的当前运行状态，如图 1-14 所示。

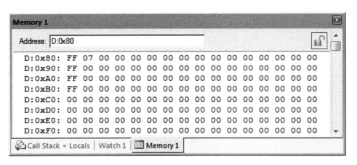

图 1-14　存储器窗口

**2）delayms（）延时函数的调试与分析**　在源程序编辑状态下，执行菜单命令 "Project" → "Options for Target 'Target 1 '"，或者在工具栏中单击图标，然后在弹出的对话框中选择 "Target" 选项卡，在 "Xtal（MHz）：" 栏中输入 12（即设置单片机的晶振频率为 12MHz）。在工具栏中单击图标，对源程序再次进行编译。

在源程序中，分别在 delayms 函数的起始行与结束行前双击，即设置了两个断点。执行菜单命令 "Debug" → "Start/Stop Debug Session"，或者在工具栏中单击图标，进入调试状态。刚进入调试状态时，项目工作区（Project Workspace）"Registers" 选项卡的 "Sys" 项中 sec 值为 0.00039700，如图 1-15（a）所示，表示进入调试花费了 0.00039700s。单击和图标后，"Sys"项的 sec 值为 0.00186800，如图 1-15（b）所示。因此，此函数的延时时间为二者之差，即 0.00147100s。

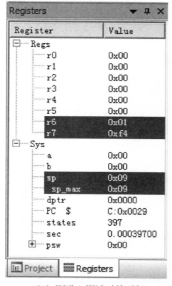 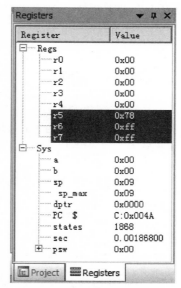

（a）刚进入调试时的时间　　　　　（b）调试完成后的时间

图 1-15　项目工作区

**3）P0、P1、P3 端口运行模拟分析**　在工具栏中单击 图标，退出 delay( ) 函数的调试状态，重新回到源程序编辑状态，单击 图标，取消全部已设置的断点。

执行菜单命令"Debug"→"Start/Stop Debug Session"，或者在工具栏中单击 图标，进入调试状态。

执行菜单命令"Peripherals"→"I/O Ports"→"Port 0"，弹出"Parallel Port 0"窗口。依此操作还可以弹出"Parallel Port 1"窗口和"Parallel Port 3"窗口。在"Parallel Port 1"窗口中改变 P1.0 的状态，可以观察到"Parallel Port 0"窗口和"Parallel Port 3"窗口的状态也将发生相应的改变。

# 任务 3　Proteus 8.0 仿真软件的使用

在 80C51 单片机开发过程中，Keil C51 是程序设计开发平台，利用它可以进行程序的编译与调试，但不能直接进行硬件仿真。Proteus 软件具有交互式仿真功能，它不仅是模拟电路、数字电路、模/数混合电路的设计与仿真平台，更是目前世界上最先进、最完整的多种型号微处理器系统的设计与仿真平台。如果将 Keil C51 软件和 Proteus 软件有机地结合起来，那么 80C51 单片机的设计与开发将在软/硬件仿真上得到完美的结合。

Proteus 软件由 ISIS（Intelligent Schematic Input System）和 ARES（Advanced Routing and Editing Software）两个软件构成，其中 ISIS 是一款智能原理图输入软件，可作为电子系统仿真平台；ARES 是一款高级布线编辑软件，用于设计制作印制电路板（PCB）。由于篇幅有限，本书并不详细介绍 Proteus ISIS 和 Proteus ARES 的使用方法，读者可以参考本书编者编写的《基于 Proteus 的 51 系列单片机设计与仿真（第 3 版）》一书。

与项目一任务 1 中的 P_test. c 源程序对应的原理图如图 1-16 所示。本节以此图为例，简单介绍 Proteus ISIS 的使用方法。

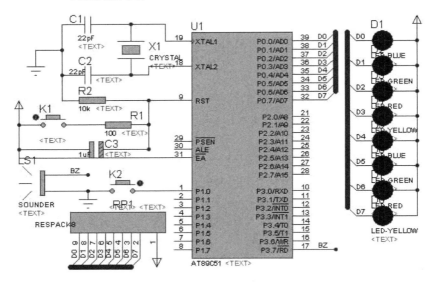

图 1-16　与 P_test. c 对应的原理图

**1. 新建项目**

在桌面上双击图标 ，打开 Proteus 8 Professional 启动界面，如图 1-17 所示。单击工具栏中的图标 ，打开 Proteus 8 Professional 窗口，如图 1-18 所示。执行菜单命令 "File" → "New Project"，弹出 "New Project Wizard：Start" 对话框，如图 1-19 所示。在此对话框中可以设置项目名（Name）及项目保存路径（Path）。

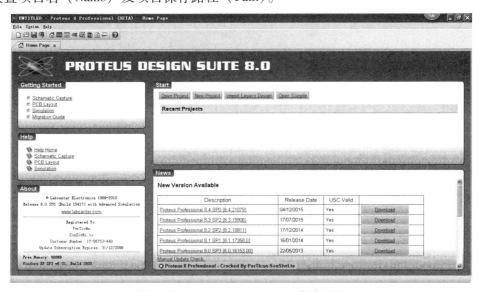

图 1-17　Proteus 8 Professional 启动界面

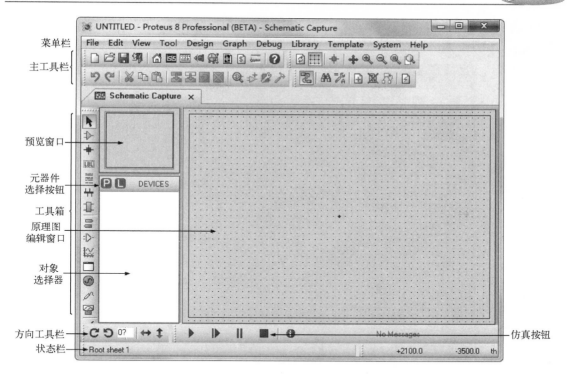

菜单栏
主工具栏
预览窗口
元器件
选择按钮
工具箱
原理图
编辑窗口
对象
选择器
方向工具栏
状态栏
仿真按钮

图 1-18　Proteus 8 Professional 窗口

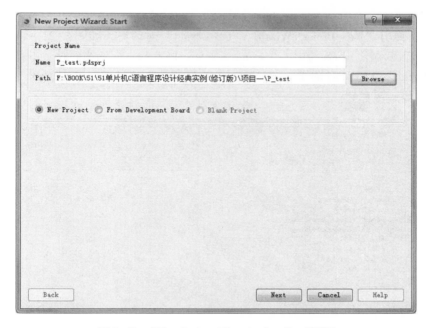

图 1-19　"New Project Wizard：Start" 对话框

设置项目名及保存路径后，单击"Next"按钮，弹出"New Project Wizard：Schematic Design"对话框，如图 1-20 所示。在此对话框中，可以进行原理图模板设置。选中"Do not create a schematic"选项时，不再新建原理图；选中"Create a schematic from the selected template"选项时，新建原理图，并从列表中选择合适的模板样式。其中，横向图纸为

"Landscape"，纵向图纸为 "Portrait"，"DEFAULT" 为默认模板。A0 ～ A4 为图纸尺寸大小
（A4 的尺寸最小，A0 的尺寸最大）。

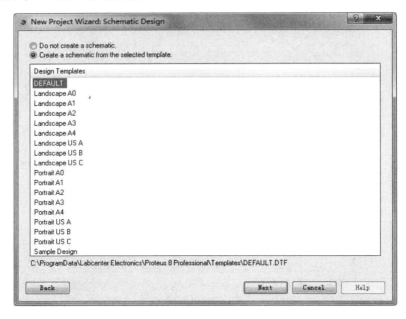

图 1-20　"New Project Wizard：Schematic Design" 对话框

　　选中 "Create a schematic from the selected template" 选项，选中 "DEFAULT"，单击
"Next" 按钮，弹出 "New Project Wizard：PCB Layout" 对话框，如图 1-21 所示。在此对话
框中可以进行 PCB 版图设置。选中 "Do not create a PCB Layout" 选项时，不再新建 PCB 版
图；选中 "Create a PCB Layout from the selected template" 选项时，新建 PCB 版图，并从列
表中选择合适的版图样式。

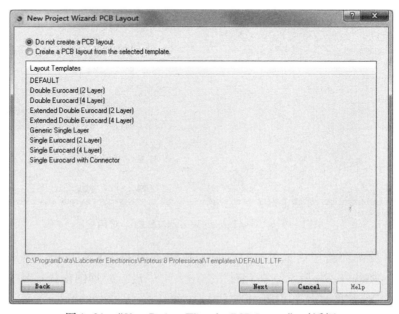

图 1-21　"New Project Wizard：PCB Layout" 对话框

在"New Project Wizard：PCB Layout"对话框中选中"Do not create a PCB Layout"选项（不创建PCB版图），单击"Next"按钮，弹出"New Project Wizard：Firmware"对话框，如图1-22所示。在此对话框中可以进行固件设置。选中"No Firmware Project"选项时，选择项目中不包含固件；选中"Create Firmware Project"选项时，选择创建包含固件的项目，并可设置相应的固件系列（Family）、控制器（Contoller）和编译器（Compiler）。

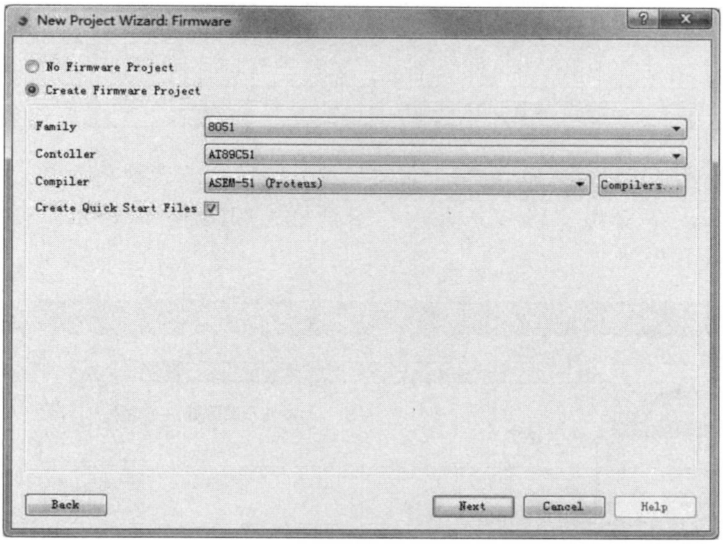

图1-22　"New Project Wizard：Firmware"对话框

在"New Project Wizard：Firmware"对话框中选中"No Firmware Project"选项，单击"Next"按钮，弹出"New Project Wizard：Summary"对话框，如图1-23所示。在此对话框中显示选择保存路径为"F:\BOOK\51\51单片机C语言程序设计经典实例（修订版）\项目一\P_test"，保存项目名为"P_test"。文件保存后在Proteus 8 Professional窗口的标题栏上显示为"P_test"。

图1-23　"New Project Wizard：Summary"对话框

**2. 为设计项目添加电路元器件**

本例中使用的元器件见表 1-4。注意，由于 Proteus 8 Professional 元器件库中没有 STC89C51RC 单片机，所以本书中用 AT89C51 取代 STC89C51RC 单片机进行程序仿真。

**表 1-4　本例中使用的元器件**

| 单片机 AT89C51 | 瓷片电容 CAP 22pF | 电解电容 CAP – ELEC | 晶振 CRYSTAL 12MHz |
| --- | --- | --- | --- |
| 电阻 RES | 电阻排 RESPACK – 8 | 发光二极管 LED – GREEN | 发光二极管 LED – YELLOW |
| 蜂鸣器 Sounder | 发光二极管 LED – RED | 发光二极管 LED – BLUE | |

在元器件选择按钮 P L DEVICES 中单击"P"按钮，或者执行菜单命令"Library"→"Pick Device/Symbol"，弹出"Pick Devices"对话框，如图 1-24 所示。在此对话框中添加元器件的方法有以下两种。

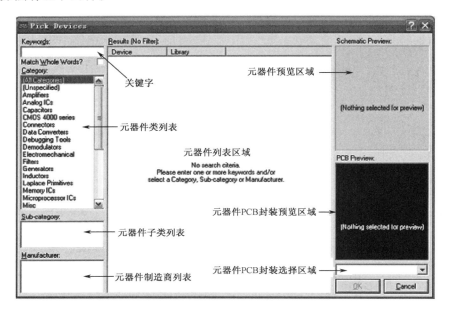

图 1-24　"Pick Devices"对话框

☺ 在"Keywords"栏中输入元器件名称，如 AT89C51，则出现与关键字匹配的元器件列表，如图 2-25 所示。选中并双击 AT89C51 所在行后，单击"OK"按钮或按"Enter"键，便将器件 AT89C51 加入到 ISIS 对象选择器中。

☺ 在元器件类列表中选择元器件所属类，然后在子类列表中选择所属子类；如果对元器件的制造商有要求，则在制造商区域选择期望的厂商，即可在元器件列表区域得到相应的元器件。

按照以上方法将表 1-4 中所列的元器件添加到 ISIS 对象选择器中。

**3. 放置、移动、旋转、删除对象**

添加元器件到 ISIS 对象选择器中后，在对象选择器中单击要放置的元器件，蓝色条出现在该元器件名上，然后在原理图编辑窗口中单击，即可放置一个元器件；也可以在按住鼠标左键的同时，移动光标，在合适位置释放，将元器件放置在预定位置。

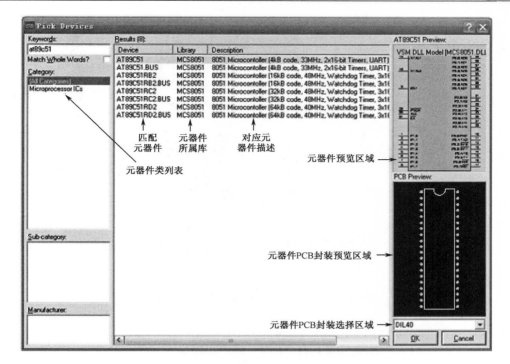

图 1-25 输入元器件名称

若要在原理图编辑窗口中移动元器件或连线，先用鼠标右键单击对象，使元器件或连线处于选中状态（默认情况下为红色），再按住鼠标左键并拖动，元器件或连线就跟随指针移动，到达合适位置时，松开鼠标即可。

放置元器件前，单击要放置的元器件，蓝色条出现在该元器件名上，单击方向工具栏上相应的转向按钮可旋转元器件，然后在原理图编辑窗口中单击，即可放置一个已经更改方向的元器件。如果在原理图编辑窗口中需要更改元器件方向，可单击选中该元器件，再单击块旋转图标■，在弹出的对话框中输入旋转的角度，即可更改元器件方向。

如果在原理图编辑窗口中需要删除元器件，用鼠标右键双击该元器件即可；或者先单击选中该元器件，再按下键盘上的"Delete"键，也可删除元器件。

通过放置、移动、旋转、删除元器件后，可将各元器件放置原理图编辑窗口的合适位置，如图 1-26 所示。

### 4. 放置电源、地

单击工具箱中 ▤ 元件终端图标，在对象选择器中单击"POWER"，使其出现蓝色条，然后在原理图编辑窗口的合适位置单击，即可将电源图标放置在原理图中。同样，在对象选择器中单击"GROUND"，然后在原理图编辑窗口的合适位置单击，即可将接地图标放置在原理图中。

### 5. 布线

在原理图编辑窗口中没有专门的布线按钮，但系统默认自动布线 ▤ 有效，因此可直接绘制连线。

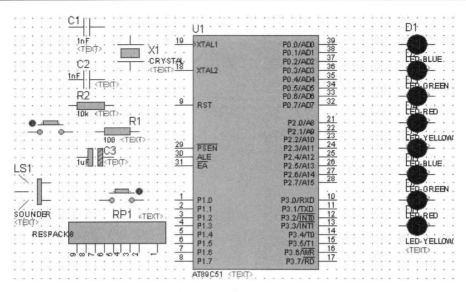

图1-26　将元器件放置在原理图编辑窗口中合适的位置

在两个对象间绘制连线的方法如下所述。

（1）将光标靠近一个对象引脚末端，该处自动出现一个"▱"，单击鼠标左键。

（2）拖动鼠标，将光标靠近另一对象的引脚末端，当该端出现一个"▱"时，单击鼠标左键即可绘制一条连线，如图1-27（a）所示；若想手动设定布线路径，可在拖动鼠标过程中在想要拐点处单击，设定布线路径，到达绘制连线的另一端处单击鼠标左键，即可绘制一条连线，如图1-27（b）所示；在拖动鼠标过程中，按住"Ctrl"键，在连线的另一端出现一个"▱"时，单击鼠标左键，即可手动绘制一条任意角度的连线，如图1-27（c）所示。

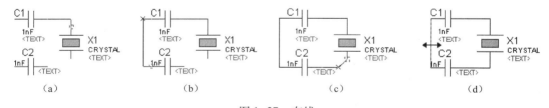

（a）　　　　　　　　　（b）　　　　　　　　　（c）　　　　　　　　　（d）

图1-27　布线

移动布线、更改线型的方法如下所述。

（1）单击鼠标左键选中连线，将光针靠近该布线，该线出现双箭头，如图1-27（d）所示。

（2）按住鼠标左键不放，拖动鼠标，该布线就跟随光标移动。

（3）若要多根线同时移动，可先框选这些线，再单击"块移动"按钮▣，拖动鼠标，在合适位置单击鼠标左键，即可改变线条的位置。

绘制总线的方法如下所述。

（1）光标靠近一个对象引脚末端，该处自动出现一个"▱"，单击鼠标左键。

（2）拖动鼠标，在合适位置双击鼠标左键，即可绘制出一条直线。

（3）如果该线为单线，要设置为总线时，先选中该线，单击鼠标右键，从弹出的菜单中选择"Edit Wire Style"选项，如图 1-28（a）所示。在弹出的"Edit Wire Style"对话框的"Global Style"栏中选择"BUS WIRE"即可，如图 1-28（b）所示。绘制的总线如图 1-29 所示。

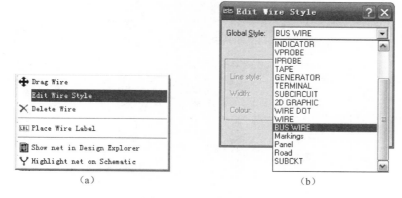

图 1-28　总线绘制方法

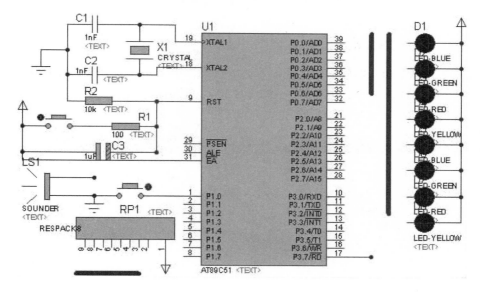

图 1-29　绘制的总线

绘制总线分支线的方法如下所述。

（1）将光标靠近一个对象引脚末端，该处自动出现一个"⬚"，单击鼠标左键。

（2）拖动鼠标，在靠近总线的合适位置双击鼠标左键，绘制出一条直线。

（3）将光标靠近该直线末端，该处自动出现一个"⬚"，单击鼠标左键。

（4）在按住"Ctrl"键的同时拖动鼠标，当总线出现一个"⬚"时，单击鼠标左键，即可绘制一个分支线，如图 1-30 所示。

（5）在工具箱中单击 LBL 图标，然后在总线或各分支线上单击鼠标左键，弹出如图 1-31 所示的对话框。在"Label"选项卡的"String"栏中输入相应的线路标号，如总线为 AD[0..7]（表示有 AD0 ～ AD7 共 8 根数据线），分支线为 AD0、AD1 等。

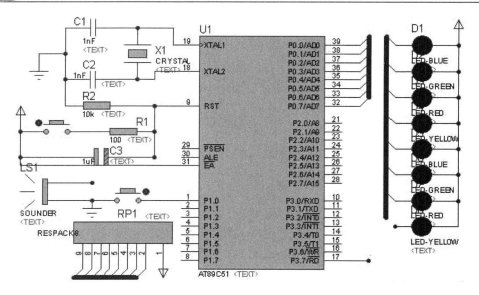

图 1-30　分支线的绘制方法

### 6. 设置、修改元器件属性

在需要修改属性的元器件上单击鼠标右键，从弹出的菜单中选择"Edit Properties"，或者按快捷键"Ctrl"＋"E"，弹出"Edit Component"对话框，在此对话框中设置相关信息，如修改电容值为 22pF，如图 1-32 所示。

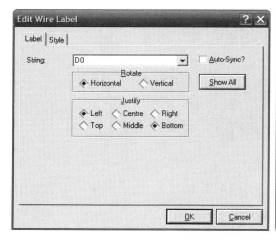

图 1-31　线路标号

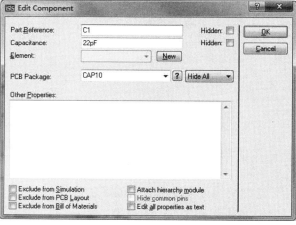

图 1-32　"Edit Component"对话框

### 7. 编辑设计原理图界面

根据以上的步骤和方法，在原理图编辑窗口中绘制如图 1-16 所示的电路图后，可以将不需要显示的一些项目隐藏，使整个界面变得简洁、清爽。执行菜单命令"View"→"Toggle Grid"，可以隐藏界面中的网格；执行菜单命令"Template"→"Set Design Defaults"，在弹出的对话框中的选中"Show hidden text?"选项，可以隐藏元器件的文本内容。编辑好的单片机仿真原理图如图 1-33 所示。

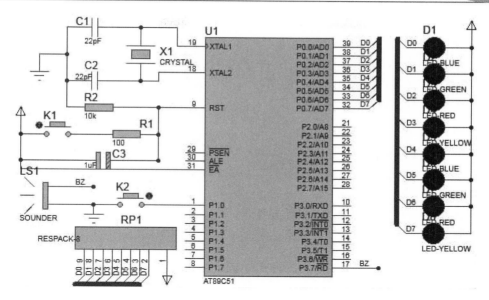

图 1-33　编辑好的单片机仿真原理图

### 8. 单片机程序仿真

在原理图中双击 AT89C51 单片机，弹出"Edit Component"对话框，如图 1-34 所示。单击"Program File"栏右侧的按钮，添加项目一任务 1 中由 Keil C51 生成的 P_test.hex 文件。在"Clock Frequency"栏中设置单片机的工作频率为 12MHz。设置好后，单击"OK"按钮，保存原理图，并回到原理图编辑界面。单击仿真按钮，即可进行单片机程序仿真。

> 说明：在仿真过程中，元器件的某些引脚显示红色的小方点，表示该引脚为高电平状态；引脚显示蓝色的小方点，表示该引脚处于低电平状态。

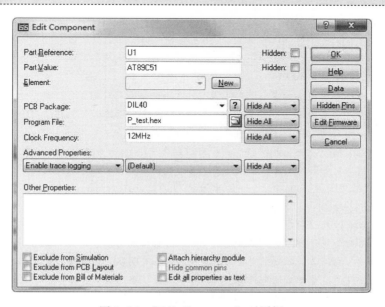

图 1-34　"Edit Component"对话框

# 项目二　C51 程序设计语言基础

**【知识目标】**

☺ 了解 C51 程序结构。

☺ 掌握 C51 的标识符和关键字、数据类型、常量和变量、运算符及表达式。

☺ 掌握 C51 选择、循环流程控制语句。

☺ 掌握 C51 的数组、指针、函数、预编译的使用。

☺ 能够使用 C51 进行应用程序设计。

**【能力目标】**

☺ 掌握 C51 基本语法、基本概念、程序设计的一些方法。

☺ 能运用所学知识和技能对一般问题进行分析，并能编制出高效的 C51 应用程序。

对于单片机应用技术而言，不仅要学习单片机系统的硬件设计，还要学习单片机的编程语言。对于 80C51 单片机来说，其编程语言主要有汇编语言和 C 语言两种。80C51 系列单片机的 C 程序设计语言通常简称为 C51，STC89 系列单片机也可采用 C51 进行程序设计，因此在本书中将 STC89 系列单片机的 C 语言程序设计统称为 C51 程序设计。

 任务 1　C51 程序组成的识读

C 语言是国际上广泛流行的计算机高级语言，它是一种源于编写 UNIX 操作系统的结构化语言，编写的程序具有清晰的层次结构。

## 1. C51 程序结构

C51 程序结构具有以下特点。

☺ 一个 C 语言源程序由一个或多个源文件组成，主要包括一些 C 源文件（即后缀名为 ".c" 的文件）和头文件（即后缀名为 ".h" 的文件），对于一些支持 C 语言的汇编语言混合编程的编译器而言，还可能包括一些汇编源程序（即后缀名为 ".asm" 的文件）。

☺ 每个源文件至少包含一个 main() 函数，也可以包含一个 main() 函数和其他多个函数。在头文件中声明一些函数、变量或预定义一些特定值，而函数是在 C 源文件中实现的。

☺ 一个 C 语言程序总是从 main() 函数开始执行的，而不论 main() 函数在整个程序中的位置如何。

☺ 源程序中可以有预处理命令（如 include 命令），这些命令通常放在源文件或源程序的最前面。

☺ 每个声明或语句都以分号结尾，但预处理命令、函数头和花括号 "{}" 后不能加分号。

☺ 标识符、关键字之间必须加一个空格以示间隔。若已有明显的间隔符，也可不再加空格来间隔。

☺ 源程序中所用到的变量都必须先声明，然后才能使用，否则编译时会报错。

C 源程序的编写格式自由度较高，灵活性很强，有较大的随意性，但这并不表示 C 源程序可以随意乱写。为了书写清晰，并便于阅读、理解、维护，在编写程序时最好遵循以下规则。

☺ 通常情况下，一个声明或语句占用一行。在语句的后面可适当添加一些注释，以增强程序的可读性。

☺ 不同结构层次的语句从不同的起始位置开始，即在同一结构层次中的语句缩进同样的字数。

☺ 用 "｜｜" 括起来的部分，表示程序的某一层次结构。"｜｜" 通常写在层次结构语句第一字母的下方，与结构化语句对齐，并占用一行。

【例 2-1】　　在此以 P_test 程序为例，进一步说明 C51 的程序结构特点及编写规则，程序清单如下：

```
/********************************************************        //第 1 行
File name:P_test. c                                            //第 2 行
Chip type:STC89C51RC                                          //第 3 行
Clock frequency：  12.0MHz                                     //第 4 行
 ********************************************************/       //第 5 行
#include " reg52. h"                                           //第 6 行
#define uint unsigned int                                      //第 7 行
sbit BZ = P3^7;                                                //第 8 行
sbit key = P1^0;                                               //第 9 行
void delayms( uint ms)                                         //第 10 行
{                                                              //第 11 行
  uint i;                                                      //第 12 行
  while( ms -- )                                               //第 13 行
    {                                                          //第 14 行
      for( i = 0; i < 120; i ++ );                             //第 15 行
    }                                                          //第 16 行
}                                                              //第 17 行
void main( void)                                               //第 18 行
  {                                                            //第 19 行
    while( 1)                                                  //第 20 行
      {                                                        //第 21 行
        if( key == 0)                                          //第 22 行
          {                                                    //第 23 行
            BZ = 0x0;                                          //第 24 行
            delayms( 10) ;                                     //第 25 行
            BZ = 0x1;                                          //第 26 行
            delayms( 50) ;                                     //第 27 行
            P0 = 0xFF;                                         //第 28 行
          }                                                    //第 29 行
        else                                                   //第 30 行
          {                                                    //第 31 行
            P0 = ~ P0;                                         //第 32 行
            delayms( 500) ;                                    //第 33 行
          }                                                    //第 34 行
      }                                                        //第 35 行
  }                                                            //第 36 行
```

该程序的作用在项目一中可以通过仿真看出来，下面分析这个 C51 源程序代码。

第 1 行至第 5 行为注释部分。传统的注释定界符使用斜杠—星号（即 "/ *"）和星号—斜杠（即 " */"）。斜杠—星号用于注释的开始。编译器一旦遇到斜杠—星号（即 "/ *"），就忽略后面的文本（即使是多行文本），直到遇到星号—斜杠（即 " */"）。简而言之，在此程序中第 1 行至第 5 行的内容不参与编译。在程序中还可使用双斜杠（即 "//"）来作为注释定界符。若使用双斜杠（即 "//"）时，编译器忽略该行语句中双斜杠（即 "//"）后面的文本。

第 6 行和第 7 行，分别是两条不同的预处理命令。在程序中，凡是以 "#" 开头的均表示这是一条预处理命令语句。第 6 行为文件包含预处理命令，其意义是把双引号（即" "）或尖括号（＜＞）内指定的文件包含到本程序中，使其成为本程序的一部分。第 7 行为宏定义预处理命令语句，表示 uint 为无符号整数类型。被包含的文件通常是由系统提供的，也可以由程序员自己编写，其后缀名为".h"。C 语言的头文件中包括了各个标准库函数的函数原型。因此，在程序中调用一个库函数时，都必须包含函数原型所在的头文件。对于标准的 MCS—51 单片机而言，头文件为"reg51.h"，而 STC89 系列单片机的头文件应为"reg52.h"。

第 8 行定义了一个 BZ 的 bit（位变量）；第 9 行定义了一个 key 的 bit（位变量）。

第 10 行定义了一个带参数调用的延时函数，其函数名为"delayms"，调用参数为"uint ms"函数的参数为"uint i"。该函数采用了两个层次结构和单循环语句。第 11 行至第 17 行表示外部层次结构，其中第 11 行表示延时函数从此处开始执行，第 17 行表示延时函数的结束。第 14 行至第 16 行表示内部层次结构，其中第 15 行为执行语句部分。

第 18 行定义了 main 主函数，函数的参数为"void"，意思是函数的参数为空，即不用传递给函数参数，函数即可运行。该函数采用了 3 个层次结构，第 19 行至第 36 行为第 1 层结构；第 21 行至第 35 行为第 2 层结构；第 23 行至第 29 行及第 31 行至第 34 行同属于第 3 层结构，其中第 1 层为最外层，第 3 层为最内层。

**2. C51 的数据类型**

C51 支持的数据类型有位变量型（bit）、字符型（char）、无符号字符型（unsigned char）、有符号字符型（signed char）、无符号整数型（unsigned int）、有符号整数型（signed int）、无符号长整数型（unsigned long int）、有符号长整数型（signed long int）、单精度浮点型（float）、双精度浮点型（double）等，如图 2-1 所示。

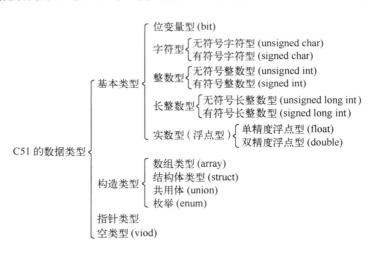

图 2-1　C51 支持的数据类型

基本类型就是使用频率最高的数据类型，其值不可以再分解为其他类型。C51 基本数据类型的长度和值域见表 2-1。

**3. C51 的标识符和关键字**

C 语言的标识符是用于标志源程序中变量、函数、标号和各种用户定义的对象的名字。

C51 中的标识符只能是由字母（A ～ Z、a ～ z）、数字（0 ～ 9）、下划线组成的字符串。其中，第一个字符必须是字母或下划线，随后只能取字母、数字或下划线。标识符区分大小写，其长度不能超过 32 个字符。标识符在命名时，应简单、含义清晰，这样有助于阅读、理解程序。注意，标识符不能用中文。

表 2-1　C51 基本数据类型的长度和值域

| 类　　型 | 长度/bit | 长度/Byte | 值　　域 |
|---|---|---|---|
| 位变量型（bit） | 1 | … | 0，1 |
| 无符号字符型（unsigned char） | 8 | 单字节 | 0～255 |
| 有符号字符型（signed char） | 8 | 单字节 | -128～127 |
| 无符号整数型（unsigned int） | 16 | 双字节 | 0～65536 |
| 有符号整数型（signed int） | 16 | 双字节 | -32768～32767 |
| 无符号长整数型（unsigned long int） | 32 | 四字节 | 0～4294967295 |
| 有符号长整数型（signed long int） | 32 | 四字节 | -2147483648～2147483647 |
| 单精度浮点型（float） | 32 | 四字节 | $\pm 1.175e-38 \sim \pm 3.402e+38$ |
| 双精度浮点型（double） | 32 | 四字节 | $\pm 1.175e-38 \sim \pm 3.402e+38$ |
| 一般指针 | 24 | 三字节 | 存储空间：0～65536 |

关键字是由 C 语言规定的具有特定意义的特殊标识符，有时又称为保留字。这些关键字应当以小写形式输入。在编写 C 语言源程序时，用户定义的标识符不能与关键字相同。表 2-2 列出了 C51 中的一些关键字。

表 2-2　C51 中的一些关键字

| 关　键　字 | 用　　途 | 说　　明 |
|---|---|---|
| auto | 存储种类声明 | 用于声明局部变量 |
| bdata | 存储器类型说明 | 可位寻址的内部数据存储器 |
| break | 程序语句 | 退出最内层循环体 |
| bit | 位变量语句 | 位变量的值是 1（true）或 0（false） |
| case | 程序语句 | switch 语句中的选择项 |
| char | 数据类型声明 | 单字节整数型或字符型数据 |
| code | 存储器类型说明 | 程序存储器 |
| const | 存储类型声明 | 在程序执行过程中不可修改的变量值 |
| continue | 程序语句 | 退出本次循环，转向下一次循环 |
| data | 存储器类型说明 | 直接寻址的内部数据存储器 |
| default | 程序语句 | switch 语句中的失败选择项 |
| do | 程序语句 | 构成 do…while 循环结构 |
| double | 数据类型声明 | 双精度浮点数 |
| else | 程序语句 | 构成 if…else 选择结构 |
| enum | 数据类型声明 | 枚举 |
| extern | 存储类型声明 | 在其他程序模块中声明了的全局变量 |

续表

| 关 键 字 | 用 途 | 说 明 |
|---|---|---|
| float | 数据类型声明 | 单精度浮点数 |
| for | 程序语句 | 构成 for 循环结构 |
| goto | 程序语句 | 构成 goto 循环结构 |
| idata | 存储器类型说明 | 间接寻址的内部数据存储器 |
| if | 程序语句 | 构成 if…else 选择结构 |
| int | 数据类型声明 | 基本整数型 |
| interrupt | 中断声明 | 定义一个中断函数 |
| long | 数据类型声明 | 长整数型 |
| pdata | 存储器类型说明 | 分页寻址的内部数据存储器 |
| register | 存储类型声明 | 使用 CPU 内部的寄存器变量 |
| reentrant | 再入函数说明 | 定义一个再入函数 |
| return | 程序语句 | 函数返回 |
| sbit | 位变量声明 | 声明一个可位寻址的变量 |
| short | 数据类型声明 | 短整数型 |
| signed | 数据类型声明 | 有符号数，二进制的最高位为符号位 |
| sizeof | 运算符 | 计算表达式或数据类型的字节数 |
| Sfr | 特殊功能寄存器声明 | 声明一个特殊功能寄存器 |
| Sfr16 | 特殊功能寄存器声明 | 声明一个 16 位的特殊功能寄存器 |
| static | 存储类型声明 | 静态变量 |
| stuct | 数据类型声明 | 结构类型数据 |
| switch | 程序语句 | 构成 switch 选择语句 |
| typedef | 数据类型声明 | 重新进行数据类型定义 |
| union | 数据类型声明 | 联合类型数据 |
| unsigned | 数据类型声明 | 无符号数据 |
| using | 寄存器组定义 | 定义芯片的工作寄存器 |
| void | 数据类型声明 | 无符号数据 |
| volatile | 数据类型声明 | 声明该变量在程序执行中可被隐含改变 |
| while | 程序语句 | 构成 while 和 do…while 循环语句 |
| xdata | 存储器类型说明 | 外部数据存储器 |

### 4．C51 的常量和变量

**1）常量**　所谓常量，就是在程序运行过程中其值不能改变的数据。根据数据类型的不同，常量可分为整型常量、字符常量、字符串常量、实数常量、位标量等。

（1）整型常量：整型常量可以用二进制、八进制、十进制和十六进制数表示。表示二进制数时，在数字的前面加上"0b"的标志，其数码取值只能是 0 和 1，如"0b10110010"表示二进制的"10110010"，其值为十制数的 $1 \times 2^7 + 1 \times 2^5 + 1 \times 2^4 + 1 \times 2^1 = 178$；表示八进制数时，在数字的前面加上"O"的标志，其数码取值只能是 $0 \sim 7$，如"O517"表示八进制的"517"，其值为十进制数的 $5 \times 8^2 + 1 \times 8^1 + 7 \times 8^0 = 335$；表示十六进制时，在数字的前面加上"0x"或"0X"的标志，其数码取值是数字 $0 \sim 9$、字母 a $\sim$ f 或字母 A $\sim$ F，如"0x3a"和"0X3A"均表示相同的十六进制数值，其值为十进制数的 $3 \times 16^1 + 10 \times 16^0 = 58$。

无符号整数常量在一个数字后面加上"u"或"U"，如"6325U"；长整数型常量在一个数字后面加上"l"或"L"，如"97L"。无符号长整数型常量在一个数字后面加上"ul"或"UL"，如"25UL"；实数型常量在一个数字后面加上"f"或"F"，如"3.146F"。

（2）字符常量：字符常量是单引号内的字符，如 'a'、'f' 等。不可以显示的控制字符，可以在该字符前加一个反斜杠"\"组成专用转义字符。

（3）字符串常量：字符串常量是由双引号内的字符组成，如"Good"、"P_test"等。当引号内没有字符时，为空字符串。在使用特殊字符时，同样要使用转义字符加双引号。在 C 语言中，字符串常量是作为字符类型数组来处理的，在存储字符串时，系统会在字符串尾部加上转义字符"\o"，以作为该字符串的结束符。

（4）实数常量：实数常量有十进制和指数两种表示形式。十进制表示的实数由数字和小数点组成，如 0.123、32.123、0.0 等。整数或小数部分为 0 时可以省略，但必须有小数点。指数表示的实数为"［±］数字［. 数字］e［±］数字"，［］中的内容为可选项，其中的内容根据具体情况可有可无，但其余部分必须有，如 12e2、8e3、−3.5e−2 等。

（5）位标量：位标量的值是一个二进制数。

**2）变量**　所谓变量，就是在程序运行过程中其值可以改变的数据。要在程序中使用变量，必须先用标识符作为变量名，并指出所用的数据类型和存储模式，这样编译系统才能为变量分配相应的存储空间。定义一个变量的格式：

［<存储模式>］<类型定义>［存储器类型］<标识符>；

在定义格式中，除类型定义和标识符是必要的外，其他都是可选项。存储模式有 4 种，即自动（auto）、外部（extern）、静态（static）和寄存器（register），默认类型为自动（auto）。

存储器类型与 MCS—51 单片机实际存储空间的对应关系及其大小见表 2-3。

表 2-3　C51 存储类型与 MCS—51 单片机存储空间的对应关系及其大小

| 存储类型 | 与存储空间的对应关系 | 长度/bit | 长度/Byte | 存储范围 |
|---|---|---|---|---|
| data | 直接寻址片内数据存储区，访问速度快（128B） | 8 | 1 | 0～255 |
| bdata | 可位寻址片内数据存储区，允许位与字节混合访问（16B） | 8 | 1 | 0～255 |
| idata | 间接寻址片内数据存储区，可访问片内全部 RAM 地址空间（256B） | 8 | 1 | 0～255 |
| pdata | 分页寻址片外数据存储区（256B），由 MOVX @Ri 访问 | 8 | 1 | 0～255 |
| xdata | 寻址片外数据存储区（64KB），由 MOVX @DPTR 访问 | 16 | 2 | 0～65635 |
| code | 寻址代码存储区（64KB），由 MOVC @DPTR 访问 | 16 | 2 | 0～65635 |

如果在定义变量时省略了存储类型标识符，则编译器会自动选择默认的存储类型。默认的存储类型进一步由 SMALL、COMPACT 的 LARGE 存储模式指令限制。

存储模式决定了变量的默认存储类型、参数传递区和无明确存储类型说明变量的存储类型。在 SMALL 模式下，参数传递是在片内数据存储区中完成的。COMPACT 和 LARGE 模式允许参数在外部存储器中传递。存储模式及说明见表 2-4。

表 2-4　存储模式及说明

| 存储模式 | 说　　明 |
| --- | --- |
| SMALL | 参数及局部变量放入可直接寻址的片内存储器（最大为 128B，默认存储类型为 data），因此访问十分方便。另外，所有对象（包括栈）都必须嵌入片内 RAM。栈长由函数的嵌套数决定 |
| COMPACT | 参数及局部变量放入分页片外存储区（最大为 256B，默认的存储类型是 pdata），通过寄存器 R0 和 R1（@R0、@R1）间接寻址，栈空间位于 MCS—51 系统内部数据存储区中 |
| LARGE | 参数及局部变量直接放入片外数据存储区（最大为 64KB，默认存储类型为 xdata），使用数据指针 DPTR 来进行寻址。用此数据指针进行访问效率较低，尤其是对两个或多个字节的变量，这种数据类型的访问机制直接影响代码的长度。另一不方便之处在于这种数据指针不能对称操作 |

 ## 任务 2　运算符和表达式

运算符是告诉编译程序执行特定算术或逻辑操作的符号。C 语言的运算符和表达式相当丰富，这在其他高级语言中是很少见的。C 语言常用的运算符见表 2-5。

表 2-5　C 语言常用的运算符

| 名　　称 | 符　　号 | 名　　称 | 符　　号 |
| --- | --- | --- | --- |
| 算术运算符 | + － * / % ++ -- | 条件运算符 | ?: |
| 赋值运算符 | = += -= *= /= %= &= \| = ^= ~= >>= <<= | 逗号运算符 | , |
| 关系运算符 | > < == > = <= != | 指针运算符 | * & |
| 逻辑运算符 | && \|\| ! | 求字节运算符 | sizeof |
| 位操作运算符 | << >> ~ ^ \| & | 特殊运算符 | ( ) [ ] |

C 语言规定了一些运算符的优先级和结合性。优先级是指当运算对象两侧均有运算符时，执行运算的先后次序；结合性是指当一个运算两侧的运算符的优先级别相同时的运算顺序。C 语言运算符的优先级及结合性见表 2-6。

**1. 算术运算符**

算术运算符可用于各类数值运算，包括加（+）、减（-）、乘（*）、除（/）、求余（又称为取模运算,%）、自增（++）和自减（--）7 种运算。

用算术运算符和括号将运算对象连接起来的式子称为算术表达式，其运算对象包括常量、变量、函数和结构等。例如：

a + b;
a + b - c;
a * (b + c) - (d - e)/f;
a + b/c - 3.6 +'b';

算术运算符的优先级规定为，先乘除求余，后加减，括号最优先。即在算术运算符中，乘、除、求余运算符的优先级相同，并高于加、减运算符。在表达式中，出现在括号中的内容的优先级最高。例如：

表 2-6　C 语言运算符的优先级及结合性

| 优先级别 | 运　算　符 | 结　合　性 |
|---|---|---|
| 1（最高级） | （　）　　［　］　　， | 从左至右 |
| 2 | ！～　＊（指针运算符）　＆（指针运算符）　++　-- | 从右至左 |
| 3 | ＊（算术运算符）　/　% | 从左至右 |
| 4 | +　- | 从左至右 |
| 5 | <<　>> | 从左至右 |
| 6 | >　<　>=　<= | 从左至右 |
| 7 | ==　!= | 从左至右 |
| 8 | ＆（位操作运算符） | 从左至右 |
| 9 | ^ | 从左至右 |
| 10 | | | 从左至右 |
| 11 | && | 从左至右 |
| 12 | || | 从左至右 |
| 13 | ?: | 从右至左 |
| 14（最低级） | =　+=　-=　*=　/=　%=　&=　|=　^=　~=　>>=　<<= | 从右至左 |

```
a - b/c;            //在这个表达式中，除号的优先级高于减号，因此先运算 b/c 求得商，再
                    //用 a 减去该商
(a+b)*(c-d%e)-f;    //在这个表达式中，括号的优先级最高，因此先运算(a+b)和(c-d%e)，
                    //然后再将这二者相乘，最后再减去 f。注意，执行(c-d%e)时，先将 d
                    //除以 e 所得的余数作为被减数，然后用 c 减去该被减数即可
```

算术运算符的结合性规定为自左至右方向，又称为"左结合性"，即当一个运算对象两侧的算术运算符优先级别相同时，运算对象与左侧的运算符结合。例如：

```
a - b + c;          //式中 b 两侧的"-"、"+"运算符的优先级别相同,则按左结合性,先执行
                    //a-b,再与 c 相加
a * b/c;            //式中 b 两侧的"*"、"/"运算符的优先级别相同,则按左结合性,先执行 a
                    //*b,再除以 c
```

自增（++）和自减（--）运算符的作用是使变量的值增加或减少 1。例如：

```
++i;                //先将 i 的值加上 1,然后再使用 i 的值
i++;                //先使用 i 的当前值进行运算,然后再将 i 加上 1
--i;                //先将 i 的值减少 1,然后再使用 i 的值
i--;                //先使用 i 的当前值进行运算,然后再将 i 减少 1
```

**2. 赋值运算符和赋值表达式**

**1）一般赋值运算符**　在 C 语言中，最常见的赋值运算符为"="，它的作用是先计算表达式的值，再将数据赋值给左边的变量。赋值运算符具有右结合性，即当一个运算对象两侧的运算符优先级别相同时，运算对象与右侧的运算符结合，其一般形式为：变量 = 表达式。例如：

```
x = a + b;                    //变量 x 输出为 a 加上 b
s = sqrt(a) + sin(b);        //变量 s 输出的内容为 a 的平方根加上 b 的正弦值
y = i + + ;                   //变量 y 输出的内容为 i,然后 i 的内容加 1
y = z = x = 3;               //可理解为 y = (z = (x = 3))
```

如果赋值运算符两侧的数据类型不同，系统将自动进行类型转换，即把赋值号右侧的类型转换成左侧的类型。具体规定如下：①实数型转换为整数型时，舍去小数部分；②整数型转换为实数型时，数值不变，但将以实数形式存放，即增加小数部分（小数部分的值为 0）；③字符型转换为整数型时，由于字符型为一个字节，而整型为两个字节，因此将字符的 ASCII 码值放到整数型量的低 8 位中，高 8 位为 0；④整数型转换为字符型时，只把低 8 位转换给字符变量。

**2）复合赋值运算符**　在赋值运算符 " = " 的前面加上其他运算符，即可构成复合赋值运算符。C 语言中的复合赋值运算符包括加法赋值运算符 （ + = ）、减法赋值运算符（ - = ）、乘法赋值运算符 （ * = ）、除法赋值运算符 （/= ）、求余（取模）赋值运算符(%= )、逻辑与赋值运算符 （& = ）、逻辑或赋值运算符 （ | = ）、逻辑异或赋值运算符(^= )、逻辑取反赋值运算符 （ ~ = ）、逻辑左移赋值运算符 （ <<= ）、逻辑右移赋值运算符（ >>= )11 种运算。

复合赋值运算首先对变量进行某种运算，然后再将运算的结果赋给该变量。采用复合赋值运算可以简化程序，同时提高 C 程序的编译效率。复合赋值运算表达式的一般格式为：

　　　　变量　复合赋值运算符　表达式

例如：

```
a + = b;                      //相当于 a = a + b
a - = b;                      //相当于 a = a - b
a * = b;                      //相当于 a = a * b
a/ = b;                       //相当于 a = a/b
a% = b;                       //相当于 a = a%b
```

### 3. 关系运算符

在程序中，有时需要对某些量的大小进行比较，然后根据比较结果进行相应的操作。在 C 语言中，关系运算符专用于两个量的大小比较，其比较运算的结果只有 "真" 和 "假" 两个值。

C 语言中的关系运算符包括大于 （ > ）、小于 （ < ）、等于 （ == ）、大于或等于（ >= ）、小于或等于 （ <= ）、不等于 （ ! = ）6 种运算。

用关系运算符将两个表达式连接起来的式子称为关系表达式。关系运算符两边的运算对象可以是 C 语言中任意合法的表达式或变量。关系表达式的一般格式为：

表达式　关系运算符　表达式

关系运算符的优先级别如下：①大于 （ > ）、小于 （ < ）、大于或等于 （ >= ）、小于或等于 （ <= ）属于同一优先级，等于 （ == ）、不等于 （ ! = ）属于同一优先级，其中前 4 种运算符的优先级高于后两种运算符的优先级；②关系运算符的优先级低于算术运算符的优先级，但高于赋值运算符的优先级。

例如：

```
x > y;                    //判断 x 是否大于 y
a + b < c;                //判断 a 加上 b 的和是否小于 c
a + b - c = = m × n;      //判断 a 加上 b 的和再减去 c 的差值是否等于 m 乘上 n 的积
```

关系运算符的结合性为左结合。C 语言不像其他高级语言那样有专门的"逻辑值"，它用整数"0"和"1"来描述关系表达式的运算结果，规定用"0"表示逻辑"假"，即当表达式不成立时，运算结果为"0"；用"1"表示逻辑"真"，即当表达式成立时，运算结果为"1"。例如：

```
unsigned  char  x = 8, y = 9, z = 18;  //定义无符号字符 x、y、z，它们的初始值分别为 8、9、18
x > y;                    //x = 8, y = 9, x 小于 y, 因此表达式不成立, 运算结果为 0
x + y < z;                //x 加 y 等于 17, 小于 z(z = 18), 因此表达式成立, 运算结果为 1
(y = 18) == z;            //y 重新赋值为 18 后等于 z(z = 18), 因此表达式成立, 运算结果为 1
x + 6 != z;               //x 加 6 等于 14, 是不等于 z(z = 18), 因此表达式成立, 运算结果为 1
a == x < y < z            //由于关系运算符的结合性为左结合, 因此 x < y 的值为 1, 而 1 < z 的值
                          //为 1, 所以 a 的值为 1
```

### 4. 逻辑运算符

逻辑关系主要包括逻辑与、逻辑或、逻辑非这 3 种基本运算。在 C 语言中，用"&&"表示逻辑与运算；用"‖"表示逻辑或运算；用"!"表示逻辑非运算。其中，"&&"和"‖"是双目运算符，它要求有两个操作数，而"!"是单目运算符，只要求有一个操作数即可。

> 📖 注意："&"和"|"是位操作运算符，不要将逻辑运算符与位操作运算符混淆。

用逻辑运算符将关系表达式或逻辑量连接起来的式子称为逻辑表达式。逻辑表达式的一般格式为：

表达式　逻辑运算符　表达式

逻辑表达式的值是一个逻辑量，为"真"（即"1"）或"假"（即"0"）。对于逻辑与运算（&&）而言，只有当参与运算的两个量均为"真"时，结果才为"真"，否则为"假"；对于逻辑或运算（‖）而言，只有当参与运算的两个量均为"假"时，结果为"假"，否则为"真"；对于逻辑非运算（!）而言，参与运算量为"真"时，结果为"假"，参与运算量为"假"时，结果为"真"。

逻辑运算符的优先级别如下：①在 3 个逻辑运算符中，逻辑非运算符（!）的优先级最高，其次是逻辑与运算符（&&），逻辑或运算符（‖）的优先级最低。②与算术运算符、关系运算符及赋值运算符的优先级相比，逻辑非运算符（!）的优先级高于算术运算符的优先级，算术运算符的优先级高于关系运算符的优先级，关系运算符的优先级高于逻辑与运算符（&&）和逻辑或运算符（‖）的优先级，而赋值运算符的优先级最低。

例如：

```
unsigned  char  a = 5, b = 8, y;  //定义无符号字符 a、b、y, a 的初始值为 5, b 的初始值为 8
y = !a;           //y 的值为逻辑"假", 因为 a = 5 为逻辑"真", 所以"! a"为逻辑"假"
y = a ‖ b;        //y 的值为逻辑"真", 因为 a、b 为逻辑"真", 所以"a ‖ b"为逻辑"真"
y = a&&b;         // y 的值为逻辑"真", 因为 a、b 为逻辑"真", 所以"a&&b"为逻辑"真"
```

y = ! a&&b;        //y 的值为逻辑"假"，因为"!"的优先级高于"&&"，需先执行"! a"，其值为
                   //逻辑"假"（即"0"）；而"0&&b"的运算为逻辑"假"，所以结果为逻辑"假"

**5. 位操作运算符**

能对运算对象进行位操作是 C 语言的一大特点，正是由于这一特点使 C 语言具有了汇编语言的一些功能，从而使它能对计算机的硬件直接进行操作。

位操作运算符是按位对变量进行运算的，并且不改变参与运算的变量的值。如果希望按位改变运算变量的值，则应利用相应的赋值运算。另外，位运算符只能对整数型或字符型数据进行操作，不能用于浮点型数据的操作。

C 语言中的位操作运算符包括按位与（&）、按位或（|）、按位异或（^）、按位取反（～）、按位左移（<<）、按位右移（>>）6 种运算。除按位取反运算符为单目运算外，其他 5 种位操作运算符均为两目运算符，即要求运算符两侧各有一个运算对象。

**1）按位与（&）**  按位与的运算规则是，若参加运算的两个运算对象的相应位均为 1，则该位的结果为 1，否则为 0。

例如，若 a = 0x62 = 0b01100010，b = 0x3c = 0b00111100，则表达式 c = a &b 的值为 0x20，即

$$
\begin{array}{lll}
\text{a:} & 01100010 & (0x62) \\
\text{b:} & \underline{\&\ 00111100} & (0x3c) \\
\text{c} & =\ 00100000 & (0x20)
\end{array}
$$

**2）按位或（|）**  按位或的运算规则是，若参加运算的两个运算对象的相应位均为 0，则该位的结果为 0，否则为 1。

例如，若 a = 0xa5 = 0b10100101，b = 0x29 = 0b00101001，则表达式 c = a | b 的值为 0xad，即

$$
\begin{array}{lll}
\text{a:} & 10100101 & (0xa5) \\
\text{b:} & \underline{|\ 00101001} & (0x29) \\
\text{c} & =\ 10101101 & (0xad)
\end{array}
$$

**3）按位异或（^）**  按位异或的运算规则是，若参加运算的两个运算对象的相应位的值相同，则该位的结果为 0；若二者相应位的值相异，则该位的结果为 1。

例如，若 a = 0xb6 = 0b10110110，b = 0x58 = 0b01011000，则表达式 c = a^b 的值为 0xee，即

$$
\begin{array}{lll}
\text{a:} & 10110110 & (0xb6) \\
\text{b:} & \underline{^\wedge\ 01011000} & (0x58) \\
\text{c} & =\ 11101110 & (0xee)
\end{array}
$$

**4）按位取反（～）**  按位取反（～）是单目运算，用于对一个二进制数按位进行取反操作，即 0 变 1，1 变 0。

例如，若 a = 0x72 = 0b01110010，则表达式：a = ～ a 的值为 0x8d，即

$$
\begin{array}{lll}
\text{a:} & 01110010 & (0x72) \\
 & \underline{\quad\sim\quad} & \\
\text{a} & =\ 10001101 & (0x8d)
\end{array}
$$

**5）按位左移（<<）、按位右移（>>）**  按位左移（<<）用于将一个操作数的各二进制位全部左移若干位，移位后，空出的位补 0，而溢出的位舍弃。

例如，若 a = 0x8b = 0b10001011，则表达式 a = a << 2，将 a 值左移两位后，其结果为 0x2c，即

$$
\begin{array}{lll}
\text{a:} & 10001011 & (0x8b) \\
<<2 & 10\ 00101100 & \\
\hline
\text{a} \quad = & 00101100 & (0x2c)
\end{array}
$$

按位右移（>>）用于将一个操作数的各二进制位全部右移若干位，移位后，空出的位补 0，而溢出的位舍弃。

例如，若 a = 0x8b = 0b10001011，则表达式 a = a >> 2，将 a 值左移两位后，其结果为 0x2c，即

$$
\begin{array}{lll}
\text{a:} & 10001011 & (0x8b) \\
>>2 & 00100010\ 11 & \\
\hline
\text{a} \quad = & 00100010 & (0x22)
\end{array}
$$

### 6. 条件运算符

条件运算符是 C 语言中唯一的三目运算符，它要求有 3 个运算对象，用它可以将 3 个表达式连接构成一个条件表达式。条件表达式的一般格式如下：

　　　　表达式 1 ？　表达式 2 　：　表达式 3

条件表达式的功能是首先计算表达式 1 的逻辑值，当逻辑值为"真"时，将表达式 2 的值作为整个条件表达式的值；当逻辑值为"假"时，将表达式 3 的值作为整个条件表达式的值。例如：

　　　　min = ( a < b ) ？ a : b 　　　//当 a 小于 b 时，min = a;否则，min = b

### 7. 逗号运算符

逗号运算符又称为顺序示值运算符。在 C 语言中，逗号运算符是将两个或多个表达式连接起来。逗号表达式的一般格式如下：

　　　　表达式 1，表达式 2，…，表达式 $n$

逗号表达式的运算过程是，先求解表达式 1，再求解表达式 2……依次求解到表达式 $n$。例如：

```
a = 2 + 3,a * 8      //先求解 a = 2 + 3,得 a 的值为 5,然后求解 a * 8 得 40,整个逗号表达式的
                     //值为 40
a = 4 * 5,a + 10,a/6 //先求解 a = 4 * 5,得 20,再求解 a + 10 得 30,最后求解 a/6 得 5,整个逗号
                     //表达式的值为 5
```

### 8. 求字节运算符

在 C 语言中，提供了一种用于求取数据类型、变量及表达式的字节数的运算符 sizeof。求字节运算符的一般形式如下：

　　　　sizeof(表达式) 或 sizeof(数据类型)

> 📖 注意：sizeof 是种特殊的运算符，它不是一个函数。通常，字节数的计算在程序编译时就完成了，而不是在程序执行的过程中计算出来的。

### 9. 指针和地址运算符

指针是 C 语言中一个十分重要的概念，C51 中专门规定了一种指针类型的数据。变量的指针就是该变量的地址，也可以说是一个指向某个变量的指针变量。C51 中提供了两个专门用于指针和地址的运算符，即 * （取内容）和 & （取地址）。

取内容和取地址的一般形式：

变量 = * 指针变量

指针变量 = & 目标变量

取内容运算是将指针变量所指向的目标变量的值赋给左侧的变量；取地址运算是将目标变量的地址赋给左侧的变量。

 # 任务 3　程序结构及流程控制

C51 的基本程序结构有 3 种，即顺序结构、选择结构和循环结构。

### 1. 顺序结构

顺序结构是一种最基本、最简单的编程结构。在这种结构中，程序由低地址向高地址顺序执行指令代码。如图 2-2 所示，程序要先执行 A，然后再执行 B，二者是顺序执行的关系。顺序结构的特点如下所述。

☺ 执行过程是按顺序从第 1 条语句执行到最后 1 条语句。

☺ 在程序执行过程中，顺序结构程序中的任何一个可执行语句都要运行一次，而且只能运行一次。

### 2. 选择结构

选择结构是对给定的条件进行判断，再依据判断的结果决定执行哪一个分支。如图 2-3 所示，图中 P 代表一个条件，当 P 条件成立（或称为"真"）时，执行 A；否则，执行 B。注意，只能执行 A 或 B 之一，然后两条路径汇合在一起，从一个出口退出。

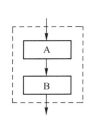

图 2-2　顺序结构

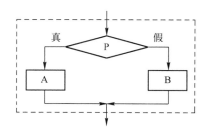

图 2-3　选择结构

选择结构语句分为 if 条件语句和 switch 开关语句两种。

**1）if 条件语句**　if 语句有以下 3 种结构形式。

【形式 1】

```
if（表达式）
｛语句;｝
```

在这种结构形式中，如果括号中的表达式成立，则程序执行"｛｝"中的语句；否则，程序将跳过"｛｝"中的语句部分，顺序执行其他语句。例如：

```
if （P1^0 ==0）            //如果 P1.0 端口为低电平,则执行下述语句
  ｛
    P0.7 = ～ P1.7;        //P0.7 端口输出相反的状态
    P0^5 = 0;             //P0.5 端口输出为低电平
  ｝
```

【形式 2】

```
if（表达式）
  ｛语句 1;｝
else
  ｛语句 2;｝
```

在这种结构形式中，如果小括号中的表达式成立，则程序执行"｛语句 1;｝"中的语句；否则执行程序"｛语句 2;｝"中的语句。在项目一中的 P_test.c 源程序就采用了这种形式进行条件判断。

【形式 3】

```
if（表达式 1）
  ｛语句 1;｝
else if（表达式 2）
  ｛语句 2;｝
else if（表达式 3）
  ｛语句 3;｝
……
else if（表达式 m）
  ｛语句 m;｝
else
  ｛语句 n;｝
```

在这种结构形式中，如果括号中的表达式 1 成立，则程序执行"｛语句 1;｝"中的语句，然后退出 if 选择语句，不执行下面的语句；否则，如果表达式 2 成立，则程序执行"｛语句 2;｝"中的语句，然后退出 if 选择语句，不执行下面的语句；否则，如果表达式 3 成立，则程序执行"｛语句 3;｝"中的语句，然后退出 if 选择语句，不执行下面的语句；……；否则，如果表达式 m 成立，则程序执行"｛语句 m;｝"中的语句，然后退出 if 选择语句，不执行下面的语句；否则，上述表达式均不成立，则程序执行"｛语句 n;｝"中的语句。

当 if 语句中又包含一个或多个 if 语句时，这种情况称为 if 语句的嵌套。if 语句的嵌套基本形式如下：

```
              ┌ if （表达式 1）
              │    {
              │        if （表达式 2）            ┐
              │           { 语句 1；}            │
外层嵌套 if 语句 ┤        else                    ├ 内层嵌套 if 语句
              │           { 语句 2；}            ┘
              │    }
              ├ else
              │    {
              │        if （表达式 3）            ┐
              │           { 语句 3；}            │ 内层嵌套 if 语句
              │        else                    │
              │           { 语句 4；}            ┘
              └    }
```

**2）switch 开关语句**　在实际使用中，通常会碰到多分支选择，此时可以使用 if 嵌套语句来实现。但是，如果分支很多，if 语句的层数太多，程序冗长，可读性降低，而且很容易出错。在 C 语言中，使用 switch 语句可以很好地解决多重 if 嵌套容易出现的问题。switch 语句是另一种多分支选择语句，是用于实现多方向条件分支的语句。

（1）switch 语句格式。

```
switch （表达式）
    case 常量表达式 1：
        {语句 1；} break；
    case 常量表达式 2：
        {语句 2；} break；
    case 常量表达式 3：
        {语句 3；} break；
            ⋮
    case 常量表达式 m：
        {语句 m；} break；
    default：
        {语句 n；} break；
```

（2）switch 语句使用说明。

☺ switch 后面括号内的表达式可以是整数型表达式或字符型表达式，也可以是枚举型数据。

☺ 当 switch 后面表达式的值与某一“case”后面的常量表达式相等时，就执行该“case”后面的语句，然后遇到 break 语句而退出 switch 语句。若所有“case”中常量表达式的值均不能与表达式的值相匹配，就执行 default 后面的语句。

☺ 每个 case 的常量表达式的值必须互不相同，否则就会出现互相矛盾的现象（对同一个值，有两种或多种解决方案提供）。

☺ 每个 case 和 default 的出现次序不影响执行结果，可先出现“default”再出现其他的“case”。

☺ 假如在 case 语句的最后没有“break；”，则流程控制转移到下一个 case 继续执行。所以，在执行一个 case 分支后，为了使流程跳出 switch 结构（即终止 switch 语句的执行），可用一个 break 语句来完成。

### 3. 循环结构

循环结构是在给定条件成立时，反复执行某段程序。在 C 语言中，用于实现循环的语句有 goto 语句、while 语句、do－while 语句和 for 语句等。

**1）goto 语句**　goto 语句为无条件转向语句，利用该语句可以实现循环操作。goto 语句的一般形式如下：

goto 语句标号；

其中，语句标号不必特殊加以定义，它是一个任意合法的标识符，其命名规则与变量名相同，由字母、数字和下划线组成，并且首字符必须为字母或下划线，不能用整数作为标号。这个标识符加上一个"："一起出现在函数内某处时，执行 goto 语句后，程序将跳转到该标号处并执行其后的语句。注意，标号必须与 goto 语句同处于一个函数中，但可以不在一个循环层中。

结构化程序设计主张限制使用 goto 语句，主要是因为它会使程序层次不清，且不易读；但也并不是绝对禁止使用 goto 语句，在多层嵌套退出时，用 goto 语句则比较合理。一般来说，使用 goto 语句可以有以下两种用途：与 if 语句一起构成循环结构，从循环体中跳转到循环体外。

（1）与 if 语句一起构成循环结构。

【例 2-2】　用 if 语句和 goto 语句构成循环结构，求 $\sum_{n=0}^{100} n$ ，编写的程序如下：

```
/************************************************
File name：       goto 语句应用.c
Chip type：       STC89C51RC
Clock frequency： 12.0MHz
************************************************/
#include "reg52.h"
void main(void)
    {
    int i = 0,sum = 0;
    loop：if(i <= 100)
        {
        sum = sum + i;
        i ++;
        goto loop;
        }
    }
```

（2）从循环体中跳转到循环体外。在 C 语言中，如果要跳出本层循环和结束本次循环，可以使用 break 语句和 continue 语句。goto 语句的使用机会已大大减少，只有需要从多层循环的内层跳到多层循环体外时才用到 goto 语句。但是，这种用法不符合结构化原则，一般不宜采用，只有在特殊情况（如需要大大提高生成代码的效率）时才使用。

**2）while 语句**　while 语句很早就出现在 C 语言编程的描述中，它是最基本的控制元素之一，用于实现"当型"循环结构。while 语句的一般格式如下：

　　　while（表达式）
　　　　{语句；}

若程序的执行进入 while 循环的顶部时，将对表达式求值。如果该表达式为"真"（非零），则执行 while 循环内的语句。当执行到循环底端时，马上返回到 while 循环的顶部，再次对表达式进行求值，如果值仍为"真"，则继续循环，否则完全绕过该循环，而继续执行紧跟在 while 循环后的语句。其流程图如图 2-4 所示。

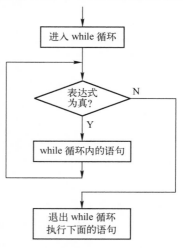

图 2-4　while 语句的流程图

【例 2-3】 用 while 语句，求 $\sum_{n=0}^{100} n$ ，编写的程序如下：

```
/**********************************************
File name：          while 语句应用.c
Chip type：          STC89C51RC
Clock frequency：    12.0MHz
 **********************************************/
#include "reg52.h"
void main(void)
  {
     int n = 0,sum = 0;
     while (n <= 100)
       {
          sum = sum + n;
          n ++;
       }
  }
```

**3) do - while 语句**　do - while 循环与 while 循环十分相似，而区别在于 do - while 语句是先执行循环后判断，即循环内的语句至少执行一次，然后再判断是否继续循环。其流程图如图 2-5 所示。do - while 语句的一般格式如下：

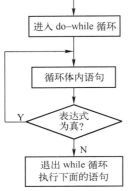

图 2-5　do - while 语句流程图

```
do
{语句;}
While (条件表达式);
```

【例 2-4】 用 do - while 语句，求 $\sum_{n=0}^{100} n$ ，编写的程序如下：

```
/**********************************************
File name：          do - while 语句应用.c
Chip type：          STC89C51RC
Clock frequency：    12.0MHz
 **********************************************
****/
```

```
#include "reg52.h"
void main(void)
  {
     int n = 0,sum = 0;
     do
       {
          sum = sum + n;
          n ++;
       }
     while (n <= 100);
  }
```

**4) for 语句**　在 C 语言中，for 语句的使用最为灵活，完全可以取代 while 语句或 do - while 语句。它不仅可以用于循环次数已经确定的情况，而且可以用于循环次数不确定而只给出循环结束条件的情况。for 语句的一般格式如下：

```
for (表达式 1;表达式 2;表达式 3)
{语句;}
```

for 语句流程图如图 2-6 所示。其执行过程如下所述。

（1）对表达式 1 赋初值，进行初始化。

（2）判断表达式 2 是否满足给定的循环条件，若满足循环条件，则执行循环体内语句，然后执行第（3）步；若不满足循环条件，则结束循环，转到第（5）步。

（3）若表达式 2 为"真"，则在执行指定的循环语句后，求解表达式 3。

（4）回到第（2）步继续执行。

（5）退出 for 循环，执行后面的下一条语句。

for 语句最简单的应用形式也就是最易理解的形式如下：

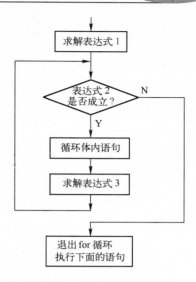

图 2-6　for 语句流程图

```
for（循环变量赋初值;循环条件;循环变量增值）
{语句;}
```

【例 2-5】　用 for 语句，求 $\sum\limits_{n=0}^{100} n$ ，编写的程序如下：

```
/*****************************************************
File name：          while 语句应用 . c
Chip type：          STC89C51RC
Clock frequency：    12. 0MHz
*****************************************************/
#include "reg52. h"
void main( void)
    {
        int n, sum = 0;
        for ( n = 0; n < = 100; n + + )
            {
                sum = sum + n;
            }
    }
```

显然，用 for 语句简单、方便。对于以上 for 语句的一般形式，也可以用相应的 while 循环形式来表示：

```
表达式 1;
while（表达式 2)
    {
        语句;
        表达式 3;
    }
```

同样，for 语句的一般形式还可以用相应的 do - while 循环形式来表示：

```
表达式 1;
do
    {
        语句;
        表达式 3;
    }
while（表达式 2)
```

**5）break 和 continue 语句**

（1）break 语句：通常可以用在 switch 语句或循环语句中。当 break 语句用于 switch 语句中时，可使程序跳出 switch 而执行 switch 后的语句；当 break 语句用于 while 语句、do – while 语句或 for 语句中时，可使程序提前终止循环而执行循环后面的语句。通常 break 语句总是与 if 语句连在一起的，即满足条件时便跳出循环。break 语句的一般格式如下：

　　　　break;

> 📖 注意：（1）break 语句不能用于循环语句和 switch 语句外的任何其他语句中。
> 　　　　（2）break 语句只能跳出它所处的那一层循环，而不像 goto 语句那样可以直接从最内层循环中跳出来。因此，要退出多重循环时，采用 goto 语句比较方便。

（2）continue 语句：一般用在 while 语句、do – while 语句或 for 语句中，其功能是跳过循环体中剩余的语句而强行执行下一次循环。通常 continue 语句总是与 if 语句连在一起的，用于加速循环。continue 语句的一般格式如下：

　　　　continue;

continue 语句和 break 语句的区别：break 语句结束循环，不再进行条件判断；continue 语句只能结束本次循环，不终止整个循环。

# 任务 4　数组与指针

## 1. 数组

数组是一组具有固定数目的相同类型成分分量的有序数据集合。数组是 C 语言提供的一种最简单的构造类型，其成分分量的类型为该数组的基本类型。如整数型变量的有序集合称为整数型数组，字符型变量的有序集合称为字符型数组。数组中的每个元素都属于同一个数据类型，在同一数组中不允许出现不同类型的变量。

在数组中，可以用一个统一的数组名和下标来唯一地确定数组中的元素。数组中的下标放在方括号中，是从 0 开始（0，1，2，3，4，…，$n$）的一组有序整数。如数组 a[$i$]，当 $i$ = 0，1，2，3…，$n$ 时，a[0]，a[1]，a[2]，…，a[$n$] 分别是数组 a[$i$] 的元素。数组中有一维、二维、三维和多维数组之分，常用的有一维、二维和字符数组。

**1）一维数组**　数组只有一个下标时，称为一维数组。在 C 语言中，使用数组前，需先对其进行定义。一维数组的定义方式如下：

　　　　类型说明符　　数组名 [常量表达式]；

其中，类型说明符是任一种基本数据类型或构造数据类型（如 int、char 等）。数组名是用户定义的数组标识符，即合法的标识符。方括号中的常量表达式表示数据元素的个数，也称为数组的长度。例如：

```
unsigned int a[8];          //定义了含有 8 个元素的无符号整数型数组 a
float b[10],c[16];          //定义了含有 10 个元素的实数型数组 b,含有 16 个元素的实数型数组 c
unsigned char ch[20];       //定义了含有 20 个元素的字符型数组 ch
```

对于数组类型的定义应注意以下 4 点。

☺ 数组名的定义规则和变量名的相同，应遵循标识符命名规则。在同一程序中，数组名不能重名，即不能与其他变量名相同。

☺ 数组名后是用方括号将常量表达式括起来的，不能用圆括号。

☺ 方括号中常量表达式表示数组元素的个数，如 a[10]表示数组 a 有 10 个元素。每个元素由不同的下标表示，在数组中的下标是从 0 开始计算的，而不是从 1 开始计算的。因此，a 的 10 个元素分别为 a[0]，a[1]，…，a[9]。注意，a[10]这个数组中并没 a[10]这个数组元素。

☺ 常量表达式中可以包括常量和符号常量，不能包含变量，即 C 语言中数组元素个数不能在程序运行过程中根据变量值的不同而随机修改，数组的元素个数在程序编译阶段就已经确定了。

定义了一维数组后，就可以引用这个一维数组中的任何元素，且只能逐个引用而不能一次引用整个数组的元素。引用数组元素的一般形式如下：

　　　数组名[下标]

这种引用数组元素的方法称为"下标法"。C 语言规定，以下标法使用数组元素时，下标可以越界，即下标可以不在 0 ～（长度 −1）的范围内。例如，定义数组为 a[3]，能合法使用的数组元素是 a[0]、a[1]、a[2]，而 a[3]、a[4]虽然也能使用，但由于下标越界，超出数组元素的范围，在程序运行时，可能会出现不可预料的结果。

例如，对 10 个元素的数组进行赋值时，必须使用循环语句逐个输出各个变量：

```
int i,a[10];                //定义变量 i 及含 10 个元素的一维数组 a
for ( i = 0;i < 10;i + + )
    {
    a[i] = 0;
    }
```

而不能类似于下列的方法用一个语句输出整个数组变量：

```
int i,a[10];
a = 0;
```

除用赋值语句对数组元素赋值外，还可以采用初始化赋值和动态赋值的方法给数组赋值。

数组初始化是指在定义数组的同时给数组元素赋值。虽然数组赋值可以在程序运行期间用赋值语句进行赋值，但是这样将耗费大量的运行时间，尤其是对大型数组而言，这种情况更加突出。采用数组初始化的方式赋值时，由于数组初始化是在编译阶段进行的，这样将减少运行时间，提高效率。

一维数组初始化赋值的一般形式如下：

　　　类型说明符　数组名[常量表达式] = {值 1,值 2,……,值 n}；

其中，在"{}"中的各数据值即为各元素的初值，各值之间用逗号间隔。例如：

　　　const tab[8] = {0xfe,0xfd,0xfb,0xf7,0xef,0xdf,0xbf,0x7f}；

经过上述定义的初始化后，各个变量值为：tab[0] = 0xfe；tab[1] = 0xfd；tab[2] = 0xfb；tab[3] = 0xf7；tab[4] = 0xef；tab[5] = 0xdf；tab[6] = 0xbf；tab[7] = 0x7f。

C 语言对一维数组元素的初始化赋值还有以下特例。

（1）只给一部分元素赋初值：如果"{}"中值的个数少于元素个数时，可以只给前面

部分元素赋值。例如，

　　　　const unsigned char tab[10] = {0x00,0x00,0x07,0x02,0x02,0x02,0x7F};

　　在此语句中，定义了 tab 数组有 10 个元素，但"{ }"内只提供了 7 个初值，这表示只给前面 7 个元素赋值，后面 3 个元素的初值为 0。

　　（2）给全部元素赋值相同值：给全部元素赋相同值时，应在"{ }"内将每个值都写上。例如，

　　　　int a[10] = {2,2,2,2,2,2,2,2,2,2};

　　而不能写为：

　　　　int a[10] = 2;

　　（3）给全部元素赋值，但不给出数组元素的个数。如果给全部元素赋值，则在数组说明中进行，可以不给出数组元素的个数。例如，

　　　　const unsigned char tab1[24] = {0x00,0x00,0x7F,0x1E,0x12,0x02,0x7F,0x00,
　　　　　　　　　　　　　　　　　　　0x00,0x00,0x07,0x02,0x02,0x02,0x7F,0x00,
　　　　　　　　　　　　　　　　　　　0x00,0x00,0x7F,0x1E,0x12,0x02,0x7F,0x00};

　　可以写为：

　　　　const unsigned char tab1[ ] = {0x00,0x00,0x7F,0x1E,0x12,0x02,0x7F,0x00,
　　　　　　　　　　　　　　　　　　　0x00,0x00,0x07,0x02,0x02,0x02,0x7F,0x00,
　　　　　　　　　　　　　　　　　　　0x00,0x00,0x7F,0x1E,0x12,0x02,0x7F,0x00};

　　由于数组 tab1 初始化时"{ }"内有 24 个数，因此，系统自定义 tab1 的数组个数为 24，并将这 24 个数分配给 24 个数组元素。

　　**2）二维数组**　　C 语言允许使用多维数组，最简单的多维数组就是二维数组。实际上，二维数组是以一维数组为元素构成的数组。二维数组的定义方式如下：

　　　　类型说明符　　数组名[常量表达式 1][常量表达式 2]；

　　其中，常量表达式 1 表示第 1 维下标的长度，常量表达式 2 表示第 2 维下标的长度。二维数组存取顺序是按行存取，先存取第 1 行元素的第 0 列、第 1 列、第 2 列……直到第 1 行的最后一列；然后返回到第 2 行开始，再取第 2 行的第 0 列，第 1 列，第 2 列……直到第 2 行的最后一列；依次类推，直到最后一行的最后一列。例如：

　　　　int a[4][6]；

　　该列定义了 4 行 6 列共 24 个元素的二维数组 a[ ][ ]，其存取顺序如下：

```
→ a[0][0]→ a[0][1]→ a[0][2]→ a[0][3]→ a[0][4]→ a[0][5] ┐
└ a[1][0]→ a[1][1]→ a[1][2]→ a[1][3]→ a[1][4]→ a[1][5] ┘
┌ a[2][0]→ a[2][1]→ a[2][2]→ a[2][3]→ a[2][4]→ a[2][5] ┐
└ a[3][0]→ a[3][1]→ a[3][2]→ a[3][3]→ a[3][4]→ a[3][5]
```

　　二维数组元素引用的一般形式为

　　　　数组名[下标][下标]

其中，下标可以是整数，也可以是整数表达式。例如：

```
a[2][4]                //表示 a 数组第 2 行第 4 列的元素
b[3-1][2*2-1]          //不要写成 b[2,3]，也不要写成 b[3-1,2*2-1]的形式
```

在使用数组时，下标值应在已定义的数组大小范围内，以避免越界错误。例如：

```
int   a[3][4];
    ⋮
a[3][4]=4；            //定义 a 为 3×4 的数组，其行下标值最大为 2，列坐标值最大为 3，而 a[3][4]
                       //超过数组范围
```

二维数组初始化也是在类型说明时给各下标变量赋以初值。对二维数组赋值时，可以按以下方法进行。

（1）按行分段赋值：按行分段赋值是将第 1 个"{}"内的数值赋给第 1 行的元素，第 2 个"{}"内的数值赋给第 2 行的元素，依次类推。采用这种方法比较直观，例如，

```
code unsigned char tab[3][4] = { {0x00,0x00,0x7F,0x1E},{0x12,0x02,0x7F,0x00},{0x02,0x02,
0x7F,0x00}};
```

（2）按行连续赋值：按行连续赋值是将所有数据写在 1 个"{}"内，按数组排列的顺序对各个元素赋初值。例如，

```
code unsigned char tab[3][4] = {0x00,0x00,0x7F,0x1E,0x12,0x02,0x7F,0x00,0x02,0x02,0x7F,
0x00};
```

从这段赋值可以看出，第 2 种方法与第 1 种方法完成相同任务，都是定义同一个二维数组 tab 且赋相同的初始值，但是第 2 种方法不如第 1 种方法直观，如果二维数组需要赋的初始值比较多时，采用第 2 种方法将会在"{}"内写一大片，容易遗漏，也不容易检查。

（3）对部分元素赋初值：可以对二维数组的部分元素赋初值，未赋值的元素自动取"0"值。例如，

```
int   a[3][4]={{1},{3},{6}};        //二维数组 a 各元素的值为{{1,0,0,0},{3,0,0,0},{6,0,0,0}}
int   b[3][4]={{2},{1,3},{2,4,3}};  //二维数组 b 各元素的值为{{2,0,0,0},{1,3,0,0},{2,4,3,0}}
int   c[3][4]={{2},{3,5}};          //二维数组 c 各元素的值为{{2,0,0,0},{3,5,0,0},{0,0,0,0}}
int   d[3][4]={{1},{},{2,3,4}};     //二维数组 d 各元素的值为{{1,0,0,0},{0,0,0,0},{2,3,4,0}}
```

（4）元素赋初值时，可以不指定第 1 维的长度：如果对全部元素都赋初始值，则定义数组时对第 1 维的长度可以不指定，但第 2 维的长度不能省略。例如，

```
int   a[3][4]={{1,2,3,4}{5,6,7,8}{9,10,11,12}};
```

与下面的定义等价：

```
int   a[ ][4]={{1,2,3,4}{5,6,7,8}{9,10,11,12}};
```

如果只对部分元素赋初始值，则定义数组时对第 1 维的长度可以不指定，但第 2 维的长度不能省略，且应分行赋初始值。例如：

```
int   a[ ][4]={{1,2,3},{},{5}};
```

该程序段定义了 3 行 4 列的二维数组，元素各初始值分别为{{1, 2, 3, 0}, {0, 0, 0, 0}, {5, 0, 0, 0}}。

**3）字符数组**　用于存放字符数据的数组称为字符数组。字符数组中每个元素存放一个字符，所以可以用字符数组来存放长度不同的字符串。

字符数组的定义格式为

（unsigned）char 数组名［常量表达式］；

例如：

char　a［10］；　　　　　　　　　//定义了包含 10 个元素的字符数组 a

字符数组也可以是二维或多维数组，与数值型多维数组相同。例如：

char　b［3］［5］；　　　　　　　　//定义了 3 行 5 列共 15 个元素的二维字符数组 b

字符数组允许在定义时作初始化赋值。例如：

unsigned char a［7］={'p','r','o','t','e','u','s'}　//将 7 个字符分别赋给 a［0］~a［6］这 7 个元素

如果"{}"中提供的初值个数（即字符个数）大于数组长度，C 语言作为语法错误处理。如果初值个数小于数组长度，则只将这些字符赋给数组中前面那些元素，其他元素自动定义为空字符（即 '\0'）。对全体元素赋初值时，也可以省去长度。例如：

unsigned char a［10］={'S','T','C','8','9','C','5','1','R','C'}；

也可以写成：

unsigned char a［ ］ = {'S','T','C','8','9','C','5','1','R','C'}；

字符串常量是由双引号括起来的一串字符。在 C 语言中，将字符串常量作为字符数组来处理。例如，在上例中就是用一个一维字符型数组来存放一个字符串常量"STC89C51"，这个字符串的实际长度与数组长度相等。如果字符串的实际长度与数组长度不相等时，为了测定字符串的实际长度，C 语言规定以字符"\0"作为字符串结束标志，也就是说，在遇到第 1 个字符"\0"时，表示字符串结束，由它前面的字符组成字符串。

在 C 语言中没有专门的字符串变量，通常用一个字符数组来存放一个字符串。若将一个字符串存入一个数组时，也将结束符"\0"存入数组，并以此作为该字符串结束的标志。

如果将字符串直接给字符数组赋初值时，可采用如下两种方法：

```
unsigned char a［ ］ = {"STC89C51RC"}；
unsigned char a［ ］ = "STC89C51RC"；
```

**2. 指针**

所谓指针，就是在内存中的地址，它可能是变量的地址，也可能是函数的入口地址。如果指针变量存储的地址是变量的地址，就称该指针为变量的指针（或变量指针）；如果指针变量存储的地址是函数的入口地址，就称该指针为函数的指针（或函数指针）。

**1）变量的指针和指向变量的指针变量**　指针变量与变量指针的含义不同。指针变量也简称为指针，是指它是一个变量，且该变量是指针类型的；而变量指针是指它是一个变量的地址，该变量是指针类型的，且它存放另一个变量的地址。

指针定义的一般形式如下：

> 类型标识符 *指针变量名；

其中，类型标识符就是本指针变量所指向的变量的数据类型；"*"表示这是一个指针变量；指针变量名就是指针变量的名称。例如：

```
int    * ap1；              //定义整型指针变量 ap1
char   * ap2，* ap3；       //定义了两个字符型指针变量 ap2 和 ap3
float  * ap4；              //定义了实数型指针变量 ap4
```

在定义指针变量时，要注意以下两点。

☺ 指针变量名前的"*"表示该变量为指针变量，如上例中的指针变量名为 ap1、ap2、ap3、ap4，而不是 *ap1、*ap2、*ap3、*ap4，这与定义变量有所不同。

☺ 一个指针变量只能指向同一个类型的变量，如上例中的 ap1 只能指向整数型变量，不能指向字符型或实数型指针变量。

指针变量在使用前也要先定义说明，然后要赋予具体的值。指针变量的赋值只能赋予地址，而不能赋予任何其他数据，否则将引起错误。在 C 语言中，变量的地址由编译系统分配，用户不知道变量的具体地址。

有两个与指针变量相关的运算符，即"&"和"*"。其中，"&"为取地址运算符；"*"为指针运算符（或称"间接访问"运算符）。在 C 语言中，指针变量的引用是通过取地址运算符"&"来实现的。使用取地址运算符"&"和赋值运算符"="就可以使一个指针变量指向一个变量。

例如，指针变量 p 所对应的内存地址单元中装入了变量 x 所对应的内存单元地址，可使用以下程序段来实现：

```
int    x；           //定义整型变量 x
int    * p = &x；    //指针变量声明时初始化
```

还可以采用以下程序段来实现：

```
int    x；           //定义整型变量 x
int    * p；         //定义整型指针变量 p
p = &x；             //用赋值语句对指针赋值
```

**2）数组指针和指向数组的指针变量** 既然指针可以指向变量，当然也可以指向数组。所谓数组的指针，是指数组的起始地址，而数组元素的指针是数组元素的地址。若有一个变量用于存放一个数组的起始地址（指针），则称之为指向数组的指针变量。

定义一个指向数组元素的指针变量的方法与指针变量的定义相同。例如：

```
int    x[6]；     //定义含有 6 个整数型数据的数组
int    * p；      //定义指向整数型数据的指针 p
p = &x[0]；       //对指针 p 赋值，此时数组 x[5] 的第 1 个元素 x[0] 的地址就赋给了指针变量 p
p = x；           //对指针 p 赋值,此种引用的方法与"p = &x[0]；"的作用完全相同,但形式上更简单
```

在 C 语言中，数组名代表数组的首地址，也就是第 0 号元素的地址。因此，语句"P = &x[0]；"和"P = x；"是等价的。还可以在定义指针变量时赋给初值，例如：

```
int    * p = &x[0]；  //或者 int    * p = x；
```

等价于：

```
int   * p ;
p = &x[0] ;
```

如果 p 指向一个一维数组 x[6]，并且 p 已给它赋予了一个初值 &x[0]，可以使用以下 3 种方法引用数组元素。

☺ 下标法：C 语言规定，如果指针变量 p 已指向数组中的一个元素，则 p+1 指向同一数组中的下一个元素。p+i 和 x+i，就是 a[i]，或者说它们都指向 x 数组的第 i 个元素。

☺ 地址法：*(p+i) 和 *(x+i) 也就是 x[i]。实际上，编译器对数组元素 x[i] 就是处理成 *(x+i)，即按数组的首地址加上相对位移量得到要找元素的地址，然后找出该单元中的内容。

☺ 指针法：用间接访问的方法来访问数组元素，指向数组的指针变量也可以带下标，如 p[i] 与 *(p+i) 等价。

**3）字符串指针和指向字符串的指针变量**　在 C 语言中有两种方法可以实现一个字符串运算：一种是使用字符数组来实现；另一种是用字符串指针来实现。例如：

```
char   a[ ] = {'S','T','C','8','9','C','5','1','R','C', '\0'} ;    //使用字符数组定义
char   * b = "STC89C51RC";                    //使用字符串指针定义
```

字符串指针变量的定义说明与指向字符变量的指针变量说明是相同的。在上述程序段中，a[ ] 是一个字符数组，字符数组是以"\0"结尾的；b 是指向字符串的指针，它没有定义字符数组，由于 C 语言对字符串常量是按字符数组处理的，实际在使用字符串指针时，C 编译器也在内存中开辟了一个字符数组用于存放字符串常量。

用字符数组和字符串指针变量都可实现字符串的存储和运算，但二者是有区别的。在使用时应注意以下 4 个问题。

☺ 字符串指针变量本身是一个变量，用于存放字符串的首地址。而字符串本身是存放在以该首地址为首的一块连续的内存空间中，并以 '\0' 作为串的结束。字符数组是由于若干个数组元素组成的，它可用于存放整个字符串。

☺ 定义一个字符数组时，在编译中即已分配内存单元，有确定的地址。而定义一个字符指针变量时，给指针变量分配内存单元，但该指针变量具体指向哪个字符串并不确定，即指针变量存放的地址不确定。

☺ 赋值方式不同。对字符数组不能整体赋值，只能转化成分量，对单个元素进行赋值。而字符串指针变量赋值可整体进行，直接指向字符串首地址即可。

☺ 字符串指针变量的值在程序运行过程中可以改变，而字符数组名是一个常量，不能改变。

# 任务5　函数与编译预处理

## 1. 函数

一个较大的程序通常由多个程序模块组成，每个模块用于实现一个特定的功能。在程序设计中，模块的功能是用子程序来实现的。在 C 语言中，子程序的作用是由函数来完成的。函数是 C 语言中的一种基本模块，一个 C 程序由一个主函数和若干个函数构成。由主函数调用其他函数，其他函数也可以互相调用。同一个函数可以被一个或多个函数调用任意多

次，同一工程中的函数也可以分放在不同文件中一起编译。

从使用者的角度来看，函数有两种，即标准库函数和用户自定义函数。标准库函数是由 C 编译系统的函数库提供的，用户不需自己定义这些函数，可以直接使用它们；用户自定义函数是由用户根据自己的需要编写的函数，用于解决用户的特殊需要。

从函数的形式看，函数有 3 种，即无参函数、有参函数和空函数。无参函数被调用时，主调函数并不将数据传送给被调用函数，一般用于执行指定的一组操作。无参函数可以带回或不带回函数值，但一般以不带回函数值的居多。有参函数被调用时，在主调函数与被调用函数之间有参数传递，即主调函数可以将数据传给被调用函数使用，被调用函数中的数据也可以带回来供主调函数使用。空函数的函数体内无语句，为空白的。调用空函数时，什么工作都不做，不起任何作用。定义空函数的目的并不是为了执行某种操作，而是为了以后程序功能的扩充。

**1）函数定义的一般形式**

（1）无参函数的定义形式如下：

```
返回值类型标识符　函数名( )
{
    函数体语句
}
```

其中，返回值类型标识符指明本函数返回值的类型；函数名是由用户定义的标识符；"( )"内没有参数，但该括号不能少，或者括号里加关键字"void"；"{ }"中的内容称为函数体语句。在很多情况下，无参函数没有返回值，所以函数返回值类型标识符可以省略，此时函数类型符可以写为"void"。例如：

```
void  Timer0_Iint(void)       //Timer0 初始化函数
{
    TMOD = 0x10 ;
    TH1 = (65536 − a)/256 ;
    TL1 = (65536 − a)%256 ;
    ET1 = 1 ;
    TR1 = 1 ;
    IT1 = 1 ;
}
```

（2）有参函数的定义形式如下：

```
返回值类型标识符　函数名(形式参数列表)
形式参数说明
{
    函数体语句
}
```

有参函数比无参函数多了一个内容，即形式参数列表。在形式参数列表中给出的参数称为形式参数（简称"形参"），它们可以是各种类型的变量，各参数之间用逗号间隔。在进行函数调用时，主调函数将赋予这些形式参数实际的值。例如：

```
in min(int j,k)
{ int   n;
    if (j > k)
        {
```

```
                      n = k;
                }
            else
                {
    n = j;
                }
                return   n;
        }
```

在此定义了一个 min 函数，返回值为一个整数型（int）变量，形式参数为 j 和 k，也都是整数型变量。int n 语句定义 n 为一个整数型变量，通过 if 条件语句，将最小的值传送给变量 n。return n 的作用是将 n 的值作为函数值带回到主调函数中，即 n 的返回值。

（3）空函数的定义形式如下：

```
返回值类型标识符   函数名( )
    {        }
```

调用该函数时，实际上什么工作都不用做，它没有任何实际用途。例如：

```
float   min( )
    {      }
```

**2）函数的返回值**　在函数调用时，通过主调函数的实参与被调函数的形参之间进行数据传递来实现函数间的参数传递。在被调函数的最后，通过 return 语句返回函数将被调函数中的确定值返回给主调函数。return 语句一般形式如下：

```
return   （表达式）;
```

例如：

```
int x,y;                    //定义两个整型变量 x,y
    {
       return( x < y?   x:y );      //如果 x 小于 y,则返回 x,否则返回 y
    }
```

函数返回值的类型一般在定义函数时用返回类型标识符来指定。在 C 语言中，凡不加类型说明的函数，都按整数型来处理。如果函数值的类型的 return 语句中表达式的值不一致，则以函数类型为准，自动进行类型转换。

对于不需要有返回值的函数，可以将该函数定义为 "void" 类型（或称 "空类型"）。这样，编译器会保证在函数调用结束时不使用函数返回任何值。为了使程序减少出错，保证函数的正确调用，凡是不要求有返回值的函数，都应该将其定义为 void 类型。例如：

```
void   abc( );              //函数 abc( )为不带返回值的函数
```

**3）函数的调用**　在 C 语言程序中，函数可以相互调用。所谓函数调用，就是在一个函数体中引用另外一个已经定义了的函数，前者称为主调函数，后者称为被调函数。

（1）函数调用的一般形式如下：

```
函数名   （实参列表）;
```

对于有参数型的函数，如果包含了多个实参，则应将各参数之间用逗号分隔开。主调用函数的实参的数量与被调用函数的形参的数量应该相等，且类型保持一致。实参与形参按顺序对应，逐一传递数据。

如果调用的是无参函数，则实参表可以省略，但是函数名后面必须有一对空括号。

（2）函数调用的方式。

☺ 函数语句调用：在主调用函数中将函数调用作为一条语句，并不要求被调用函数返回结果数值，只要求函数完成某种操作，例如：

　　　disp_ LED（）;　　　　　　//无参调用，不要求被调函数返回一个确定的值，只要求此函数
　　　　　　　　　　　　　　　　　//完成 LED 显示操作

☺ 函数表达式调用：函数作为表达式的一项出现在表达式中，要求被调用函数带有 return 语句，以便返回一个明确的数值参加表达式的运算。例如：

　　　a = 3 * min（x, y）;　　　　　//被调用函数 min 作为表达式的一部分，它的返回值乘2再赋给 a

☺ 作为函数参数调用：在主调函数中将函数调用作为另一个函数调用的实参。例如：

　　　a = min（b, min（c, d））　　//min（c, d）是一次函数调用，它的值作为另一次调用的实
　　　　　　　　　　　　　　　　　//参。a 为 b、c 和 d 的最小值

**2. 编译预处理**

编译预处理是 C 语言编译器的一个重要组成部分，C 语言提供的预处理功能有 3 种，即宏定义、文件包含和条件编译。

**1）宏定义**　宏定义命令为 #define，其作用是实现用一个简单易读的字符串来代替另一个字符串。宏定义可以增强程序的可读性和维护性。宏定义分为不带参数的宏定义和带参数的宏定义。

（1）不带参数宏定义的一般形式为

　　　#define　标识符　字符串

其中，"#" 表示这是一条预处理命令；"define" 表示为宏定义命令；"标识符" 为所定义的宏名；"字符串" 可以是常数、表达式等。例如：

　　　#define　PI　3.1415926

它的作用是指定用标识符（即宏名）PI 代替 "3.1415926" 字符串，这种方法使用户能以一个简单的标识符代替一个长的字符串。当程序中出现 3.1415926 这个常数时，就可以用 PI 这个字符代替，如果想修改这个常数，只需要修改这个宏定义中的常数即可，这就是增加程序的维护性的体现。

（2）带参数的宏定义：带参数的宏在预编译时不仅要进行字符串替换，还要进行参数替换。带参数宏定义的一般形式为

　　　#define 宏名(形参表)字符串

带参数的宏调用的一般形式：

　　　宏名（实参表）;

例如：

```
#define MIN(x,y)   ((x)<(y))?(x):(y))   //宏定义
a = MIN(3,7)                            //宏调用
```

**2）文件包含**　所谓 "文件包含" 处理，是指一个源文件可以将另外一个源文件的全部

内容包含进来，即将另外的文件包含到本文件中。在 C 语言中，"#include" 为文件包含命令，其一般形式为

  #include ＜文件名＞

或

  #include "文件名"

例如：

  #include ＜reg52. h＞
  #include ＜absacc. h＞
  #include ＜intrins. h＞

上述程序的文件包含命令的功能是将 reg52. h、absacc. h 和 intrins. h 文件插入该命令行位置，即在编译预处理时，源程序将 reg52. h、absacc. h 和 intrins. h 这 3 个文件的全部内容复制并分别插入到该命令行位置。

**3）条件编译**  通常情况下，在编译器中进行文件编译时，会对源程序中所有的行都进行编译（注释行除外）。如果程序员只想使源程序中的部分内容在满足一定条件才进行编译时，可通过"条件编译"对一部分内容指定编译的条件来实现相应的操作。条件编译命令有以下 3 种形式。

（1）第 1 种形式：

  #ifdef  标识符
   程序段 1
  #else
   程序段 2
  #endif

其作用是，当标识符已经被定义过（通常是用#define 命令定义），则对程序段 1 进行编译；否则，编译程序段 2。如果没有程序段 2，本格式中的"#else"可以没有，此程序段 1可以是语句组，也可以是命令行。

（2）第 2 种形式：

  #ifndef  标识符
   程序段 1
  #else
   程序段 2
  #endif

其作用是，当标识符没有被定义，则对程序段 1 进行编译；否则，编译程序段 2。这种形式的与第 1 种形式的作用正好相反，在书写上也只是将第 1 种形式中的"#ifdef"改为"#ifndef"。

（3）第 3 种形式：

  #if  常量表达式
   程序段 1
  #else
   程序段 2
  #endif

其作用是，如果常量表达式的值为逻辑"真"，则对程序段 1 进行编译；否则，编译程序段 2。可以事先给定一定条件，使程序在不同的条件下执行不同的功能。

# 项目三　LED 灯光设计

【知识目标】

☺ 掌握单片机 I/O 端口及其基本应用。

☺ 掌握 C51 的基本结构及设计方法。

☺ 掌握程序对单片机输出端口的控制方法。

【能力目标】

☺ 能根据设计任务要求编制程序流程图，理解程序对 LED 进行控制的原理。

☺ 会绘制 LED 广告灯电路原理图。

☺ 会用 Keil C51 软件对源程序进行编译调试，并与 Proteus 软件联调，实现电路仿真。

广告灯是一种常见的装饰，常用于街上的广告及舞台装饰等场合。常见的 LED 广告灯主要包括闪烁广告灯、流水广告灯、拉幕式与闭幕式广告灯，以及复杂广告灯等。

## 任务 1　LED 控制原理

### 1. LED 简介

发光二极管（Light Emitting Diode，LED）是一种由磷化镓（GaP）等半导体材料制成的能直接将电能转变成光能的发光显示器件。当其内部有一定电流通过时，它就会发光。LED 的"心脏"是一个半导体 LED 芯片，芯片的一端附在一个支架上，一端是负极，另一端连接电源的正极，整个芯片被环氧树脂封装起来，其构成如图 3-1 所示。

半导体芯片由两部分组成，一部分是 P 型半导体（空穴占主导地位），另一部分是 N 型半导体（自由电子占主导地位）。当这两种半导体连接起来时，它们之间就形成一个"P—N 结"。当电流通过导线作用于这个芯片时，电子就会被推向 P 区，在 P 区里电子与空穴复合，然后就会以光子的形式发出能量，这就是 LED 发光的原理。而光的波长（也就是光的颜色）是由形成 P–N 结的材料决定的。

LED 可分为普通单色 LED、高亮度 LED、超高亮度 LED、变色 LED、闪烁 LED、电压控制型 LED、红外 LED 和负阻 LED 等。本项目使用的是普通单色 LED，所以，在此只介绍普通单色 LED 的相关知识。

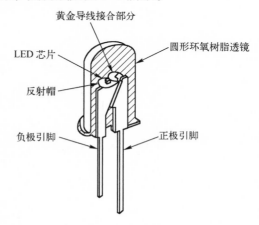

图 3-1　LED 构成

普通单色 LED 主要有发红光、绿光、蓝光、黄光的 LED。它们具有体积小、工作电压低、工作电流小、发光均匀稳定、响应速度快、寿命长等优点，可用各种直流、交流、脉冲等电源驱动点亮。它们属于电流控制型半导体器件，使用时需串接合适的限流电阻。

普通单色 LED 的发光颜色与发光的波长有关，而发光的波长又取决于制造 LED 所用的半导体材料。红色 LED 的波长为 650 ～ 700nm，琥珀色 LED 的波长为 630 ～650nm，橙色 LED 的波长为 610 ～ 630nm，黄色 LED 的波长约为 585nm，绿色 LED 的波长为 555 ～ 570nm。

常用的国产普通单色 LED 有 BT（厂标型号）系列、FG（部标型号）系列和 2EF 系列。常用的进口普通单色 LED 有 SLR 系列和 SLC 系列等。

### 2. 利用 STC89C51 单片机 I/O 端口控制 LED 的方法

以前，由于 80C51 单片机的 4 组 I/O 端口不能承受 LED 导通时的电流输入，所以在设计单片机控制电路时，不能由 80C51 单片机的 I/O 引脚直接驱动 LED，而要使用集电极开路门（如 7405 等）作为 LED 驱动。

随着新技术的应用和单片机集成技术的不断发展，现在大部分单片机（STC89 系列单片机）的 I/O 端口均具备一定的外部驱动能力。

STC89 单片机有 4 个双向 8 位 I/O 端口 P0 ～ P3 和 1 个双向 4 位 I/O 端口 P4，共 36 根 I/O 引线。每个双向 I/O 端口都包含一个锁存器（即专用寄存器 P0 ～ P4）、一个输出驱动器和输入缓冲器，I/O 端口的每一位均可作为准双向/弱上拉的 I/O 端口使用。

准双向端口输出类型不需重新配置端口线的输出状态，可以直接作为 I/O 功能使用。这是因为当端口线输出为"1"时，驱动能力很弱，允许外部装置将其拉低；当端口线输出为低时，它的驱动能力很强，可吸收相当大的电流。

准双向端口的输出结构如图 3-2 所示。它有 3 个上拉晶体管以适应不同的需求。在 3 个上拉晶体管中，有 1 个上拉晶体管称为"弱上拉"，当端口线寄存器为"1"且引脚本身也为"1"时打开，此上拉晶体管提供基本驱动电流，使准双向端口输出为"1"。如果一个引脚输出为"1"而由外部装置下拉到低时，"弱上拉"关闭而"极弱上拉"维持开状态，为了将这个引脚强拉为低，外部装置必须有足够的灌电流能力，使引脚上的电压降到门槛电压以下。

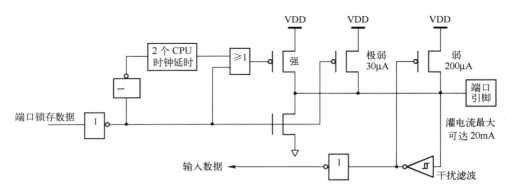

图 3-2　准双向端口的输出结构图

第 2 个上拉晶体管称为"极弱上拉"，当端口线锁存为"1"时打开。当引脚悬空时，这个极弱的上拉源产生很弱的上拉电流，将引脚上拉为高电平。

第 3 个上拉晶体管称为"强上拉"。当端口线锁存器由"0"跳变到"1"时，这个上拉用于加快准双向端口由逻辑"0"向逻辑"1"转换。发生这种情况时，强上拉打开约 2 个机器周期，以使引脚能够迅速地上拉到高电平。

P0 ～ P4 端口都是准双向 I/O 端口，作为输入端口时，必须先向相应端口的锁存器写入"1"，使驱动管 FET 截止。P0 端口输入时呈高阻态，而 P1 ～ P4 端口内部有上拉负载电阻，当系统复位时，P0 ～ P4 端口锁存器全为"1"。

P0 端口的输出级与 P1 ～ P3 端口的输出级在结构上是不同的，因此它们的负载能力和接口要求也各不相同。P0 端口的每一位输出可驱动 8 个 LSTTL 负载，P0 端口作为通用 I/O 端口时，输出级是开漏电路，当它驱动 NMOS 或其他拉电流负载时，需要外接上拉电阻才能输出高电平。

**1）上拉电阻的选取**　STC89 单片机的 P0 端口包括 1 个输出锁存器、2 个三态缓冲器、1 个输出驱动电路和 1 个输出控制端，如图 3-3 所示。锁存器是由 D 触发器组成的；输出驱动电路由一对 FET 场效应管（Field – Effect Transistor）$F_1$、$F_2$ 组成，其工作状态受输出控制端的控制，它包括 1 个与非门、1 个反相器和 1 个转换开关 MUX。

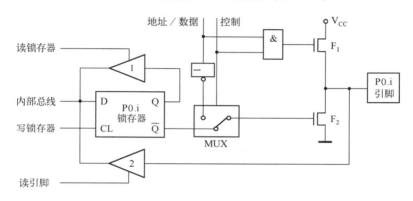

图 3-3　P0 端口某位结构

P0 端口可作为普通 I/O 端口使用，此时 CPU 发出控制低电平"0"信号封锁与门，使输出上拉场效应管 $F_1$ 截止，同时转换开关 MUX 把输出锁存器端与输出场效应管 $F_2$ 栅极连通。

P0 端口作为输出端口时，内部数据总线上的信息由写脉冲锁存至输出锁存器。输入 D = 0 时，Q = 0 而 $\overline{Q}$ = 1，$F_2$ 导通，P0 口引脚输出"0"；当 D = 1 时，Q = 1 而 $\overline{Q}$ = 0，$F_2$ 截止，P0 口引脚输出"1"。由此可见，内部数据总线与 P0 端口是同相位的。输出驱动级是漏极开路电路，若要驱动 NMOS 或其他拉电流负载时，需外接上拉电阻。

P0 端口驱动 LED 时，用约 1kΩ 的上拉电阻即可。如果希望亮度大一些，上拉电阻可减小，但最好不要小于 200Ω，否则电流太大；如果希望亮度小一些，上拉电阻可增大。一般来说超过 3kΩ 时，亮度就很弱了，但是对于超高亮度的 LED，有时上拉电阻为 10kΩ 时觉得亮度还够用。通常，P0 口驱动 LED 时，上拉电阻选用 1kΩ。

**2）限流电阻的选取**　P1 ～ P4 端口的输出级都接有内部上拉电阻，它们的每一位输出可以驱动 4 个 LSTTL 负载。P1 ～ P3 端口的输入端都可以被集电极开路或漏极开路电路所驱动，而无须再外接上拉电阻。

STC89 单片机的 P1 ～ P4 口灌电流为 6mA，虽然它们具备一定的外部驱动能力，但使用

STC89 单片机的 P1 ～ P4 口直接驱动 LED 时，外接的 LED 电路还必须使用电阻进行限流，否则容易损坏 STC89 单片机的 I/O 端口。

此外，如果没有限流电阻，LED 在工作时也会迅速发热。为了防止 LED 过热而损坏，必须串联限流电阻以限制 LED 的功耗。表 3-1 所列为典型的 LED 功率指标。

表 3-1　典型的 LED 功率指标

| 参　　数 | 红色 LED | 绿色 LED | 黄色 LED | 橙色 LED |
|---|---|---|---|---|
| 最大功率/mW | 55 | 75 | 60 | 75 |
| 最大正向电流/mA | 160 | 100 | 80 | 100 |
| 最大恒定电流/mA | 25 | 25 | 20 | 25 |

LED 的发光功率可以由其两端的电压和通过 LED 的电流来计算得到，即

$$P_d = U_d \times I_d$$

式中，$U_d$ 为 LED 的正向电压；$I_d$ 为正向电流。

普通单色 LED 的正向压降一般为 1.5 ～ 2.0V。其中，红色 LED 约为 1.6V，绿色 LED 约为 1.7V，黄色 LED 约为 1.8V，蓝色 LED 为 2.5 ～ 3.5V 等。其反向击穿电压约 5V；正向工作电流一般为 5 ～ 20mA。

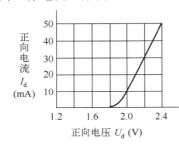

图 3-4　LED 的典型 $U - I$ 特性曲线

LED 的典型 $U - I$ 特性曲线如图 3-4 所示。从图中可以看出，LED 的 $U - I$ 特性曲线很陡，使用时，根据 LED 亮度的需要而串联限流电阻 R 以控制通过 LED 的电流大小。为了保护单片机的驱动输出引脚，通过 LED 的正向工作电流一般应限制在约 10mA，正向电压限制在约 2V。

限流电阻 R 可用下式计算：

$$R = (E - U_d) \div I_d$$

式中，$E$ 为电源电压，由于单片机使用的电压通常为 5V，因此 $E = 5V$。

例如，若限制电流 $I_d$ 为 10mA，LED 的正向电压 $U_d$ 约为 2V，从而得到限流电阻值 $R = (5V - 2V) \div 10mA = 300$（Ω）。

在实际应用中，为了有效保护单片机驱动输出引脚，应预留一定的安全系数，一般对 LED 驱动采用的限流电阻都要比采用 10mA 计算出的大，常用的典型值为 470Ω。

# 任务 2　流水灯的设计

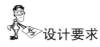设计要求

使用单片机 P0 口实现 8 只 LED 的流水灯控制。

硬件设计

在 Proteus 的元器件库中没有 STC89C51RC 单片机，但有大家较熟悉的 AT89C51 单片

机，因此本书使用 AT89C51 进行电路仿真。

在桌面上双击图标，打开 Proteus 8 Professional 主界面，如图 3-5 所示。

图 3-5　Proteus 8 Professional 主界面

如图 3-6 所示，执行菜单命令"File"→"New Project"，弹出"New Project Wizard：Start"对话框，如图 3-7 所示。

在"Project Name"区域的"Name"栏中输入"流水灯.pdsprj"，在"Path"栏中设定保存路径；选中"New Project"选项，单击"Next"按钮，弹出"New Project Wizard：Schematic Design"对话框，如图 3-8 所示。

选中"Create a schematic from the selected template."选项，在"Design Templates"列表框中选择"DEFAULT"，单击"Next"按钮，弹出"New Project Wizard：PCB Layout"对话框，如图 3-9 所示。

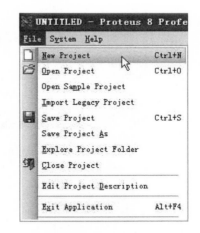

图 3-6　执行菜单命令"File"→"New Project"

由于不需要设计 PCB 文件，所以选中"Do not create a PCB layout"选项，单击"Next"按钮，弹出"New Project Wizard：Firmware"对话框，如图 3-10 所示。

由于不需要模拟设计，所以选中"No Firmware Project"选项，单击"Next"按钮，弹出"New Project Wizard：Summary"对话框，如图 3-11 所示。

单击"Finish"按钮，打开 Proteus 8 Professional 原理图编辑窗口，如图 3-12 所示。

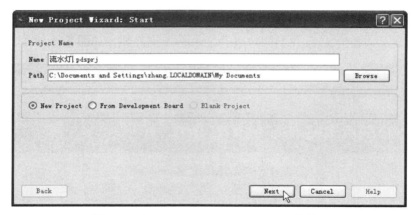

图 3-7　"New Project Wizard：Start" 对话框

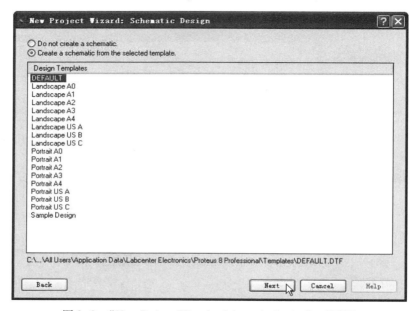

图 3-8　"New Project Wizard：Schematic Design" 对话框

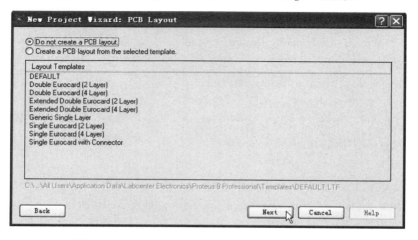

图 3-9　"New Project Wizard：PCB Layout" 对话框

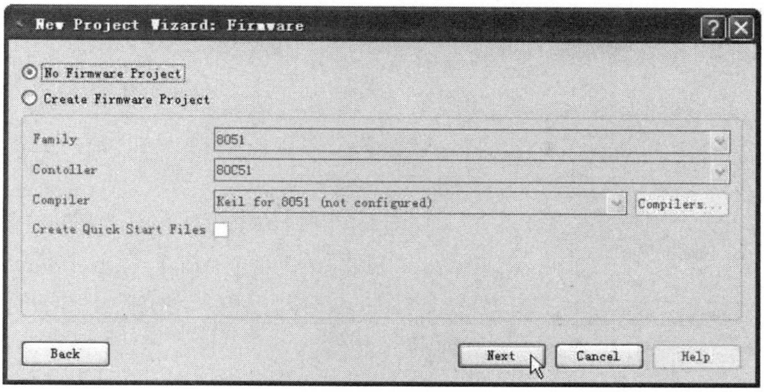

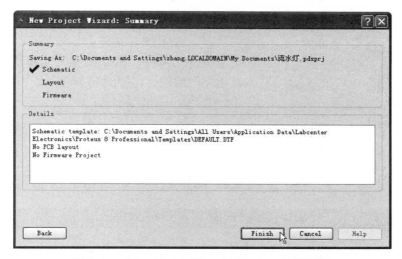

图 3-10　"New Project Wizard：Firmware" 对话框

图 3-11　"New Project Wizard：Summary" 对话框

图 3-12　Proteus 8 Professional 原理图编辑窗口

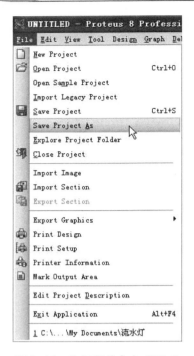

图 3-13  执行菜单命令 "File"
→ "Save Project As"

如图 3-13 所示，执行菜单命令 "File" → "Save Project As"，弹出 "Save Proteus Project File" 对话框，如图 3-14 所示。

确认文件名、保存类型和保存路径，单击 "保存" 按钮。

在元器件选择按钮中单击 "P" 按钮，或者执行菜单命令 "Library" → "Pick parts from libraries"，弹出 "Pick Devices" 对话框，如图 3-15 所示。添加表 3-2 所列的元器件。

在 Proteus 8 Professional 原理图编辑窗口中放置元器件，再单击工具箱中的元器件终端图标，在对象选择器中单击 "POWER" 和 "GROUND"，放置电源和接地符号。放置好元器件后，进行布线，然后用鼠标左键双击各元器件，设置相应的元器件参数，完成流水灯电路图的设计，如图 3-16 所示。

> 📖 说明：在 Proteus 8 Professional 中，完成电路设计的操作步骤基本相同，因此在本书后续章节的 "硬件设计" 部分将不再赘述其详细的操作过程，请参照本节的硬件设计操作过程进行操作。

图 3-14  "Save Proteus Project File" 对话框

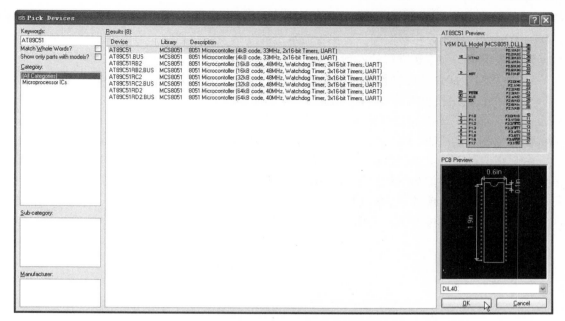

图 3-15　"Pick Devices" 对话框

表 3-2　流水灯所用元器件

| 单片机 AT89C51 | 瓷片电容 CAP 30pF | 电解电容 CAP – ELEC | 发光二极管 LED – BIBY |
|---|---|---|---|
| 电阻 RES | 晶振 CRYSTAL 12MHz | 发光二极管 LED – BIRG | 发光二极管 LED – YELLOW |
| 按钮 BUTTON | 电阻排 RESPACK – 8 | 发光二极管 LED – BIGY | |

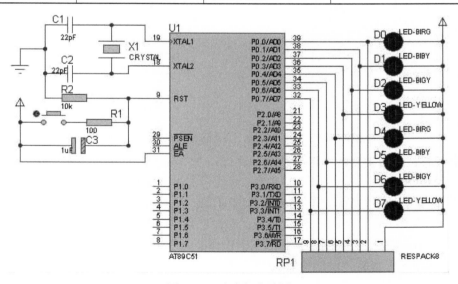

图 3-16　流水灯电路图

程序设计

　　流水灯又称为跑马灯，是通过单片机控制 8 个 LED（D0 ～ D7）循环点亮，即刚开始时 D0 点亮，延时片刻后 D1 亮，然后依次点亮 D2→D3→D4→D5→D6→D7，然后再点亮 D7→ D6→D5→D4→D3→D2→D1→D0，重复循环。从显示规律看，流水灯实质上是由左移和右

移控制实现的，其中 D0→D1→D2→D3→D4→D5→D6→D7 为左移控制；D7→D6→D5→D4→D3→D2→D1→D0 为右移控制。要实现流水灯的左移及右移控制，可以使用移位指令、移位函数及数组这 3 种方法进行软件程序设计。

**1）利用移位指令实现软件程序设计**　在项目二中介绍了按位左移（＜＜）、按位右移（＞＞）指令，其中按位左移（＜＜）是将一个操作数的各二进制位全部左移若干位，移位后，空白位补"0"，而溢出的位被舍弃；按位右移（＞＞）是将一个操作数的各二进制位全部右移若干位，移位后，空白位补"0"，而溢出的位被舍弃。

由于移位过程中空出位自动用"0"填充，而图 3-16 所示的电路中 LED 是低电平有效，因此可以将左移的移位初始数据置为 0x01，右移的移位初始数据置为 0x80，然后将该数据每次移位取反后送给单片机 P0 端口。但是，在送给 P0 端口前，还需判断是否已经移位 8 次，若是，则退出移位操作。利用移位指令实现流水灯的程序流程图如图 3-17 所示。

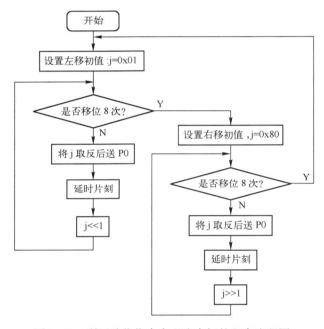

图 3-17　利用移位指令实现流水灯的程序流程图

**2）利用移位函数实现软件程序设计**　在 C51 的"intrins. h"中有循环左移和循环右移函数，其函数原型见表 3-3。intrins. h 属于 C51 编译器内部库函数，编译时直接将固定的代码插入当前行，而不是用 ACALL 或 LCALL 指令来实现，这样可以大大提高函数访问的效率。

从表中可以看出，"_crol_"和"_cror_"分别为循环左移函数和循环右移函数，相应的两条指令可以分别取代按位左移（＜＜）、按位右移（＞＞）指令，因此使用循环移位函数实现流水灯的程序流程图可以参考图 3-17。

> 📖 注意：在使用内部函数时，要用#include ＜intins. h＞指令将 intrins. h 头文件包含到源程序文件中。

**3）利用数组实现软件程序设计**　使用数组实现流水灯控制，可以将每一时刻的显示状态数据放在一个数组中来实现（见表 3-4），每次通过调用数组中的某一元素内容来控制 LED 的显示状态。

表 3-3    intrins. h 中的函数原型及功能说明

| 函 数 原 型 | 功 能 说 明 |
|---|---|
| unsigned char_chkfloat_（float val） | 检查浮点数 val 的状态 |
| unsigned char _crol_（unsigned char val，unsigned char n） | 字符 val 循环左移 n 位 |
| unsigned char _cror_（unsigned char val，unsigned char n） | 字符 val 循环右移 n 位 |
| unsigned int _irol_（unsigned int val，unsigned char n） | 无符号整数 val 循环左移 n 位 |
| unsigned int _iror_（unsigned int val，unsigned char n） | 无符号整数 val 循环右移 n 位 |
| unsigned long _lrol_（unsigned long val，unsigned char n） | 无符号长整数 val 循环左移 n 位 |
| unsigned long _lror_（unsigned long val，unsigned char n） | 无符号长整数 val 循环右移 n 位 |
| void _nop_（void） | 在程序中插入 NOP 指令，可用做 C 程序的时间比较 |
| bit _testbit_（bit x） | 在程序中插入 JBC 指令 |

表 3-4    流水灯显示状态数据

| LED | | D7 | D6 | D5 | D4 | D3 | D2 | D1 | D0 | P0 输出（十六进制） | 功能说明 |
|---|---|---|---|---|---|---|---|---|---|---|---|
| P0 口 | | P0.7 | P0.6 | P0.5 | P0.4 | P0.3 | P0.2 | P0.1 | P0.0 | | |
| P0 口 输 出 电 平 | 左移 | 1 | 1 | 1 | 1 | 1 | 1 | 1 | 0 | 0xFE | D0 点亮 |
| | | 1 | 1 | 1 | 1 | 1 | 1 | 0 | 1 | 0xFD | D1 点亮 |
| | | 1 | 1 | 1 | 1 | 1 | 0 | 1 | 1 | 0xFB | D2 点亮 |
| | | 1 | 1 | 1 | 1 | 0 | 1 | 1 | 1 | 0xF7 | D3 点亮 |
| | | 1 | 1 | 1 | 0 | 1 | 1 | 1 | 1 | 0xEF | D4 点亮 |
| | | 1 | 1 | 0 | 1 | 1 | 1 | 1 | 1 | 0xDF | D5 点亮 |
| | | 1 | 0 | 1 | 1 | 1 | 1 | 1 | 1 | 0xBF | D6 点亮 |
| | | 0 | 1 | 1 | 1 | 1 | 1 | 1 | 1 | 0x7F | D7 点亮 |
| | 右移 | 0 | 1 | 1 | 1 | 1 | 1 | 1 | 1 | 0x7F | D7 点亮 |
| | | 1 | 0 | 1 | 1 | 1 | 1 | 1 | 1 | 0xBF | D6 点亮 |
| | | 1 | 1 | 0 | 1 | 1 | 1 | 1 | 1 | 0xDF | D5 点亮 |
| | | 1 | 1 | 1 | 0 | 1 | 1 | 1 | 1 | 0xEF | D4 点亮 |
| | | 1 | 1 | 1 | 1 | 0 | 1 | 1 | 1 | 0xF7 | D3 点亮 |
| | | 1 | 1 | 1 | 1 | 1 | 0 | 1 | 1 | 0xFB | D2 点亮 |
| | | 1 | 1 | 1 | 1 | 1 | 1 | 0 | 1 | 0xFD | D1 点亮 |
| | | 1 | 1 | 1 | 1 | 1 | 1 | 1 | 0 | 0xFE | D0 点亮 |

从表 3-4 中可以看出，由 D0→…→D7 点亮时，就是数据中的二进制数 0 的位置依次左移了 1 位；由 D7→…→D0 点亮时，数据中的二进制数 0 的位置依次右移了 1 位。在 C51 中，要直接实现数据的计算有时不太容易，如果将所有的数据取反后，D0→…→D7 依次点亮的数据就变成了 0x01，0x02，0x04，0x08，0x10，0x20，0x40，0x80，也就是后一个数是在前一个数的基础上乘以 2。所以在实际使用时，可以通过建立两个一维数组来实现流水灯控制，其程序流程图也可以参考图 3-17。

### 源程序

**1）利用移位指令实现的源程序**

```
/ ***********************************************************
文件名:流水灯. c
单片机型号:STC89C51RC
晶振频率:12.0MHz
Explain:利用移位指令实现
*********************************************************** /
#include < reg52. h >
#define uint unsigned int
#define uchar unsigned char
void delayms( uint ms)
    {
        uint i;
            while( ms -- )
            {
                for( i = 0; i < 120; i ++ );
            }
    }
void main( void)
    {
        uchar i,j;
        P0 = 0xFF;
        while( 1)
            {
                j = 0x01;
                for( i = 0;i < 8;i ++ )
                    {
                            P0 = ~ j;
                            delayms( 250);
                            j = j << 1;
                    }
                j = 0x80;
                for( i = 0;i < 8;i ++ )
                    {
                            P0 = ~ j;
                            delayms( 250);
                            j = j >> 1;
                    }
            }
    }
```

**2）利用移位函数实现的源程序**

```
/*************************************************************
文件名:流水灯.c
单片机型号:STC89C51RC
晶振频率:12.0MHz
Explain:利用移位函数实现
*************************************************************/
#include < reg52. h >
#include  < intrins. h >                //intrins. h 为内部函数头文件
#define uint unsigned int
#define uchar unsigned char
void delayms( uint ms)
  {
        uint i;
            while( ms -- )
            {
                for( i = 0; i < 120; i ++ );
            }
  }
void main( void)
  {
        uchar i,j;
        P0 = 0xFF;
        while( 1 )
            {
                j = 0x01;
                for( i = 0;i < 8;i ++ )
                    {
                        P0 = ~ j;
                        delayms( 250);
                        j = _crol_( j,1);    //循环左移 1 位
                    }
                j = 0x80;
                for( i = 0;i < 8;i ++ )
                    {
                        P0 = ~ j;
                        delayms( 250);
                        j = _cror_( j,1);        //循环右移 1 位
                    }
            }
  }
```

### 3）利用数组实现的源程序

```c
/ ************************************************************
文件名:流水灯.c
单片机型号:STC89C51RC
晶振频率:12.0MHz
Explain:利用数组实现
************************************************************/
#include < reg52. h >
#define uint unsigned int
#define uchar unsigned char
uchar discode1[8] = {0x01,0x02,0x04,0x08,0x10,0x20,0x40,0x80};
uchar discode2[8] = {0x80,0x40,0x20,0x10,0x08,0x04,0x02,0x01};
void delayms( uint ms)
    {
        uint i;
            while( ms -- )
            {
              for( i = 0; i < 120; i ++ );
            }
    }
void main( void)
    {
        uchar i,j;
        P0 = 0xFF;
        while(1)
            {
                for( i = 0;i < 8;i ++ )
                    {
                        j = discode1[i];
                        P0 = ~j;
                        delayms(250);
                    }
                for( i = 0;i < 8;i ++ )
                    {
                        j = discode2[i];
                        P0 = ~j;
                        delayms(250);
                    }
            }
    }
```

 调试与仿真

单击 Proteus 8 Professional 工具栏中的"Source Code"按钮，打开源代码编辑窗口，如图 3-18 所示。

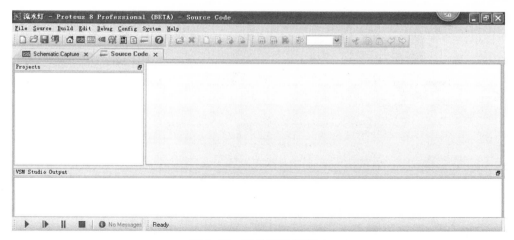

图 3-18　源代码编辑窗口

执行菜单命令"Source"→"Create Project"，弹出"New Firmware Project"对话框，如图 3-19 所示。

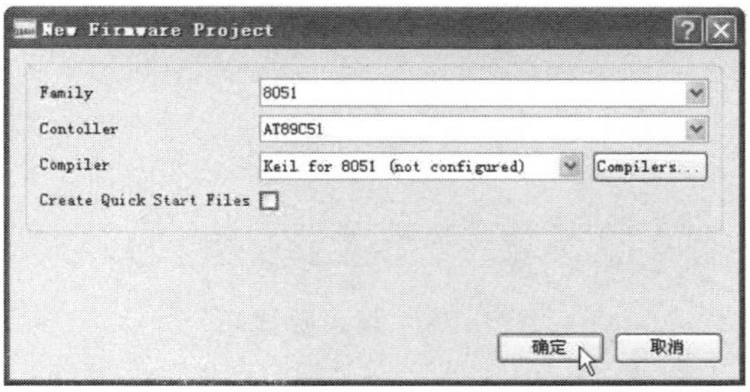

图 3-19　"New Firmware Project"对话框

在"Family"栏中选择"8051"，在"Contoller"栏中选择"AT89C51"，在"Compiler"栏中选择"Keil for 8051（not configured）"，不选中"Create Quick Start Files"选项，单击"确定"按钮，返回源代码编辑窗口。

执行菜单命令"Source"→"Add New File"，弹出"Add New File"对话框，如图 3-20 所示。

图 3-20　"Add New File"对话框

在"文件名"栏输入"流水灯"，在"保存类型"栏选择"C Files（∗.c）"，确认保存路径，单击"保存"按钮，将"流水灯.c"添加到源文件中，输入源程序，如图3-21所示。

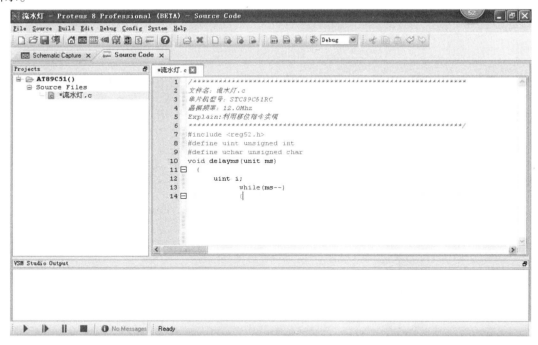

图3-21　输入源程序

输入源程序后，执行菜单命令"File"→"Save Project"，保存源文件。

执行菜单命令"Build"→"Build Target"，编译源程序。若编译成功，则在"VSM Studio Output"窗口中显示没有错误，同时创建了Debug.OMF文件（该文件相当于Keil中生成的"流水灯.HEX"文件）。

> 说明：使用Keil生成的.HEX文件，在进行Proteus仿真前，需要在单片机编辑对话框中对其进行加载设置，如项目—任务3中的图1-32所示。而创建.OMF文件时，不需用户在单片机编辑对话框中进行设置，该文件会自动加载到单片机中。

执行菜单命令"Debug"→"Enable Remote Debug Monitor"，使Proteus与Keil真正链接起来，利用它们进行联合调试。

执行菜单命令"Debug"→"Start VSM Debug"，或者直接单击图标 ▶ ，进入Keil调试环境。同时，在Proteus 8 Professional窗口中可看出Proteus也进入了程序调试状态。

在Keil代码编辑窗口设置相应的断点。断点的设置方法是，在需要设置断点语句的空白处双击鼠标左键，即可设置断点；再次双击，即可取消该断点。

设置断点后，在Keil中按"F5"键或"F11"键运行程序。此时可以看到D0亮，延时片刻后，接着点亮D1→D2→D3→D4→D5→D6→D7，然后再依次点亮D7→D6→D5→D4→D3→D2→D1→D0，重复循环，其仿真效果图如图3-22所示。

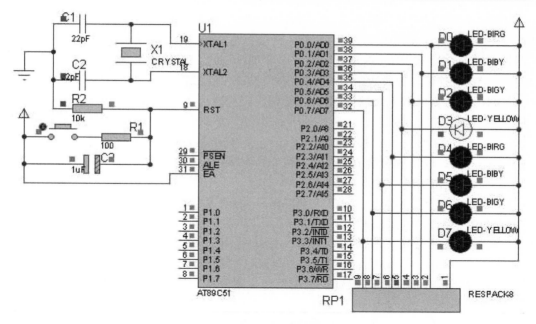

图 3-22　流水灯运行仿真效果图

> 📖 **说明**：在 Proteus 8 Professional 中，完成调试与仿真的操作步骤基本相同，因此在本书后续章节的"调试与仿真"部分将不再赘述其详细的操作过程，请参照本节的调试与仿真操作过程进行操作。

# 任务 3　拉幕式与闭幕式广告灯的设计

设计要求

使用单片机 P0 端口实现 8 个 LED 的拉幕式与闭幕式广告灯设计。

硬件设计

8 个 LED 的拉幕式与闭幕式广告灯设计所使用的硬件电路与流水灯的硬件电路完全相同，因此可参照图 3-16 绘制拉幕式与闭幕式广告灯的电路图。

程序设计

8 个 LED 的拉幕式与闭幕式广告灯设计可分为拉幕式与闭幕式两部分。所谓拉幕式是指 D0 ~ D7 全灭时，延时片刻后首先 D3 和 D4 亮，其次是 D2 和 D5 亮，再则是 D1 和 D6 亮，最后是 D0 和 D7 亮，从视觉效果上看，好像拉开幕布一样。所谓闭幕式是指 D0 ~ D7 全亮时，延时片刻后，首先 D0 和 D7 灭，其次是 D1 和 D6 灭，再则是 D2 和 D5 灭，最后是 D3 和 D4 灭，其效果就像关闭幕布一样。

从显示规律可以看出，拉幕式时，可分为右移控制和左移控制，即 D3→D2→D1→D0 右移、D4→D5→D6→D7 左移；闭幕式时，可分为左移控制和右移控制，即 D0→D1→D2→ D3 左移、D7→D6→D5→D4 右移。因此，要实现拉幕式与闭幕式广告灯的控制，同样可以使用移位指令、移位函数及数组这 3 种方法进行软件程序设计。

**1）利用移位指令实现软件程序设计**　使用按位左移（<<）、按位右移（>>）指令实现拉幕式与闭幕式广告灯控制时，由于硬件电路中 LED 是低电平亮，所以同样要注意初始数据的设置。在拉幕式控制中，右移初值设为 0x10，左移初值设为 0x08，然后将左移数值与右移数值整合在一起，取反后送给 P0 端口；在送给 P0 端口前，应判断的移位次数不再是 8，而应该为 4；闭幕式控制中，左移初值可设为 0x01，右移初值可设为 0x80，然后将左移数值与右移数值整合在一起，不需取反而送给 P0 端口，同时左移数值应该加上 0x01，右移数值应该加上 0x80，其程序流程图如图 3-23 所示。

**2）利用移位函数实现软件程序设计**　可以使用 "_crol_"、"_cror_" 循环移位函数取代按位左移（<<）、按位右移（>>）指令，因此程序流程可以参照图 3-23。

**3）利用数组实现软件程序设计**　使用数组实现开幕式与闭幕式广告灯控制时，数组中的显示状态数据见表 3-5。

在 C51 中，要直接实现数据的计算有时不太容易，在此也可以将表 3-5 中所有的数据取反后再送 P0 端口。

📖 注意：进行程序设计时，也可以使用两个数组来实现，其程序流程可以参考图 3-23。

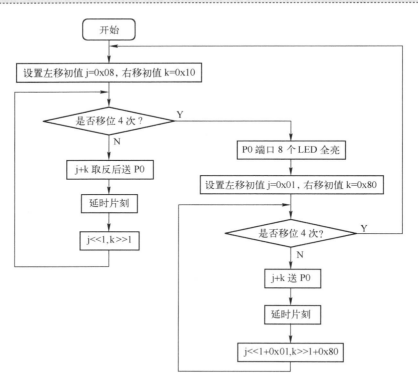

图 3-23　利用移位指令实现开幕式与闭幕式广告灯的程序流程图

表 3-5　开幕式与闭幕式显示状态数据

| LED | | D7 | D6 | D5 | D4 | D3 | D2 | D1 | D0 | P0 输出（十六进制） | 功能说明 |
|---|---|---|---|---|---|---|---|---|---|---|---|
| P0 口 | | P0.7 | P0.6 | P0.5 | P0.4 | P0.3 | P0.2 | P0.1 | P0.0 | | |
| P0口输出电平 | 拉幕 | 1 | 1 | 1 | 0 | 0 | 1 | 1 | 1 | 0xE7 | D4、D3 点亮 |
| | | 1 | 1 | 0 | 1 | 1 | 0 | 1 | 1 | 0xDB | D5、D2 点亮 |
| | | 1 | 0 | 1 | 1 | 1 | 1 | 0 | 1 | 0xBD | D6、D1 点亮 |
| | | 0 | 1 | 1 | 1 | 1 | 1 | 1 | 0 | 0x7E | D7、D0 点亮 |
| | 闭幕 | 1 | 0 | 0 | 0 | 0 | 0 | 0 | 1 | 0x81 | D7、D0 熄灭 |
| | | 1 | 1 | 0 | 0 | 0 | 0 | 1 | 1 | 0xC3 | D7、D0、D6、D1 熄灭 |
| | | 1 | 1 | 1 | 0 | 0 | 1 | 1 | 1 | 0xE7 | 仅 D4、D3 点亮 |
| | | 1 | 1 | 1 | 1 | 1 | 1 | 1 | 1 | 0xFF | 全部熄灭 |

**源程序**

**1）利用移位指令实现的源程序**

```
/****************************************************
文件名:拉幕式与闭幕式广告灯. c
单片机型号:STC89C51RC
晶振频率:12. 0MHz
Explain:利用移位指令实现
****************************************************/
#include < reg52. h >
#define uint unsigned int
#define uchar unsigned char
void delayms( uint ms)
    {
        uint i;
            while( ms -- )
            {
              for( i = 0; i < 120; i ++ );
            }
    }
void main( void)
    {
        uchar i,j,k,LED;
        P0 = 0xFF;
        while( 1)
            {
                j = 0x08;
                k = 0x10;
```

```
                for( i = 0 ; i < 4 ; i ++ )
                    {
                        LED = j | k ;
                        P0 = ~ LED ;
                        delayms( 250 ) ;
                        j = j << 1 ;
                        k = k >> 1 ;
                    }
                LED = 0xFF ;
                P0 = ~ LED ;
                delayms( 250 ) ;
                j = 0x80 ;
                k = 0x01 ;
                for( i = 0 ; i < 8 ; i ++ )
                    {
                        LED = j | k ;
                        P0 = LED ;
                        delayms( 250 ) ;
                        j = ( j << 1 ) + 0x01 ;
                        k = ( k >> 1 ) + 0x80 ;
                    }
            }
    }
```

## 2）利用移位函数实现的源程序

```
/ *************************************************************
文件名:拉幕式与闭幕式广告灯 . c
单片机型号:STC89C51RC
晶振频率:12. 0MHz
Explain:利用移位函数实现
************************************************************* /
#include < reg52. h >
#include  < intrins. h >                    //intrins. h 为内部函数头文件
#define uint unsigned int
#define uchar unsigned char
void delayms( uint ms)
    {
        uint i ;
            while( ms -- )
            {
                for( i = 0 ; i < 120 ; i ++ ) ;
            }
    }
void main( void)
```

```
        {
            uchar i,j,k,LED;
            P0 = 0xFF;
            while(1)
                {
                    j = 0x08;                    //拉幕式开始参数设置
                    k = 0x10;
                    for(i = 0;i < 4;i ++ )
                        {
                            LED = j|k;
                            P0 = ~LED;
                            delayms(250);
                            j = _crol_(j,1);     //循环左移 1 位
                            k = _cror_(k,1);     //循环右移 1 位
                        }
                    LED = 0xFF;
                    P0 = ~LED;
                    delayms(250);
                    j = 0x01;                    //闭幕式开始参数设置
                    k = 0x80;
                    for(i = 0;i < 4;i ++ )
                        {
                            LED = j|k;
                            P0 = LED;
                            delayms(250);
                            j = _crol_(j,1) + 0x01;
                            k = _cror_(k,1) + 0x80;
                        }
                }
        }
```

### 3）利用数组实现的源程序

```
/ ***********************************************************
文件名:拉幕式与闭幕式广告灯 . c
单片机型号:STC89C51RC
晶振频率:12.0MHz
Explain:利用数组实现
*********************************************************** /
#include < reg52. h >
#define uint unsigned int
#define uchar unsigned char
uchar discode1[4] = {0x18,0x24,0x42,0x81};
uchar discode2[4] = {0x7E,0x3C,0x18,0x00};
void delayms(uint ms)
```

```
        {
            uint i;
                while( ms -- )
                {
                    for( i = 0; i < 120; i ++ );
                }
        }

    void main( void )
        {
            uchar i,j;
            P0 = 0xFF;
            while( 1 )
                {
                    for( i = 0;i < 4;i ++ )
                        {
                            j = discode1[ i ];
                            P0 = ~ j;
                            delayms( 250 );
                        }
                    j = 0xFF;
                    P0 = ~ j;
                        delayms( 250 );
                    for( i = 0;i < 4;i ++ )
                        {
                            j = discode2[ i ];
                            P0 = ~ j;
                            delayms( 250 );
                        }
                }
        }
```

**调试与仿真**

首先在 Keil 中创建项目，输入源代码并生成 Debug. OMF 文件，然后在 Proteus 8 Professional 中打开已创建的开幕式与闭幕式广告灯电路图并进行相应设置，以实现 Keil 与 Proteus 的联机调试。单击 Proteus 8 Professional 模拟调试按钮的运行按钮 ▶ ，进入调试状态。此时可以看到开幕式显示效果，先是 D3 和 D4 亮，延时片刻后，接着 D2 和 D5 亮，再依次是 D1 和 D6 亮，D0 和 D7 亮。然后为闭幕式显示效果，先是 D0 和 D7 灭，延时片刻后，接着 D1 和 D6 灭，再依次是 D2 和 D5 灭，最后是全部熄灭。全部熄灭后，又重新下一轮的开幕式与闭幕式控制，其仿真效果图如图 3-24 所示。

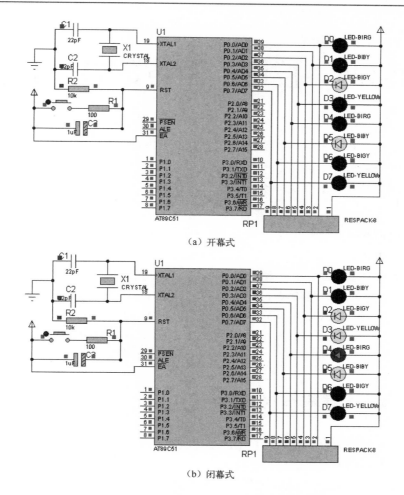

（a）开幕式

（b）闭幕式

图 3-24　开幕式与闭幕式广告灯运行仿真效果图

# 项目四　按键控制与数码管显示

## 【知识目标】

☺ 单片机按键电路的连接。

☺ 7 段 LED 数码管的结构及工作原理。

☺ LED 数码管静态、动态显示控制方式。

## 【能力目标】

☺ 了解按键的特性及消抖方法。

☺ 掌握矩阵式键盘控制原理。

☺ 会运用矩阵键盘实现单片机控制。

在单片机应用系统中，按键及 LED 数码管是较常见的外围 I/O 设备，常用于人—机对话活动的人—机通道。在本项目中主要讲解查询式按键、矩阵键盘、拨号键盘和 LED 数码管显示的设计。

## 任务 1　键盘控制原理

键盘是一组按键的集合，它是最常用的单片机输入设备。操作人员可以通过键盘输入数据或命令，实现简单的人—机通信。

键盘按其结构形式可分为编码键盘和非编码键盘两种。编码键盘通过硬件的方法产生键码，能自动识别被按下的键并产生相应的键码值，以并行或串行的方式发送给 CPU，它接口简单，响应速度快，但需要专用的硬件电路；非编码键盘通过软件的方法产生键码值，它不需专用的硬件电路，结构简单，成本低廉，但响应速度没有编码键盘快。为了减少电路的复杂程度，节省单片机的 I/O 口，因此非编码键盘在单片机应用系统中使用得非常广泛。

### 1. 去抖动

键盘是由按键构成的，键的闭合与否通常用高、低电平来进行检测。当键闭合时，该键为低电平；当键断开时，该键为高电平。在默认状态下（即平时），按键的两个触点处于断开状态，按下键时它们才闭合。

按键的闭合与断开都是利用其机械弹性来实现的。由于机械弹性的作用，按键（K）在闭合与断开的瞬间均有抖动过程，如图 4-1 所示。抖动时间的长短由按键的机械特性决定，一般为 5 ~ 10ms。

在触点抖动期间检测按键的通/断状态，可能导致判断出错，即按键一次被按下或释放，可能被错误地认为是多次操作，这种情况是不允许出现的。为了克服按键触点机械抖动所导致的错误，使 CPU 对键的一次闭合仅作一次键输入处理，必须采取去抖动措施。

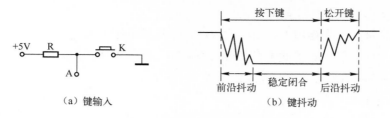

图4-1　按键时的抖动

去抖动的方法分为硬件方法和软件方法两种。例如，采用 RS 触发器（双稳态触发器）构成的去抖电路、单稳态触发器构成的去抖电路、滤波电路防抖电路，这些都是硬件去抖动方法，如图4-2 所示。在图4-2（a）中，当按键 K 未被按下时，输出为1；当 K 被按下时，输出为0。此时即使用按键的机械性能，使按键因弹性抖动而产生瞬时断开（抖动跳开 B），只要按键不返回原始状态 A，双稳态电路的状态不改变，输出保持为0，不会产生抖动的波形。也就是说，即使 B 点的电压波形是抖动的，但经双稳态电路后，其输出仍为正规的矩形波。

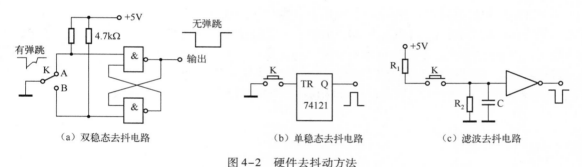

图4-2　硬件去抖动方法

软件去抖法就是检测到有键被按下时，执行一个 10～20ms 的延时子程序后，再次确认该键是否仍保持闭合状态，若仍闭合则确认为此键被按下，从而消除了抖动影响，其软件去抖动流程图如图4-3 所示。

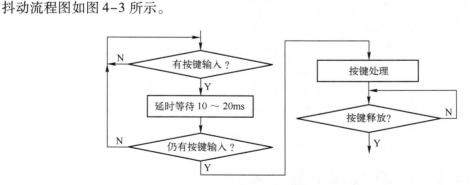

图4-3　软件去抖动流程图

## 2. 键盘结构

键盘可以分为独立连接式键盘和矩阵式键盘两类，每一类按其译码方法又可以分为编码及非编码两种类型，本书所使用的键盘均为非编码键盘。

独立连接式键盘是直接用 I/O 口线构成的单个按键电路，其特点是每个按键接一根输入线，占用一根 I/O 口线，各键的工作状态互不影响，如图 4-4 所示。

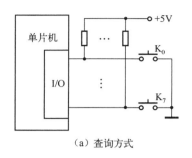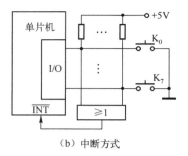

（a）查询方式                （b）中断方式

图 4-4　独立连接式键盘电路

独立连接式键盘电路配置灵活，软件结构简单，但每个按键必须占用一根 I/O 端口线，所以在按键较多时，I/O 端口线浪费较大，不宜采用。

矩阵式键盘又称行列式键盘。它是用 I/O 端口线组成行、列结构，行列线分别连接在按键开关的两端，列线通过上拉电阻接至电源，使无键被按下时列线处于高电平状态。按键设置在行、列线的交叉点上。按键被按下时，行线与列线发生短路。矩阵式键盘具有占用 I/O 端口线较少，软件结构较复杂等特点，适用于按键较多的场合。用 $3 \times 3$ 的行列结构可构成 9 个键的键盘，用 $4 \times 4$ 的行列结构可构成 16 个键的键盘，如图 4-5 所示。

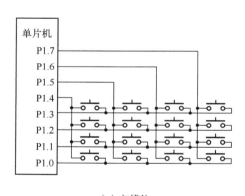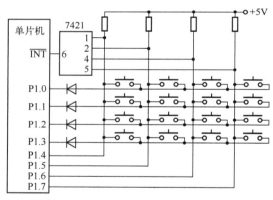

（a）扫描法                （b）中断法

图 4-5　矩阵式键盘

 **任务 2　LED 数码管显示原理**

### 1. LED 数码管结构及字形代码

通常使用的 LED 数码管是 7 段 LED，它是由 7 个 LED 组成的。这 7 个 LED a～g 呈"日"字形排列，其结构及连接如图 4-6 所示。当某一 LED 导通时，相应地点亮某一点或某一段笔画，通过 LED 不同的亮暗组合形成不同的数字、字母及其他符号。

　　LED 数码管中 LED 有两种接法：①所有 LED 的阳极连接在一起，这种连接方法称为共阳极接法；②所有 LED 的阴极连接在一起，这种连接方法称为共阴极接法。共阳极的 LED 为低电平时对应的段码被点亮，共阴极的 LED 为高电平时对应段码被点亮。一般共阴极接法可以不外接电阻，但共阳极接法中的 LED 一定要外接电阻。

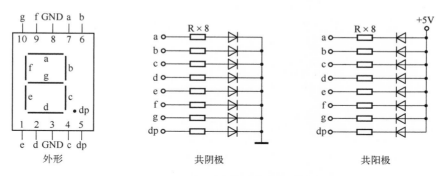

图 4-6　LED 数码管结构及连接

　　LED 数码管的 LED 亮暗组合实质上就是不同电平的组合，也就是为 LED 数码管提供不同的代码，这些代码称为字形代码，即段码。7 段 LED 加上 1 个小数点 dp 共计 8 段，字形代码与这 8 段的关系如下：

| 数据字 | D7 | D6 | D5 | D4 | D3 | D2 | D1 | D0 |
| --- | --- | --- | --- | --- | --- | --- | --- | --- |
| LED 段 | dp | g | f | e | d | c | b | a |

　　字形代码与十六进制数的对应关系见表 4-1。从表中可以看出，共阴极接法与共阳极接法的字形代码互为补数。

### 2. LED 数码管的显示方式

　　在单片机应用系统中，一般需使用多个 LED 数码管，多个 LED 数码管是由 $n$ 根位选线和 $8 \times n$ 根段选线连接在一起的。根据显示方式不同，位选线与段选线的连接方法也不相同。段选线控制字符选择，位选线控制显示位的亮或暗。其连接方法如图 4-7 所示。

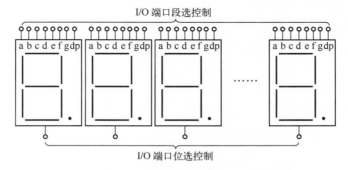

图 4-7　$n$ 个 LED 数码管的连接

　　LED 数码管有静态显示和动态显示两种方式。

表 4-1　字形代码与十六进制数对应关系

| 字符 | dp | g | f | e | d | c | b | a | 段码（共阴） | 段码（共阳） |
|---|---|---|---|---|---|---|---|---|---|---|
| 0 | 0 | 0 | 1 | 1 | 1 | 1 | 1 | 1 | 3FH | C0H |
| 1 | 0 | 0 | 0 | 0 | 0 | 1 | 1 | 0 | 06H | F9H |
| 2 | 0 | 1 | 0 | 1 | 1 | 0 | 1 | 1 | 5BH | A4H |
| 3 | 0 | 1 | 0 | 0 | 1 | 1 | 1 | 1 | 4FH | B0H |
| 4 | 0 | 1 | 1 | 0 | 0 | 1 | 1 | 0 | 66H | 99H |
| 5 | 0 | 1 | 1 | 0 | 1 | 1 | 0 | 1 | 6DH | 92H |
| 6 | 0 | 1 | 1 | 1 | 1 | 1 | 0 | 1 | 7DH | 82H |
| 7 | 0 | 0 | 0 | 0 | 0 | 1 | 1 | 1 | 07H | F8H |
| 8 | 0 | 1 | 1 | 1 | 1 | 1 | 1 | 1 | 7FH | 80H |
| 9 | 0 | 1 | 1 | 0 | 1 | 1 | 1 | 1 | 6FH | 90H |
| A | 0 | 1 | 1 | 1 | 0 | 1 | 1 | 1 | 77H | 88H |
| B | 0 | 1 | 1 | 1 | 1 | 1 | 0 | 0 | 7CH | 83H |
| C | 0 | 0 | 1 | 1 | 1 | 0 | 0 | 1 | 39H | C6H |
| D | 0 | 1 | 0 | 1 | 1 | 1 | 1 | 0 | 5EH | A1H |
| E | 0 | 1 | 1 | 1 | 1 | 0 | 0 | 1 | 79H | 86H |
| F | 0 | 1 | 1 | 1 | 0 | 0 | 0 | 1 | 71H | 8EH |
| _ | 0 | 0 | 1 | 0 | 0 | 0 | 0 | 0 | 40H | BFH |
| ● | 1 | 0 | 0 | 0 | 0 | 0 | 0 | 0 | 80H | 7FH |
| 熄灭 | 0 | 0 | 0 | 0 | 0 | 0 | 0 | 0 | 00H | FFH |

　　静态显示就是当 LED 数码管要显示某一个字符时，相应的 LED 恒定地导通或截止。例如，LED 数码管要显示"0"时，a、b、c、d、e、f 导通，g、dp 截止。单片机将所要显示的数据送出去后就不需再管它，直到下一次显示数据需更新时再传送一次数据即可，显示数据稳定，占用 CPU 时间少。但这种显示方式的每一位都需要一个 8 位输出口控制，所以占用硬件多，如果单片机系统中有 $n$ 个 LED 数码管时，需要 $8 \times n$ 根 I/O 口线，所占用的 I/O 资源较多，需进行扩展。

　　动态显示就是逐位地轮流点亮各位数码管，对于每个 LED 数码管来说，每隔一段时间点亮一次，即 CPU 需要时刻对数码管进行刷新，显示数据有闪烁感，占用 CPU 时间较多。且数码管的点亮既与点亮时的导通电流有关，也与点亮时间和间隔时间的比例有关。调整电流和时间的参数，可实现亮度较高、较稳定的显示。但是若数码管的位数不大于 8 位时，只需两个 8 位 I/O 端口即可。

**3. LED 数码管的识别与检测方法**

　　LED 数码管的识别与检测可以使用干电池检测或万用表检测这两种方法进行。

　　**1）干电池检测法**　　取两节普通 1.5V 干电池串联起来形成 3V 电压源，并串联一个 100Ω、1/8W 的限流电阻，以防止电流过大烧坏被测 LED 数码管。将 3V 电压的负极引线接在被测数码管的公共阴极上，正极引线依次接触各笔段电极（a ～ h 脚）。当正极引线接触到 LED 数码管的某一段码电极时，对应段码就发光显示。用这种方法可以快速测出数码管是否有断笔（某一段码不能显示）或连笔（某些段码连在一起），并且可相对比较出不同的段码发光强弱是否一致。若检测共阳极数码管，只需将电池的正、负极引线对调一下即可。

将被测数码管的各段码电极（a～h 脚）全部短接起来，再接通测试用干 3V 电压，则可使被测数码管实现全段码发光。对于质量较好的数码管，其发光颜色应该均匀，并且无段码残缺或局部变色等现象。

如果不清楚被测数码管是共阳极的还是共阴极的，以及引脚排序，可从被测数码管的左侧第 1 脚开始，逆时针方向依次逐脚测试各引脚，使各段码分别发光，即可测绘出该数码管的引脚排列和内部接线。注意，测试时只要某一段码发光，就说明被测的两个引脚中有一个是公共引脚，假定某一脚是公共引脚不动，变动另一测试脚，如果另一个段码发光，说明假定正确。这样根据公共引脚所接电源的极性，可判断出被测数码管是共阳极的还是共阴极的。显然，公共引脚如果接电池正极，则被测数码管为共阳极的；公共引脚如果接电池负极，则被测数码管应为共阴极的。接下来测试其他各引脚，即可很快确定出所对应的段码来。

**2）万用表检测法** 这里以指针式万用表为例，说明具体检测方法。首先，将指针式万用表拨至"R×10k"电阻挡（由于数码管内部的 LED 正向导通电压一般不小于 1.8V，所以万用表的电阻挡应置于内部电池电压是 15V（或 9V）的"R×10k"挡，而不应置于内部电池电压是 1.5V 的"R×100"或"R×1k"挡，否则无法正常测量 LED 的正、反向电阻）。然后，进行检测。在测量共阴极数码管时，万用表红表笔（注意：红表笔接表内电池负极、黑表笔接表内电池正极）应接数码管的"－"公共端，黑表笔则分别去接各段码电极（a～g、dp 脚）；对于共阳极的数码管，黑表笔应接数码管的"＋"公共端，红表笔则分别去接 a～g、dp 脚。正常情况下，万用表的指针应该偏转（一般示数在 100kΩ 以内），说明对应段码的 LED 导通，同时对应段码会发光。若测到某个引脚时，万用表指针不偏转，所对应的段码也不发光，则说明被测段码的 LED 已经开路损坏。与干电池检测法一样，采用万用表检测法也可对不清楚结构类型和引脚排序的数码管进行快速检测。

# 任务 3 查询式按键设计

**设计要求**

将 8 个按键从 1～8 进行编号，如果其中一个键被按下，则在 LED 数码管上显示相应的键值。

**硬件设计**

在桌面上双击图标 ，打开 Proteus 8 Professional 窗口。新建一个 DEFAULT 模板，添加表 4-2 所列的元器件，并完成如图 4-8 所示的硬件电路图设计。

表 4-2 查询式按键设计所用元器件

| 单片机 AT89C51 | 瓷片电容 CAP 22pF | 晶振 CRYSTAL 12MHz | 电解电容 CAP – ELEC |
| --- | --- | --- | --- |
| 电阻 RES | 电阻排 RESPACK – 8 | 数码管 7SEG – COM – AN – GRN | 按钮 BUTTON |

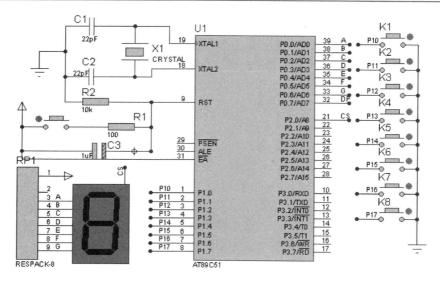

图 4-8　查询式按键电路

程序设计

　　如果有键被按下，则相应输入为低电平，否则为高电平。这样可通过读入 P1 端口的数据来判断被按下的是什么键。当有键被按下后，要有一定的延时，防止由于键盘抖动而引起的误操作，其程序流程图如图 4-9 所示。

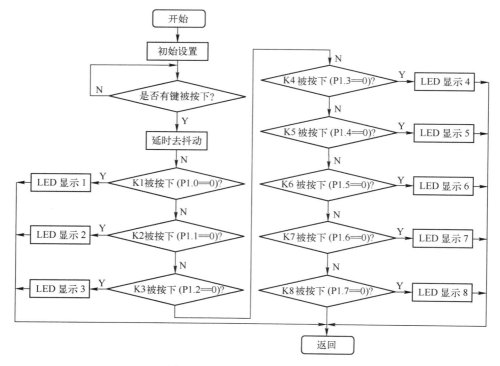

图 4-9　查询式按键程序流程图

 源程序

```
/ *****************************************************
文件名:查询式按键设计.C
单片机型号:STC89C51RC
晶振频率:12.0MHz
***************************************************** /
#include  < reg52. h >
#define uchar unsigned char
#define uint unsigned int
sbit LED_CS = P2^0;
uchar tab[ ] = {0xC0,0xF9,0xA4,0xB0,0x99,0x92,0x82,0xF8,          //共阳极 LED0～F 的段码
          0x80,0x90,0x88,0x83,0xC6,0xA1,0x86,0x8E,0xBF};  //"0xBF" 表示" － "
void delay( uint n)
{
  uint i;
  for( i = 0;i < n;i ++ );
}
void main( void)
{
  uchar key;
  P0 = 0xFF;
  LED_CS = 0x1;
  while( 1)
  {
    while( P1 == 0xFF);                                      //等待键被按下
    {
      delay( 100);                                          // 延时去抖动
      while( P1 == 0xFF);
      {
        key = P1;                                           //读取键值
        switch( key)
        {
          case 0xFE:    P0 = tab[ 1];    break;
          case 0xFD:    P0 = tab[ 2];    break;
          case 0xFB:    P0 = tab[ 3];    break;
          case 0xF7:    P0 = tab[ 4];    break;
          case 0xEF:    P0 = tab[ 5];    break;
          case 0xDF:    P0 = tab[ 6];    break;
          case 0xBF:    P0 = tab[ 7];    break;
          case 0x7F:    P0 = tab[ 8];    break;
        }
      }
    }
  }
}
```

调试与仿真

　　首先在 Keil 中创建项目，输入源代码并生成 Debug. OMF 文件，然后在 Proteus 8 Professional 中打开已创建的查询式按键电路图并进行相应设置，以实现 Keil 与 Proteus 的联机调试。单击 Proteus 8 Professional 模拟调试按钮的运行按钮▶，进入调试状态。此时按下某个按键

后，LED 数码管将会显示相应的键值，如按下按键 K6 后，其运行仿真效果图如图 4-10
所示。

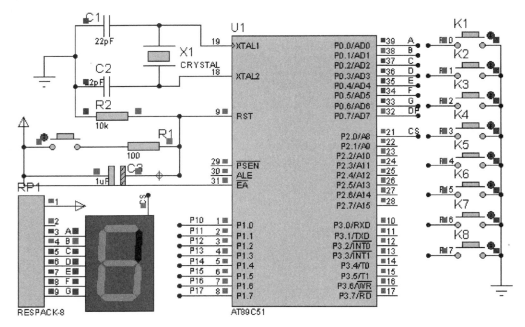

图 4-10　查询式按键运行仿真效果图

# 任务4　8 位数码管动态显示设计

设计要求

使用单片机 P0 和 P2 端口作为输出口，外接一个 8 位 LED 数码管，编写程序，使数码
管动态显示"872AF635"。

硬件设计

根据 LED 数码管显示方式可知，单片机控制 8 位 LED 数码管进行显示时，通常采用动
态显示方式。使用单片机 P0 和 P2 端口控制 8 位 LED 数码管显示相应内容时，在硬件设计
中应该考虑 P0 和 P2 端口的 I/O 驱动能力。通常 P0 端口控制每位 LED 数码管段码的亮或
灭；P2 端口实现 LED 数码管的片选控制。所以在硬件电路设计中，P0 端口需接上拉电阻，
再与 LED 数码管的段码连接，P2 端口通过电流驱动芯片（如 74LS245）或三极管再与 LED
数码管的片选端连接。

在桌面上双击图标 ，打开 Proteus 8 Professional 窗口。新建一个 DEFAULT 模板，添加
表 4-3 所列的元器件，并完成如图 4-11 所示的硬件电路图设计。

表4-3　8位数码管动态显示设计所用元器件

| 单片机 AT89C51 | 瓷片电容 CAP 22pF | 晶振 CRYSTAL 12MHz | 电解电容 CAP – ELEC |
| --- | --- | --- | --- |
| 电阻 RES | 电阻排 RESPACK – 8 | 数码管 7SEG – MPX8 – CA – BLUE | 三极管 NPN |
| 按钮 BUTTON | | | |

程序设计

　　8位数码管要动态显示"872AF635"，也需要将所显示的字形代码放在所创建的数组中。在定义数组时，应该先建立一个 0 ～ F 的数组tab[ ]，然后再建立一个数组 dis_buff[ ]指定所显示的内容。8位数码管动态显示时，根据数码管动态显示方式可知，P2.0 ～ P2.7 依次输出高电平，以控制对应的数码管点亮选通，同时 P0 端口输出相应的字形代码，使已选通点亮的 LED 数码管能显示相应的内容。要实现这些控制可以采用两种方式实现，即顺序控制及循环赋值控制，其程序流程图如图 4-12 所示。

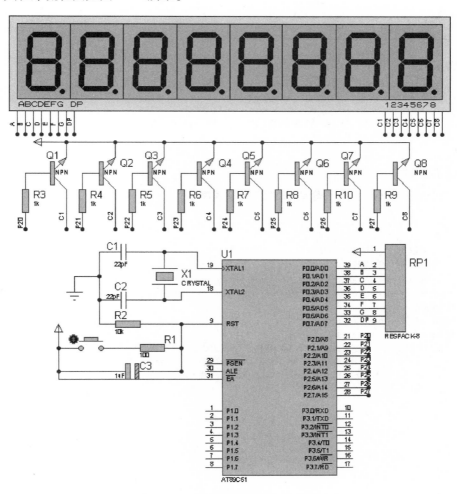

图 4-11　8 位数码管动态显示电路

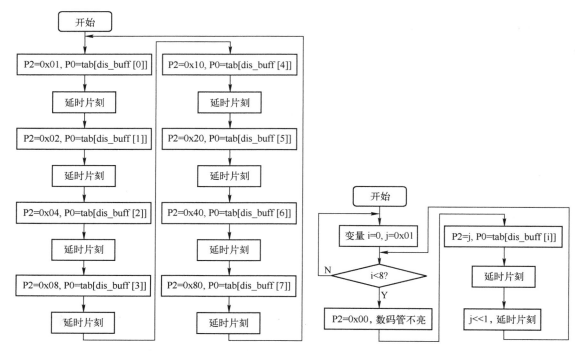

（a）顺序控制实现8位数码管动态显示程序流程图　　　（b）循环赋值实现8位数码管动态显示程序流程图

图 4-12　8 位数码管动态显示程序控制流程图

 源程序

### 1）顺序控制实现 8 位数码管动态显示的源程序

```
/****************************************************
  文件名:8 位数码管动态显示设计. C
  单片机型号:STC89C51RC
  晶振频率:12.0MHz
  说明:顺序控制实现
  ****************************************************/
#include < reg52. h >
#define uchar unsigned char
#define uint unsigned int
  uchar tab[ ] = {0xC0,0xF9,0xA4,0xB0,0x99,0x92,0x82,0xF8,     //共阳极 LED0~F 的段码
          0x80,0x90,0x88,0x83,0xC6,0xA1,0x86,0x8E,0xBF} ;//"0xBF" 表示" -"
  uchar dis_buff[ 8 ] = {0x08,0x07,0x02,0x0a,0x0f,0x06,0x3,0x05} ;
void   delay(uint k)                                          //延时约 0. 1ms
{
  uint   m,n;
    for( m = 0;m < k;m ++ )
      {
        for( n = 0;n < 120;n ++ );
      }
}
void display(void)
{
  P2 = 0x01;
  P0 = tab[ dis_buff[ 0 ] ];
  delay(1);
```

```
        P2 = 0x02;
        P0 = tab[dis_buff[1]];
        delay(1);
        P2 = 0x04;
        P0 = tab[dis_buff[2]];
        delay(1);
        P2 = 0x08;
        P0 = tab[dis_buff[3]];
        delay(1);
        P2 = 0x10;
        P0 = tab[dis_buff[4]];
        delay(1);
        P2 = 0x20;
        P0 = tab[dis_buff[5]];
        delay(1);
        P2 = 0x40;
        P0 = tab[dis_buff[6]];
        delay(1);
        P2 = 0x80;
        P0 = tab[dis_buff[7]];
        delay(1);
    }
    void main(void)
    {
        while(1)
        {
            display();
        }
    }
```

## 2）循环赋值控制实现 8 位数码管动态显示的源程序

```
/ ***************************************************
    文件名:8 位数码管动态显示设计.C
    单片机型号:STC89C51RC
    晶振频率:12.0MHz
    说明:循环赋值控制实现
    ***************************************************/
#include <reg52.h>
#define uchar unsigned char
#define uint unsigned int
    uchar tab[] = {0xC0,0xF9,0xA4,0xB0,0x99,0x92,0x82,0xF8,    //共阳极 LED0 ～ F 的段码
            0x80,0x90,0x88,0x83,0xC6,0xA1,0x86,0x8E,0xBF};      //"0xBF"表示" - "
    uchar dis_buff[8] = {0x08,0x07,0x02,0x0a,0x0f,0x06,0x3,0x05};
void  delay(uint k)                                            //延时约 0.1ms
{
    uint  m,n;
    for(m = 0;m < k;m ++)
    {
        for(n = 0;n < 120;n ++);
    }
}
void display(void)
{
    uchar  i,j;
    j = 0x01;
    for(i = 0;i < 8;i ++)
    {
        P2 = 0x00;
```

```
        P0 = tab[dis_buff[i]];
        P2 = j;
        j = j << 1;
        delay(1);
      }
   P2 = 0x00;
  }
void main(void)
{
  while(1)
    {
      display();
    }
  }
```

**调试与仿真**

首先在 Keil 中创建项目，输入源代码并生成 Debug. OMF 文件，然后在 Proteus 8 Professional 中打开已创建的 8 位数码管动态显示电路图并进行相应设置，以实现 Keil 与 Proteus 的联机调试。单击 Proteus 8 Professional 模拟调试按钮的运行按钮 ▶ ，进入调试状态。此时看到 8 个 LED 数码管显示的内容如图 4-13 所示。

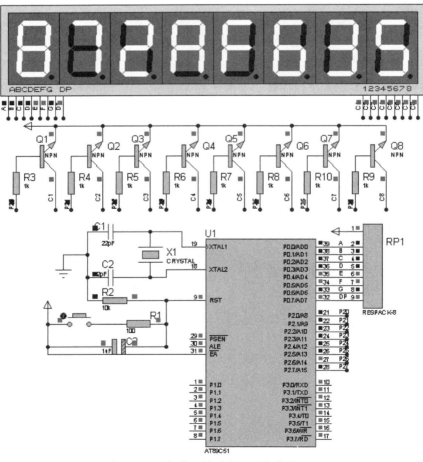

图 4-13　8 位数码管动态显示仿真效果图

由于人的视觉存在暂留效应，如果将 delay（1）指令中的数字改大时，则会看到 LED 数码管显示不太稳定，有一定的闪烁感。更改数组 dis_buff[ ] 中数字，显示内容也会发生相应改变。

## 任务 5　数码管显示矩阵键盘按键的设计

设计要求

设计一个 4×4 的矩阵键盘，以 P1.0 ～ P1.3 作为行线，以 P1.4 ～ P1.7 作为列线。要求：未按下按键时，LED 数码管显示"－"；按下按键时，在数码管上显示相应的键值。

硬件设计

在桌面上双击图标 ，打开 Proteus 8 Professional 窗口。新建一个 DEFAULT 模板，添加表 4-4 所列的元器件，并完成如图 4-14 所示的硬件电路图设计。

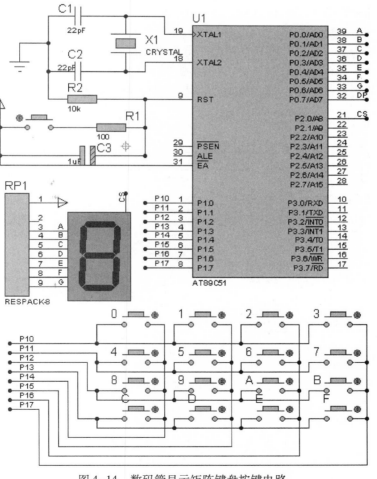

图 4-14　数码管显示矩阵键盘按键电路

表 4-4　数码管显示矩阵键盘按键的所用元器件

| 单片机 AT89C51 | 瓷片电容 CAP 22pF | 晶振 CRYSTAL 12MHz | 电解电容 CAP-ELEC |
|---|---|---|---|
| 电阻 RES | 电阻排 RESPACK-8 | 数码管 7SEG-COM-AN-GRN | 按钮 BUTTON |

以 P1.0 ~ P1.3 为行线，P1.4 ~ P1.7 为列线时，可构成 4×4 键盘，即可连接 16 个按键，如图 4-14 所示。行线连接的接口为输入口，用于输入按键的行位置信息；列线连接的接口为输出口，用于输出扫描电平。

显然，矩阵式结构的键盘比直接法要复杂一些，识别也要复杂一些。通常采用行扫描法来确定矩阵式键盘上何键被按下，行扫描法行扫描法又称为逐行（或列）扫描查询法。

### 程序设计

如果键盘中的按键数量较多时，为了减少对 I/O 端口的占用，通常将按键排列成矩阵形式。在矩阵式键盘中，每条水平线和垂直线在交叉处不直接连通，而是通过一个按键加以连接。这样，利用一个端口（如 P1 端口）就可以构成 4×4 = 16 个按键，比直接将端口线与按键连接的方式多出了一倍，而且线数越多，区别越明显。例如，再多加一条线就可以构成 20 键的键盘，而直接用端口线则只能多出一键（9 键）。由此可见，在需要的键数比较多时，采用矩阵法来设计键盘是合理的。

判断键盘中有无键被按下时，先判断到底是哪根行线的状态为低电平，即某根行线为低电平时，其他线为高电平。在确认某行线为低电平后，再逐行检测各列线的电平状态，若某列为低，则该列线与低电平的行线交叉处的按键就是闭合的按键。LED 数码管显示矩阵键盘按键属于矩阵键盘的应用，核心为键盘扫描，其程序流程图如图 4-15 所示。

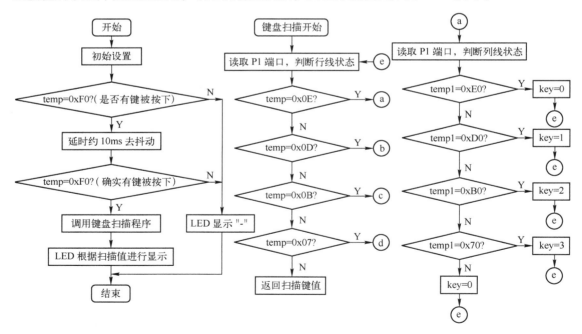

图 4-15　数码管显示矩阵键盘按键程序流程图

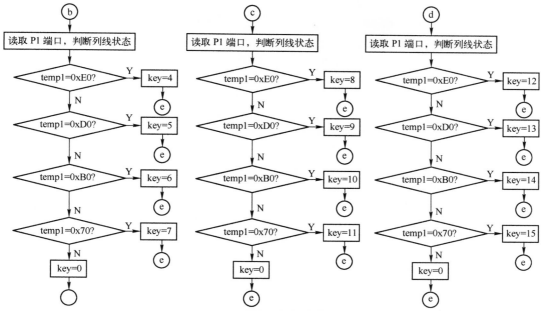

图 4-15 数码管显示矩阵键盘按键程序流程图（续）

## 源程序

```
/ ***************************************************
文件名:LED 数码管显示矩阵键盘按键的设计 . C
单片机型号:STC89C51RC
晶振频率:12. 0MHz
 ***************************************************/
#include < reg52. h >
#define uchar unsigned char
#define uint unsigned int
uchar code tab[ ] = {0xC0,0xF9,0xA4,0xB0,0x99,0x92,0x82,0xF8,      //共阳极 LED0～F 的段码
          0x80,0x90,0x88,0x83,0xC6,0xA1,0x86,0x8E,0xBF,0x10};
uchar idata dis_buff[1];
bit   key_flag;                         //是否按下按键的状态标志位
sbit cs = P2^0;
void   delay( uint k)                    //延时约 0. 1ms
{
  uint   m,n;
    for( m = 0;m < k;m ++ )
      {
        for( n = 0;n < 120;n ++ );
      }
}
void display( void)
{
  cs = 0x01;
  P0 = tab[ dis_buff[0 ] ];
  delay(1);
}
uchar ScanKey( )                         //键盘扫描
{
  uchar temp,temp1,key;
  temp = P1;                             //读取 P1 端口状态
```

```
temp& = 0x0F;                               //判断行线状态
switch(temp)
{
    case 0x0E:                              //行线的 P1.0 为低电平
    {
        P1 = 0xF0;
        delay(100);                         //延时片刻,以利于状态的获取
        temp1 = P1;                         //读取 P1 端口状态
        temp1& = P1;                        //判断列线状态
        switch(temp1)
        {
            case 0xE0:                      //列线的 P1.7 为低电平,表示"0"键被按下
                key = 0;                    //键值为 0
                break;                      //跳出列线状态判断
            case 0xD0:                      //列线的 P1.6 为低电平,表示"1"键被按下
                key = 1;                    //键值为 1
                break;                      //跳出列线状态判断
            case 0xB0:                      //列线的 P1.5 为低电平,表示"2"键被按下
                key = 2;
                break;
            case 0x70:                      //列线的 P1.4 为低电平,表示"3"键被按下
                key = 3;
                break;
            default:                        //列线没发生状态改变
                key = 0;
                break;
        }
        P1 = 0x0F;
        break;
    }
    case 0x0D:                              //行线的 P1.1 为低电平
    {
        P1 = 0xF0;
        delay(100);
        temp1 = P1;                         //读取 P1 端口状态
        temp1& = P1;                        //判断列线状态
        switch(temp1)
        {
            case 0xE0:                      //列线的 P1.7 为低电平,表示"4"键被按下
                key = 4;
                break;
            case 0xD0:                      //列线的 P1.6 为低电平,表示"5"键被按下
                key = 5;
                break;
            case 0xB0:                      //列线的 P1.5 为低电平,表示"6"键被按下
                key = 6;
                break;
            case 0x70:                      //列线的 P1.4 为低电平,表示"7"键被按下
                key = 7;
                break;
            default:                        //列线没发生状态改变
                key = 0;
                break;
        }
        P1 = 0x0F;
        break;
    }
    case 0x0B:                              //行线的 P1.2 为低电平
```

```
        {
        P1 = 0xF0;
        delay(100);
        temp1 = P1;                          //读取 P1 端口状态
        temp1& = P1;                         //判断列线状态
        switch(temp1)
            {
            case 0xE0:                       //列线的 P1.7 为低电平,表示"8"键被按下
                key = 8;
                break;
            case 0xD0:                       //列线的 P1.6 为低电平,表示"9"键被按下
                key = 9;
                break;
            case 0xB0:                       //列线的 P1.5 为低电平,表示"A"键被按下
                key = 10;
                break;
            case 0x70:                       //列线的 P1.4 为低电平,表示"B"键被按下
                key = 11;
                break;
            default:                         //列线没发生状态改变
                key = 0;
                break;
            }
        P1 = 0x0F;
        break;
        }
    case 0x07:                               //行线的 P1.3 为低电平
        {
        P1 = 0xF0;
        delay(100);
        temp1 = P1;                          //读取 P1 端口状态
        temp1& = P1;                         //判断列线状态
        switch(temp1)
            {
            case 0xE0:                       //列线的 P1.7 为低电平,表示"C"键被按下
                key = 12;
                break;
            case 0xD0:                       //列线的 P1.6 为低电平,表示"D"键被按下
                key = 13;
                break;
            case 0xB0:                       //列线的 P1.5 为低电平,表示"E"键被按下
                key = 14;
                break;
            case 0x70:                       //列线的 P1.4 为低电平,表示"F"键被按下
                key = 15;
                break;
            default:                         //列线没发生状态改变
                key = 0;
                break;
            }
        P1 = 0x0F;
        break;
        }
    default:                                 //行线没发生状态改变
        key = 0;
        break;
    }
return(key);                                 //返回键值
```

```c
    }
void main( void )
{
  uchar temp,keynum;
  cs = 0x01;
  P1 = 0x0F;
  while (1)
    {
      temp = P1;                        //判断是否有按键被按下
      temp& = 0x0F;
      if( temp == 0x0F)
        {
          key_flag = 0;
        }
      else
        {
          delay(10);                    //约 10ms 延时去抖
          temp = P1;                    //判断是否有按键被按下
          temp& = 0x0F;
        }
      if( temp == 0x0F)
        {
          key_flag = 0;
        }
      else
        {
          key_flag = 1;
          keynum = ScanKey();            //键值送 keynum
          P0 = tab[keynum];
        }
      while( temp! = 0x0F)
        {
          temp = P1;
          temp& = 0x0F;
        }
      if( key_flag == 0)                  //没有按键被按下时,LED 显示" - "
        {
          dis_buff[0] = 0x10;
        }
      if( key_flag == 1)                  //有按键被按下时,LED 显示左移 1 位
        {
          dis_buff[0] = keynum;           //显示新按下键的键值
        }
    display();
    }
}
```

**调试与仿真**

    首先在 Keil 中创建项目，输入源代码并生成 Debug. OMF 文件，然后在 Proteus 8 Professional 中打开已创建的 LED 数码管显示矩阵键盘按键电路图并进行相应设置，以实现 Keil 与 Proteus 的 联机调试。单击 Proteus 8 Professional 模拟调试按钮的运行按钮 ▶ ，进入调试状态。此时， 没有按下按键时，LED 数码管显示"－"；当按下某个按键时，LED 数码管将显示相应的键 值。例如，按下按键 9 后，其运行仿真效果图如图 4-16 所示。当松开按键后，LED 数码管 仍显示"－"。

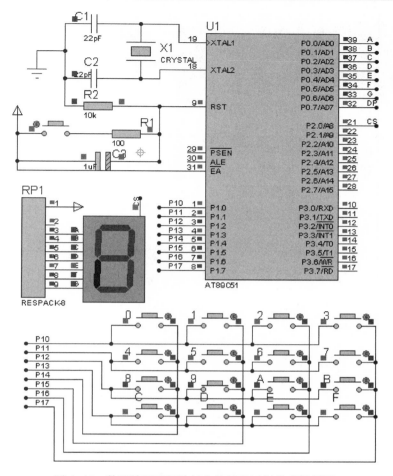

图 4-16　数码管显示矩阵键盘按键的运行仿真效果图

# 任务6　简单拨号键盘的设计

设计要求

　　使用 4×4 矩阵式键盘及 8 位共阳极 LED 数码管设计一个简单拨号键盘，要求在初始状态（系统刚上电）时，8 位 LED 数码管均显示"－"，每按下一个按键后，原 8 位 LED 数码管的显示内容向左移动 1 位。

硬件设计

　　在桌面上双击图标 ⬛，打开 Proteus 8 Professional 窗口。新建一个 DEFAULT 模板，添加表 4-5 所列的元器件，并完成如图 4-17 所示的硬件电路图设计。

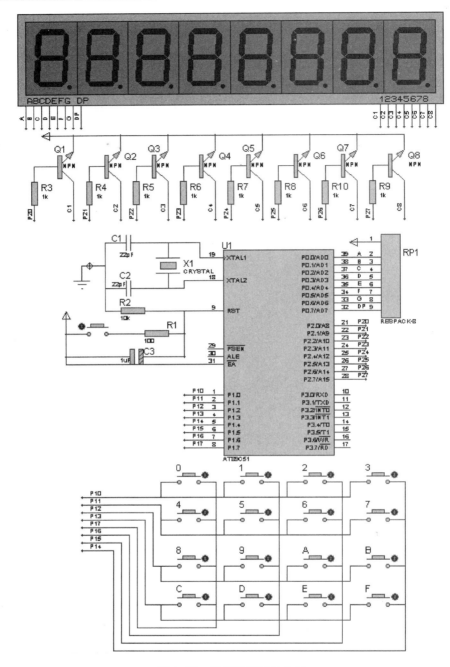

图 4-17　简单拨号键盘电路

**表 4-5　简单拨号键盘所用元器件**

| 单片机 AT89C51 | 瓷片电容 CAP 22pF | 晶振 CRYSTAL 12MHz | 电解电容 CAP – ELEC |
|---|---|---|---|
| 电阻 RES | 电阻排 RESPACK – 8 | 三极管 NPN | 按钮 BUTTON |
| 共阳极 LED 数码管 7SEG – MPX8 – CA – BLUE | | | |

程序设计

该设计主要由键盘扫描、LED 扫描显示子程序和主程序构成。键盘扫描程序可以参照项目四任务 5 中的源代码。LED 扫描显示程序，可按顺序先后对 P2 端口进行 LED 片选设置，同时将显示数据送到 P0 端口，并延时 1ms 即可。

在主程序中，先进行相应的初始化，然后再判断是否有键被按下。初始化过程主要是 8 位 LED 显示初值设置。LED 的显示初值为 "－"，因此使用循环语句执行 "dis_buff[x] = 16" 8 次，使 8 位 LED 均显示 "－"。

在判断是否有键被按下时，如果没有键被按下，则 8 位 LED 的显示状态保持前一时刻的状态；如果有键被按下，8 位 LED 的显示内容左移 1 位，其中新的按键值送给 dis_buff[7] 即可。主程序的程序流程图如图 4-18 所示，键盘扫描部分的流程图请参照图 4-15。由于图 4-17 中键盘的列线发生了改变，因此在编写键盘扫描程序代码时要注意其判断值也应该发生相应改变。

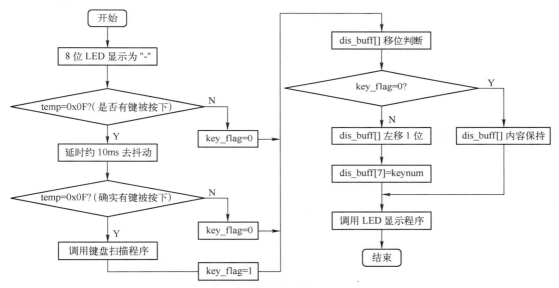

图 4-18　简单拨号键盘的设计主程序流程图

源程序

```
/*************************************************
文件名:简单拨号键盘.C
单片机型号:STC89C51RC
晶振频率:12.0MHz
*************************************************/
#include  < reg52.h >
#define uchar unsigned char
#define uint unsigned int
    uchar tab[ ] = {0xC0,0xF9,0xA4,0xB0,0x99,0x92,0x82,0xF8,        //共阳极 LED0～F 的段码
            0x80,0x90,0x88,0x83,0xC6,0xA1,0x86,0x8E,0xBF}; //"0xBF"表示" － "
    uchar dis_buff[8];
bit    key_flag;                        //是否按下按键的状态标志位
void   delay(uint k)                    //延时约 0.1ms
    {
```

```
    uint   m,n;
      for(m = 0;m < k;m ++ )
          {
             for(n = 0;n < 120;n ++ );
          }
 }
void display(void)
{
  P2 = 0x01;
  P0 = tab[dis_buff[0]];
  delay(1);
  P2 = 0x02;
  P0 = tab[dis_buff[1]];
  delay(1);
  P2 = 0x04;
  P0 = tab[dis_buff[2]];
  delay(1);
  P2 = 0x08;
  P0 = tab[dis_buff[3]];
  delay(1);
  P2 = 0x10;
  P0 = tab[dis_buff[4]];
  delay(1);
  P2 = 0x20;
  P0 = tab[dis_buff[5]];
  delay(1);
  P2 = 0x40;
  P0 = tab[dis_buff[6]];
  delay(1);
  P2 = 0x80;
  P0 = tab[dis_buff[7]];
  delay(1);
}
uchar ScanKey()                       //键盘扫描
{
  uchar temp,temp1,key;
  temp = P1;                          //读取 P1 端口状态
  temp& = 0x0F;                       //判断行线状态
  switch(temp)
  {
    case 0x0E:                        //行线的 P1.0 为低电平
      {
        P1 = 0xF0;
        delay(100);                   //延时片刻,以利于状态的获取
        temp1 = P1;                   //读取 P1 端口状态
        temp1& = P1;                  //判断列线状态
        switch(temp1)
          {
            case 0x70:                //列线的 P1.7 为低电平,表示"0"键被按下
              key = 0;                //键值为 0
              break;                  //跳出列线状态判断
            case 0xB0:                //列线的 P1.6 为低电平,表示"1"键被按下
              key = 1;                //键值为 1
              break;                  //跳出列线状态判断
            case 0xD0:                //列线的 P1.5 为低电平,表示"2"键被按下
              key = 2;
```

```
                    break;
            case 0xE0:                      //列线的 P1.4 为低电平,表示"3"键被按下
                key = 3;
                break;
            default:                        //列线没发生状态改变
                key = 0;
                break;
            }
        P1 = 0x0F;
        break;
    }
case 0x0D:                                  //行线的 P1.1 为低电平
    {
    P1 = 0xF0;
        delay(100);
        temp1 = P1;                         //读取 P1 端口状态
        temp1 & = P1;                       //判断列线状态
        switch(temp1)
            {
            case 0x70:                      //列线的 P1.7 为低电平,表示"4"键被按下
                key = 4;
                break;
            case 0xB0:                      //列线的 P1.6 为低电平,表示"5"键被按下
                key = 5;
                break;
            case 0xD0:                      //列线的 P1.5 为低电平,表示"6"键被按下
                key = 6;
                break;
            case 0xE0:                      //列线的 P1.4 为低电平,表示"7"键被按下
                key = 7;
                break;
            default:                        //列线没发生状态改变
                key = 0;
                break;
            }
        P1 = 0x0F;
        break;
    }
case 0x0B:                                  //行线的 P1.2 为低电平
    {
    P1 = 0xF0;
        delay(100);
        temp1 = P1;                         //读取 P1 端口状态
        temp1 & = P1;                       //判断列线状态
        switch(temp1)
            {
            case 0x70:                      //列线的 P1.7 为低电平,表示"8"键被按下
                key = 8;
                break;
            case 0xB0:                      //列线的 P1.6 为低电平,表示"9"键被按下
                key = 9;
                break;
            case 0xD0:                      //列线的 P1.5 为低电平,表示" A"键被按下
                key = 10;
                break;
            case 0xE0:                      //列线的 P1.4 为低电平,表示" B"键被按下
                key = 11;
```

```
              break;
           default:                          //列线没发生状态改变
              key = 0;
              break;
        }
        P1 = 0x0F;
        break;
     }
   case 0x07:                                //行线的 P1.3 为低电平
     {
        P1 = 0xF0;
        delay(100);
        temp1 = P1;                          //读取 P1 端口状态
        temp1& = P1;                         //判断列线状态
        switch(temp1)
        {
           case 0x70:                        //列线的 P1.7 为低电平,表示"C"键被按下
              key = 12;
              break;
           case 0xB0:                        //列线的 P1.6 为低电平,表示"D"键被按下
              key = 13;
              break;
           case 0xD0:                        //列线的 P1.5 为低电平,表示"E"键被按下
              key = 14;
              break;
           case 0xE0:                        //列线的 P1.4 为低电平,表示"F"键被按下
              key = 15;
              break;
           default:                          //列线没发生状态改变
              key = 0;
              break;
        }
        P1 = 0x0F;
        break;
     }
   default:                                  //行线没发生状态改变
     key = 0;
     break;
  }
  return(key);                               //返回键值
}
void main(void)
{
  uchar x;
  uchar temp,keynum;
     for(x = 0;x < 8;x ++ )                  //初始状态 8 位 LED 均显示" – "
     {
        dis_buff[ x ] = 16;
     }
  P1 = 0x0F;
  while (1)
     {
        temp = P1;                           //判断是否有按键被按下
        temp& = 0x0F;
        if( temp == 0x0F)
        {
           key_flag = 0;
        }
```

```
            else
            {
                delay(100);                  //约10ms 延时去抖
                temp = P1;                   //判断是否有按键被按下
                temp& = 0x0F; }
            if( temp == 0x0F)
            {
                key_flag = 0;
            }
            else
            {
                key_flag = 1;
                keynum = ScanKey();          //键值送 keynum
            }
            while( temp! = 0x0F)
            {
                temp = P1;
                temp& = 0x0F;
            }
            if( key_flag == 0)     //没有按键被按下时,各位 LED 显示的内容保持(此段代码也可省略)
            {
                dis_buff[0] = dis_buff[0];
                dis_buff[1] = dis_buff[1];
                dis_buff[2] = dis_buff[2];
                dis_buff[3] = dis_buff[3];
                dis_buff[4] = dis_buff[4];
                dis_buff[5] = dis_buff[5];
                dis_buff[6] = dis_buff[6];
                dis_buff[7] = dis_buff[7];
            }
            else                              //有按键被按下时,LED 显示左移 1 位
            {
                dis_buff[0] = dis_buff[1];
                dis_buff[1] = dis_buff[2];
                dis_buff[2] = dis_buff[3];
                dis_buff[3] = dis_buff[4];
                dis_buff[4] = dis_buff[5];
                dis_buff[5] = dis_buff[6];
                dis_buff[6] = dis_buff[7];
                dis_buff[7] = keynum;         //显示新按下键的键值
            }
            display();
        }
    }
```

**调试与仿真**

　　首先在 Keil 中创建项目,输入源代码并生成 Debug. OMF 文件,然后在 Proteus 8 Professional 中打开已创建的简单拨号键盘电路图并进行相应设置,以实现 Keil 与 Proteus 的联机调试。单击 Proteus 8 Professional 模拟调试按钮的运行按钮▶,进入调试状态。此时,没有按下按键时,8 位 LED 数码管均显示 " − ",当按下某键时,将显示移位相应的数值,其仿真效果图如图 4-19 所示。

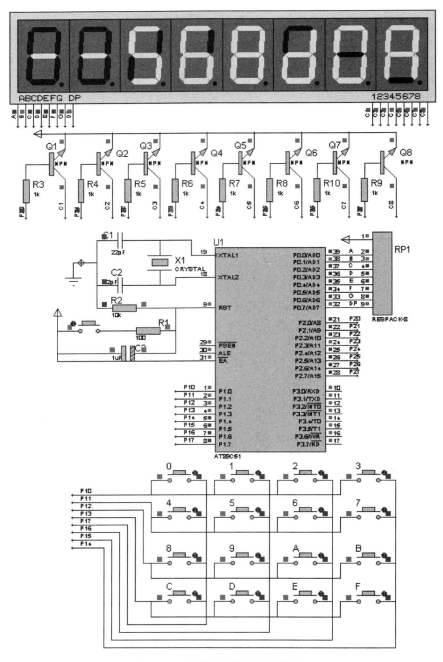

图 4-19　简单拨号键盘仿真效果图

# 项目五　中断控制应用设计

【知识目标】
　　☺ 了解中断定义、中断寄存器定义、中断类型。
　　☺ 掌握外部中断控制。

【能力目标】
　　☺ 学会中断相关寄存器的设置。
　　☺ 会利用外部中断实现对单片机的控制。

## 任务1　中断控制原理

### 1. 中断、中断源及中断优先级

　　所谓中断，是指当计算机执行正常程序时，系统中出现某些急需处理的异常情况和特殊请求，CPU 暂时中止正在运行的程序，转去对随机发生的更为紧迫的事件进行处理，处理完毕后，CPU 自动返回原来的程序继续执行。

　　实现中断功能的硬件和软件系统称为中断系统。能向 CPU 发出中断请求的事件称为中断源。

　　若有多个中断源同时请求中断时，或者 CPU 正在处理某外部事件时，又有另一外部事件申请中断，CPU 通常会根据中断源的紧急程度，将其进行排列，规定每个中断源都有一个中断优先级。中断优先级可由硬件排队或软件排队来设定，CPU 按其优先顺序处理中断源的中断请求。

### 2. STC89 系列单片机的中断源及矢量地址

　　STC89 系列单片机有 8 个中断源、4 个中断优先级（0～3 级，0 级的优先权最低，3 级的优先权最高）、7 个特殊功能寄存器（IE、IP、IPH、TCON、SCON、T2CON、XICON），每个中断源的优先级都可以由程序来设定。

　　当某个中断源的中断请求被 CPU 响应后，CPU 将自动将此中断源的中断入口地址（又称中断矢量地址）装入 PC，从中断矢量地址处获取中断服务程序的入口地址。因此，一般在此地址单元中存放一条绝对跳转指令，可以跳至用户安排的任意地址空间。单片机中断源的矢量地址是固定的，见表 5-1。

### 3. 中断控制

　　在 STC89 系列系列单片机中，有 7 个专用寄存器与中断控制有关。它们控制中断请求、中断允许和中断优先级。

表 5-1　STC89 系列单片机中断源的矢量地址

| 中　断　源 | 优先顺序 | 请求标志位 | 汇编入口地址 | C51 中断编号 | 所属寄存器 | 优　先　级 |
|---|---|---|---|---|---|---|
| 外部中断 0 | 1 | IE0 | 0003H | 0 | TCON. 1 | 最高级 |
| 定时器 0 | 2 | TF0 | 000BH | 1 | TCON. 5 | |
| 外部中断 1 | 3 | IE1 | 0013H | 2 | TCON. 3 | |
| 定时器 1 | 4 | TF1 | 001BH | 3 | TCON. 7 | |
| 串行口接收/发送 | 5 | RI/TI | 0023H | 4 | SCON. 0/SCON. 1 | |
| 定时器 2 | 6 | TF2 或 EXF2 | 002BH | 5 | T2CON. 7/T2CON. 6 | |
| 外部中断 2 | 1 | IE2 | 0033H | 6 | XICON. 1 | |
| 外部中断 3 | 1 | IE3 | 003BH | 7 | XICON. 5 | 最低级 |

**1）中断允许控制寄存器 IE（Interrupt Enable Register）**　在 STC89 系列单片机中没有专门用于开中断和关中断的指令，是通过向 IE 写入中断控制字来控制 CPU 对中断的开放或屏蔽，以及每个中断源是否允许中断，其格式如下：

| IE | AFH | AEH | ADH | ACH | ABH | AAH | A9H | A8H |
|---|---|---|---|---|---|---|---|---|
| A8H | EA | -- | ET2 | ES | ET1 | EX1 | ET0 | EX0 |

☺ EA（IE. 7 Enable All Control Bit）：CPU 中断允许总控制位。当 EA = 0 时，CPU 关中断，禁止一切中断；当 EA = 1 时，CPU 开中断，而每个中断源是开放还是屏蔽，分别由各自的中断允许位来确定。

☺ ET2、ET1 和 ET0（IE. 5、IE. 3、IE. 1 Enable Timer2 or Timer1 or Timer0 Control Bit）：定时器 2/定时器 1/定时器 0 中断允许控制位。当该位为 "0" 时，禁止该定时器中断；当该位为 "1" 时，允许该定时器中断。

☺ ES（IE. 4 Enable Serial Port Control Bit）：串行口中断允许控制位。当 ES = 0 时，禁止串行口中断；当 ES = 1 时，允许串行口的接收和发送中断。

☺ EX1、EX0（IE. 2、IE. 0）：外部中断 1、外部中断 0 的中断允许控制位。当该位为 "0" 时，该外部中断禁止中断；当该位为 "1" 时，允许该外部中断进行中断。

从 IE 格式中可以看出，STC89 系列单片机通过 IE 中断允许控制寄存器对中断的允许实行两级控制，即以 EA 为中断允许总控制位，配合各中断源的中断允许位共同实现对中断请求的控制。当中断总允许位 EA 为 "0" 时，不管各中断源的中断允许位状态如何，整个中断系统都被屏蔽了。

系统复位后，IE 各位均为 "0"，即禁止所有中断。

**2）T0 和 T1 的控制寄存器 TCON（Timer/Counter Control Register）**　T0 和 T1 的控制寄存器 TCON 用于控制定时器的启动、停止，以及定时器的溢出标志和外部中断触发方式等，其格式如下：

| TCON | 8FH | 8EH | 8DH | 8CH | 8BH | 8AH | 89H | 88H | （位地址） |
|---|---|---|---|---|---|---|---|---|---|
| 88H | TF1 | TR1 | TF0 | TR0 | IE1 | IT1 | IE0 | IT0 | |

☺ TF1 和 TF0（TCON. 7 和 TCON. 5 Time1 or Time0 Overflow Flag）：定时器 1 和定时器 0 的溢出标志。当定时器计数溢出（计满）时，由硬件置 "1"，向 CPU 发出中断请求。中断响应后，由硬件自动清 "0"。在查询方式下，这两位作为程序的查询标志位，由软件将其清 "0"。

☺ TR1 和 TR0（TCON. 6 和 TCON. 4 Time1 or Time0 Run control Bit）：定时器 1 和定时器 0 的启动/停止控制位。当要停止定时器工作时，软件使 TRi 清 "0"；若要启动定时器工作时，TRi 由软件置 "1"。

GATE 门控位和外部中断引脚$\overline{\text{INTi}}$影响定时器的启动，当 GATE = 0 时，TRi = 1，控制定时器的启动；当 GATE = 1 时，除 TRi = 1 外，还需外部中断引脚$\overline{\text{INTi}}$= 1，才能启动定时器工作。

☺ IE1 和 IE0（TCON. 3 和 TCON. 1 Interrupt1 or Interrupt0 Edge Flag）：外部中断 1 $\overline{\text{INT1}}$和外部中断 0 $\overline{\text{INT0}}$的中断请求标志位。当外部中断源有中断请求时，其对应的中断标志位置"1"。

☺ IT1 和 IT0（TCON. 2 和 TCON. 0 Interrupt1 or Interrupt0 Type Control Bit）：外部中断 1 和外部中断 0 的触发方式选择位。ITi = 0 时，为低电平触发方式；ITi = 1 时，为边沿触发方式。

**3）外部扩展中断$\overline{\text{INT2}}$和$\overline{\text{INT3}}$控制寄存器 XICON**　$\overline{\text{INT2}}$和$\overline{\text{INT3}}$为 LQFP—44、PQFP—44、PLCC—44 这 3 种封装的 STC89 系列单片机的外部扩展中断。这两个扩展中断由 XICON（Auxiliary Interrupt Control，辅助中断控制器）来控制，其格式如下：

| XICON | C7 | C6 | C5 | C4 | C3 | C2 | C1 | C0 |
|---|---|---|---|---|---|---|---|---|
| C0H | PX3 | EX3 | IE3 | IT3 | PX2 | EX2 | IE2 | IT2 |

☺ PX3 和 PX2（XICON. 7 和 XICON. 3 External Interrupt3 or Interrupt2 Priority Control Bit）：外部中断 3 和外部中断 2 的中断优先级设定位。当 PX3（PX2）= 0 时，外部中断 3（外部中断 2）设为低优先级；当 PX3（PX2）= 1 时，外部中断 3（外部中断 2）设为高优先级。

☺ EX3 和 EX2（XICON. 6 和 XICON. 2）：外部中断 3 和外部中断 2 的中断允许控制位。当 EX3（EX2）= 0 时，禁止外部中断 3（外部中断 2）中断；当 EX3（EX2）= 1 时，允许外部中断 3（外部中断 2）中断。

☺ IE3 和 IE2（XICON. 5 和 XICON. 1 Interrupt3 or Interrupt2 Edge Flag）：外部中断 3（$\overline{\text{INT3}}$）和外部中断 2（$\overline{\text{INT2}}$）的中断请求标志位。当外部中断源有中断请求时，其对应的中断标志位置"1"。

☺ IT3 和 IT2（XICON. 4 和 XICON. 0 Interrupt3 or Interrupt2 Type Control Bit）：外部中断 3 和外部中断 2 的触发方式选择位。ITi = 0 时，为低电平触发方式；ITi = 1 时，为边沿触发方式。

**4）中断优先级控制寄存器 IP 和 IPH**

☺ IP（Interrupt Priority Register）：STC89 系列单片机的中断分为 4 个优先级，每个中断源的优先级都可以通过中断优先级寄存器 IP 中的相应位来设定，其格式如下：

| IP | BFH | BEH | BDH | BCH | BBH | BAH | B9H | B8H |
|---|---|---|---|---|---|---|---|---|
| B8H | -- | -- | PT2 | PS | PT1 | PX1 | PT0 | PX0 |

◇ IP. 7、IP. 6：无效，保留位。

◇ PT2（IP. 5 Time2 Priority Control Bit）：定时器 2 中断优先级设定位。当 PT2 = 0 时，定时器 2 的中断设为低优先级；PT2 = 1 时，设定为高优先级。

◇ PS（IP. 4 Serial Port Priority Control Bit）：串行口中断优先级设定位。当 PS = 0 时，串行口中断设为低优先级；当 PS = 1 时，为高优先级。

◇ PT1（IP. 3 Time1 Priority Control Bit）：定时器 1 中断优先级设定位。当 PT1 = 0 时，定时器 1 的中断设为低优先级；PT1 = 1 时，设定为高优先级。

◇ PX1（IP. 2 External Interrupt1 Priority Control Bit）：外部中断 1 中断优先级设定位。当 PX1 = 0 时，外部中断 1 设为低优先级；当 PX1 = 1 时，外部中断 1 设为高优先级。

◇ PT0（IP. 1 External Interrupt0 Priority Control Bit）：定时器 0 中断优先级设定位。当 PT0 = 0 时，定时器 0 的中断设为低优先级；PT0 = 1 时，设定为高优先级。

◇ PX0（IP. 0 External Interrupt0 Priority Control Bit）：外部中断 0 中断优先级设定位。当 PX0 = 0 时，外部中断 0 设为低优先级；当 PX0 = 1 时，外部中断 0 设为高优先级。

当系统复位后，IP 各位均为"0"，所有中断源均设置为低优先级中断。

☺ IPH（Interrupt Priority High）：IPH 为中断优先级的高字节特殊功能寄存器，与 IP 寄存器各位定义的功能基本相同。它也可进行字节寻址或位寻址，IPH 的地址位于 SFR 中的 B7H。其格式如下：

| IPH | D7 | D6 | D5 | D4 | D3 | D2 | D1 | D0 |
|-----|------|------|------|-----|------|------|------|------|
| B7H | PX3H | PX2H | PT2H | PSH | PT1H | PX1H | PT0H | PX0H |

当 IPH 中某位为 "1" 时，对应的中断源设定为高优先级，否则为低优先级。STC89 系列单片机中 8 个中断源的 4 个优先级中断结构，其级别由 IP 和 IPH 对应位的组合共同设定，见表 5-2。

表 5-2　单片机中断优先级设定

| 优先级设定位 | | 中断优先级 |
|---|---|---|
| IPH. x | IP. x | |
| 0 | 0 | 0 级（最低优先级） |
| 0 | 1 | 1 级 |
| 1 | 0 | 2 级 |
| 1 | 1 | 3 级（最高优先级） |

### 4. C51 程序中中断的使用

在 C51 中规定，中断服务程序中必须指定对应的中断号，用中断号确定该中断服务程序是哪个中断所对应的中断服务程序。

**1）中断服务程序**　格式为：

```
void  函数名(参数)  interrupt  n  using  m
{
    函数体语句；
}
```

其中，interrupt 后面的 n 是中断号；关键字 using 后面的 m 是所选择的工作寄存器组，取值范围为 0 ～ 3，定义中断函数时，using 是一个可选项，可以省略不用。

例如：void　INTT0　interrupt　0　　　//外部中断 0 中断

STC89 系列单片机的中断过程通过使用 interrupt 关键字的中断号来实现，中断号告诉编译器中断程序的入口地址。入口地址和中断编号请参照表 5-1。

**2）使用中断函数时要注意的问题**

☺ 在设计中断时，要注意哪些功能应该放在中断服务程序中，哪些功能应放在主程序中。一般来说，中断服务程序应该做最少量的工作，这样做有很多好处。首先，系统对中断的反应面更宽了，有些系统如果丢失中断或中断反应太慢将产生十分严重的后果，这时有充足的时间等待中断是十分重要的。其次，它可使中断服务程序的结构简单，不容易出错。中断程序中放入的东西越多，它们之间越容易起冲突。简化中断服务程序意味着软件中将有更多的代码段，但可将这些都放入主程序中。中断服务程序的设计对系统的成败有至关重要的作用，要仔细考虑各中断之间的关系和每个中断执行的时间，特别要注意那些对同一个数据进行操作的中断服务程序（Interrupt Service Routine，ISR）。

☺ 中断函数不能传递参数，没有返回值。

☺ 如果中断函数调用其他函数，则要保证使用相同的寄存器组，否则将出错。

☺ 如果中断函数使用浮点运算，要保证浮点寄存器的状态。

任务2　采用外中断控制的条形LED彩灯设计

设计要求

P0端口作为输出口，外接条形LED，P3.3外接按键K。编写程序，当按键K未被按下时，条形LED进行循环左移显示。第1次按下按键K后，条形LED进行循环右移显示。第2次按下按键K后，条形LED进行拉幕式与闭幕式花样显示。第3次按下按键K后，又恢复循环左移显示。

硬件设计

在桌面上双击图标，打开Proteus 8 Professional窗口。新建一个DEFAULT模板，添加表5-3所列的元器件，并完成如图5-1所示的硬件电路图设计。

表5-3　采用外中断控制的条形LED彩灯所用元器件

| 单片机 AT89C51 | 电阻 RES | 电解电容 CAP - ELEC | 晶振 CRYSTAL 12MHz |
| --- | --- | --- | --- |
| 电阻排 RESPACK - 8 | 按钮 BUTTON | 瓷片电容 CAP 30pF | 条形发光二极管 LED - BARGRAPH - GRN |

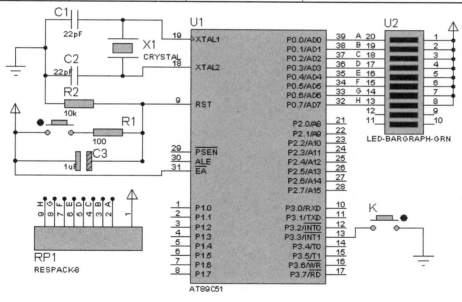

图5-1　采用外中断控制的条形LED彩灯电路图

程序设计

本设计只用一个按键就能完成多个任务的选择控制。对于一键多任务的选择控制，使用中断方式可能是较好的选择。在中断函数中，使用变量a来实现一键多任务的选择控制，在未按下按键K时（即没有中断请求），a为默认初值，每次按下按键K时，a加1，当a加到一定时，a又回到初值，然后再次按下按键K时，a又加1。在主程序中，根据a的值而执

行相应的功能。采用外中断控制的条形 LED 彩灯的程序流程图如图 5-2 所示。

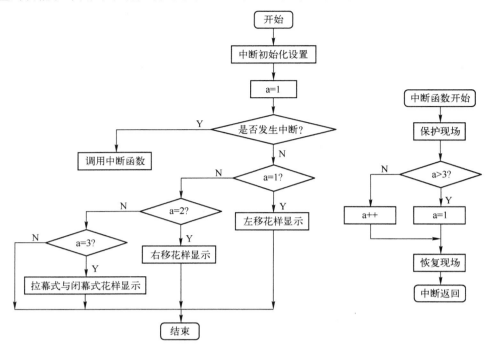

图 5-2　采用外中断控制的条形 LED 彩灯程序流程图

**源程序**

```
/*************************************************************
文件名:采用外中断控制的条形 LED 彩灯设计.c
单片机型号:STC89C51RC
晶振频率:12.0MHz
*************************************************************/
#include  < reg52. h >
#include  < intrins. h >
#define uchar unsigned char
#define uint unsigned int
uchar a;
void delayms( uint ms)
{
  uint i;
  while( ms -- )
    {
      for( i = 0 ; i < 120 ; i ++ ) ;
    }
}
void LED1( void )                //左移花样
{
  uchar i,j;
  j = 0x01 ;
  for( i = 0 ; i < 8 ; i ++ )
    {
      P0 = ~ j ;
      delayms( 250 ) ;
```

```
          j = j << 1;
      }
  }
  void   LED2( void )                    //右移花样
  {
      uchar i,j;
      j = 0x80;
      for( i = 0;i < 8;i ++ )
      {
          P0 = ~ j;
          delayms( 250 );
          j = j > > 1;
      }
  }
  void   LED3( void )                    //拉幕式与闭幕式花样
  {
      uchar i,j,k,LED;
      j = 0x10;                          //拉幕式开始参数设置
      k = 0x08;
      for( i = 0;i < 4;i ++ )
      {
          LED = j | k;
          P0 = ~ LED;
          delayms( 250 );
          j = _crol_( j,1 );             //循环左移 1 位
          k = _cror_( k,1 );
      }
      LED = 0xFF;
      P0 = ~ LED;
      delayms( 250 );
      j = 0x80;                          //闭幕式开始参数设置
      k = 0x01;
      for( i = 0;i < 4;i ++ )
      {
          LED = j | k;
          P0 = LED;
          delayms( 250 );
          j = _cror_( j,1 ) + 0x80;
          k = _crol_( k,1 ) + 0x01;
      }
  }
  void int_1( ) interrupt 2
  {
      delayms( 100 );
      if( INT1 ==0 )
      {
          a ++ ;
          if( a > 3 )
          {
              a = 1;
          }
      }
  }
  void INT1_init( void )
  {
      EX1 = 1;                           //打开外部中断 1
```

```
    IT1 = 1 ;                          //下降沿触发中断 INT1
    EA = 1 ;                           //全局中断允许
}
void main( void)
{
    INT1_init( ) ;
    a = 1 ;
    while( 1 )
    {
        switch( a)
        {
            case 1 : LED1( ) ; break ;
            case 2 : LED2( ) ; break ;
            case 3 : LED3( ) ; break ;
        }
    }
}
```

**调试与仿真**

　　首先在 Keil 中创建项目，输入源代码并生成 Debug. OMF 文件，然后在 Proteus 8 Professional 中打开已创建的采用外中断控制的条形 LED 彩灯电路图并进行相应设置，以实现 Keil 与 Proteus 的联机调试。单击 Proteus 8 Professional 模拟调试按钮的运行按钮 ▶ ，进入调试状态。在没有按下按键时，条形 LED 进行循环左移显示。第 1 次按下按键 K 后，条形 LED 进行循环右移显示。第 2 次按下按键 K 后，条形 LED 进行拉幕式与闭幕式花样显示。第 3 次按下按键 K 后，又恢复循环左移显示。采用外中断控制的条形 LED 彩灯的运行仿真效果图如图 5-3 所示。

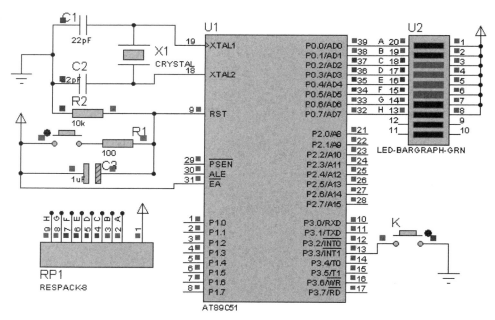

图 5-3　采用外中断控制的条形 LED 彩灯仿真效果图

任务 3　采用两个外中断实现 LED 键控移位

 设计要求

P0 端口作为输出口，外接 8 个 LED，P3.2 外接按键 K1，P3.3 外接按键 K2。编写程序，要求实现 LED 键控移位，即按下按键 K1 时，8 个 LED 显示左移 1 位；按下按键 K2 时，8 个 LED 显示右移 1 位。

 硬件设计

在桌面上双击图标 ，打开 Proteus 8 Professional 窗口。新建一个 DEFAULT 模板，添加表 5-4 所示的元器件，并完成如图 5-4 所示的硬件电路图设计。

表 5-4　采用两个外中断实现 LED 键控移位所用元器件

| 单片机 AT89C51 | 瓷片电容 CAP 30pF | 电解电容 CAP - ELEC | 发光二极管 LED - BIBY |
| --- | --- | --- | --- |
| 电阻 RES | 晶振 CRYSTAL 12MHz | 发光二极管 LED - BIRG | 发光二极管 LED - YELLOW |
| 按钮 BUTTON | 电阻排 RESPACK - 8 | 发光二极管 LED - BIGY | |

图 5-4　采用两个外中断实现 LED 键控移位电路图

 程序设计

所谓键控移位，就是按下 1 次按键时，LED 向左或向右移动 1 位，没有按下时状态保持。本任务也使用了两个外部中断，按键 K1 为外部中断 1 的中断源；按键 K2 为外部中断 2 的中断源。按键 K1 实现键控左移，按键 K2 实现键控右移时，可以定义两个变量 a、b。由

于图 5-4 中各 LED 是低电平点亮，因此变量 a 实现左移或右移后，将数据送给变量 b，然后将变量 b 中的内容取反送给 P0 即可实现 LED 的状态显示。采用两个外中断实现 LED 键控移位的程序流程图如图 5-5 所示。

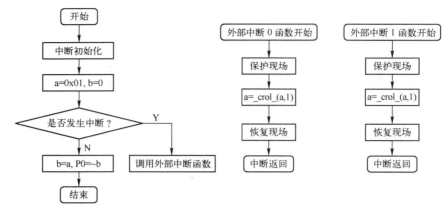

图 5-5　采用两个外中断实现 LED 键控移位程序流程图

**源程序**

```
/***********************************************************
文件名:采用两个外中断实现 LED 键控移位.c
单片机型号:STC89C51RC
晶振频率:12.0MHz
说明:INT0 控制 LED 左移 1 位;INT1 控制 LED 右移 1 位
***********************************************************/
#include  < reg52. h >
#include  < intrins. h >
#define uchar unsigned char
#define uint unsigned int
uchar a,b;
void   delay( uint k)                //延时约 0.1ms
{
   uint   m,n;
     for( m = 0;m < k;m ++ )
       {
           for( n = 0;n < 120;n ++ );
       }
}
void int0( ) interrupt 0
{
   delay( 100) ;
   if( INT0 == 0)
     {
         a = _crol_( a,1) ;             //左移 1 位
     }
}
void int1( ) interrupt 2
{
   delay( 100) ;
   if( INT1 == 0)
     {
         a = _cror_( a,1) ;             //右移 1 位
```

```
        }
    }
    void INT_init(void)                    //INT0 和 INT1 中断初始化
    {
        EX0 = 1;                           //打开外部中断 0
        IT0 = 1;                           //下降沿触发中断 INT0
        EX1 = 1;                           //打开外部中断 1
        IT1 = 1;                           //下降沿触发中断 INT1
        EA = 1;                            //全局中断允许
        PX0 = 1;                           //INT1 中断优先
    }
    void main(void)
    {
        INT_init();
        P0 = 0xFF;
        a = 0x01;
        b = 0;
        while(1)
        {
            b = a;
            P0 = ~b;
        }
    }
```

**调试与仿真**

　　首先在 Keil 中创建项目，输入源代码并生成 Debug. OMF 文件，然后在 Proteus 8 Professional 中打开已创建的采用两个外中断实现 LED 键控移位电路图并进行相应设置，以实现 Keil 与 Proteus 的联机调试。单击 Proteus 8 Professional 模拟调试按钮的运行按钮 ▶，进入调试状态。在按键 K1、按键 K2 都没有被按下时，LED D0 亮。如果按下按键 K1 时，LED 左移 1 位显示；如果按下按键 K2 时，LED 右移 1 位显示。采用两个外中断实现 LED 键控移位的运行仿真效果图如图 5-6 所示。

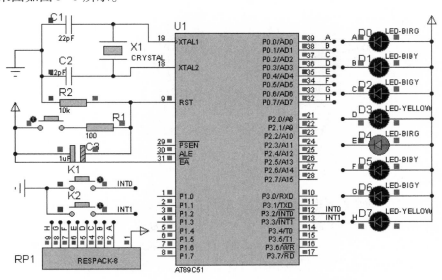

图 5-6　采用两个外中断实现 LED 键控移位仿真效果图

# 任务 4　采用外中断实现计数

设计要求

使用单片机 P0、P2 端口作为输出口，外接一个 2 位 LED 数码管，P3.2 外接按键 K1，P3.3 外接按键 K2。编写程序，每次按键 K1 按下时，LED 数码管进行加 1 显示；每次按下按键 K2 时，LED 数码管进行减 1 显示。计数范围为 0 ~ 99。

硬件设计

在桌面上双击图标，打开 Proteus 8 Professional 窗口。新建一个 DEFAULT 模板，添加表 5-5 所示的元器件，并完成如图 5-7 所示的硬件电路图设计。

**表 5-5　采用外中断实现计数所用元器件**

| 单片机 AT89C51 | 瓷片电容 CAP 22pF | 晶振 CRYSTAL 12MHz | 电解电容 CAP - ELEC |
| --- | --- | --- | --- |
| 电阻 RES | 电阻排 RESPACK - 8 | 数码管 7SEG - MPX2 - CA | 三极管 NPN |
| 按钮 BUTTON | | | |

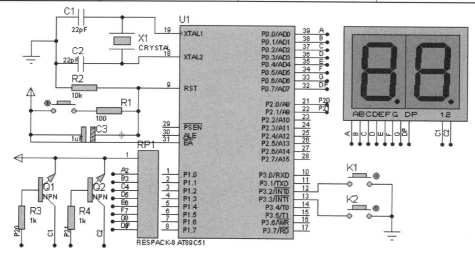

图 5-7　采用外中断实现计数电路图

程序设计

本设计也使用了两个外部中断，按键 K1 控制加 1 计数；按键 K2 控制减 1 计数。使用变量 a 作为加 1 或减 1。当按键 K1 被按下时，首先判断 a 是否为 99，如果是 99，则将 a 清零；否则将 a 加 1。当按键 K2 被按下时，首先判断 a 是否为 0，如果是 0，则将 a 置为 99；否则减 1。

由于 LED 数码管采用动态扫描显示两位数据，因此对 a 需进行十位与个位的分离，将分离后的十位数字送给 data_H；分离后的个位数字送给 data_L。当 C1 有效时，P0 = tab[data_H]；当 C2 有效时，P0 = tab[data_L]，C1、C2 的有效切换较短，在 LED 数码管上即可动态显示

0 ~ 99。采用外中断实现计数的程序流程图如图 5-8 所示。

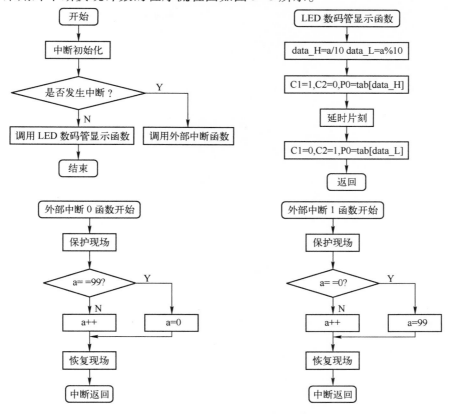

图 5-8 采用外中断实现计数程序流程图

### 源程序

```
/ *********************************************************
文件名:采用外中断实现计数.c
单片机型号:STC89C51RC
晶振频率:12.0MHz
********************************************************* /
#include < reg52.h >
#include < intrins.h >
#define uchar unsigned char
#define uint unsigned int
uchar tab[ ] = {0xC0,0xF9,0xA4,0xB0,0x99,0x92,0x82,0xF8,  //共阳极 LED0~F 的段码
               0x80,0x90,0x88,0x83,0xC6,0xA1,0x86,0x8E};
uchar data_L,data_H;              //计数值低、高位
uchar a;                          //计数
void delay(uint k)                //延时约 0.1ms
{
   uint  m,n;
     for(m = 0;m < k;m ++ )
       {
         for(n = 0;n < 120;n ++ );
       }
}
void display(void)
{
```

```
      P2 = 0x01;
      P0 = tab[ data_H];
      delay(1);
      P2 = 0x02;
      P0 = tab[ data_L];
      delay(1);
  }
  void int0( ) interrupt 0                    //加 1 计数
  {
    delay(100);
    if( INT0 ==0)
      {
        if( a ==99)
          {a =0;}
        else
          {a ++ ;}
      }
  }
  void int1( ) interrupt 2                    //减 1 计数
  {
    delay(100);
    if( INT1 ==0)
      {
        if( a ==00)
          {a =99;}
        else
          {a -- ;}
      }
  }
  void data_in( void)
  {
    data_L = a% 10;
    data_H = a/10;
  }
  void INT_init( )
  {
    EX0 = 1;                                  //打开外部中断 0
    IT0 = 1;                                  //下降沿触发中断 INT0
    EX1 = 1;                                  //打开外部中断 1
    IT1 = 1;                                  //下降沿触发中断 INT1
    EA = 1;                                   //全局中断允许
  }
  void main( void)
  {
    INT_init( );
    a = 0;
    while(1)
      {
        data_in( );
        display( );
      }
  }
```

**调试与仿真**

首先在 Keil 中创建项目，输入源代码并生成 Debug. OMF 文件，然后在 Proteus 8 Professional 中打开已创建的采用外中断实现计数电路图并进行相应设置，以实现 Keil 与 Proteus 的联机调试。单击 Proteus 8 Professional 模拟调试按钮的运行按钮 ▶，进入调试状态。在按键 K1、按键 K2 都没有被按下的初始状态时，LED 数码管显示 0。如果按下按键 K1 时，LED 数码管进行加 1 计数，当计数值达到 99 时，再次按下该键则显示为 0；如果按下按键 K2 时，LED 数码管进行减 1 计数，当计数值减到 0 时，再次按下该键则显示为 99。采用外中断实现计数的运行仿真效果图如图 5-9 所示。

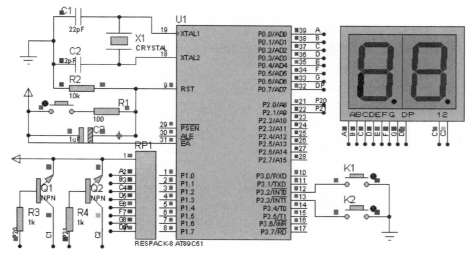

图 5-9　采用外中断实现计数仿真效果图

#  任务 5　采用外中断进行计数和清零控制

设计要求

使用单片机 P0、P2 端口作为输出口，外接一个 2 位 LED 数码管，P3.2 外接按键 K1，P3.3 外接按键 K2。编写程序，按键 K2 作为"加 1/暂停/清零"控制；按键 K1 作为加 1 计数控制。当按键 K2 没有被按下时，按键 K1 被按下后 LED 数码管总显示为 0；第 1 次按键 K2 被按下时，每次按下按键 K1，LED 数码管进行加 1 显示；第 2 次按下按键 K2 时，暂停加 1 计数，按键 K1 被按下后 LED 数码管显示暂停前的数值；第 3 次按下按键 K2 时，LED 数码管显示为 0；第 4 次按下按键 K2 时，每次按下按键 K1，LED 数码管进行加 1 显示。

硬件设计

本设计硬件电路完全可以采用图 5-7 所示电路。

程序设计

本设计也使用了两个外部中断，按键 K1 控制加 1 计数；按键 K2 控制"加 1/暂停/清零"，所以外部中断 1 由外部中断 2 控制开启与关闭。使用变量 a 和 b 作为加 1 控制，其中 a 作为 LED 显示的计数变量；b 作为按下按键 K2 次数统计的变量。

在外部中断函数 0 中，当按键 K1 被按下时，首先判断 a 是否为 99，如果是 99，则将 a

清零；否则 a 加 1。

在外部中断 1 函数中，当按键 K2 被按下时，b 加 1。当 b = 1 时，EX0 = 1、IT0 = 1 打开外部中断 0，即启动计数；当 b = 2 时，EX0 = 0，关闭外部中断 0，即暂停计数；当 b = 3 时，将 a 和 b 都清零，即计数清零。

由于 LED 数码管采用动态扫描显示两位数据，因此对 a 需进行十位与个位的分离，将分离后的十位数字送给 data_H；分离后的个位数字送给 data_L。当 C1 有效时，P0 = tab[data_H]；当 C2 有效时，P0 = tab[data_L]，C1、C2 的有效切换较短，在 LED 数码管上即可动态显示 0 ～ 99。采用外中断进行计数和清零控制的程序流程图如图 5-10 所示。

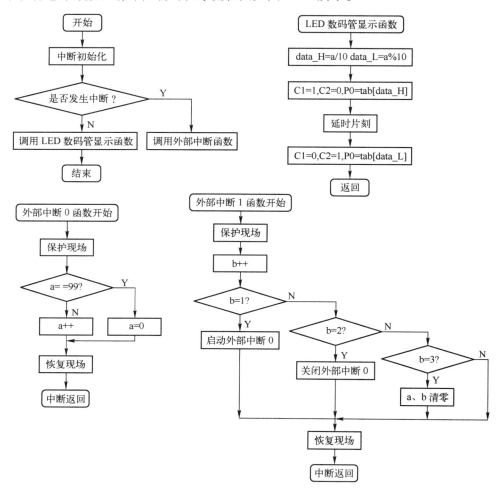

图 5-10　采用外中断进行计数和清零控制程序流程图

 源程序

```
/***********************************************************
文件名:采用外中断进行计数和清零控制.c
单片机型号:STC89C51RC
晶振频率:12.0MHz
说明:INT1 控制 INT0 启动/停止计数、将计数值清零
***********************************************************/
```

```
#include  < reg52. h >
#include  < intrins. h >
#define uchar unsigned char
#define uint unsigned int
uchar tab[ ] = {0xC0,0xF9,0xA4,0xB0,0x99,0x92,0x82,0xF8,    //共阳极 LED0～F 的段码
           0x80,0x90,0x88,0x83,0xC6,0xA1,0x86,0x8E};
uchar data_L,data_H;                 //计数值低、高位
uchar a,b;                           //计数
void   delay( uint k)                //延时约 0.1ms
{
  uint   m,n;
    for( m = 0;m < k;m ++ )
        {
           for( n = 0;n < 120;n ++ );
        }
}
void display( void)
{
  P2 = 0x01;
  P0 = tab[ data_H] ;
  delay( 1) ;
  P2 = 0x02;
  P0 = tab[ data_L] ;
  delay( 1) ;
}
void int0( ) interrupt 0              //加 1 计数
{
  delay( 10) ;
  if( INT0 == 0)
     {
        if( a == 99)
          {a = 0;}
        else
          {a ++ ;}
     }
}
void int1( ) interrupt 2
{
  delay( 10) ;
  if( INT1 == 0)
     {
        b ++ ;
        if( b == 1)
          {
             EX0 = 1;               //打开外部中断 0
             IT0 = 1;               //下降沿触发中断 INT0
          }
        if( b == 2)
          {
             EX0 = 0;               //关闭外部中断 0
          }
        if( b == 3)
          {
             a = 0;
             b = 0;
          }
```

```
          }
      }
   void data_in( void)
   {
      data_L = a% 10;
      data_H = a/10;
   }
   void INT1_init( void)
   {
      EX1 = 1;                        //打开外部中断 1
      IT1 = 1;                        //下降沿触发中断 INT1
      EA = 1;                         //全局中断允许
   }
   void main( void)
   {
      INT1_init( );
      a = 0;
      b = 0;
      while( 1)
          {
             data_in( );
             display( );
          }
   }
```

 调试与仿真

首先在 Keil 中创建项目，输入源代码并生成 Debug. OMF 文件，然后在 Proteus 8 Professional 中打开已创建的采用外中断实现计数电路图并进行相应设置，以实现 Keil 与 Proteus 的联机调试。单击 Proteus 8 Professional 模拟调试按钮的运行按钮▶，进入调试状态。在按键 K1、按键 K2 都没有被按下的初始状态时，LED 数码管显示 0。如果按键 K2 没有被按下，不管按键 K1 被按下多少次，LED 数码管仍然显示为 0。当按键 K2 没有被按下时，按键 K1 被按下后 LED 数码管总显示为 0。第 1 次按下按键 K2 后，每次按下按键 K1，LED 数码管进行加 1 显示，当显示达 99 时，按键 K1 再次被按下，LED 数码管显示为 0；第 2 次按下按键 K2 时，暂停加 1 计数，按键 K1 被按下后 LED 数码管显示暂停前的数值；第 3 次按下按键 K2 时，LED 数码管显示为 0；第 4 次按下按键 K2 时，每次按下按键 K1，LED 数码管进行加 1 显示。

# 项目六　定时器/计数器控制应用设计

【知识目标】

☺ 了解定时器/计数器的工作原理、定时器/计数器的控制寄存器定义、定时器/计数器的使用方法。

☺ 掌握定时器/计数器的控制及应用。

【能力目标】

☺ 学会定时器/计数器相关寄存器的设置。

☺ 会用查询或中断的方式实现对单片机定时器/计数器的应用。

在单片机测量控制系统中，常需要有实时时钟和计数器，以实现定时（或延时）控制，以及对外界事件进行计数。STC89 系列单片机内部有 3 个 16 位的定时器/计数器（T/C，Timer/Counter）T0、T1、T2。本项目将介绍这 3 个定时器/计数器的使用方法。

## 任务 1　定时器/计数器控制原理

### 1. 定时器/计数器的工作原理

STC89 系列单片机的定时器/计数器均有定时和计数两种功能。

**1）定时功能**　定时功能是通过计数器的计数来实现的。计数脉冲来自单片机内部，每个机器周期产生 1 个计数脉冲，即每个机器周期使计数器加 1。由于 1 个机器周期等于 12 个振荡脉冲周期，所以计数器的计数频率为振荡器频率的 1/12。假如晶振的频率 $f_{osc}$ = 12MHz，则计数器的计数频率 $f_{cont} = f_{osc} \times 1/12$ 为 1MHz，即每微秒计数器加 1。这样，单片机的定时功能就是对单片机的机器周期数进行计数。由此可知，计数器的计数脉冲周期为

$$T = 1/f_{cont} = 1/(f_{osc} \times 1/12) = 12/f_{osc}$$

式中，$f_{osc}$ 为单片机振荡器的频率；$f_{cont}$ 为计数脉冲的频率，$f_{cont} = f_{osc}/12$。在实际应用中，可以根据计数值计算出定时时间，也可以反过来按定时时间的要求计算出计数器的初值。

单片机的定时器用于定时，其定时的时间由计数初值和选择的计数器的长度（如 8 位、13 位或 16 位）来确定。

**2）计数功能**　计数功能就是对外部事件进行计数。外部事件的发生以输入脉冲表示，因此计数功能实质上就是对外部输入脉冲进行计数。STC89 系列单片机的 T0（P3.4）、T1（P3.5）或 T2（P1.0）信号引脚作为计数器的外部计数输入端，当外部输入脉冲信号产生由 1 至 0 的负跳变时，计数器的值加 1。

在计数方式下，计数器在每个机器周期的 S5P2 期间，对外部脉冲输入进行 1 次采样。如果在第 1 个机器周期中采样到高电平"1"，而在第 2 个机器周期中采样到 1 个有效负

跳变脉冲，即低电平"0"，则在第 3 个机器周期的 S3P1 期间计数器加 1。由此可见，采样 1 次由"1"至"0"的负跳变计数脉冲需要花费 2 个机器周期，即 24 个振荡器周期，故计数器的最高计数频率为 $f_{cont} = f_{osc} \times 1/24$。例如，单片机的工作频率 $f_{osc}$ 为 12 MHz，则最高的采样频率为 0.5 MHz。对外部脉冲的占空比并没有什么限制，但外部计数脉冲的高电平和低电平保持时间均必须在 1 个机器周期以上，方可确保某一给定的电平在变化前至少采样 1 次。

**2. 定时器/计数器的控制寄存器定义**

**1）T0 和 T1 的方式控制寄存器 TMOD（Timer/Counter Mode Register）**    T0 和 T1 的方式控制寄存器 TMOD 是一种可编程的特殊功能寄存器，用于设定 T1 和 T0 的工作方式，其中高 4 位 D7 ～ D4 控制 T1，低 4 位 D3 ～ D0 控制 T0。其格式如下：

| TMOD 89H | D7 | D6 | D5 | D4 | D3 | D2 | D1 | D0 |
|---|---|---|---|---|---|---|---|---|
| | GATE | C/$\overline{T}$ | M1 | M0 | GATE | C/$\overline{T}$ | M1 | M0 |
| | ◄—— 定时器 1 ——► | | | | ◄—— 定时器 0 ——► | | | |

（1）GATE（Gating control bit）：门控位，用于控制定时器启/停操作方式。

当 GATE = 0 时，外部中断信号 $\overline{INTi}$（i = 0 或 1，$\overline{INT0}$ 控制 T0 计数；$\overline{INT1}$ 控制 T1 计数）不参与控制，定时器只由 TR0 或 TR1 位软件控制启动和停止。TR1 或 TR0 位为"1"，定时器启动开始工作；为"0"时，定时器停止工作。

当 GATE = 1 时，定时器的启动要由外部中断信号 $\overline{INTi}$ 和 TR0（或 TR1）位共同控制。只有当外部中断引脚 $\overline{INTi}$ = 1，且 TR0（或 TR1）置"1"时，才能启动定时器工作。

（2）C/$\overline{T}$（Time or Counter selector bit）：功能选择位。当 C/$\overline{T}$ = 0 时，选择定时器为定时功能，计数脉冲由内部提供，计数周期等于机器周期。当 C/$\overline{T}$ = 1 时，选择计数器为计数功能，计数脉冲为外部引脚 T0（P3.4）或 T1（P3.5）引入的外部脉冲信号。

（3）M1 和 M0：T0 和 T1 操作方式控制位。定时器的操作方式由 M1 和 M0 两位状态决定，这两位有 4 种编码，对应于 4 种工作方式，见表 6-1。

**表 6-1    T0 和 T1 工作方式选择**

| M1 | M0 | 工 作 方 式 | 功 能 简 述 |
|---|---|---|---|
| 0 | 0 | 方式 0 | 13 位计数器，只用 TLi 低 5 位和 THi 的 8 位 |
| 0 | 1 | 方式 1 | 16 位计数器 |
| 1 | 0 | 方式 2 | 8 位自动重装初值的计数器，THi 的值在计数中保持不变，TLi 溢出时，THi 中的值自动装入 TLi 中 |
| 1 | 1 | 方式 3 | T0 分成 2 个独立的 8 位计数器 |

**2）T0 和 T1 的控制寄存器 TCON（Timer/Counter Control Register）**    T0 和 T1 的控制寄存器 TCON 也是一种 8 位的特殊功能寄存器，用于控制定时器的启动、停止及定时器的溢出标志和外部中断触发方式等，其格式如下：

| TCON 88H | 8FH | 8EH | 8DH | 8CH | 8BH | 8AH | 89H | 88H | （位地址） |
|---|---|---|---|---|---|---|---|---|---|
| | TF1 | TR1 | TF0 | TR0 | IE1 | IT1 | IE0 | IT0 | |

☺ TF1 和 TF0（TCON.7 和 TCON.5 Time1 or Time0 Overflow Flag）：定时器 1 和定时器 0 的溢出标志。

当定时器计数溢出时，由硬件置"1"，向 CPU 发出中断请求。中断响应后，由硬件自动清"0"。在查询方式下，这两位作为程序的查询标志位，由软件将其清"0"。

☺ TR1 和 TR0（TCON.6 和 TCON.4 Time1 or Time0 Run Control Bit）：定时器 1 和定时器 0 的启动/停止控制位。当要停止定时器工作时，软件使 TRi 清"0"；若要启动定时器工作时，TRi 由软件置"1"。

GATE 门控位和外部中断引脚INTi影响定时器的启动，当 GATE = 0 时，TRi = 1 控制定时器的启动；当 GATE = 1 时，除 TRi = 1 外，还需外部中断引脚$\overline{\text{INTi}}$ = 1 才能启动定时器工作。

☺ IE1 和 IE0（TCON.3 和 TCON.1 Interrupt1 or Interrupt0 Edge Flag）：外部中断 1 $\overline{\text{INT1}}$和外部中断 0 $\overline{\text{INT0}}$的中断请求标志位。当外部中断源有中断请求时，其对应的中断标志位置"1"。

☺ IT1 和 IT0（TCON.2 和 TCON.0 Interrupt1 or Interrupt0 Type Control Bit）：外部中断 1 和外部中断 0 的触发方式选择位。ITi = 0 时，为低电平触发方式；ITi = 1 时，为边沿触发方式。

**3）T2 方式控制寄存器 T2MOD（Timer/Counter2 Mode Register）**　T2 方式控制寄存器 T2MOD 是一个 8 位专用寄存器，其格式如下：

| T2MOD C9H | D7 | D6 | D5 | D4 | D3 | D2 | D1 | D0 |
|---|---|---|---|---|---|---|---|---|
| | – | – | – | – | – | – | T2OE | DCEN |

☺ T2OE：定时器 2 输出使能位。

☺ DCEN：向下计数使能位。定时器 T2 可配置成向上/向下计数。DCEN = 0 时，T2 默认为向上计数；DCEN = 1 时，T2 可通过 P1 口的 P1.1 位的 T2EX 确定向上或向下计数。

D7 ～ D2 为保留的备用位，用户不能将它们置为"1"。在复位或非活动状态时，这些位的值自动为"0"，而这些位在有效状态时，它的值自动为"1"，保留位的值读出来是不确定的。

**4）T2 控制寄存器 T2CON（Timer/Counter2 Control Register）**　T2CON 用于控制 T2 的工作方式，其格式如下：

| T2CON C8H | D7 | D6 | D5 | D4 | D3 | D2 | D1 | D0 |
|---|---|---|---|---|---|---|---|---|
| | TF2 | EXF2 | RCLK | TCLK | EXEN2 | TR2 | C/$\overline{\text{T2}}$ | CP/$\overline{\text{RL2}}$ |

☺ TF2（T2CON.7 Time2 Overflow Flag）：定时器 2 溢出标志位。当 T2 溢出时，TF2 置为"1"，必须由软件清除。若 RCLK（Receive Clock Flag）或 TCLK（Transmit Clock Flag）= 1，TF2 将不会被置为"1"。

☺ EXF2（T2CON.6 Time2 External Flag）：T2 外部标志位。若 EXEN2 = 1 且 T2EX（P1.1）的负跳变产生捕获或重装载时，EXF2 被置"1"。定时器 T2 中断使能时，EXF2 = 1 将使 CPU 从中断向量处执行 T2 中断服务程序。EXF2 位必须由软件来清"0"。在向上/向下计数方式（即 T2MOD 的 DCEN = 1）中，EXF2 不会引起中断。

☺ RCLK（T2CON.5）：串行口接收时钟选择标志位。RCLK = 1 时，定时器 T2 工作于波特率发生器方式，T2 的溢出脉冲作为串行口的方式 1 和方式 3 的接收时钟；RCLK = 0 时，T1 的溢出脉冲作为接收脉冲。

☺ TCLK（T2CON.4）：串行口发送时钟选择标志位。TCLK = 1 时，定时器 T2 工作于波特率发生器方式，T2 的溢出脉冲作为串行口方式 1 和方式 3 的发送时钟；TCLK = 0 时，将 T1 的溢出脉冲作为发送脉冲时钟。

☺ EXEN2（T2CON.3 Timer2 External Enable Flag）：T2 的外部使能标志位。若 EXEN2 置为"1"且定时器 T2 未作串行口时钟时，允许 T2EX 的负跳变产生 T2 的捕获或重装操作；EXEN2 = 0 时，T2EX 的跳变对 T2 无效。

☺ TR2（T2CON. 2 Start/Stop Control for Time2）：T2 的启动/停止控制位。TR2 = 1 时，启动 T2；TR2 = 0 时，T2 定时器停止。

☺ C/$\overline{\text{T2}}$（T2CON. 1）：T2 定时器/计数器功能选择位。C/$\overline{\text{T2}}$ = 1 时，对外部事件进行计数（下降沿触发）；C/$\overline{\text{T2}}$ = 0 时，内部定时，对机器周期进行计数。

☺ CP/$\overline{\text{RL2}}$（T2CON. 0 Capture/Reload Flag）：捕获/重装标志选择位。CP/$\overline{\text{RL2}}$ = 1 且 EXEN2 = 1 时，T2EX 的负跳变产生捕获；CP/$\overline{\text{RL2}}$ = 0 且 EXEN2 = 1 时，T2 溢出或 T2EX 的负跳变都可以使定时器 2 自动重装。若 RCLK = 1 或 TCLK = 1 时，该位无效且定时器 2 强迫为溢出时自动重装。

当 T2 作为定时器使用时，C/$\overline{\text{T2}}$ = 0，对内部时钟进行计数，计数脉冲为 $f_{\text{osc}}$/12，仅当定时器溢出时进行捕获和重装。当由外部控制进行计数时，C/$\overline{\text{T2}}$ = 0，计数脉冲为 $f_{\text{osc}}$/12，等待定时器/计数器溢出，同时 T2EX（P1.1）电平发生负跳变时产生捕获和重装。T2 作定时器使用时，T2CON 在不同的工作方式下其值也不同，见表 6-2。

表 6-2　T2 作定时器时 T2CON 的值

| 方　式 | T2CON | |
|---|---|---|
| | 内部控制 | 外部控制（EXEN2 = 1） |
| 16 位重装（CP/$\overline{\text{RL2}}$ = 0） | 00H | 08H |
| 16 位捕获（CP/$\overline{\text{RL2}}$ = 1） | 01H | 09H |
| 波特率发生器接收和发送的波特率相同（RCLK = 1，TCLK = 1） | 34H | 36H |
| 只接收（RCLK = 1） | 24H | 26H |
| 只发送（TCLK = 1） | 14H | 16H |

T2 作为计数器使用时，对外部事件进行计数，此时 T2CON 的 D1 位 C/$\overline{\text{T2}}$ 应设置为"1"。T2 在此功能方式下，不同的操作方式及不同的时钟控制方式、方式控制寄存器 T2CON 的设置见表 6-3。

表 6-3　T2 作为计数器时 T2CON 的值

| 方　式 | T2CON | |
|---|---|---|
| | 内部控制 | 外部控制（EXEN2 = 1） |
| 16 位自动重装（CP/$\overline{\text{RL2}}$ = 0） | 02H | 0AH |
| 16 位捕获（CP/$\overline{\text{RL2}}$ = 1） | 03H | 0BH |

在内部控制时，定时器定义溢出时进行捕获和重装；外部控制时，定时器产生溢出的同时要有 T2EX（P1.1）发生负跳变时才产生捕获和重装。

**3. 定时器/计数器的使用方法**

**1）定时器/计数器的设置**　定时器/计数器的设置通常包括方式控制寄存器的设置、定时/计数初值的设置、启动定时器/计数器。

（1）方式控制寄存器的设置：使用 T0、T1 时，首先需设置方式控制寄存器 TMOD；如果程序中没有设置 TMOD，则 TMOD 使用默认设置，即 TMOD = 0x00。使用 T2 时，首先需要设置 T2MOD；如果程序中没有设置 T2MOD，则 T2MOD 使用默认设置，即 T2MOD = 0x00。

（2）定时/计数初值的设置：使用 T0、T1 时，需将定时/计数初值 X 装入 THi 和 TLi 中；使用 T2 时，需将定时/计数初值 X 装入 RCAP2H 和 RCAP2L 中。

T0、T1 工作在方式 0 下，进行定时时，其定时时间 $t = (2^{13} - X) \times 12(或 6)/f_{osc} = (2^{13} - X) \times$ 计数周期或$(2^{13} - X) \times$ 振荡器周期 $\times 12(或 6)$，计数初值 $X = 2^{13} - t \times f_{osc}/12(或 6)$；进行计数时，其计数初值 $X = 2^{13} -$ 计数值。初始化编程时，将 $X$ 的高 8 位装入 THi，$X$ 的低 8 位装入 TLi。

T0、T1 工作在方式 1 下，进行定时时，其定时时间 $t = (2^{16} - X) \times 12(或 6)/f_{osc} = (2^{16} - X) \times$ 计数周期或$(2^{16} - X) \times$ 振荡器周期 $\times 12(或 6)$，计数初值 $X = 2^{16} - t \times f_{osc}/12(或 6)$；进行计数时，其计数初值 $X = 2^{16} -$ 计数值。初始化编程时，将 $X$ 的高 8 位装入 THi，$X$ 的低 8 位装入 TLi。

T0、T1 工作在方式 2 下，进行定时时，其定时时间 $t = (2^8 - X) \times 12(或 6)/f_{osc} = (2^8 - X) \times$ 计数周期或$(2^8 - X) \times$ 振荡器周期 $\times 12(或 6)$，计数初值 $X = 2^8 - t \times f_{osc}/12(或 6)$；进行计数时，其计数初值 $X = 2^8 -$ 计数值。初始化编程时，THi 和 TLi 都装入此 X 值。

T2 工作在 16 位自动重装载和 16 位捕获时，计数初值 X 的计算与 T0 和 T1 工作方式下 1 下的计算方法相同。初始化编程时，将 X 的高 8 位装入 RCAP2H，X 的低 8 位装入 RCAP2L。

（3）启动定时器/计数器：TRi = 1，启动 T0、T1、T2 定时/计数；TRi = 0，禁止 T0、T1、T2 定时/计数。

**2）定时器/计数器服务函数的编写**　定时器/计数器可以使用查询或中断的方式进行服务函数的编写。

（1）查询方式：使用查询方式编写服务函数时，主要是通过判断 TCON 或 T2CON 中的 TFi 位的状态来进行的。如果 TFi 位为 1，表示 THi 和 TLi（或 RCAP2H 和 RCAP2L）已产生溢出，定时或计数次数已达到设定值。如：

```
void    Timer1 (void)
{
  if (TF1 == 1)
  {
    函数体语句 ;
  }
}
```

（2）中断方式：使用中断方式编写服务函数时，不需要判断 TFi 位的状态，但在定时器/计数器初始化时，还需将 EA 置 1，开启总中断。使用中断方式编写服务函数的格式：

```
void    函数名(参数)    interrupt   n   using   m
{
  函数体语句;
}
```

其中，interrupt 后面的 n 是中断号；关键字 using 后面的 m 是所选择的工作寄存器组，取值范围为 0 ～ 3，定义中断函数时，using 是一个可选项，可以省略不用。

例如：void    Timerr2    interrupt    5        //定时器 2 中断

STC89 系列单片机的中断过程通过使用 interrupt 关键字的中断号来实现，中断号表明编译器中断程序的入口地址。入口地址和中断编号请参照项目五中的表 5-1。

## 任务 2　简单计数器的设计

设计要求

使用单片机 P0、P2 端口作为输出口，外接一个 2 位 LED 数码管，P3.4 外接按键 K。编写程序，每次按键 K 被按下时，LED 数码管进行加 1 显示，计数范围为 0 ～ 99。

硬件设计

在桌面上双击图标 ，打开 Proteus 8 Professional 窗口。新建一个 DEFAULT 模板，添加表 6-4 所列的元器件，并完成如图 6-1 所示的硬件电路图设计。

表 6-4　简单计数器所用元器件

| 单片机 AT89C51 | 瓷片电容 CAP 22pF | 晶振 CRYSTAL 12MHz | 电解电容 CAP - ELEC |
| --- | --- | --- | --- |
| 电阻 RES | 电阻排 RESPACK - 8 | 数码管 7SEG - MPX2 - CA | 三极管 NPN |
| 按钮 BUTTON | | | |

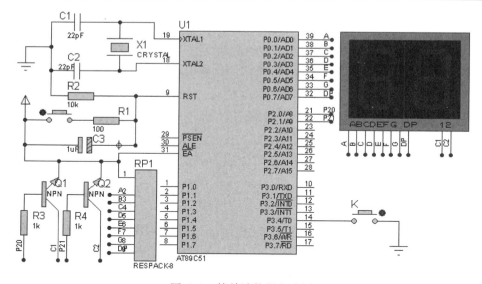

图 6-1　简单计数器电路图

程序设计

在项目五任务 4 中，通过外部中断 0 和外部中断 1 来进行加/减计数；而本任务是通过 T0 对外部输入信号进行计数。T0 可以使用查询方式或中断方式对外部输入信号进行计数，每来一个外部输入信号，应产生一个溢出信号或中断信号，因此 TH0 和 TL1 初值都为 0xFF，其程序流程图如图 6-2 所示。流程图中的 LED 数码管显示函数请参见项目五任务 4 中的图 5-8。

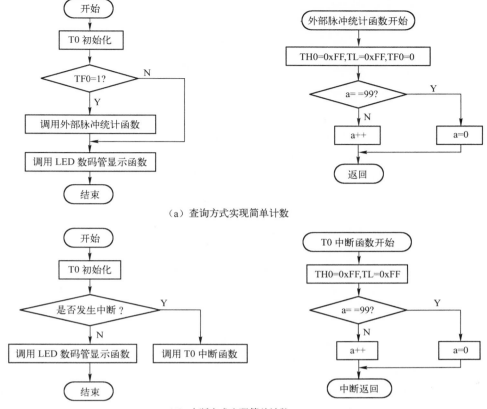

（a）查询方式实现简单计数

（b）中断方式实现简单计数

图6-2　简单计数器的程序流程图

源程序

## 1）查询方式实现简单计数源程序

```
/ **************************************************
文件名:简单计数器的设计.c
单片机型号:STC89C51RC
晶振频率:12.0MHz
说明:查询方式实现0～99的计数
 **************************************************/
#include  < reg52. h >
#include  < intrins. h >
#define uchar unsigned char
#define uint unsigned int
uchar tab[ ] = {0xC0,0xF9,0xA4,0xB0,0x99,0x92,0x82,0xF8,      //共阳极 LED0～F 的段码
          0x80,0x90,0x88,0x83,0xC6,0xA1,0x86,0x8E} ;
uchar data_L,data_H;                                         //计数值低、高位
uchar a,b;                                                   //计数
void    delay( uint k)                                       //延时约 0.1ms
{
   uint   m,n;
     for( m = 0;m < k;m ++ )
        {
          for( n = 0;n < 120;n ++ );
        }
```

```c
}
void display(void)
{
  P2 = 0x01;
  P0 = tab[data_H];
  delay(1);
  P2 = 0x02;
  P0 = tab[data_L];
  delay(1);
}
void   count0(void)                           //加 1 计数
{
  if(TF0 == 1)                                //查询是否溢出
    {
      TH0 = 0xFF;                             //重新赋值
      TL0 = 0xFF;
      if(a == 99)
        {
          a = 0;
        }
      else
        {
          a ++;
        }
      TF0 = 0;
    }
}
void data_in(void)
{
  data_L = a%10;
  data_H = a/10;
}
void T0_init(void)
{
  TMOD = 0x05;                                //T0 计数方式 1
  TH0 = 0xFF;
  TL0 = 0xFF;
  TR0 = 1;                                    //启动 T0
  EA = 0;
}
void main(void)
{
  a = 0;
  T0_init();
  while(1)
    {
      count0();
      data_in();
      display();
    }
}
```

## 2）中断方式实现简单计数源程序

```
/ ***********************************************************
文件名:简单计数器的设计 . c
单片机型号:STC89C51RC
晶振频率:12. 0MHz
说明:中断方式实现 0～99 的计数
 ***********************************************************/
```

```c
#include <reg52. h>
#include <intrins. h>
#define uchar unsigned char
#define uint unsigned int
uchar tab[ ] = {0xC0,0xF9,0xA4,0xB0,0x99,0x92,0x82,0xF8,    //共阳极 LED0～F 的段码
            0x80,0x90,0x88,0x83,0xC6,0xA1,0x86,0x8E};
uchar data_L,data_H;                  //计数值低、高位
uchar a,b;                            //计数
void delay(uint k)                    //延时约 0.1ms
{
    uint   m,n;
      for(m = 0;m < k;m ++ )
          {
              for(n = 0;n < 120;n ++ );
          }
}
void display(void)
{
    P2 = 0x01;
    P0 = tab[data_H];
    delay(1);
    P2 = 0x02;
    P0 = tab[data_L];
    delay(1);
}
void count0( ) interrupt 1            //加 1 计数
{
    TH0 = 0xFF;                       //重新赋值
    TL0 = 0xFF;
    delay(10);
    if(T0 == 0)
        {
            if(a == 99)
                {a = 0;}
            else
                {a ++ ;}
        }
}
void data_in(void)
{
    data_L = a% 10;
    data_H = a/10;
}
void T0_init(void)
{
    TMOD = 0x05;                      //T0 计数方式 1
    TH0 = 0xFF;
    TL0 = 0xFF;
    ET0 = 1;                          //允许 T0 中断
    TR0 = 1;                          //启动 T0
    EA = 1;
}
void main(void)
{
    a = 0;
    T0_init( );
    while(1)
        {
            data_in( );
            display( );
```

**调试与仿真**

首先在 Keil 中创建项目，输入源代码并生成 Debug. OMF 文件，然后在 Proteus 8 Professional 中打开已创建的简单计数器电路图并进行相应设置，以实现 Keil 与 Proteus 的联机调试。单击 Proteus 8 Professional 模拟调试按钮的运行按钮 ▶，进入调试状态。在按键 K 没有被按下的初始状态时，LED 数码管显示 0。按下按键 K 时，LED 数码管进行加 1 计数；当计数值达到 99 时，再次按下该键则显示为 0。简单计数器的运行仿真效果图如图 6-3 所示。

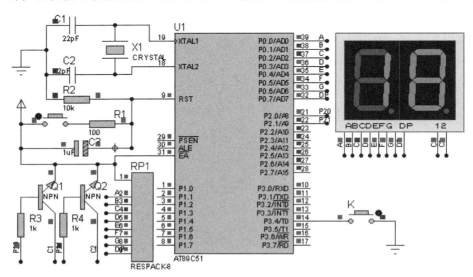

图 6-3　简单计数器运行仿真效果图

# 任务 3　方波信号发生器

**设计要求**

假设单片机晶振频率为 12MHz，使用 T1，在方式 1 下控制 P1.0 输出 1ms 的等宽方波信号。

**硬件设计**

在桌面上双击图标 🖥，打开 Proteus 8 Professional 窗口。新建一个 DEFAULT 模板，添加表 6-5 所列的元器件，并完成如图 6-4 所示的硬件电路图设计。

> 📖 **注意：**图 6-4 中左下角为 4 通道的虚拟示波器，其添加方法是，在 Proteus 8 Professional 窗口的工具箱中单击 ☎ 虚拟仪器，然后在弹出的 "Instruments" 窗口中选择 OSCILLOSCOPE 示波器，最后将 P1.0 与 A 连接起来即可。

表6-5  方波信号发生器所用元器件

| 单片机 AT89C51 | 瓷片电容 CAP 22pF | 晶振 CRYSTAL 12MHz | 电解电容 CAP – ELEC |
|---|---|---|---|
| 电阻 RES | 按钮 BUTTON | | |

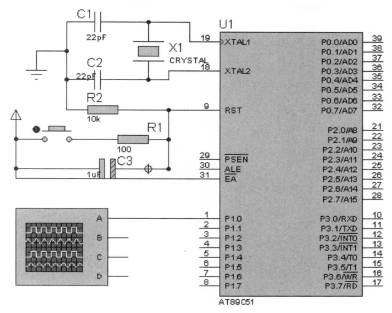

图6-4  方波信号发生器电路图

### 程序设计

所谓等宽方波，是指输出方波的高电平和低电平脉冲宽度相等。要输出 1ms 的等宽方波，只需在 P1.0 端每隔 0.5ms 交替输出高、低电平即可。使用 12MHz 的晶振频率时，则 1 个机器周期为 1μs。计数初值 $X = 2^{16} - t \times f_{osc}/12 = 65536 - 0.5 \times 10^{-3} \times 12 \times 10^{6}/12 = 65536 - 0.5 \times 10^{3} = FE0CH$，则 TH1 = 0xFE，TL1 = 0x0C。其程序流程图如图6-5所示。

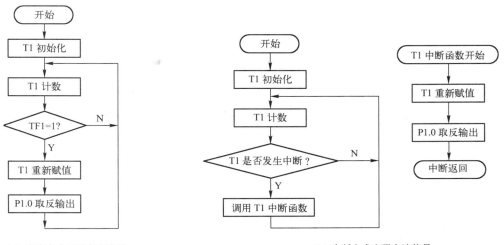

（a）查询方式实现方波信号                              （b）中断方式实现方波信号

图6-5  方波信号发生器程序流程图

源程序

### 1）查询方式实现方波信号源程序

```
/******************************************************
文件名:方波信号发生器.c
单片机型号:STC89C51RC
晶振频率:12.0MHz
说明:查询方式实现 P1.0 输出方波信号
******************************************************/
#include  <reg52.h>
#include  <intrins.h>
#define uchar unsigned char
#define uint unsigned int
sbit P10 = P1^0;
void Timer1(void)                     //0.5ms 定时
{
   if(TF1 == 1)
     {
        P10 = ~P10;
        TH1 = 0xFE;                   //重新装载定时初值
        TL1 = 0x0C;
        TF1 = 0;
     }
}
void T1_init(void)                    //T1 初始化
{
   TMOD = 0x10;                       //T1 计时方式 1
   TH1 = 0xFE;
   TL1 = 0x0C;
   ET1 = 1;                           //允许 T1 中断
   TR1 = 1;                           //启动 T1
   EA = 1;
}
void main(void)
{
   T1_init();
   while(1)
     {
        Timer1();
     }
}
```

### 2）中断方式实现方波信号源程序

```
/******************************************************
文件名:方波信号发生器.c
单片机型号:STC89C51RC
晶振频率:12.0MHz
说明:中断方式实现 P1.0 输出方波信号
******************************************************/
#include  <reg52.h>
#include  <intrins.h>
#define uchar unsigned char
#define uint unsigned int
sbit P10 = P1^0;
```

```
void timer1(void) interrupt 3
{
    TH1 = 0xFE;
    TL1 = 0x0C;
    P10 = ～P10;
}
void T1_init(void)              //T1 初始化
{
    TMOD = 0x10;                //T1 计时方式 1
    TH1 = 0xFE;
    TL1 = 0x0C;
    ET1 = 1;                    //允许 T1 中断
    TR1 = 1;                    //启动 T1
    EA = 1;
}
void main(void)
{
    T1_init();
    while(1)
    {;}
}
```

调试与仿真

首先在 Keil 中创建项目，输入源代码并生成 Debug.OMF 文件，然后在 Proteus 8 Professional 中打开已创建的方波信号发生器电路图并进行相应设置，以实现 Keil 与 Proteus 的联机调试。单击 Proteus 8 Professional 模拟调试按钮的运行按钮 ▶ ，进入调试状态，并弹出虚拟示波器的运行界面。在虚拟示波器界面上选择通道 A，电压范围挡设置为 5V，扫描速度调节挡选择 0.5ms，调节水平轴及垂直轴，使输出波形放在相应方格中，以便观察输出波形。输出波形如图 6-6 所示。从图中可以看出，测量的波形为 1ms 的等宽正方波脉冲，符合设计要求。更改 TH1 和 TL1 的值，可输出周期不同的等宽正方波脉冲。

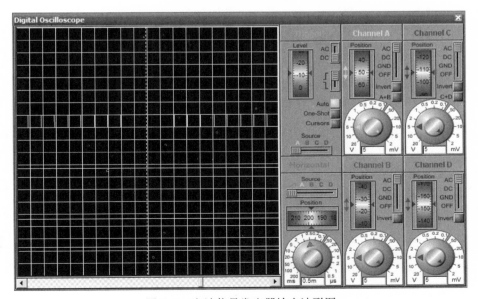

图 6-6　方波信号发生器输出波形图

# 任务4　用T2实现流水灯控制

### 设计要求

假设单片机晶振频率为12MHz，设计1个硬件延时1s的流水灯。要求使用T2实现此功能。

### 硬件设计

在项目三的任务2中也讲述了流水灯的设计，只不过项目三任务2是采用软件延时，而本任务是采用硬件延时。虽然延时方式不同，但其硬件电路完全一致，所以本设计的电路图请参见图3-16。

### 程序设计

单片机晶振频率为12MHz，T2的直接延时最大时间为$2^{16}\mu s$（即$65536\mu s$），直接延时时间不能达到1s，因此需使用变量i。通过每次延时50ms，i加1，当i为20时，延时$20\times50=1000ms=1s$，流水灯就移动一次，这样就达到延时移动的目的。

使用T2延时50ms，计数初值$X=2^{16}-50\times10^3\times12/12=65536-50000=15536=3CB0H$，即RCAP2H=0x3C，RCAP2L=0xB0。其程序流程图如图6-7所示。

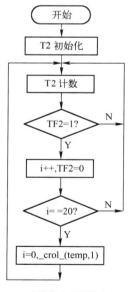

（a）查询方式实现流水灯

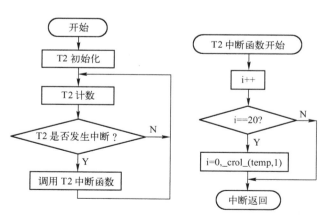

（b）中断方式实现流水灯控制

图6-7　流水灯控制程序流程图

源程序

## 1）查询方式实现流水灯控制源程序

```
/ ************************************************************
文件名:用 T2 实现流水灯控制 . c
单片机型号:STC89C51RC
晶振频率:12. 0MHz
说明:查询方式实现流水灯控制
************************************************************/
#include  < reg52. h >
#include  < intrins. h >
#define uchar unsigned char
#define uint unsigned int
uchar i,temp;
void   timer2( void )              //50ms 定时
{
   if( TF2 == 1 )
     {
       i ++ ;
       TF2 = 0;
     }
}
void LED_disp( void )
{
   if( i == 20)
     {
       i = 0;
       P0 = ~ temp;
       temp = _crol_( temp,1) ;
     }
}
void T2_init( void )              //T2 初始化
{
   RCAP2H = 0x3C;                //50ms 初值
   RCAP2L = 0xB0;
   ET2 = 0;                      //不允许 T2 中断
   EA = 0;                       //关闭中断
   TR2 = 1;                      //启动 T2
}
void main( void )
{
   T2_init( ) ;
   temp = 0x01;
   while( 1 )
     {
       timer2( ) ;
       LED_disp( ) ;
     }
}
```

## 2）中断方式实现流水灯控制源程序

```
/ ************************************************************
文件名:用 T2 实现流水灯控制 . c
单片机型号:STC89C51RC
```

晶振频率:12.0MHz
说明:中断方式实现流水灯控制
\*\*\*\*\*\*\*\*\*\*\*\*\*\*\*\*\*\*\*\*\*\*\*\*\*\*\*\*\*\*\*\*\*\*\*\*\*\*\*\*\*\*\*\*\*\*\*\*\*\*\*\*\*\*\*\*\*\*\*\*\*\*/

```c
#include  < reg52. h >
#include  < intrins. h >
#define uchar unsigned char
#define uint unsigned int
uchar temp;
void timer2( void) interrupt 5
{
    uchar i;
    TF2 = 0;
    i ++ ;
    if( i == 20)
      {
        i = 0;
        P0 = ~ temp;
        temp = _crol_( temp,1) ;
      }
}
void T2_init( void)                 //T2 初始化
{
    RCAP2H = 0x3C;                  //50ms 初值
    RCAP2L = 0xB0;
    ET2 = 1;                       //允许 T2 中断
    EA = 1;
    TR2 = 1;                       //启动 T2
}
void main( void)
{
    T2_init( );
    temp = 0x01;
    while(1)
    { ;}
}
```

### 调试与仿真

　　首先在 Keil 中创建项目，输入源代码并生成 Debug. OMF 文件，然后在 Proteus 8 Professional 中打开已创建的用 T2 实现流水灯控制电路图并进行相应设置，以实现 Keil 与 Proteus 的联机调试。单击 Proteus 8 Professional 模拟调试按钮的运行按钮▶，进入调试状态。此时可以看到 D0 亮，延时 1s 后，接着 D1 亮，再依次为 D2→D3→D4→D5→D6→D7，然后再点亮 D0，重复循环。

　　如果为了测试延时时间是否为 1s，可以使用 Proteus ISIS 中的虚拟示波器来观看。首先在 Keil 中打开源程序，并在 "P0 = ~ temp;" 行下输入代码 "P1^0 = ~ P1^0;"，再重新编译源程序。然后在 Proteus 8 Professional 中将虚拟示波器的 A 通道与单片机 P1.0 端口连接，并单击模拟调试按钮进入运行状态。在弹出的虚拟示波器运行界面上选择通道 A，电压范围挡设置为 5V，扫描速度调节挡选择 200ms，调节水平轴及垂直轴，输出波形如图 6-8 所示。从图中可以看出，测量的波形为 1s 的等宽方波脉冲，达到了延时 1s 的要求。

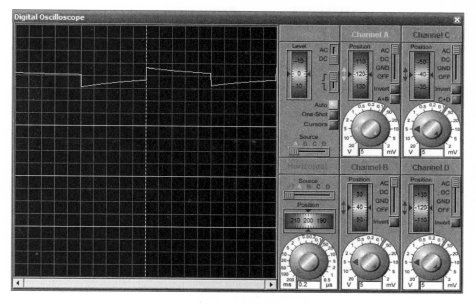

图6-8 虚拟示波器输出波形图

# 任务5 59s计时器的设计

## 设计要求

假设单片机晶振频率为12MHz，设计一个59s计时器，要求使用T0工作在方式1下进行硬件延时。

## 硬件设计

本任务的硬件电路可采用简单计数器电路图（见图6-1），只不过P3.4不需外接按键K，所以本任务的电路图请参见图6-1。

## 程序设计

单片机晶振频率为12MHz，T0工作在方式1下的直接延时最大时间为$2^{16}$μs（即65536μs），直接延时时间不能达到1s，因此需使用变量t。通过每次延时50ms，t加1，当t为20时，延时$20 \times 50 = 1000$ms $= 1$s，此时a加1。当a达到60时，a清零，这样就达到计时59s的目的。再将a进行个、十位数据分离，将分离后的数据分别送给data_L和data_H，LED数码管采用动态显示法，即可显示0～59s。

使用T0延时50ms，计数初值$X = 2^{16} - 50 \times 10^3 \times 12/12 = 65536 - 50000 = 15536 = 3CB0H$，即TH0 = 0x3C，TL0 = 0xB0。其程序流程图如图6-9所示。流程图中的LED数码管显示函数请参见项目五任务4中的图5-8。

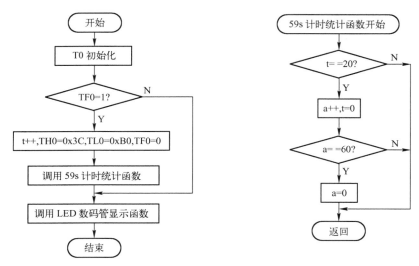

（a）查询方式实现 59s 计时器

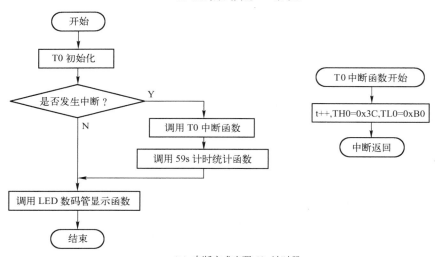

（b）中断方式实现 59s 计时器

图 6-9　59s 计时器的程序流程图

 源程序

### 1）查询方式实现 59s 计时器

```
/*********************************************************
文件名:59s 计时器.c
单片机型号:STC89C51RC
晶振频率:12.0MHz
说明:查询方式实现 59s 计时器
*********************************************************/
#include  <reg52.h>
#define uchar unsigned char
#define uint unsigned int
uchar tab[] = {0xC0,0xF9,0xA4,0xB0,0x99,0x92,0x82,0xF8,   //共阳极 LED0～F 的段码
```

```
                    0x80,0x90,0x88,0x83,0xC6,0xA1,0x86,0x8E};
uchar data_L,data_H;                    //计数值低、高位
uchar t,a;                              //计数
void delay(uint k)                      //延时约 0.1ms
{
    uint m,n;
        for(m=0;m<k;m++)
            {
                for(n=0;n<120;n++);
            }
}
void display(void)
{
    P2=0x01;
    P0=tab[data_H];
    delay(1);
    P2=0x02;
    P0=tab[data_L];
    delay(1);
}
void Timer0(void)                       //50ms 定时
{
    if(TF0==1)
        {
            t++;
            TH0=0x3C;
            TL0=0xB0;
            TF0=0;
        }
}
void data_tim(void)                     //59s 计时
{
    Timer0();
    if(t==20)
        {
            a++;
            t=0;
            if(a==60)
                {a=0;}
        }
}
void   data_in(void)
{
    data_L=a%10;
    data_H=a/10;
}
void T0_init(void)                      //T0 初始化
{
    TMOD=0x01;                          //T0 计时方式 1
    TH0=0x3C;
    TL0=0xB0;
    ET0=0;                              //不允许 T0 中断
    TR0=1;                              //启动 T0
    EA=0;
}
void main(void)
{
    a=0;
```

```
        T0_init();
        while(1)
            {
               data_tim();
               data_in();
               display();
            }
    }
```

## 2) 中断方式实现 59s 计时器

```
/*********************************************************
文件名:59s 计时器 .c
单片机型号:STC89C51RC
晶振频率:12.0MHz
说明:中断方式实现 59s 计时器
*********************************************************/
#include <reg52.h>
#define uchar unsigned char
#define uint unsigned int
uchar tab[] = {0xC0,0xF9,0xA4,0xB0,0x99,0x92,0x82,0xF8,   //共阳极 LED0～F 的段码
              0x80,0x90,0x88,0x83,0xC6,0xA1,0x86,0x8E};
uchar data_L,data_H;                    //计数值低、高位
uchar t,a;                              //计数
void delay(uint k)                      //延时约 0.1ms
{
    uint   m,n;
        for(m=0;m<k;m++)
            {
                for(n=0;n<120;n++);
            }
}
void display(void)
{
    P2=0x01;
    P0=tab[data_H];
    delay(1);
    P2=0x02;
    P0=tab[data_L];
    delay(1);
}
void Timer0() interrupt 1               //50ms 定时
{
    t++;
    TH0=0x3C;
    TL0=0xB0;
}
void data_tim(void)                     //59s 计时
{
    if(t==20)
        {
            a++;
            t=0;
            if(a==60)
                {a=0;}
        }
}
void data_in(void)
```

```
                 {
      data_L = a%10;
      data_H = a/10;
                 }
  void T0_init(void)                    //T0 初始化
  {
      TMOD = 0x01;                      //T0 计时方式 1
      TH0 = 0x3C;
      TL0 = 0xB0;
      ET0 = 1;                          //允许 T0 中断
      TR0 = 1;                          //启动 T0
      EA = 1;
  }
  void main(void)
  {
      a = 0;
      T0_init();
      while(1)
                 {
          data_tim();
          data_in();
          display();
                 }
  }
```

![调试与仿真] **调试与仿真**

　　首先在 Keil 中创建项目，输入源代码并生成 Debug. OMF 文件，然后在 Proteus 8 Professional 中打开已创建的 59s 计时器电路图并进行相应设置，以实现 Keil 与 Proteus 的联机调试。单击 Proteus 8 Professional 模拟调试按钮的运行按钮▶️，进入调试状态。刚运行时，LED 数码管显示的初始值为 00，每隔 1s 进行累计显示，当显示为 59 后，再延时 1s，重新恢复为 0，开始下一次循环计时。其运行仿真效果图如图 6-10 所示。

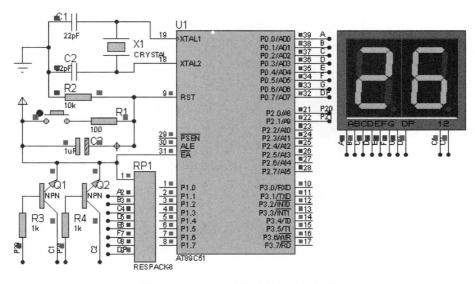

图 6-10　59s 计时器运行仿真效果图

# 任务 6　简单门铃设计

设计要求

假设单片机晶振频率为 12MHz，设计一个简单门铃控制系统。要求按下按键 K 时，蜂鸣器发出"叮咚"的声音。

硬件设计

在桌面上双击图标，打开 Proteus 8 Professional 窗口。新建一个 DEFAULT 模板，添加表 6-6 所列的元器件，并完成如图 6-11 所示的硬件电路图设计。

表 6-6　简单门铃设计所用元器件

| 单片机 AT89C51 | 电阻 RES | 电解电容 CAP – ELEC | 晶振 CRYSTAL 12MHz |
|---|---|---|---|
| 电阻排 RESPACK – 8 | 按钮 BUTTON | 瓷片电容 CAP 30pF | 蜂鸣器 SOUNDER |

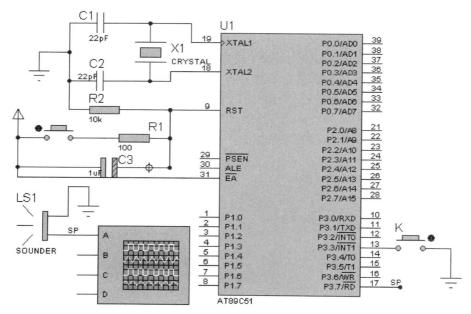

图 6-11　简单门铃设计电路图

程序设计

单片机控制蜂鸣器发出声音，实质上就是单片机控制某端口输出一个脉冲宽度不同的高、低电平而已。脉冲宽度不同的高、低电平的产生，也就是延时一段时间后持续输出高电平或低电平。

本任务的程序中使用硬件延时（T1 定时器中断）的方法产生"叮咚"声音。由于按键 K 与单片机的 P3.3 连接作为 INT1 的外部中断源，因此本任务采用了两种中断，即 INT1 中断

和 T1 定时器中断，并且由 INT1 中断启动 T1 中断。其程序流程图如图 6-12 所示。

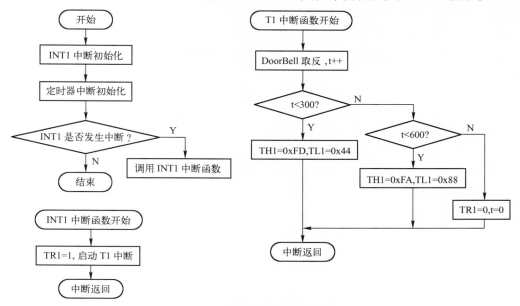

图 6-12 简单门铃设计程序流程图

**源程序**

```
/ ********************************************************
文件名:简单门铃设计. c
单片机型号:STC89C51RC
晶振频率:12.0MHz
说明:按下 K 键发出门铃声
******************************************************** /
#include  < reg52. h >
#define uchar unsigned char
#define uint unsigned int
sbit    DoorBell = P3^7;
sbit    KEY = P3^2;
uint t = 0;
void delayms( uint ms)
{
   uint i;
   while( ms −− )
      {
         for( i  =  0;i < 120;i ++ );
      }
}
void Timer1( ) interrupt 3
{
   DoorBell = ∼ DoorBell;
   t ++ ;
   if( t < 300)                                //高音
      {
         TH1 = 0xFD;                           //0.7ms
         TL1 = 0x44;
```

```
        }
    else if( t < 600 )                              //低音
        {
        TH1 = 0xFA;                                 //1.4ms
        TL1 = 0x88;
        }
    else
        {
        TR1 = 0;
        t = 0;
        }
    }
void int_1( ) interrupt 2
    {
    delayms( 10 );
    if( INT1 == 0 )
        {
        TR1 = 1;
        }
    }
void T1_init ( void )                               //T1 初始化
    {
    TMOD = 0x10;                                    //T1 计时方式 1
    TH1 = 0xFD;                                     //0.7ms 初始值
    TL1 = 0x44;
    ET1 = 1;                                        //允许 T1 中断
    EA = 1;                                         //开启全局中断
    }
void INT1_init( void )
    {
    EX1 = 1;                                        //打开外部中断 1
    IT1 = 1;                                        //下降沿触发中断 INT1
    }

void main( void )
    {
    T1_init( );
    INT1_init( );
    while( 1 )
        {
            ;
        }
    }
```

**调试与仿真**

　　首先在 Keil 中创建项目，输入源代码并生成 Debug. OMF 文件，然后在 Proteus 8 Professional 中打开已创建的简单门铃设计电路图并进行相应设置，以实现 Keil 与 Proteus 的联机调试。单击 Proteus 8 Professional 模拟调试按钮的运行按钮 ▶ ，进入调试状态。没有按下按键 K 时，蜂鸣器没有发出任何声音，且虚拟示波器没有波形输出。按下按键 K 瞬间，虚拟示波器输出一波形，之后输出的波形脉冲宽度发生了变化，如图 6-13 所示，而蜂鸣器发出清脆的"叮咚"门铃声。

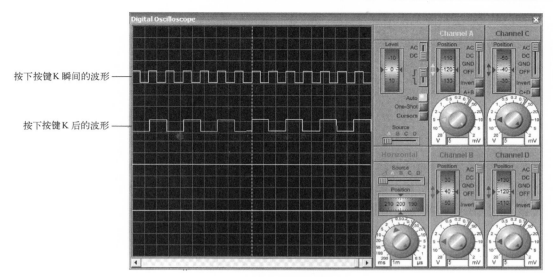

按下按键 K 瞬间的波形 ——

按下按键 K 后的波形 ——

图 6-13　虚拟示波器输出的波形

# 任务 7　速度可调流水灯控制

设计要求

假设单片机晶振频率为 12MHz，单片机 P0 端口外接 8 个 LED，P3.2 外接按键 K1，P3.3 外接按键 K2。编写程序，每次按下按键 K1 时，加快 8 个 LED 的流水显示速度；每次按下按键 K2 时，降低 8 个 LED 的流水显示速度。

硬件设计

在桌面上双击图标 ，打开 Proteus 8 Professional 窗口。新建一个 DEFAULT 模板，添加表 6-7 所列的元器件，并完成如图 6-14 所示的硬件电路图设计。

表 6-7　速度可调流水灯控制所用元器件

| 单片机 AT89C51 | 瓷片电容 CAP 30pF | 电解电容 CAP – ELEC | 发光二极管 LED – BIBY |
| 电阻 RES | 晶振 CRYSTAL 12MHz | 发光二极管 LED – BIRG | 发光二极管 LED – YELLOW |
| 按钮 BUTTON | 电阻排 RESPACK – 8 | 发光二极管 LED – BIGY | |

程序设计

使用单片机硬件延时，通常是通过需要设置 THi 和 TLi 的计数初值来进行的。如果没达到设定延时值，还需使用一个变量进行延时计数。从这一点可以看出，如果改变 THi 中的数值，就可以改变硬件延时时间。速度可调流水灯使用按键 K1 控制流水灯加速显示，使用按键 K2 控制流水灯减速显示，所以每次按下按键 K1 时 THi 中的数值增大，按下按键 K2 时 THi 中的数值应减小。

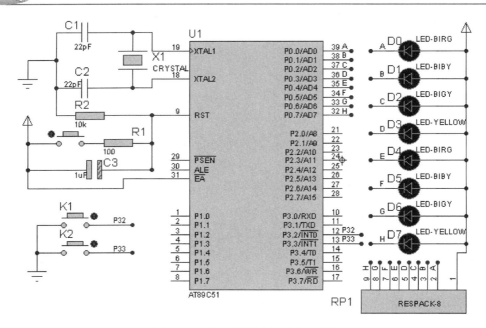

图 6-14　速度可调流水灯控制电路图

由于按键 K1 作为 INT0 的外部中断源，按键 K2 作为 INT1 的外部中断源，再加上定时器 T0 中断，因此本任务实质上是 3 个中断程序的综合应用，其程序流程图如图 6-15 所示。

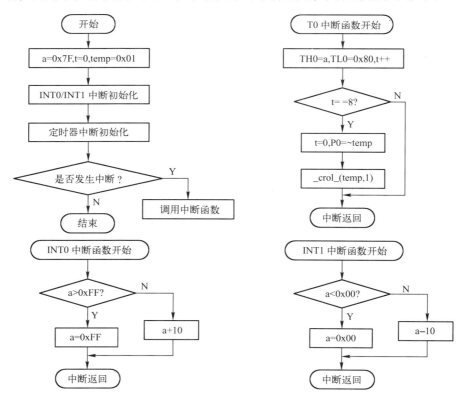

图 6-15　速度可调流水灯控制程序流程图

**KEIL C51 源程序**

```c
/ ***********************************************************
文件名:速度可调流水灯控制.c
单片机型号:STC89C51RC
晶振频率:12.0MHz
说明:K1 加速;K2 减速
***********************************************************/
#include  < reg52. h >
#include  < intrins. h >
#define uchar unsigned char
#define uint unsigned int
uchar a,t,temp;
void delayms( uint ms)
{
   uint i;
   while( ms -- )
      {
         for( i = 0;i < 120;i ++ );
      }
}
void int_0( )  interrupt 0                //加速
{
   delayms( 10) ;
   if( INT0 == 0)
      {
         if( a > 0xFF)
            {
               a = 0xFF;
            }
         else
            {
               a = a + 10;
            }
      }
}
void int_1( )  interrupt 2                //减速
{
   delayms( 10) ;
   if( INT1 == 0)
      {
         if( a < 0x00)
            {
               a = 0x00;
            }
         else
            {
               a = a - 10;
            }
      }
}
void timer0( void)  interrupt 1
{
   TH0 = a;
   TL0 = 0x80;
```

```
        t ++ ;
        if( t == 8)
          {
            t = 0 ;
            P0 = ~ temp ;
            temp = _crol_( temp ,1 ) ;
          }
    }
void T0_init( void)
  {
    TMOD = 0x01 ;
    TH0 = a ;
    TL0 = 0x80 ;
    EA = 1 ;
    ET0 = 1 ;
    TR0 = 1 ;
  }
void INT_init( void)
  {
    EX0 = 1 ;                    //打开外部中断 0
    IT0 = 1 ;                    //下降沿触发中断 INT0
    EX1 = 1 ;                    //打开外部中断 1
    IT1 = 1 ;                    //下降沿触发中断 INT1
  }
void main( void)
  {
    T0_init( ) ;
    INT_init( ) ;
    a = 0x7F ;
    t = 0 ;
    temp = 0x01 ;
    while( 1 )
      { ;}
  }
```

**调试与仿真**

首先在 Keil 中创建项目，输入源代码并生成 Debug. OMF 文件，然后在 Proteus 8 Professional 中打开已创建的速度可调流水灯控制电路图并进行相应设置，以实现 Keil 与 Proteus 的联机调试。单击 Proteus 8 Professional 模拟调试按钮的运行按钮 ▶，进入调试状态。每次按下按键 K1 时，加快 8 个 LED 的流水显示速度；每次按下按键 K2 时，降低 8 个 LED 的流水显示速度。如果将程序中的 t 值改大，则可以更加清晰地观看显示效果。

 **任务 8　简单电子频率计**

**设计要求**

假设单片机晶振频率为 12MHz，单片机 P0、P2 端口作为输出口，外接 4 位 LED 数码管。

编写程序，测量由 P3.4 输入脉冲的频率。

**硬件设计**

在桌面上双击图标 ，打开 Proteus 8 Professional 窗口。新建一个 DEFAULT 模板，添加表 6-8 所列的元器件，并完成如图 6-16 所示的硬件电路图设计。

**表 6-8 简单电子频率计所用元件**

| 单片机 AT89C51 | 瓷片电容 CAP 22pF | 晶振 CRYSTAL 12MHz | 电解电容 CAP – ELEC |
|---|---|---|---|
| 电阻 RES | 电阻排 RESPACK – 8 | 数码管 7SEG – MPX2 – CA | 三极管 NPN |
| 按钮 BUTTON | | | |

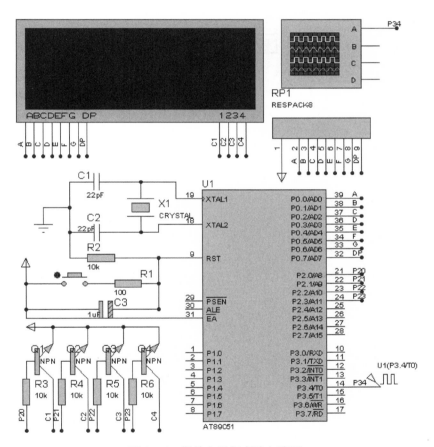

图 6-16 简单电子频率计电路图

**程序设计**

通过单片机的定时器与计数器相配合，可以测量外部输入脉冲的频率/周期。频率的测量可以采用两种不同的方法进行测量，即测周法和测频法。

**1）测周法** 当输入脉冲频率较低时，为了减少测量误差，应该测量它的周期，这时单片机可查询输入脉冲的高/低电平，在一个周期内使用定时器 T0 计数，再将计数值乘以单片机的机器周期即为输入脉冲的周期。为了减少误差，可采用多次测量计算平均值的方法。

**2）测频法** 当输入脉冲的频率很高时，可直接测量脉冲在一定时间内的个数得出频率，此时可将单片机的 T/C0 用做计数器，T/C1 用做定时器，在 T/C1 定时时间里对频率脉冲进行计数。T/C0 的计数值便是定时时间里的脉冲个数。其程序流程图如图 6-17 所示，LED 数码管显示函数请参见项目五任务 4 中的图 5-8。

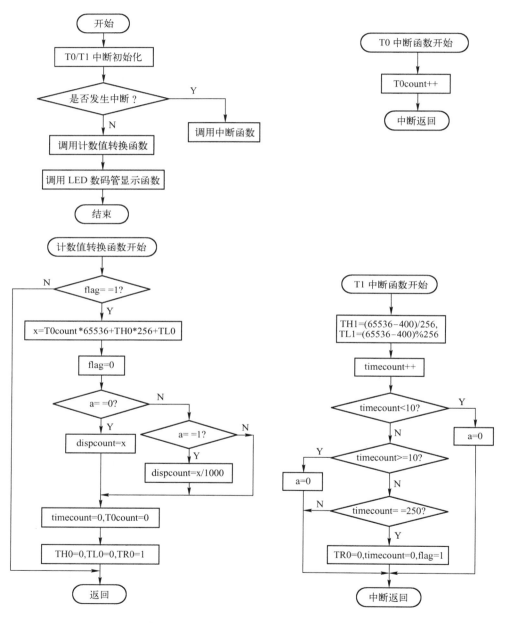

图 6-17 简单电子频率计程序流程图

KEIL C51 源程序

```c
/****************************************************
文件名:简单电子频率计.c
单片机型号:STC89C51RC
晶振频率:12.0MHz
说明:测量频率由 T0 输入,T1 计时
****************************************************/
#include  <reg52.h>
#include  <intrins.h>
#define uchar unsigned char
#define uint unsigned int
uchar LEDH_H,LEDH_L,LEDL_H,LEDL_L;
uchar dispcount,a;
uchar T0count,timecount;
bit flag;
unsigned long x;
const uchar tab[] = {0xC0,0xF9,0xA4,0xB0,0x99,0x92,0x82,0xF8,    //共阳极 LED0 ~ F 的段码
                0x80,0x90,0x88,0x83,0xC6,0xA1,0x86,0x8E};
void delayms(uint ms)
{
   uint i;
   while(ms--)
      {
        for(i=0;i<120;i++);
      }
}
void display(void)
{
   LEDH_H = dispcount/1000;                                   //千位分离
   LEDH_L = (dispcount - LEDH_H * 1000)/100;                  //百位分离
   LEDL_H = (dispcount - LEDH_H * 1000 - LEDH_L * 100)/10;    //十位分离
   LEDL_L = dispcount - LEDH_H * 1000 - LEDH_L * 100 - LEDL_H * 10;    //个位分离
   P2 = 0x01;
   P0 = tab[LEDL_L];
   delayms(1);
   P2 = 0x02;
   P0 = tab[LEDL_H];
   delayms(1);
   P2 = 0x04;
   P0 = tab[LEDH_L];
   delayms(1);
   P2 = 0x08;
   P0 = tab[LEDH_H];
   delayms(1);
}
void cmp(void)                          //计数值转换
{
   if(flag == 1)
```

```c
    {
        flag = 0;
        x = T0count * 65536 + TH0 * 256 + TL0;
        if ( a == 0 )
            {
                dispcount = x;
            }
        if ( a == 1 )
            {
                dispcount = x/1000;
            }
        timecount = 0;
        T0count = 0;
        TH0 = 0;
        TL0 = 0;
        TR0 = 1;
        }
}
void timer0( void ) interrupt 1
{
    T0count ++ ;
}
void timer1( void ) interrupt 3
{
    TH1 = ( 65536 - 4000 )/256;
    TL1 = ( 65536 - 4000 )%256;
    timecount ++ ;
    if( timecount < 10 )
        {
            a = 0;
        }
    if( timecount >= 10 )
        {
            a = 1;
        }
    if( timecount == 250 )
        {
            TR0 = 0;
            timecount = 0;
            flag = 1;
        }
}
void Time_init( void )
{
    TMOD = 0x15;
    TH0 = 0;
    TL0 = 0;
    TH1 = ( 65536 - 4000 )/256;
TL1 = ( 65536 - 4000 )%256;
    TR1 = 1;
    TR0 = 1;
```

```
      ET0 = 1;
      ET1 = 1;
      EA = 1;
    }
  void main( void)
  {
    Time_init( );
    while(1)
      {
        cmp( );
        display( );
      }
  }
```

## 调试与仿真

首先在 Keil 中创建项目，输入源代码并生成 Debug. OMF 文件，然后在 Proteus 8 Professional 中打开已创建的简单电子频率计电路图并进行相应设置，以实现 Keil 与 Proteus 的联机调试。在 Proteus 8 Professional 中单击工具箱的◎图标，并选择 DCLOCK（数字时钟信号发生器），在 P3.4 端口单击鼠标左键，将 DCLOCK 与 P3.4 连接。双击 DCLOCK，弹出如图 6-18 所示的对话框，在此对话框中设置时钟频率为 2kHz。

单击 Proteus 8 Professional 模拟调试按钮的运行按钮▶，进入调试状态。可以观看到虚拟示波器输出相应的波形，LED 数码管也显示为 2000。其仿真效果图如图 6-19 所示。

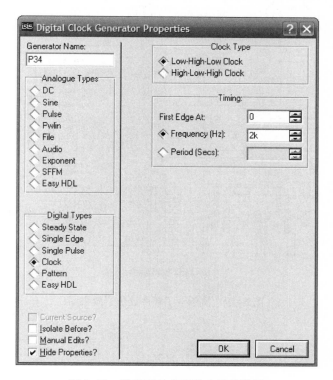

图 6-18　数字时钟信号发生器的设置

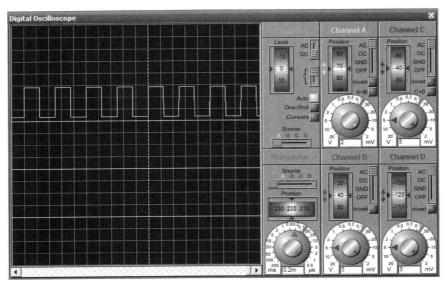

（a）虚拟示波器显示波形

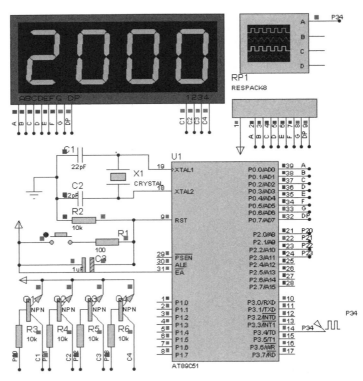

（b）LED 数码管显示效果

图 6-19　简单电子频率计仿真效果图

# 项目七 单片机串行通信设计

【知识目标】

☺ 了解 RS—232C 总线标准定义、STC89 系列单片机串行通信过程、串行通信控制寄存器的定义、波特率的设置。

☺ 掌握串行通信的应用。

【能力目标】

☺ 学会串行中断相关寄存器的设置，以及各方式下波特率的计算。

☺ 学会单片机与单片机通信、单片机与 PC 通信、通过串行口进行外部扩展等应用。

在单片机系统设计中，经常要使用单片机串行口与外部设备进行通信，如单片机与单片机通信、单片机与 PC 通信等。本项目将介绍单片机串行通信的相关知识。

## 任务 1 单片机串行通信原理

### 1. 字符帧、波特率

在异步串行数据通信中，有两个重要的指标，即字符帧和波特率。

**1) 字符帧（Character Frame）** 在异步串行数据通信中，字符帧也称为数据帧，它具有一定的格式，如图 7-1 所示。

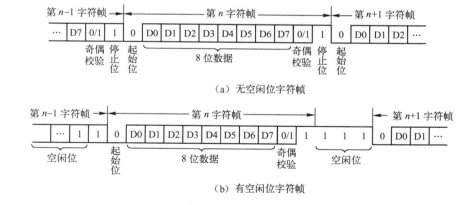

图 7-1 异步串行通信字符帧格式

从图 7-1 中可以看出，字符帧由起始位、数据位、奇偶校验位和停止位 4 部分组成。

☺ 起始位：位于字符帧的开头，只占一位，始终为逻辑低电平，发送器通过发送起始位表示一个字符传送的开始。

☺ 数据位：起始位后紧跟着的是数据位。在数据位中规定，低位在前（左），高位在后（右）。由于字符编码方式不同，根据用户需要，数据位可取 5 位、6 位、7 位或 8 位。若传送的数据为 ASCII 字符，则数据位常取 7 位。

☺ 奇偶校验位：在数据位后，就是奇偶校验位，只占一位。用于检查传送字符的正确性。它有 3 种可能，即奇校验、偶校验或无校验，用户根据需要进行设定。

☺ 停止位：奇偶校验位后为停止位。它位于字符帧的末尾，用于表示一个字符传送的结束，为逻辑高电平。通常停止位可取 1 位、1.5 位或 2 位，根据需要确定。

☺ 位时间：一个格式位的时间宽度。

☺ 帧（Frame）：从起始位开始到结束位为止的全部内容称为一帧。帧是一个字符的完整通信格式。因此也把串行通信的字符格式称为帧格式。

在串行通信中，发送端逐帧发送信息，接收端逐帧接收信息，两个相邻字符帧之间可以无空闲位，也可以有空闲位。图 7-1（a）所示为无空闲位，图 7-1（b）所示为 3 个空闲位的字符帧格式。两个相邻字符帧之间是否有空闲位由用户根据需要来决定。

**2）波特率（Band Rate）**　数据传送的速率称为波特率，即每秒钟传送二进制代码的位数，也称为比特数，单位为 bit/s（bit per second），即位/秒。波特率是串行通信中的一个重要性能指标，用于表示数据传输的速度。波特率越高，数据传输速度越快。波特率和字符实际的传输速率不同，字符的实际传输速率是指每秒钟内所传字符帧的帧数，它与字符帧格式有关。

例如，波特率为 1200bit/s，若采用 10 个代码位的字符帧（1 个起始位，1 个停止位，8 个数据位），则字符的实际传送速率为 $1200 \div 10 = 120$ 帧/s；采用图 7-1（a）的字符帧，则字符的实际传送速率为 $1200 \div 11 = 109.09$ 帧/s；采用图 7-1（b）的字符帧，则字符的实际传送速率为 $1200 \div 14 = 85.71$ 帧/s。

每一位代码的传送时间 $T_d$ 为波特率的倒数。例如，波特率为 2400bit/s 的通信系统，每位的传送时间为

$$T_d = \frac{1}{2400} = 0.4167 \text{（ms）}$$

波特率与信道的频带有关，波特率越高，信道频带越宽。因此，波特率也是衡量通道频宽的重要指标。

在串行通信中，可以使用的标准波特率在 RS—232C 标准中已有规定，使用时应根据速度需要、线路质量等因素来选定。

**2. RS—232C 总线标准定义**

RS—232C 是使用最早、应用最广的一种串行异步通信总线标准，是美国电子工业协会（Electronic Industry Association，EIA）的推荐标准。该标准定义了数据终端设备（Data Terminal Equipment，DTE）和数据通信设备（Data Communication Equipment，DCE）间按位串行传输的接口信息，合理安排了接口的电气信号和机械要求。DTE 是所传送数据的源或宿主，它可以是一台计算机、一个数据终端或一个外围设备；DCE 是一种数据通信设备，它可以是一台计算机或一个外围设备。例如，打印机与 CPU 之间的通信采用 RS—232C 接口。由于 STC89 系列单片机本身有一个全双工的串行接口，因此该系列的单片机可采用 RS—232C 接口标准与 PC 进行通信。

**1）RS—232C 引线功能**　RS—232C 标准总线有 25 芯和 9 芯两种"D"形插头，25 芯

插头座（DB—25）的引脚排列如图 7-2 所示。9 芯插头座（DB—9）的引脚排列如图 7-3 所示。

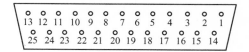

图 7-2　25 芯 RS—232C 引脚图

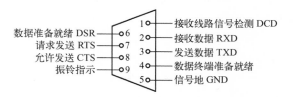

图 7-3　9 芯 RS—232C 引脚图

RS—232C 标准总线的 25 芯信号线是为了各设备或器件之间进行联系或信息控制而定义的。各引脚的定义见表 7-1。

表 7-1　RS—232C 信号线引脚定义

| 引　脚 | 名　称 | 定　义 | 引　脚 | 名　称 | 定　义 |
|---|---|---|---|---|---|
| *1 | GND | 保护地 | 14 | STXD | 辅助通道发送数据 |
| *2 | TXD | 发送数据 | *15 | TXC | 发送时钟 |
| *3 | RXD | 接收数据 | 16 | SRXD | 辅助通道接收数据 |
| *4 | RTS | 请求发送 | 17 | RXC | 接收时钟 |
| *5 | CTS | 允许发送 | 18 | | 未定义 |
| *6 | DSR | 数据准备就绪 | 19 | SRTS | 辅助通道请求发送 |
| *7 | GND | 信号地 | *20 | DTR | 数据终端准备就绪 |
| *8 | DCD | 接收线路信号检测 | *21 | | 信号质量检测 |
| *9 | | 接收线路建立检测 | *22 | RI | 振铃指示 |
| 10 | | 线路建立检测 | *23 | | 数据信号速率选择 |
| 11 | | 未定义 | *24 | | 发送时钟 |
| 12 | SDCD | 辅助通道接收线信号检测 | 25 | | 未定义 |
| 13 | SCTS | 辅助通道清除发送 | | | |

注：表中带"＊"号的 15 芯引线组成主信道通信，除 11、18 及 25 三个引脚未定义外，其余的可作为辅信道进行通信，但是其传输速率比主信道低，一般不使用。若使用，则主要用于传送通信线路两端所接的调制解调器的控制信号。

**2）RS—232C 接口电路**　在微型计算机中，信号电平是 TTL 型的，即规定信号电压≥2.4V 时，为逻辑电平"1"；信号电压≤0.5V 时，为逻辑电平"0"。在串行通信中，若 DTE 和 DCE 之间采用 TTL 信号电平传送数据时，如果二者的传送距离较大，很可能使源点的逻辑电平"1"在到达目的点时就衰减到 0.5V 以下，使通信失败，所以 RS—232C 有其自己的电气标准。RS—232C 标准规定：在信号源点，信号电压在 +5 ～ +15V 时，为逻辑电平"0"，信号电压在 −5 ～ −15V 时，为逻辑电平"1"；在信号目的点，信号电压在 +3 ～ +15V 时，为逻辑电平"0"，信号电压在 −3 ～ −15V 时，为逻辑电平"1"，噪声容限为 2V。通常，RS—232C 总线电压为 +12V 时表示逻辑电平"0"；−12V 时表示逻辑电平"1"。

由于 RS—232C 的电气标准不是 TTL 型的，在使用时不能直接与 TTL 型的设备相连，必须进行电平转换，否则会使 TTL 电路烧坏。

为实现电平转换，现通常采用电平转换芯片 MAX232 来完成。MAX232 是包含两路驱动器和接收器的 RS—232 转换芯片，如图 7-4 所示。从图中可以看出，MAX232 芯片内部有一个电压转换器，可以把输入的 +5V 电压转换为 RS—232 接口所需的 ±10V 电压，尤其适用于没有 ±12V 的单电源系统。

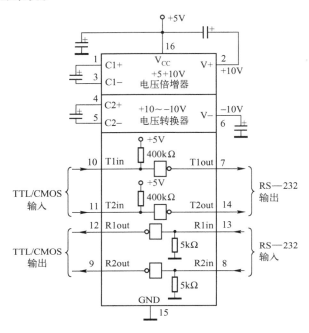

图 7-4　MAX232 内部结构

### 3. STC89 系列单片机串行通信过程

**1）发送数据**　发送数据时，CPU 将数据并行写入发送缓冲器 SBUF 中，同时启动数据由 TXD（P3.1）引脚串行输出，当一帧数据发送完后（即发送缓冲器空）时，由硬件自动将 SCON 寄存器的发送中断标志位 TI 置 1，告诉 CPU 可以发送下一帧数据。

**2）接收数据**　接收数据时，SCON 的 REN 位置 1，外界数据通过引脚 RXD（P3.0）串行输入，数据的最低位首先进入输入移位器，一帧接收完毕再并行送入接收缓冲器 SBUF 中，同时将接收中断标志位 RI 置 1，向 CPU 发出中断请求。CPU 响应中断后，用软件将 RI 位清除，同时读走输入的数据，接着准备下一帧数据的接收。

### 4. 串行通信控制寄存器的定义

**1）电源和波特率控制寄存器 PCON（Power Control Register）**　PCON 寄存器的格式如下：

| PCON<br>(87H) | D7 | D6 | D5 | D4 | D3 | D2 | D1 | D0 |
|---|---|---|---|---|---|---|---|---|
| | SMOD1 | SMOD0 | — | POF2 | GF1 | GF0 | PD | IDL |

☺ SMOD1：波特率倍增位。在串行口工作方式1、2、3下，SMOD1 置"1"，使波特率提高1倍。例如，在工作方式2下，若 SMOD1 = 0 时，则波特率为 $f_{osc}/64$；当 SMOD1 = 1 时，波特率为 $f_{osc}/32$，恰好增大一倍。系统复位时，SMOD1 位为0。

☺ SMOD0：决定串行口控制寄存器 SCON 最高位的功能。当 SMOD0 = 0 时，SCON.7 是 SM0 位，当 SMOD0 = 1 时，SCON.7 是 FE 标志。

☺ POF2：上电标志。掉电复位或掉电中断时自动置"1"，软件清零。上电后，该标志一直维持到软件清除。在程序设计时，可以直接将其置"0"，以降低功耗。

☺ GF1、GF0：通用标志1、0，供用户使用，由软件置位或复位。

☺ PD：掉电模式控制位。当 PD 置"1"时，单片机进入掉电工作模式。软件清零。

☺ IDL：待机模式控制位。当 IDL 置"1"时，单片机进入待机工作模式。软件清零。

**2）串行口控制寄存器 SCON（Serial Port Control Register）**　　SCON 用于设定串行口的工作方式、接收/发送控制及设置状态标志，其格式如下：

| SCON<br>98H | 9FH | 9EH | 9DH | 9CH | 9BH | 9AH | 99H | 98H |
|---|---|---|---|---|---|---|---|---|
| | SM0/FE | SM1 | SM2 | REN | TB8 | RB8 | TI | RI |

☺ SM0/FE（SCON.7）：该位与 PCON 中的 SMOD0 位组合有两种功能，当 PCON.6（SMOD0）= 0 时，SCON.7 位为 SM0 功能，与 SM1 位决定串行口的工作方式；当 PCON.6 置 1 时，SCON.7 位为 FE 功能，作帧错误位（帧错误位（Frame Error）是指 UART 检测到帧的停止位不是"1"，而是"0"时，FE 被置位），丢失的数据位将会置位 SCON 中的 FE 位，作 FE 功能位时必须由软件清零。

☺ SM1（SCON.6）：串行口工作方式选择位，与 SM0 组合，可选择4种不同的工作方式，见表7-2。

**表7-2　串行口工作方式**

| SM0　SM1 | 工作方式 | 功　能 | 波　特　率 |
|---|---|---|---|
| 0　　0 | 方式0 | 8位同步移位寄存器 | $f_{osc}/12$ 或 $f_{osc}/6$ |
| 0　　1 | 方式1 | 10位 UART | 可变 |
| 1　　0 | 方式2 | 11位 UART | $f_{osc}/64$ 或 $f_{osc}/32$ |
| 1　　1 | 方式3 | 11位 UART | 可变 |

☺ SM2（SCON.5）：主—从式多机通信控制位。多机通信主要是在方式2和方式3下进行的，因此 SM2 主要用在方式2和方式3中，作为主—从式多机通信的控制位。在方式0中，SM2 不用，应设置为"0"状态；在方式1下，SM2 也应设置为"0"，若 SM2 = 1，则只有接收到有效停止位时中断标志 RI 才能置"1"，以便接收下一帧数据。若 SM2 = 0，则不属于多机通信情况，接收到一帧数据后，无论第9位是"1"还是"0"，都置中断标志 RI 为"1"，接收到的数据装入接收/发送缓冲器中。

☺ REN（SCON.4）：允许接收控制位。REN = 1，表示允许串行口接收数据；REN = 0，表示禁止串行口接收数据。REN 由软件置"1"或清"0"。

☺ TB8（SCON.3）：在工作方式2或工作方式3中，它是存放发送的第9位（D8）数据。根据需要可由软件置"1"或清"0"。TB8 可作为数据的奇偶校验位，或者在多机通信中作为地址或数据帧的标志。

☺ RB8（SCON. 2）在工作方式 2 或工作方式 3 中，它是存放接收的第 9 位（D8）数据。RB8 既可作为约定好的奇偶校验位，也可作为多机通信时的地址或数据帧标志。在工作方式 1 中，若 SM2 = 0，则 RB8 是接收到停止位。在工作方式 0 中，不使用 RB8。

☺ TI（SCON. 1）：发送中断标志位，用于指示一帧数据是否发送完。在工作方式 0 中，发送完 8 位数据后，由硬件置 1，向 CPU 申请发送中断，CPU 响应中断后，必须由软件清零；在其他方式中，在发送前必须由软件复位，发送完一帧后，由硬件置 1，同样再由软件清零。因此，CPU 查询 TI 的状态即可知道一帧数据是否发送完毕。

☺ RI（SCON. 0）：接收中断标志位，用于指示一帧数据是否接收完。在工作方式 1 中，接收完 8 位数据后，由硬件置 1，向 CPU 申请接收中断，CPU 响应中断后，必须由软件清零；在其他方式中，RI 是在接收到停止位的中间位置时置 1。RI 也可供 CPU 查询，以决定 CPU 是否需要从接收缓冲器中提取接收到的信息。任何方式中，RI 都必须由软件来清零。

串行发送中断标志 TI 和接收中断标志 RI 共用一个中断矢量。在全双工通信时，必须由软件来判断是发送中断请求还是接收中断请求。

**3）中断允许控制寄存器 IE（Interrupt Enable Register）**　在 STC89 系列单片机中没有专门用于开中断和关中断的指令，是通过向 IE 写入中断控制字，控制 CPU 对中断的开放或屏蔽，以及每个中断源是否允许中断，其格式如下：

| IE<br>A8H | AFH | AEH | ADH | ACH | ABH | AAH | A9H | A8H |
|---|---|---|---|---|---|---|---|---|
| | EA | — | ET2 | ES | ET1 | EX1 | ET0 | EX0 |

☺ EA（IE. 7 Enable All Control Bit）：CPU 中断允许总控制位。当 EA = 0 时，CPU 关中断，禁止一切中断；当 EA = 1 时，CPU 开放中断，而每个中断源是开放还是屏蔽分别由各自的中断允许位确定。

☺ ET2、ET1 和 ET0（IE. 5、IE. 3、IE. 1 Enable Timer2 or Timer1 or Timer0 Control Bit）：定时器 2/定时器 1/定时器 0 中断允许控制位。当该位为 0 时，禁止该定时器中断；当该位为 1 时，允许该定时器中断。

☺ ES（IE. 4 Enable Serial Port Control Bit）：串行口中断允许控制位。当 ES = 0 时，禁止串行口中断；当 ES = 1 时，允许串行口的接收和发送中断。

☺ EX1、EX0（IE. 2、IE. 0）：外部中断 1、外部中断 0 的中断允许控制位。当该位为 0 时，该外部中断禁止中断；当该位为 1 时，允许该外部中断进行中断。

从 IE 格式中可看出，STC89 系列单片机通过 IE 中断允许控制寄存器对中断的允许实行两级控制，即以 EA 为中断允许总控制位，配合各中断源的中断允许位共同实现对中断请求的控制。当中断总允许位 EA = 0 时，无论各中断源的中断允许位是何状态，整个中断系统均被屏蔽了。

**5. 波特率的设置**

为保障数据传输的准确，在串行通信中，收、发双方对发送或接收数据的速率（即波特率）要有一定的约定。串行口的工作方式可以通过对 SCON 的 SM0、SM1 位编程选择 4 种工作方式。由表 7-2 可以看出，不同的工作方式，其波特率有所不同。其中，方式 0 和方式 2 的波特率固定不变；而方式 1 和方式 3 的波特率由定时器 T1 和 T2 的溢出率控制，是可变的。

**1）方式 0**　方式 0 为移位寄存器方式，每个机器周期发送或接收一位数据，其波特率

固定为振荡频率 $f_{osc}$ 的 1/12 或 1/6。

**2）方式 2** 方式 2 为 9 位 UART，波特率与 PCON 中的 SMOD1 位有关，当 SMOD1 = 0 时，波特率为振荡频率的 1/64 或 1/32，即等于 $f_{osc}/64$ 或 $f_{osc}/32$；当 SMOD1 = 1 时，则波特率等于 $f_{osc}/32$。方式 2 的波特率可用以下公式表示：

$$方式 2 的波特率 = \frac{2^{SMOD1}}{64} \times f_{osc}$$

**3）方式 1 和方式 3** 方式 1 或方式 3 的波特率可变，由定时器 T1 或 T2 的溢出率及 PCON 中的 SMOD1 位同时控制。其波特率可用以下公式表示：

$$方式 1 和方式 3 的波特率 = \frac{定时器 T1 或 T2 的溢出率}{n}$$

式中，$n = 32$ 或 16，受 POCN 的 SMOD1 位影响。当 SMOD1 = 0 时，$n = 32$；当 SMOD1 = 1 时，$n = 16$。因此其波特率也可用下式表示：

$$方式 1 和方式 3 的波特率 = \frac{2^{SMOD1}}{32} \times T1 或 T2 的溢出率$$

**4）定时器 T1 作波特率发生器** T1 作为波特率发生器时，主要取决于 T1 的溢出率，T1 的溢出率取决于计数速率和定时器的预置值。计数速率与 TMOD 寄存器 $C/\overline{T}$ 的设置有关。当 $C/\overline{T} = 0$ 时，为定时方式，计数速率 = $f_{osc}/12$（或 6）；当 $C/\overline{T} = 1$ 时，为计数方式，计数速率取决于外部输入时钟的频率，但不能超过 $f_{osc}/24$。

定时器的预置值等于 $M - X$，$X$ 为计数初值，$M$ 为定时器的最大计数值，与工作方式有关。在方式 0 中，$M$ 可取 $2^{13}$；在方式 1 中，$M$ 可取 $2^{16}$；在方式 2 或方式 3 中，$M$ 可取 $2^8$。如果为了达到很低的波特率，则可以选择 16 位的工作方式，即方式 1，可以利用 T1 中断来实现重装计数初值。

为能实现定时器计数初值重装，通常选择方式 2。在方式 2 中，TL1 作计数用，TH1 用于保存计数初值，当 TL1 计满溢出时，TH1 的值自动重装到 TL1 中。因此，一般选用 T1 工作于方式 2 作为波特率发生器。设 T1 的计数初值为 $X$，$C/\overline{T} = 0$ 时，那么每过 $256 - X$ 个机器周期，定时器 T1 就会产生一次溢出。

则 T1 的溢出周期为

$$溢出周期 = 12/f_{osc} \times (256 - X)$$

溢出率为溢出周期之倒数，所以：

$$波特率 = \frac{2^{SMOD1}}{32} \times \frac{f_{osc}}{12 \times (256 - X)} = \frac{2^{SMOD1} \times f_{osc}}{384 \times (256 - X)}$$

定时器 T1 方式 2 的计数初值 $X$ 由上式可得：

$$X = 256 - \frac{2^{SMOD1} \times f_{osc}}{384 \times 波特率}$$

如果串行通信选用很低的波特率，设置定时器 T1 为方式 0 或方式 1 定时方式时，当 T1 产生溢出时需要重装计数初值，故对波特率会产生一定的误差。

方式 1 或方式 3 下所选波特率常常需要通过计算来确定初值，因为该初值是要在定时器 T1 初始化时使用。表 7-3 为常用波特率与 T1 初始值的关系表。

表 7-3 常用波特率与 T1 初始值的关系表

| 波特率/（bit/s） | $f_{osc}$/MHz | SMOD1 | 定时器 T1 | | |
|---|---|---|---|---|---|
| | | | $C/\overline{T}$ | 所选方式 | 初始值 |
| 方式 0　1M | 12 | × | × | × | × |
| 方式 2　375k | 12 | 1 | × | × | × |
| 方式 1 或方式 3　62.5k | 12 | 1 | 0 | 2 | 0xFF |
| 4800 | 12 | 1 | 0 | 2 | 0xF3 |
| 2400 | 12 | 0 | 0 | 2 | 0xF3 |
| 1200 | 12 | 1 | 0 | 2 | 0xF6 |
| 19200 | 11.059 | 1 | 0 | 2 | 0xFD |
| 9600 | 11.059 | 0 | 0 | 2 | 0xFD |
| 4800 | 11.059 | 0 | 0 | 2 | 0xFA |
| 2400 | 11.059 | 0 | 0 | 2 | 0xF4 |
| 1200 | 11.059 | 0 | 0 | 2 | 0xE8 |
| 110 | 12 | 0 | 0 | 1 | 0xFEEB |
| 110 | 6 | 0 | 0 | 2 | 0x72 |

# 任务 2　甲机通过串口控制乙机 LED 显示状态

## 设计要求

单片机甲机（U1）P1 端口外接 8 位拨码开关；单片机乙机（U2）P0 口外接 8 个 LED。要求使用单片机串行通信，在查询状态下使单片机乙机的 8 个 LED 能够显示单片机甲机 8 位拨码开关的状态。

## 硬件设计

在桌面上双击图标 ，打开 Proteus 8 Professional 窗口。新建一个 DEFAULT 模板，添加表 7-4 所列的元器件，并完成如图 7-5 所示的硬件电路图设计。

表 7-4 甲机通过串口控制乙机 LED 显示状态所用元器件

| | | | |
|---|---|---|---|
| 单片机 AT89C51 | 瓷片电容 CAP 22pF | 晶振 CRYSTAL 12MHz | 电解电容 CAP-ELEC |
| 电阻 RES | 按钮 BUTTON | 发光二极管 LED-BLUE | 发光二极管 LED-GREEN |
| 电平转换 MAX232 | DB-9 CONN-D9F | 发光二极管 LED-RED | 发光二极管 LED-YELLOW |
| 拨码开关 DIPSW_8 | 电阻排 RESPACK-8 | | |

## 程序设计

本任务属于单片机双机通信，这两个单片机都工作在半工状态，即甲机只负责将拨码开关的状态发送出去，乙机只负责将开关状态接收过来并进行显示。本任务采用查询方式实现通信，甲机将 P1 端口的状态通过 SBUF 发送出去，在发送的过程中判断 TI 是否为 1，若为 1，则表示数据帧发送完毕，否则继续发送；乙机通过 SBUF 接收数据，在接收过程中判断 RI 是否为 1，若为 1，则表示数据帧接收完毕，否则继续接收。其程序流程图如图 7-6 所示。

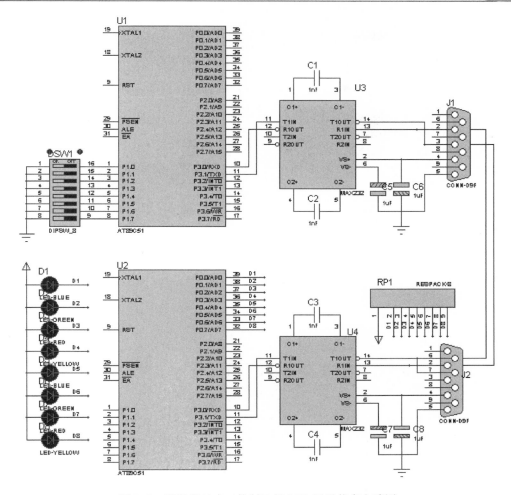

图 7-5　甲机通过串口控制乙机 LED 显示状态电路图

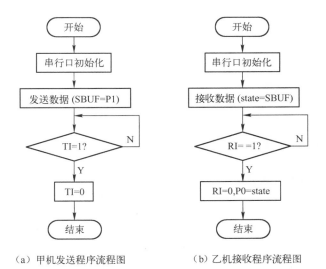

（a）甲机发送程序流程图　　　　（b）乙机接收程序流程图

图 7-6　甲机通过串口控制乙机 LED 显示状态程序流程图

源程序

**1）甲机发送源程序**

```c
/**********************************************************
文件名:甲机程序.c
单片机型号:STC89C51RC
晶振频率:11.0592MHz
说明:甲机将开关状态发送给乙机
**********************************************************/
#include <reg52.h>
#define uchar unsigned char
#define uint unsigned int
void send(uchar state)
  {
    SBUF = state;                //将内容串行发送
    while(TI == 0);              //等待发送完
    TI = 0;                      //发送完将TI复位
  }
void SCON_init(void)             //串行口初始化
  {
    SCON = 0x40;                 //串口工作在方式1
    TMOD = 0x20;                 //T1工作在模式2
    PCON = 0x00;                 //波特率不倍增
    TH1 = 0xFD;                  //波特率为9600
    TL1 = 0xFD;
    TI = 0;
    TR1 = 1;                     //启动T1
  }
void  main(void)
  {
    SCON_init();
    while(1)
      {
        send(P1);
      }
  }
```

**2）乙机接收源程序**

```c
/**********************************************************
文件名:乙机程序.c
单片机型号:STC89C51RC
晶振频率:11.0592MHz
说明:乙机显示甲机开关状态
**********************************************************/
#include <reg52.h>
#define uchar unsigned char
#define uint unsigned int
uchar state;
void receive()
  {
    while(RI == 0);              //等待接收完
```

```
    state = SBUF;                    //将接收内容存 state
    RI = 0;                          //发送完将 TI 复位
  }
void SCON_init( void)                //串行口初始化
  {
    SCON = 0x50;                     //串口工作在方式 1,允许接收
    TMOD = 0x20;                     //T1 工作在模式 2,8 位自动装载
    PCON = 0x00;                     //波特率不倍增
    TH1 = 0xFD;                      //波特率为 9600
    TL1 = 0xFD;
    RI = 0;
    TR1 = 1;                         //启动 T1
  }
void   main( void)
  {
    SCON_init( );
    while(1)
      {
        receive( );
        P0 = state;
      }
  }
```

**调试与仿真**

首先在 Keil 中创建两个项目，分别输入源代码并生成 Debug. OMF 文件，然后在 Proteus 8 Professional 中打开已创建的甲机通过串口控制乙机 LED 显示电路图并进行相应设置，以实现 Keil 与 Proteus 的联机调试。在 Proteus 8 Professional 中修改两个单片机属性，并将其时钟频率设为 11. 0592MHz，如图 7-7 所示。单击 Proteus 8 Professional 模拟调试按钮的运行按钮 ▶，进入调试状态。改变甲机拨动开关的状态，可以看到乙机相应的 LED 状态也发生变化，其仿真效果图如图 7-8 所示。

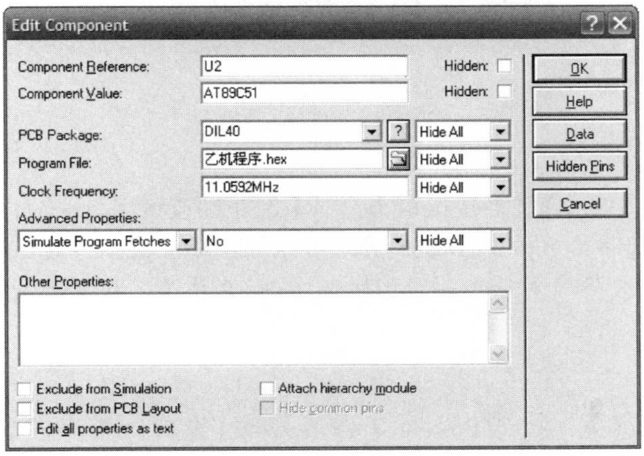

图 7-7　单片机属性设置

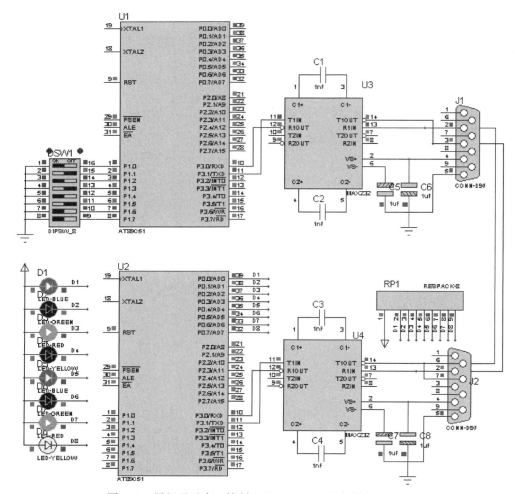

图 7-8　甲机通过串口控制乙机 LED 显示状态仿真效果图

# 任务 3　甲机通过串口控制乙机计时

设计要求

单片机甲机（U1）的 P3.2 外接按键 K1，P3.3 外接按键 K2；单片机乙机（U2）P0、P2 端口作为输出口，外接一个 2 位 LED 数码管。要求使用单片机串行通信，使甲机的按键 K1 作为乙机计时的"开始/暂停"控制按键，甲机的按键 K2 作为乙机计时的"复位"控制按键。

硬件设计

在桌面上双击图标 🖼，打开 Proteus 8 Professional 窗口。新建一个 DEFAULT 模板，添加表 7-5 所列的元器件，并完成如图 7-9 所示的硬件电路图设计。

📖 注意：图 7-9 中的晶振电路、复位电路没有绘制。

**表 7-5　甲机通过串口控制乙机计时状态所用元器件**

| 单片机 AT89C51 | 瓷片电容 CAP 22pF | 晶振 CRYSTAL 12MHz | 电解电容 CAP – ELEC |
|---|---|---|---|
| 电阻 RES | 按钮 BUTTON | 数码管 7SEG – MPX2 – CA | 三极管 NPN |
| 电平转换 MAX232 | DB – 9　CONN – D9F | 电阻排 RESPACK – 8 | |

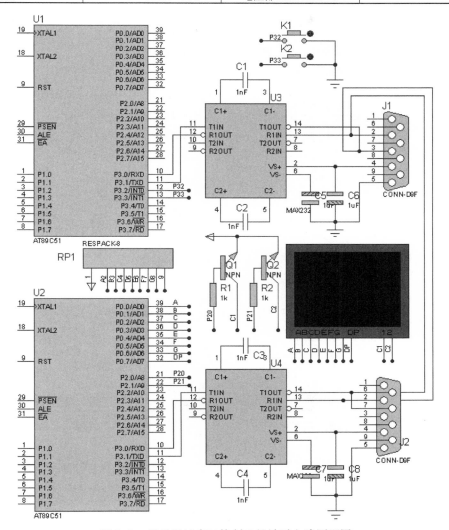

图 7-9　甲机通过串口控制乙机计时电路原理图

 **程序设计**

本任务也属于单片机双机通信，这两个单片机也都工作在半工状态。由于甲机按键 K1 作为乙机计时的"开始/暂停"控制键，按键 K2 作为乙机计时的"复位"键，因此可使用变量 b 用来记录按键 K1 和按键 K2 的状态，然后甲机将与 b 内容对应的字符通过 SBUF 发送出去，即可完成数据发送操作。假如按键 K1、K2 均未被按下，则 b 为 0；当按键 K1 第 1 次被按下时，b 为 1；当按键 K1 第 2 次被按下时，b 为 2；当按键 K2 被按下时，b 为 3。乙机通过 SBUF 接收字符数据，将接收的字符数据存入 state，再将 state 中的字符转换为与之对应的 b，最后根据 b 值控制计时状态。其程序流程图如图 7-10 所示。乙机流程图中 LED 数码管显示函数请参见项目五任务 4 中图 5-8。乙机程序中，串行口接收数据采用中断方式实现。

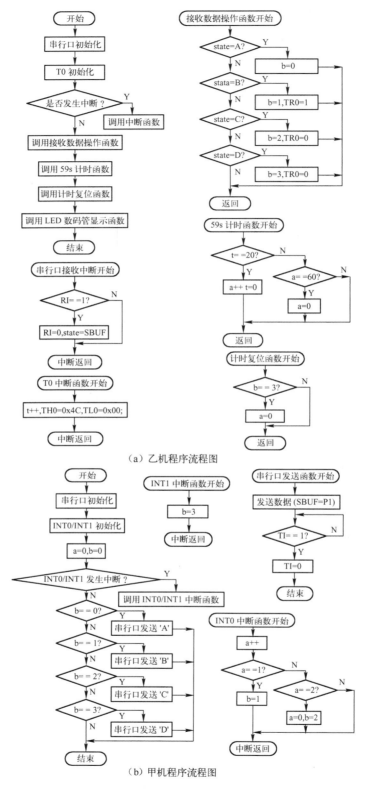

（a）乙机程序流程图

（b）甲机程序流程图

图 7-10　甲机通过串口控制乙机计时程序流程图

源程序

## 1）甲机发送源程序

```c
/ *******************************************************
文件名:甲机程序.c
单片机型号:STC89C51RC
晶振频率:11.0592MHz
说明:甲机将计时开始、暂停、复位命令发送给乙机
*******************************************************/
#include < reg52.h >
#define uchar unsigned char
#define uint unsigned int
uchar a,b;
void delayms(uint ms)
    {
      uint i;
      while(ms--)
        {
      for(i=0;i<120;i++);
        }
    }
void   int0()  interrupt 0
{
  delayms(10);
  if(INT0==0)
   {
     a++;
     if(a==1)
        {
          b=1;
        }
     if(a==2)
        {
          b=2;
          a=0;
        }
   }
}
void   int1() interrupt 2
{
  delayms(10);
  if(INT1==0)
   {
     b=3;
   }
}
void send(uchar state)
  {
    SBUF=state;              //将内容串行发送
    while(TI==0);            //等待发送完
    TI=0;                    //发送完将TI复位
  }
void INT_init(void)         //INT0和INT1中断初始化
{
  EX0=1;                    //打开外部中断0
```

```
    IT0 = 1;                        //下降沿触发中断 INT0
    EX1 = 1;                        //打开外部中断 1
    IT1 = 1;                        //下降沿触发中断 INT1
    EA = 1;                         //全局中断允许
    PX1 = 1;                        //INT1 中断优先
}
void SCON_init( void)              //串口初始化
{
    SCON = 0x40;                    //串口工作在方式 1
    TMOD = 0x20;                    //T1 工作在模式 2
    PCON = 0x00;                    //波特率不倍增
    TH1 = 0xFD;                     //波特率为 9600bps
    TL1 = 0xFD;
    TI = 0;
    TR1 = 1;                        //启动 T1
}
void   main( void)
{
    SCON_init( );
    INT_init( );
    a = 0;
    b = 0;
    while(1)
    {
        switch( b)
        {
            case 0:send('A');break;
            case 1:send('B');break;
            case 2:send('C');break;
            case 3:send('D');break;
        }
    }
}
```

### 2) 乙机接收源程序

```
/ ********************************************************
文件名:乙机程序 . c
单片机型号:STC89C51RC
晶振频率:11. 0592MHz
说明:乙机接收开始命令则计时;接收暂停命令则暂停计时;接收清零命令则清零
 ********************************************************/
#include  < reg52. h >
#define uchar unsigned char
#define uint unsigned int
uchar data_L,data_H;                           //计数值低、高位
uchar t,a;                                      //计数
uchar state,b;
uchar tab[ ] = {0xC0,0xF9,0xA4,0xB0,0x99,0x92,0x82,0xF8,    //共阳极 LED0 ～ F 的段码
        0x80,0x90,0x88,0x83,0xC6,0xA1,0x86,0x8E};
void   delay( uint k)//延时约 0. 1ms
{
    uint   m,n;
    for( m = 0;m < k;m ++ )
    {
        for( n = 0;n < 120;n ++ );
    }
```

```
      }
      void   receive_int( )   interrupt 4
      {
        if( RI)
          {
            RI = 0;
            state = SBUF;
          }
      }
      void Opter( void)                              //接收数据操作
      {
        switch( state)
          {
            case 'A ':b = 0;break;
            case 'B ': b = 1;TR0 = 1;break;          //启动计时
            case 'C ': b = 2;TR0 = 0;break;          //暂停计时
            case 'D ': b = 3;TR0 = 0;break;          //计时复位
          }
      }
      void display( void)
      {
        P2 = 0x01;
        P0 = tab[ data_H];
        delay( 1);
        P2 = 0x02;
        P0 = tab[ data_L];
        delay( 1);
      }
      void   Timer0( ) interrupt 1                   //50ms 定时
      {
        t ++ ;
        TH0 = 0x4C;
        TL0 = 0x00;
      }
      void   data_tim( void)                         //59s 计时
      {
        if( t == 20)
          {
            a ++ ;
            t = 0;
            if( a == 60)
              { a = 0; }
          }
      }
      void   reset( void)                            //计时复位控制
      {
        if( b == 3)
          {
            a = 0;
          }
      }
      void   data_in( void)
      {
        data_L = a% 10;
        data_H = a/10;
      }
      void T0_init( void)                            //T0 初始化
      {
```

```
        TH0 = 0x4C;
        TL0 = 0x00;
        ET0 = 1;                      //允许 T0 中断
        TR0 = 0;                      //启动 T0
        EA = 1;                       //中断允许
    }
    void SCON_init( void)
      {
        SCON = 0x50;                  //串口工作在方式 1,允许接收
        TMOD = 0x21;                  //T1 工作在模式 2,8 位自动装载  T0 计时
        PCON = 0x00;                  //波特率不倍增
        TH1 = 0xFD;                   //波特率为 9600
        TL1 = 0xFD;
        RI = 0;
        TR1 = 1;                      //启动 T1
        ES = 1;                       //允许串口中断
      }
    void   main( void)
      {
        T0_init( );
        SCON_init( );
        while(1)
           {
             Opter( );
             data_tim( );
             reset( );
             data_in( );
             display( );
           }
      }
```

**调试与仿真**

首先在 Keil 中创建两个项目，分别输入源代码并生成 Debug. OMF 文件，然后在 Proteus 8 Professional 中打开已创建的甲机通过串口控制乙机计时电路图并进行相应设置，以实现 Keil 与 Proteus 的联机调试。在 Proteus 8 Professional 中修改两个单片机属性，并将其时钟频率设为 11. 0592MHz。单击 Proteus 8 Professional 模拟调试按钮的运行按钮 ▶，进入调试状态。第 1 次按下按键 K1 时，LED 数码管每隔 1s 加 1 显示。当 LED 数码管显示到 59 后，再隔 1s 时，将显示为 0，并继续计时加 1 显示。第 2 次按下按键 K1 时，暂停计时加 1，LED 数码管将显示暂停前的数值。第 3 次按下按键 K1 时，继续计时加 1 显示。按下按键 K2 时，LED 数码管将立即显示为 0，并停止计时。

# 任务 4   单片机双机通信

**设计要求**

单片机甲机的 P3. 4 外接按键 K2，P0、P2 端口作为输出口，外接一个 2 位 LED 数码管；单片机乙机 P3. 3 外接按键 K1，P0 端口外接 8 位 LED。要求使用单片机串行通信，甲机按键 K2 每

被按下 1 次，乙机的 LED 移位 1 次；乙机按键 K1 每被按下 1 次，甲机的 LED 数码管加 1 显示。

**硬件设计**

在桌面上双击图标 ●，打开 Proteus 8 Professional 窗口。新建一个 DEFAULT 模板，添加表 7-6 所列的元器件，并完成如图 7-11 所列的硬件电路图设计。

📖 **注意**：图 7-11 中的晶振电路、复位电路没有绘制。

**表 7-6 单片机双机通信所用元器件**

| 单片机 AT89C51 | 瓷片电容 CAP 22pF | 晶振 CRYSTAL 12MHz | 电解电容 CAP - ELEC |
|---|---|---|---|
| 电阻 RES | 按钮 BUTTON | 数码管 7SEG - MPX2 - CA | 发光二极管 LED - GREEN |
| 电平转换 MAX232 | DB - 9 CONN - D9F | 发光二极管 LED - BLUE | 发光二极管 LED - YELLOW |
| 电阻排 RESPACK - 8 | 三极管 NPN | 发光二极管 LED - RED | |

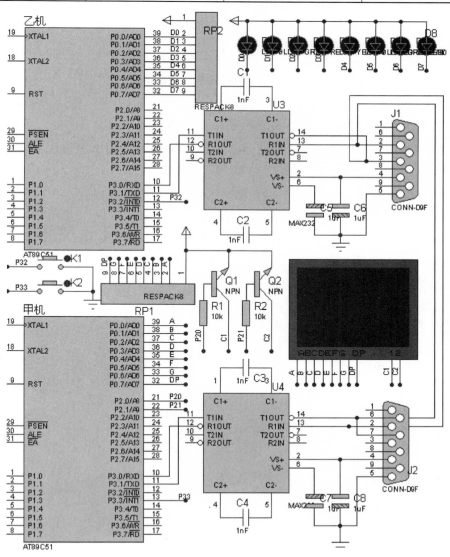

图 7-11 单片机双机通信电路图

程序设计

本任务属于全双工单片机双机通信，甲机和乙机都能发送和接收数据。甲机将按键 K1 产生的中断次数通过 SBUF 发送出去，如果乙机有数据发送过来，则通过 SBUF 接收数据，并将该数据由 LED 数码管显示出来，所以甲机程序采用了两个中断（INT1 中断和 RI 串行口接收中断），而数据发送采用查询方式实现。乙机将按键 K2 产生的中断次数通过 SBUF 发送出去，如果甲机有数据发送过来，则通过 SBUF 接收数据，乙机程序只使用了 INT0 中断，而数据的发送和接收均采用查询方式实现。其程序流程图如图 7-12 所示，其中甲机流程图中 LED 数码管显示函数请参见项目五任务 4 中的图 5-8。

源程序

**1）甲机源程序**

```
/*********************************************************
文件名:甲机程序.c
单片机型号:STC89C51RC
晶振频率:11.0592MHz
说明:甲机控制乙机 LED 流水灯,接收乙机数码管显示数据
*********************************************************/
#include <reg52.h>
#define uchar unsigned char
#define uint unsigned int
uchar tab[] = {0xC0,0xF9,0xA4,0xB0,0x99,0x92,0x82,0xF8,    //共阳极 LED0～F 的段码
            0x80,0x90,0x88,0x83,0xC6,0xA1,0x86,0x8E};
uchar a,b;
sbit P20 = P2^0;
void delayms(uint ms)
    {
        uint i;
        while(ms--)
            {
            for(i=0;i<120;i++);
            }
    }
void int1() interrupt 2
{
    delayms(10);
    if(INT1==0)
    {
        a++;
        if(a==9)
        {a=0;}
    }
}
void disp(void)
{
    P2 = 0x01;
    P0 = tab[b/10];
    delayms(1);
    P2 = 0x02;
    P0 = tab[b%10];
```

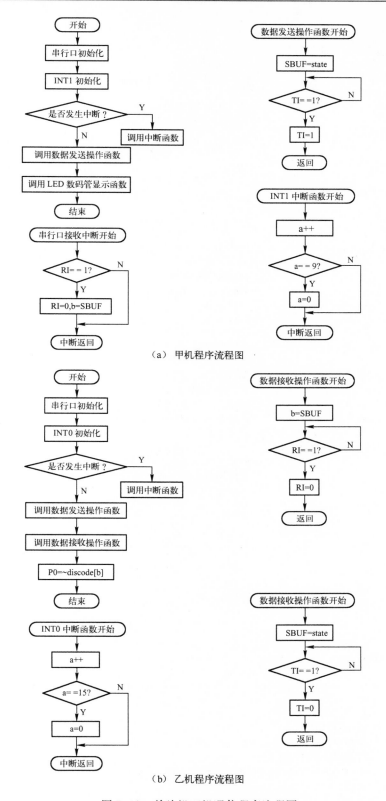

（a）甲机程序流程图

（b）乙机程序流程图

图 7-12 单片机双机通信程序流程图

```
        delayms(1);
    }
    void send(uchar state)
    {
        SBUF = state;              //将内容串行发送
        while(TI == 0);            //等待发送完
        TI = 0;                    //发送完将 TI 复位
    }
    void receive() interrupt 4
    {
    if(RI)
        {
        RI = 0;
        b = SBUF;
        }
    }

    void INT_init(void)            //INT0 和 INT1 中断初始化
    {
        EX1 = 1;                   //打开外部中断 1
        IT1 = 1;                   //下降沿触发中断 INT1
        EA = 1;                    //全局中断允许
        PX1 = 1;                   //INT1 中断优先
    }
    void SCON_init(void)           //串口初始化
    {
        SCON = 0x50;               //串口工作在方式 1
        TMOD = 0x20;               //T1 工作在模式 2
        PCON = 0x00;               //波特率不倍增
        TH1 = 0xFD;                //波特率为 9600
        TL1 = 0xFD;
        TI = 0;
        TR1 = 1;                   //启动 T1
        ES = 1;                    //允许串行中断
    }
    void   main(void)
    {
        SCON_init();
        INT_init();
        while(1)
            {
              send(a);
              disp();
            }
    }
```

## 2) 乙机源程序

```
/********************************************************
文件名:乙机程序.c
单片机型号:STC89C51RC
晶振频率:11.0592MHz
说明:乙机控制甲机数码管显示数据,接收甲机 LED 移位方式
      发送和接收使用中断法
********************************************************/
#include  <reg52.h>
#include  <intrins.h>
#define uchar unsigned char
```

```c
#define uint unsigned int
uchar a,b;
uchar discode1[ ] = {0x01,0x02,0x04,0x08,0x10,0x20,0x40,0x80};
void delayms(uint ms)
    {
      uint i;
      while(ms --)
         {
         for(i = 0; i < 120; i ++);
         }
    }
void   int0() interrupt 0
{
   delayms(10);
   if(INT0 ==0)
      {
         if(a == 15)
      {
         a = 0;
      }
      else
         {
         a ++;
         }
      }
}
void   LED(void)
{
   P0 = ~ discode1[b];
}
void send(uchar state)
{
   SBUF = state;                //将内容串行发送
   while(TI ==0);               //等待发送完
   TI = 0;                      //发送完将 TI 复位
}
void serival(void)
{
   b = SBUF;
   while(RI ==0);
   RI = 0;
}
void INT_init(void)            //INT0 中断初始化
{
   EX0 = 1;                     //打开外部中断 0
   IT0 = 1;                     //下降沿触发中断 INT0
   EA = 1;                      //全局中断允许
}
void SCON_init(void)           //串口初始化
{
   SCON = 0x50;                 //串口工作在方式 1
   TMOD = 0x20;                 //T1 工作在模式 2
   PCON = 0x00;                 //波特率不倍增
   TH1 = 0xFD;                  //波特率为 9600
   TL1 = 0xFD;
   TI = 0;
```

```
      TR1 = 1;                    //启动 T1
      ES = 1;                     //允许串行中断
    }
void  main( void)
    {
      SCON_init( );
      INT_init( );
      while( 1)
         {
           send( a);
           serival( );
           LED( );
         }
    }
```

调试与仿真

首先在 Keil 中创建两个项目，分别输入源代码并生成 Debug. OMF 文件，然后在 Proteus 8 Professional 中打开已创建的单片机双机通信电路图并进行相应设置，以实现 Keil 与 Proteus 的联机调试。在 Proteus 8 Professional 中修改两个单片机属性，并将其时钟频率设置为 11. 0592MHz。单击 Proteus 8 Professional 模拟调试按钮的运行按钮 ▶ ，进入调试状态。每按一次按键 K1 时，LED 数码管加 1 显示。当 LED 数码管显示到 15 后，再次按下按键 K1 时，将显示为 0。每按一次按键 K2 时，LED 进行移位 1 次显示。

# 任务 5　单片机向主机发送字符串

设计要求

单片机通过 P3. 1（TXD）引脚按一定时间间隔向主机发送 ASCII 表中从 SP 空格开始的字符串，要求将发送的字符串在虚拟终端上显示出来。

硬件设计

在桌面上双击图标 ，打开 Proteus 8 Professional 窗口。新建一个 DEFAULT 模板，添加表 7-7 所列的元器件，并完成如图 7-13 所示的硬件电路图设计。

表 7-7　单片机向主机发送字符串所用元器件

| 单片机 AT89C51 | 瓷片电容 CAP 22pF | 晶振 CRYSTAL 12MHz | 电解电容 CAP – ELEC |
| --- | --- | --- | --- |
| 电阻 RES | 按钮 BUTTON | 电平转换 MAX232 | |

注意：在 Proteus 8 Professional 中单击工具箱中的 ，并选择"VIRTUAL TERMINAL"，即可在原理图中添加虚拟终端。虚拟终端有 4 个引脚，即 RXD、TXD、RTS 和 CTS。其中，RXD 为数据接收引脚；TXD 为数据发送引脚；RTS 为请求发送信号；CTS 为清除传送，是对 RTS 的响应信号。

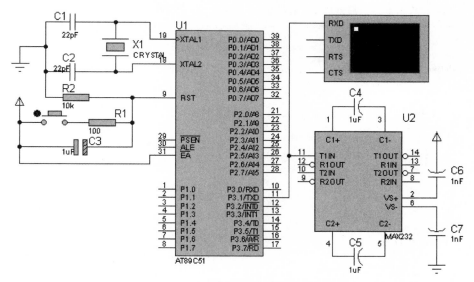

图 7-13 单片机向主机发送字符串电路图

程序设计

本任务的单片机只负责向外发送操作,但发送的是字符串,所以在程序中需要编写字符串发送函数。在虚拟终端中要实现换行显示,则程序中要输出的是"\ r\ n"。其程序流程图如图 7-14 所示。

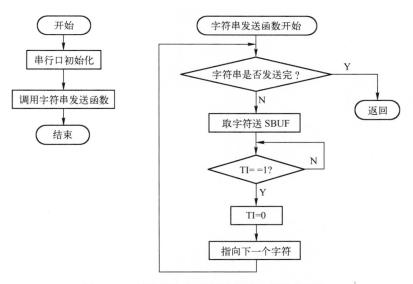

图 7-14 单片机向主机发送字符串程序流程图

源程序

```
/*********************************************************
文件名:单片机向主机发送字符串 . c
单片机型号:STC89C51RC
```

晶振频率:11.0592MHz
说明:在虚拟终端上显示 ASCII 表中从 SP 空格开始的字符串
 **********************************************************/
```c
#include  <reg52.h>
#define uchar unsigned char
#define uint unsigned int
void delayms(uint ms)
    {
    uint i;
    while(ms --)
      {
    for(i = 0; i < 120; i ++);
      }
    }
void send_char(uchar i)              // 传送一个字符
{
  SBUF = i;
  while(! TI);                       // 等特数据传送
  TI = 0;                            // 清除数据传送标志
}
void send_str(uchar * s)             // 传送字符串
{
  while( * s !  = '\0 ')
    {
    send_char( * s);
    s ++;                            // 下一个字符
    delayms(5);
    }
}
void SCON_init(void)                 //串口初始化
 {
  SCON = 0x40;                       //串口工作在方式 1
  TMOD = 0x20;                       //T1 工作在模式 2
  PCON = 0x00;                       //波特率不倍增
  TH1 = 0xFD;                        //波特率为 9600
  TL1 = 0xFD;
  TI = 0;
  TR1 = 1;                           //启动 T1
 }
void   main(void)
 {
  uchar i = 0;
  SCON_init();
  delayms(200);
  send_str("welcom   www. phei. com. cn\r\n");
  send_str("Receiving From STC89c51RC...... \r\n");
  send_str(" **************************\r\n");
  send_str(" \r\nStart\r\n");
  delayms(50);
  while(1)
    {
    send_char(i + ");             //发送从 SP 空格开始的 ASCII 表中的字符串
    delayms(100);
    send_char(");                  //每个字符串间加两个空格
    send_char(");
    delayms(100);
```

```
    if( i == 95 )                        //每输出一遍加 END 和 * 线
      {
        send_str( " \r\nEND\r\n" ) ;
        send_str( " \r\n ***************************\r\n" ) ;
        delayms( 100 ) ;
      }
    i = ( i + 1 )% 96 ;
    if( i% 10 == 0 )                     //每输出 10 个字符后换行
      {
        send_str( " \r\n" ) ;
        delayms( 100 ) ;
      }
    }
  }
```

#### 调试与仿真

首先在 Keil 中创建项目，输入源代码并生成 Debug. OMF 文件，然后在 Proteus 8 Professional 中打开已创建的单片机向主机发送字符串电路图并进行相应设置，以实现 Keil 与 Proteus 的联机调试。在 Proteus 8 Professional 中修改单片机的属性，并将其时钟频率设置为 11. 0592MHz。双击虚拟终端，在弹出的对话框中对波特率、数据位等进行设置，如图 7-15 所示。单击 Proteus 8 Professional 模拟调试按钮的运行按钮 ▶，进入调试状态。在调试状态下，可以看到在弹出的虚拟终端界面上将会显示相应字符串，表示单片机向主机发送的就是这些字符串如图 7-16 所示。

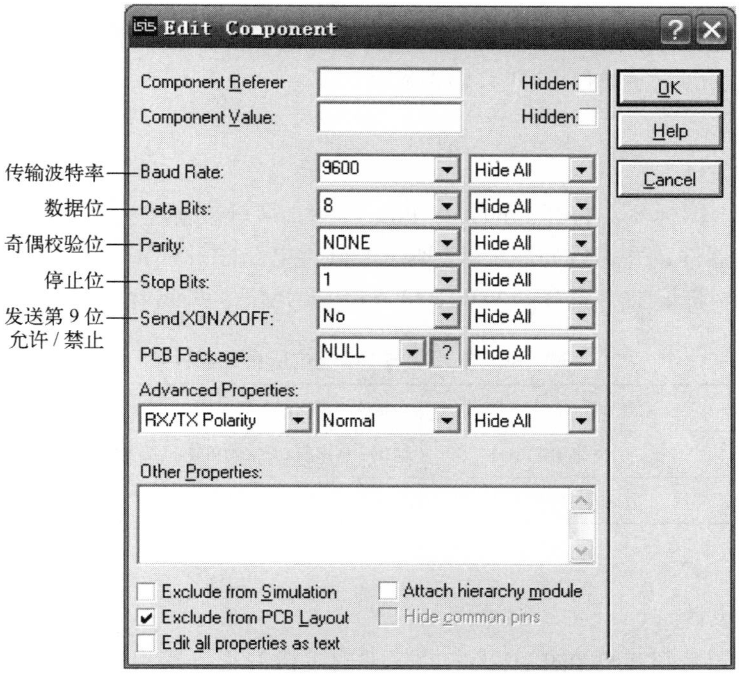

图 7-15　虚拟终端属性设置

如果在调试运行状态下，虚拟终端没有任何显示，则在 Proteus 8 Professional 中执行菜单命令 "Debug" → "Virtual Terminal" 即可。如果虚拟终端显示的不是字符串，则在虚拟终端窗口中单击鼠标右键，从弹出的菜单中选择 "Echo Typed Characters" 即可。

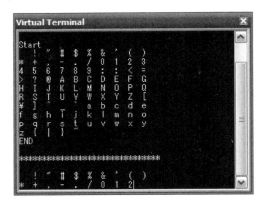

图 7-16   虚拟终端显示字符串

 # 任务 6   单片机与 PC 通信

设计要求

单片机通过串行口向 PC（个人计算机）发送字符串，且能接收由 PC 发送过来的 0 ～ 9 的数字，并将接收的数字通过 LED 数码管显示出来。

硬件设计

在桌面上双击图标 ●，打开 Proteus 8 Professional 窗口。新建一个 DEFAULT 模板，添加表 7-8 所列的元器件，并完成如图 7-17 所示的硬件电路图设计。在 Proteus 8 Professional 中单击工具箱中的图标 ☎，并选择 "VIRTUAL TERMINAL"，即可在原理图中添加虚拟终端。

表 7-8   单片机与 PC 通信所用元器件

| 单片机 AT89C51 | 瓷片电容 CAP 22pF | 晶振 CRYSTAL 12MHz | 电解电容 CAP – ELEC |
| --- | --- | --- | --- |
| 电阻 RES | 按钮 BUTTON | DB – 9 串行口 COMPIM | 数码管 7SEG – COM – AN – GRN |
| 电平转换 MAX232 | 电阻排 RESPACK – 8 | | |

程序设计

在任务 5 中单片机工作在单工状态，只需向主机发送字符串，而本任务的单片机工作全双工状态，不仅要向 PC 发送字符串，还要接收 PC 发送过来的数据。其程序流程图如图 7-18 所示。

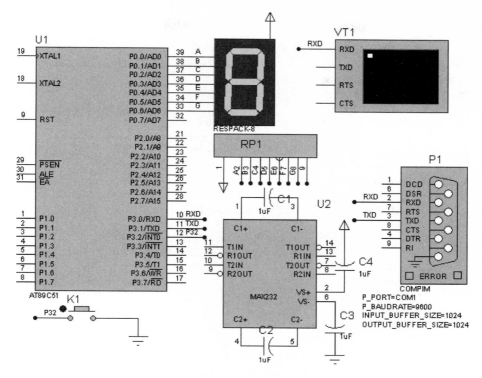

图 7-17　单片机与 PC 通信电路图

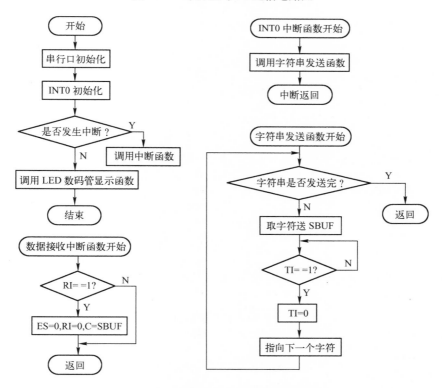

图 7-18　单片机与 PC 通信程序流程图

源程序

```
/ ***********************************************************
文件名:单片机与 PC 通信. c
单片机型号:STC89C51RC
晶振频率:11. 0592. 0MHz
说明:在虚拟终端上显示字符串,单片机显示虚拟串口输入数字 0 ～ 9
 ***********************************************************/
#include  < reg52. h >
#define uchar unsigned char
#define uint unsigned int
uchar a;
uchar Receive_Buffer[ 101];       //设置数字接收缓冲区
uchar Buff_index = 0;
char code str[ ] = " 欢迎光临电子工业出版社,thanks\r\n";      //设置虚拟终端上显示内容
uchar tab[ ] = {0xC0,0xF9,0xA4,0xB0,0x99,0x92,0x82,0xF8,  //共阳极 LED 0 ～ 9 的段码
             0x80,0x90};
void delayms( uint ms)
    {
    uint i;
    while( ms -- )
      {
    for( i = 0; i < 120; i ++ );
      }
    }
void send_str( )           // 传送字符串
    {
        uchar i = 0;
        while( str[ i] !  = '\0 ')
          {
            SBUF = str[ i];
            while(! TI);       // 等待数据传送
            TI = 0;            // 清除数据传送标志
            i ++ ;            // 下一个字符
          }
    }
void   int0( ) interrupt 0
    {
    delayms( 10);
    if( INT0 == 0)
      {
        send_str( );
      }
    }
void serial_INT( ) interrupt 4   //串口接收数据中断函数
    {
    uchar   c;
    if( RI)                //判断是否接收到新的字符
    ES = 0;               //是,关闭串口中断
    RI = 0;
    c = SBUF;              //读取字符
    if( c >= '0 '&& c <= '9 ')
      {
        //缓存新接收的每个字符,并在其后存放, - 1 为结束标志
        Receive_Buffer[ Buff_index] = c - '0 ';
```

```
                Receive_Buffer[Buff_index + 1] = -1;
                Buff_index = (Buff_index + 1)%100;    //缓冲指针递增
            }
        ES = 1;
    }
    void INT_init()                                   //外中断初始化
    {
        EX0 = 1;                                      //打开外部中断0
        IT0 = 1;                                      //下降沿触发中断 INT0
        EA = 1;                                       //全局中断允许
        IP = 0x01;
    }
    void SCON_init(void)                              //串口初始化
    {
        SCON = 0x50;                                  //串口工作在方式1,允许接收
        TMOD = 0x20;                                  //T1 工作在模式2
        PCON = 0x00;                                  //波特率不倍增
        TH1 = 0xFD;                                   //波特率为9600
        TL1 = 0xFD;
        TI = 0;
        TR1 = 1;                                      //启动 T1
        ES = 1;                                       //允许串口中断
    }
    void   main(void)
    {
        uchar i = 0;
        INT_init();
        SCON_init();
        Receive_Buffer[0] = -1;
        while(1)
        {
            for (i = 0; i < 100; i++)
            {
                if(Receive_Buffer[i] == -1)
                {
                    break;
                }
                else
                {
                    P0 = tab[Receive_Buffer[i]];      //显示接收数字
                    delayms(200);
                }
            }
        }
    }
```

### 调试与仿真

　　首先在 Keil 中创建项目，输入源代码并生成 Debug. OMF 文件，然后在 Proteus 8 Professional 中打开已创建的单片机与 PC 通信电路图并进行相应设置，以实现 Keil 与 Proteus 的联机调试。在 Proteus 8 Professional 中修改单片机属性，并将其时钟频率设为 11.0592MHz。

　　在 Proteus 中进行此任务的软件仿真时，需使用虚拟串口。虚拟串口是计算机通过软件模拟的串口，当其他设计软件使用到串口时，可以通过虚拟串口仿真模拟，以查看所设计的正确性。

虚拟串口软件较多，在此以 Virtual Serial Port Driver（VSPD）为例讲述其操作方法。首先在计算机中安装 VSPD 软件，安装完成后运行该程序，如图 7-19 所示。在图中右侧单击"Add pair"按钮后将会左侧的 Virtual ports 中添加了两个虚拟串口 COM1 和 COM2，且有蓝色的虚线将其连接起来，如图 7-20 所示。

> 注意：在图 7-19 的 First port 和 Second port 中，用户可以选择其他的虚拟串口，只不过在 First port 和 Second port 中不能选择同一个串口，且不能与左侧 Physical ports 中的串口发生冲突。

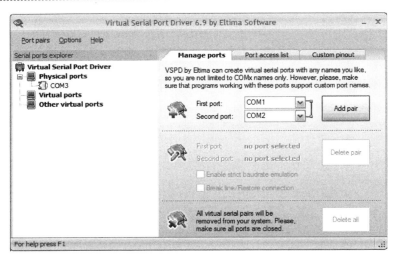

图 7-19　首次运行 VSPD 时的界面

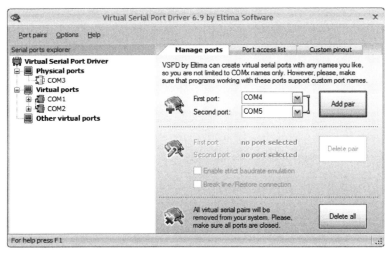

图 7-20　添加虚拟串口

设置好虚拟串口后，用户如果打开计算机的设备管理器，会在端口下发现多了两个串口，如图 7-21 所示。这样，COM1 和 COM2 就作为虚拟串口。

虚拟串口设置好后，可以使用 COM1 和 COM2 进行串行通信虚拟仿真。在进行虚拟仿真时，用户可以将 COM1 口分配给 PC（在此为 COMPIM 组件），COM2 分配给串口调试助手，这样用户像使用物理串口连接一样，在一台 PC 中完成虚拟串口仿真实现。

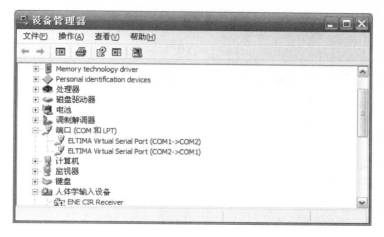

图 7-21　"设备管理器"窗口

在 Protus 8 Professional 中，分别双击虚拟终端和 COMPIM，在弹出的"Edit Componenl"对话框中对波特率、数据位等进行设置，且将 COM1 分配给 COMPIM 组件。在串口调试助手中，将串口号设置为 COM2，然后单击"打开"按钮。

单击 Proteus 8 Professional 模拟调试按钮的运行按钮 ▶️，进入调试状态。调试状态下，在串口调试助手的数据发送窗口中输入数字，并单击"发送"按钮时，Proteus 8 Professional 中的 LED 数码管将轮流输出发送过来的数字，同时虚拟终端界面也输出这些数字，如图 7-22 所示；在 Proteus 8 Professional 中每次按下按键 K1 时，串口调试助手的串口数据窗口中将显示发送过来的字符串，如图 7-23 所示。

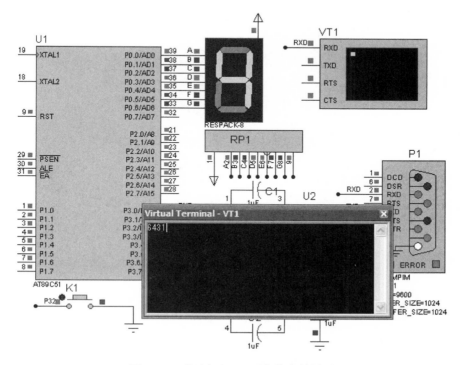

图 7-22　单片机与 PC 通信仿真效果图

图 7-23    串口调试助手运行效果

# 项目八　LED点阵显示器设计

【知识目标】

☺ 掌握 LED 点阵显示器的工作原理，以及字符和汉字的显示方法。

☺ 学会元器件 74LS138、74HC154 的原理和使用方法。

【能力目标】

☺ 能够编写点阵式 LED 的字符、汉字显示程序。

☺ 会用 Keil C51 软件对源程序进行编译调试，以及与 Proteus 软件的联调，实现电路仿真。

 任务1　LED点阵显示器控制原理

## 1. LED 点阵显示器构成及显示原理

LED 点阵显示器由一串发光或不发光的点状（或条状）显示器按矩阵的方式排列组成，其发光体是 LED。现在点阵显示器应用十分广泛，如广告活动字幕机、股票显示屏、活动布告栏等。

LED 点阵显示器按阵列点数可分为 $5 \times 7$、$5 \times 8$、$6 \times 8$、$8 \times 8$ 等 4 种；按发光颜色可分为单色、双色、三色 3 种；按极性排列方式又可分为共阳极和共阴极两种。图 8-1 所示为 $5 \times 7$ 的共阴极和共阳极阵列结构。

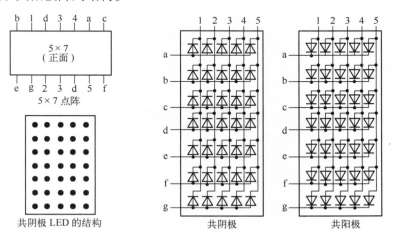

图 8-1　共阴极和共阳极结构

从图 8-1 可以看出，只要让某些 LED 点亮，就可组成数字、字母、图形、汉字等。显示单个字母、数字时，只需一个 $5 \times 7$ 的 LED 点阵显示器即可，如图 8-2 所示。显示汉字需多个 LED 点阵显示器组合，最常见的组合方式有 $15 \times 14$、$16 \times 15$、$16 \times 16$ 等。

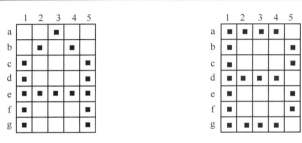

图 8-2    LED 点阵显示字母 "A" 和 "B"

### 2. LED 点阵显示器字模软件的使用

为了在 LED 点阵上显示不同的字符，用户在编程时需要编写相关的字符代码。通常这些字符代码可以由用户通过点阵方式手动生成，也可以通过字模软件生成。目前，有许多字模软件可供用户使用，如 PCtoLCD2002、字模 III - 增强版等。

PCtoLCD2002 是一种字模生成软件，它同样适用于为 LED 点阵显示器生成字模。该软件不需安装，在程序包中直接双击 PCtoLCD2002 文件，即可启动该软件，如图 8-3 所示。

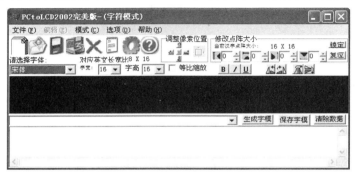

图 8-3    启动 PCtoLCD2002 软件

利用 PCtoLCD2002 生成字模，主要按以下步骤进行操作。

**1）选择模式**    在 PCtoLCD2002 软件中执行菜单命令 "模式" → "字符模式"。

**2）字模选择设置**    在 PCtoLCD2002 软件中单击 "选项" 菜单，弹出如图 8-4 所示的 "字模选项" 对话框。在此对话框中，可以根据实际情况设置点阵格式、取模方式、取模走向、自定义格式等。

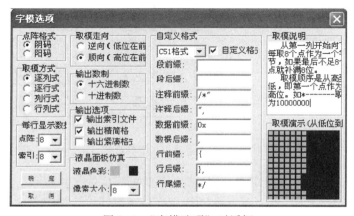

图 8-4    "字模选项" 对话框

**3）选择字体、字宽和字高** 在 PCtoLCD2002 主界面中的"请选择字体"栏的下拉列菜单中可以选择合适的字体。在"字宽"栏和"字高"栏中可以分别设置字符的宽度和高度。

**4）输入字符** 在"生成字模"按钮的左侧空白栏中输入需要转换的字符。

**5）生成字模** 输入字符后，单击"生成字模"按钮，在该按钮的下方空白窗口中将会显示相应的字符代码，用户直接可以将这些代码进行复制即可。

## 任务 2　一个 8×8 LED 点阵字符串显示

### 1. 一个 8×8 LED 点阵字符串显示（一）

设计要求

采用列行式的取模方式，在一个 8×8 LED 点阵中显示字符串"I like the 8051 MCU"。

硬件设计

在桌面上双击图标 ，打开 Proteus Professional 窗口。新建一个 DEFAULT 模板，添加表 8-1 所列的元器件，并完成如图 8-5 所示的硬件电路图设计。

📖 注意：图 8-5 中单片机的晶振电路、复位电路等部分没有绘制。

表 8-1　一个 8×8 点阵字符串显示（一）所使用的元器件

| 单片机 AT89C51 | 瓷片电容 CAP22pF | 电解电容 CAP–ELEC 10μF | 电阻 RES |
|---|---|---|---|
| 晶振 CRYSTAL 12MHz | 按钮 BUTTON | 点阵 MATRIX–8×8–GREEN | 电阻排 RESPACK–8 |
| 3–8 线译码器 74LS138 | | | |

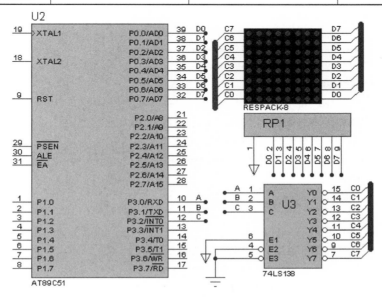

图 8-5　一个 8×8 LED 点阵字符串显示（一）电路图

### 程序设计

一个 8×8 LED 点阵在某一时刻只能显示一个字符，要显示字符串，必须在显示完一个字符后接着显示下一个字符。由于每个字符有 8 个段码值，该字符串有 15 个字符，所以该字符串库中有 120 个段码值。使用 PCtoL-CD2002 字模软件，选择点阵格式为共阴极，取模方式为列行式，取模方向为高位在前，可生成这 15 个字符的字模段码值。

8×8 共阴极 LED 点阵显示字符串"I like the 8051 MCU"，可以通过建立两个一维数组的形式进行，单片机的 P0 端口输出段码值，P2 端口输出位选值，并通过 74LS138 译码，从而控制单片机对 LED 点阵进行位选。首先位选 1 有效，将段码值 0x00 送给 P0 端口以驱动相应段点亮，然后位选 2 有效，将段码值 0x22 送给 P0 端口以驱动相应段点亮……依此类推，直到送完 8 个段码，即可显示"I"，然后再进行字符"l"的显示……每个字符的显示与字符"I"的显示过程相同，只是段码值不同而已。每送一个段码值时均有相应的计数值，当计数值达到 120 时，表示"I like the 8051 MCU"字符串已显示完，再从头开始。其程序流程图如图 8-6 所示。

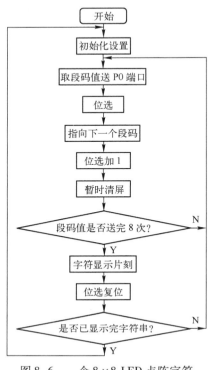

图 8-6  一个 8×8 LED 点阵字符串显示（一）程序流程图

### 源程序

```
/***************************************************************
文件名:一个 8×8 LED 点阵字符显示(一).c
单片机型号:STC89C51RC
晶振频率:12.0MHz
说明:在 8×8 LED 点阵上显示字符串 I like the 8051 MCU
取模方法:共阴极、取模式方式为列行式、高位在前
***************************************************************/
#include <reg52.h>
#define uchar unsigned char
#define uint unsigned int
code uchar tab1[] = {
    0x00,0x22,0x22,0x3E,0x22,0x22,0x00,0x00,/* "I",0 */
    0x00,0x22,0x22,0x7E,0x02,0x02,0x00,0x00,/* "l",1 */
    0x00,0x12,0x32,0x3E,0x02,0x02,0x00,0x00,/* "i",2 */
    0x22,0x3E,0x06,0x0C,0x1E,0x12,0x12,0x00,/* "k",3 */
```

```
0x00,0x0C,0x1A,0x1A,0x1A,0x1A,0x0A,0x00,/*"e",4*/
0x00,0x10,0x10,0x3E,0x12,0x12,0x00,0x00,/*"t",5*/
0x22,0x3E,0x12,0x10,0x10,0x12,0x1E,0x02,/*"h",6*/
0x00,0x0C,0x1A,0x1A,0x1A,0x1A,0x0A,0x00,/*"e",7*/
0x00,0x34,0x2A,0x2A,0x2A,0x2A,0x34,0x00,/*"8",8*/
0x00,0x1C,0x22,0x22,0x22,0x22,0x1C,0x00,/*"0",9*/
0x00,0x3C,0x2A,0x2A,0x2A,0x2A,0x24,0x00,/*"5",10*/
0x00,0x12,0x12,0x3E,0x02,0x02,0x00,0x00,/*"1",11*/
0x22,0x3E,0x38,0x0E,0x30,0x3E,0x22,0x00,/*"M",12*/
0x1C,0x36,0x22,0x22,0x22,0x22,0x24,0x00,/*"C",13*/
0x20,0x3E,0x22,0x02,0x02,0x22,0x3E,0x20};/*"U",14*/
const uchar tab2[] = {0x00,0x01,0x02,0x03,0x04,0x05,0x06,0x07};//扫描代码
void   delay(uint k)              //延时约 0.1ms
{
   uint   m,n;
      for(m=0;m<k;m++)
         {
            for(n=0;n<120;n++);
         }
}
void main(void)
{
    char j,i,q=0,t=0;
    while(1)
    {
      for(i=0;i<15;i++)
        {
          for(j=q;j<8+q;j++)
          {
            P3=tab2[t++];
            P0=tab1[j];
            delay(4);
            if(t==8)
              {
                 t=0;
              }
          }
        }
    q=q+8;
    if(q==120)
      {
        q=0;
      }
   }
}
```

**调试与仿真**

首先在 Keil 中创建项目，输入源代码并生成 Debug. OMF 文件，然后在 Proteus 8 Professional 中打开已创建的一个 8×8 点阵字符串显示（一）电路图并进行相应设置，以实现 Keil 与 Proteus 的联机调试。单击 Proteus 8 Professional 模拟调试按钮的运行按钮 ▶，进入调试状态。在调试运行状态下，可看见 8×8 点阵显示字符串 "I like the 8051 MCU"，其运行仿真效果如图 8-7 所示。

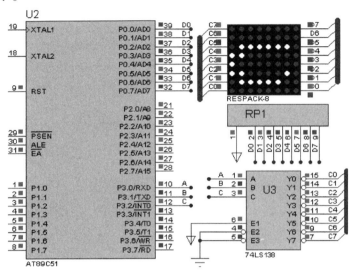

图 8-7    一个 8×8 LED 点阵字符串显示（一）仿真效果图

### 2. 一个 8×8 LED 点阵字符串显示（二）

**设计要求**

采用行列式的取模方式，在一个 8×8 LED 点阵中显示字符串 "www. phei. com. cn"。

**硬件设计**

由于取模方式与一个 8×8 LED 点阵字符串显示（一）的取模方式不同，所以其硬件电路也略有不同。在桌面上双击图标 ，打开 Proteus 8 Professional 窗口。新建一个 DEFAULT 模板，添加表 8-1 所列的元器件，并完成如图 8-8 所示的硬件电路图设计。

---

📖 注意：图 8-8 中单片机的晶振电路、复位电路等部分没有绘制。

---

**程序设计**

由于每个字符有 8 个段码值，该字符串也有 15 个字符，所以该字符串库中有 120 个段码值。使用 PCtoLCD2002 字模软件，选择点阵格式为共阴极、取模方式为行列式、取模方向为低位在前，可生成这 15 个字符的字模段码值。其程序流程与图 8-6 基本相同。

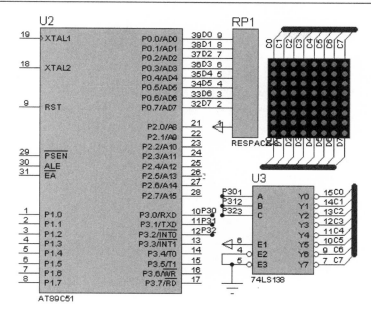

图 8-8　一个 8×8 LED 点阵字符串显示（二）电路图

**源程序**

```
/ ***********************************************************
文件名:一个 8×8 LED 点阵字符显示(二). c
单片机型号:STC89C51RC
晶振频率:12.0MHz
说明:在 8×8 LED 点阵上显示字符串 www. phei. com. cn
取模方法:共阴极、取模式方式为行列式、低位在前
 ***********************************************************/
#include  < reg52. h >
#define uchar unsigned char
#define uint unsigned int
code uchar tab1[ ] = {
    0x00,0x00,0x00,0xEB,0x49,0x55,0x22,0x00,/ * "w",0 */
    0x00,0x00,0x00,0xEB,0x49,0x55,0x22,0x00,/ * "w",1 */
    0x00,0x00,0x00,0xEB,0x49,0x55,0x22,0x00,/ * "w",2 */
    0x00,0x00,0x00,0x00,0x00,0x00,0x06,0x00,/ * ". ",3 */
    0x00,0x00,0x00,0x3F,0x42,0x42,0x3E,0x07,/ * "p",4 */
    0x00,0x00,0x03,0x7E,0x42,0x42,0xE7,0x00,/ * "h",5 */
    0x00,0x00,0x00,0x3C,0x7E,0x02,0x7C,0x00,/ * "e",6 */
    0x00,0x00,0x0C,0x0E,0x08,0x08,0x3E,0x00,/ * "i",7 */
    0x00,0x00,0x00,0x00,0x00,0x00,0x06,0x00,/ * ". ",8 */
    0x00,0x00,0x00,0x7C,0x02,0x02,0x7C,0x00,/ * "c",9 */
    0x00,0x00,0x00,0x3C,0x42,0x42,0x3C,0x00,/ * "o",10 */
    0x00,0x00,0x00,0xFF,0x92,0x92,0xB7,0x00,/ * "m",11 */
    0x00,0x00,0x00,0x00,0x00,0x00,0x06,0x00,/ * ". ",12 */
    0x00,0x00,0x00,0x7C,0x02,0x02,0x7C,0x00,/ * "c",13 */
```

```
            0x00,0x00,0x00,0x7F,0x42,0x42,0xE7,0x00};/* "n",14 */
const uchar tab2[ ] = {0x00,0x01,0x02,0x03,0x04,0x05,0x06,0x07};//扫描代码（使用 74LS138)
/***********************************************
未使用 74LS138 时改用下列扫描代码:
const uchar tab2[ ] = {0x00,0x01,0x02,0x04,0x08,0x10,0x20,0x40};
 ***********************************************/
void   delay(uint k)                        //延时约 0.1ms
{
    uint   m,n;
        for(m = 0;m < k;m ++ )
            {
                for(n = 0;n < 120;n ++ );
            }
}
void main(void)
{
    char j,i,q = 0,t = 0;
    while(1)
    {
      for(i = 0;i < 15;i ++ )
        {
          for(j = q;j < 8 + q;j ++ )
            {
              P3 = tab2[t ++ ];               //未使用 74LS138 时改为 P2 = tab2[t ++ ];
              P0 = tab1[j];
              delay(4);
              if(t == 8)
                {
                  t = 0;
                }
            }
        }
      q = q + 8;
      if(q == 120)
        {
          q = 0;
        }
    }
}
```

**调试与仿真**

首先在 Keil 中创建项目，输入源代码并生成 Debug. OMF 文件，然后在 Proteus 8 Professional 中打开已创建的一个 8 × 8 点阵字符串显示（二）电路图并进行相应设置以实现 Keil 与 Proteus 的联机调试。单击 Proteus 8 Professional 模拟调试按钮的运行按钮▶，进入调试状态。在调试运行状态下，可看见 8 × 8 点阵显示字符串"www. phei. com. cn"，其运行仿真效果如图 8-9 所示。

如果不使用74LS138进行位选，P2端口的8根口线要分别与LED点阵相应的位选端进行连接，且将程序的扫描代码作相应修改即可，其运行仿真效果如图8-10所示。

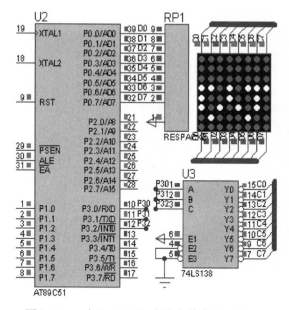

图8-9　一个8×8 LED点阵字符串显示（二）运行仿真效果图

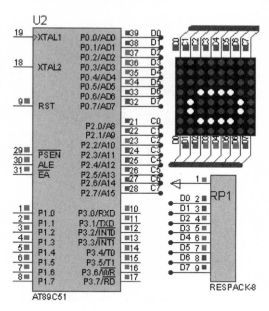

图8-10　不使用74LS138仿真效果图

# 任务3　两个8×8 LED点阵字符串显示

**1. 两个8×8 LED点阵字符串显示（一）**

设计要求

采用逐列式的取模方式，在两个8×8 LED点阵中显示字符串"STC8951"。

硬件设计

在桌面上双击图标，打开Proteus 8 Professional窗口。新建一个DEFAULT模板，添加表8-2所列的元器件，并完成如图8-11所示的硬件电路图设计。

📖 注意：图8-11中单片机的晶振电路、复位电路等部分没有绘制。

表8-2　两个8×8 LED点阵字符串显示（一）所使用的元器件

| 单片机 AT89C51 | 瓷片电容 CAP22pF | 电解电容 CAP – ELEC 10μF | 电阻 RES |
| --- | --- | --- | --- |
| 晶振 CRYSTAL 12MHz | 按钮 BUTTON | 点阵 MATRIX – 8×8 – RED | 电阻排 RESPACK – 8 |
| 4 – 16 线译码器 74HC154 | | | |

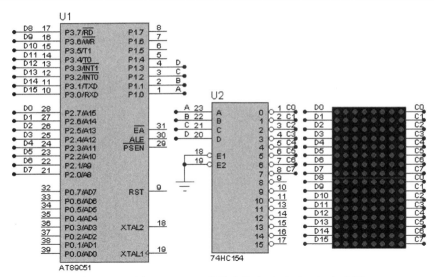

图 8-11　两个 8×8 LED 点阵字符串显示（一）电路图

程序设计

两个 8×8 LED 点阵可构成一个 8×16 的 LED 点阵，每个字符由上半部分和下半部分构

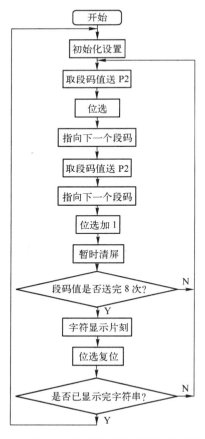

图 8-12　两个 8×8 LED 点阵字符串显示流程图

成，即 1 个段选位对应 2 个段码值。在某一时刻只能显示一个字符，要显示字符串，必须在显示完一个字符后接着显示下一个字符，因此需建立一个字符库。由于每个字符有 16 个段码值，该字符串有 7 个字符，所以该字符串库中有 112 个段码值。使用 PCtoLCD2002 字模软件，选择点阵格式为共阴极、取模方式为逐列式、取模方向为高位在前，可生成这 7 个字符的字模段码值。

8×16 共阴极 LED 点阵显示字符串"STC8951"，可以通过建立一个数据表格的形式进行，首先位选 1 有效，将段码值 0x00 送给 P3 端口、段码值 0x00 送给 P2 端口以驱动相应段点亮，然后位选 2 有效，将段码值 0x0E 送给 P3 端口、段码值 0x1C 送给 P2 端口以驱动相应段点亮……依此类推，直到送完 16 个段码，即可显示"S"，然后再进行字符"T"的显示……每个字符的显示与字符"S"的显示过程相同，只是段码值不同而已。由于段码值较多，可采用一个结束码来判断是否字符串显示完，若字符串已显示完，就从头开始，因此其程序流程图如图 8-12 所示。

⚙ 源程序

```c
/********************************************
文件名:两个 8×8 LED 点阵字符显示(一).c
单片机型号:STC89C51RC
晶振频率:12.0MHz
说明:在 8×8 LED 点阵上显示字符串 STC8951
取模方法:共阴极、取模式方式为逐列式、高位在前
********************************************/
#include  <reg52.h>
#define uchar unsigned char
#define uint unsigned int
code uchar tab1[] = {                  //显示的字符代码
    0x00,0x00,0x0E,0x1C,0x11,0x04,0x10,0x84,
    0x10,0x84,0x10,0x44,0x1C,0x38,0x00,0x00,/*"S",0*/
    0x18,0x00,0x10,0x00,0x10,0x04,0x1F,0xFC,
    0x10,0x04,0x10,0x00,0x18,0x00,0x00,0x00,/*"T",1*/
    0x03,0xE0,0x0C,0x18,0x10,0x04,0x10,0x04,
    0x10,0x04,0x10,0x08,0x1C,0x10,0x00,0x00,/*"C",2*/
    0x00,0x00,0x0E,0x38,0x11,0x44,0x10,0x84,
    0x10,0x84,0x11,0x44,0x0E,0x38,0x00,0x00,/*"8",3*/
    0x00,0x00,0x07,0x00,0x08,0x8C,0x10,0x44,
    0x10,0x44,0x08,0x88,0x07,0xF0,0x00,0x00,/*"9",4*/
    0x00,0x00,0x1F,0x98,0x10,0x84,0x11,0x04,
    0x11,0x04,0x10,0x88,0x10,0x70,0x00,0x00,/*"5",5*/
    0x00,0x00,0x08,0x04,0x08,0x04,0x1F,0xFC,
    0x00,0x04,0x00,0x04,0x00,0x00,0x00,0x00};/*"1",6*/
const uchar tab2[] = {0x00,0x01,0x02,0x03, 0x04,0x05,0x06,0x07,};  // 扫描代码
void   delay(uint k)          //延时约 0.1ms
{
    uint   m,n;
        for(m=0;m<k;m++)
            {
                for(n=0;n<120;n++);
            }
}
void main(void)
{
    char i,j,q=0,t=0;
    while(1)
    {
        for(i=0;i<15;i++)
        {
            for(j=q;j<16+q;j=j+2)
            {
                P1 = tab2[t];
                P2 = tab1[j];
                P3 = tab1[j+1];
                delay(3);
```

```
            t + + ;
            if( t = = 8)
                {
                  t = 0 ;
                }
              }
            }
          q = q + 16 ;
          if( q = = 112 )
            {
              q = 0 ;
            }
          }
        }
      }
```

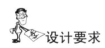 **调试与仿真**

首先在 Keil 中创建项目，输入源代码并生成 Debug. OMF 文件，然后在 Proteus 8 Professional 中打开已创建的两个 8×8 点阵字符串显示（一）电路图并进行相应设置，以实现 Keil 与 Proteus 的联机调试。单击 Proteus 8 Professional 模拟调试按钮的运行按钮 ▶ ，进入调试状态。在调试运行状态下，可看见两个 8×8 点阵显示字符串"STC8951"，其运行仿真效果如图 8-13 所示。

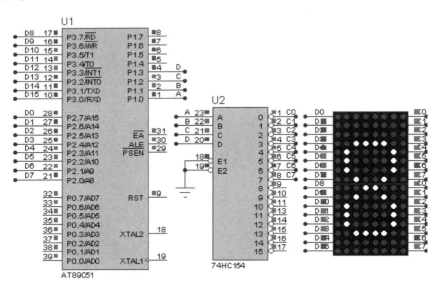

图 8-13  两个 8×8 点阵字符串显示"STC8951"仿真效果图

## 2. 两个 8×8 LED 点阵字符串显示（二）

**设计要求**

采用另一种方法使用两个 8×8 LED 点阵中显示字符串"8051mcu"。

**硬件设计**

在桌面上双击图标 ◉，打开 Proteus 8 Professional 窗口。新建一个 DEFAULT 模板，添加表 8-2 所列的元器件，并完成如图 8-14 所示的硬件电路图设计。

📖 注意：图 8-14 中单片机的晶振电路、复位电路等部分没有绘制。

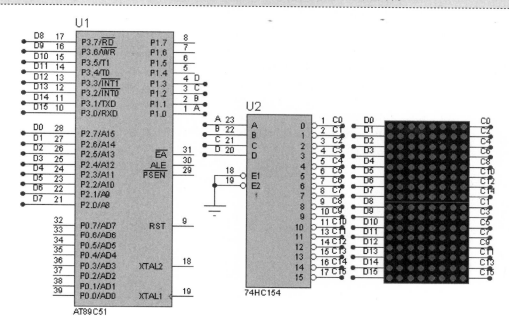

图 8-14　两个 8×8 LED 点阵字符串显示（二）电路图

**程序设计**

两个 8×8 LED 点阵中显示字符串 "8051mcu"，该字符串有 7 个字符，由于每个字符有 16 个段码值，所以该字符串库中有 112 个段码值。使用 PCtoLCD2002 字模软件，选择点阵格式为共阴极，取模方式为逐列式，取模方向为高位在前，可生成这 7 个字符的字模段码值。其程序流程与图 8-12 类似，在此不再赘述。

**源程序**

```
/************************************************************
文件名:两个 8×8 LED 点阵字符显示(二).c
单片机型号:STC89C51RC
晶振频率:12.0MHz
说明:在 8×8 LED 点阵上显示字符串 8051mcu
取模方法:共阴极、取模式方式为逐列式、高位在前
************************************************************/
#include  < reg52. h >
#define uchar unsigned char
#define uint unsigned int
```

```c
code uchar tab1[] = {                          //显示的字符代码
    0x00,0x00,0x0E,0x38,0x11,0x44,0x10,0x84,
    0x10,0x84,0x11,0x44,0x0E,0x38,0x00,0x00,/* "8",0 */
    0x00,0x00,0x07,0xF0,0x08,0x08,0x10,0x04,
    0x10,0x04,0x08,0x08,0x07,0xF0,0x00,0x00,/* "0",1 */
    0x00,0x00,0x1F,0x98,0x10,0x84,0x11,0x04,
    0x11,0x04,0x10,0x88,0x10,0x70,0x00,0x00,/* "5",2 */
    0x00,0x00,0x08,0x04,0x08,0x04,0x1F,0xFC,
    0x00,0x04,0x00,0x04,0x00,0x00,0x00,0x00,/* "1",3 */
    0x01,0x04,0x01,0xFC,0x01,0x04,0x01,0x00,
    0x01,0xFC,0x01,0x04,0x01,0x00,0x00,0xFC,/* "m",4 */
    0x00,0x00,0x00,0x70,0x00,0x88,0x01,0x04,
    0x01,0x04,0x01,0x04,0x00,0x88,0x00,0x00,/* "c",5 */
    0x01,0x00,0x01,0xF8,0x00,0x04,0x00,0x04,
    0x00,0x04,0x01,0x08,0x01,0xFC,0x00,0x04};/* "u",6 */
const uchar tab2[] = {0x00,0x01,0x02,0x03,0x04,0x05,0x06,0x07,
                      0x08,0x09,0x0a,0x0b,0x0c,0x0d,0x0e,0x0f};
void  delay(uint k)                    //延时约 0.1ms
{
    uint  m,n;
        for(m = 0;m < k;m ++)
            {
                for(n = 0;n < 120;n ++);
            }
}

void main(void)
{
    char j = 0,i,q = 0,t = 0;
    while(1)
    {
    for(i = 0;i < 15;i ++)                      //控制每一个字符显示的时间
    for(j = q;j < 16 + q;j ++)
        {
            if(t%2 == 0)
                {
                    P1 = tab2[t];
                    P2 = tab1[j];
                delay(2);
                }
            else
                {
                    P1 = tab2[t];
                    P3 = tab1[j];
                    delay(2);
                }
            t ++;
            if(t == 16)
                    t = 0;
```

```
        }
    q = q + 16;              //显示下一个字符
    if( q == 112 )
    {
        q = 0;
    }
    }
}
```

调试与仿真

　　首先在 Keil 中创建项目，输入源代码并生成 Debug. OMF 文件，然后在 Proteus 8 Professional 中打开已创建的两个 8×8 点阵字符串显示（二）电路图并进行相应设置，以实现 Keil 与 Proteus 的联机调试。单击 Proteus 8 Professional 模拟调试按钮的运行按钮 ▶ ，进入调试状态。在调试运行状态下，可看见两个 8×8 点阵显示字符串 "8051mcu"，其运行仿真效果如图 8–15 所示。

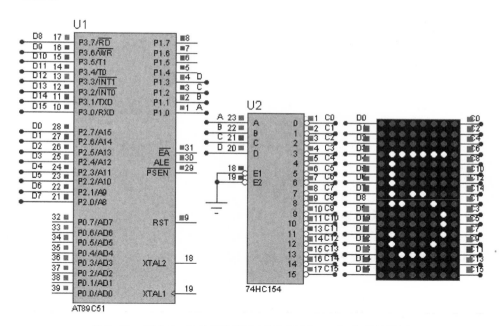

图 8–15　两个 8×8 点阵字符串显示 "8051mcu" 仿真效果图

 任务 4　两个 8×8 LED 点阵滚动显示

设计要求

　　使用两个 8×8 共阴极 LED 点阵滚动显示字符串 "Proteus8"。

**硬件设计**

在桌面上双击图标 ，打开 Proteus 8 Professional 窗口。新建一个 DEFAULT 模板，添加表 8-2 所列的元器件，并完成如图 8-16 所示的硬件电路图设计。

> 注意：图 8-16 中单片机的晶振电路、复位电路等部分没有绘制。

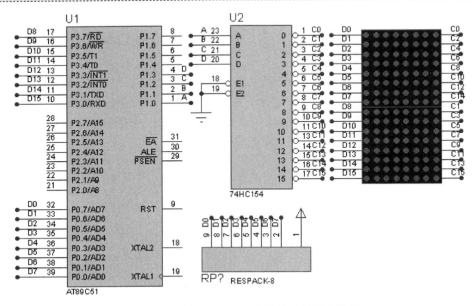

图 8-16    两个 8×8 LED 点阵滚动显示电路图

 **程序设计**

两个 8×8 LED 点阵滚动显示字符串"Proteus 8"，该字符串有 8 个字符，由于每个字符有 16 个段码值，所以该字符串库中有 16×8 共 128 个段码值。使用 PCtoLCD2002 字模软件，选择点阵格式为共阴极，取模方式为逐列式，取模方向为高位在前，可生成这 7 个字符的字模段码值。

两个 8×8 点阵滚动显示是在任务 4 的基础上进行移动显示，只不过要进行移动显示时，将"q = q + 16"改为"q = q + 2"或"q = q + 4"即可（q 加上一个大于 0 且小于 16 的偶数），程序流程图请参见图 8-16。

 **源程序**

```
/**************************************************************
    文件名:两个 8×8 LED 点阵字符滚动显示 . c
    单片机型号:STC89C51RC
    晶振频率:12.0MHz
    说明:在 8×8 LED 点阵上滚动显示字符串 Proteus8
    取模方法:共阴极、取模式方式为逐列式、高位在前
**************************************************************/
#include  < reg52. h >
```

```c
#include < intrins. h >
#define uchar unsigned char
#define uint unsigned int
 uchar code tab1[ ] = {                              //显示的字符代码
     0x10,0x04,0x1F,0xFC,0x10,0x84,0x10,0x80,
     0x10,0x80,0x10,0x80,0x0F,0x00,0x00,0x00,/ * "P" ,0 */
     0x01,0x04,0x01,0x04,0x01,0xFC,0x00,0x84,
     0x01,0x04,0x01,0x00,0x01,0x80,0x00,0x00,/ * "r" ,1 */
     0x00,0x00,0x00,0xF8,0x01,0x04,0x01,0x04,
     0x01,0x04,0x01,0x04,0x00,0xF8,0x00,0x00,/ * "o" ,2 */
     0x00,0x00,0x01,0x00,0x01,0x00,0x07,0xF8,
     0x01,0x04,0x01,0x04,0x00,0x00,0x00,0x00,/ * "t" ,3 */
     0x00,0x00,0x00,0xF8,0x01,0x44,0x01,0x44,
     0x01,0x44,0x01,0x44,0x00,0xC8,0x00,0x00,/ * "e" ,4 */
     0x01,0x00,0x01,0xF8,0x00,0x04,0x00,0x04,
     0x00,0x04,0x01,0x08,0x01,0xFC,0x00,0x04,/ * "u" ,5 */
     0x00,0x00,0x00,0xCC,0x01,0x24,0x01,0x24,
     0x01,0x24,0x01,0x24,0x01,0x98,0x00,0x00,/ * "s" ,6 */
     0x00,0x00,0x0E,0x38,0x11,0x44,0x10,0x84,
     0x10,0x84,0x11,0x44,0x0E,0x38,0x00,0x00} ;/ * "8" ,7 */
const uchar tab2[ ] = {0x00,0x01,0x02,0x03,0x04,0x05,0x06,0x07,
                        0x08,0x09,0x0a,0x0b,0x0c,0x0d,0x0e,0x0f} ;     // 扫描代码
void   delay( uint k)   //延时约 0. 1ms
{
    uint   m,n;
        for( m = 0;m < k;m ++ )
            {
                for( n = 0;n < 120;n ++ ) ;
            }
}
void main( void)
{
    char j = 0,r,q = 0,t = 0;
    P0 = 0x00;
    P3 = 0x00;
    while( 1)
    {
        for( r = 0;r < 40;r ++ )                      //控制每一个字符显示的时间
        {
            for( j = q;j < 16 + q;j ++ )
            {
                if( t% 2 == 0)
                {
                    P1 = tab2[ t];
                    P0 = tab1[ j];
                  delay( 4) ;
                }
                else
                {
                    P1 = tab2[ t];
                    P3 = tab1[ j];
                    delay( 4) ;
                }
            t ++ ;
```

```
        if( t == 16)
            {
                t = 0;
            }
        }
        q = q + 2;                              //显示下一个字符
        if( q == 112)
            {
                q = 0;
            }
        }
    }
}
```

**调试与仿真**

首先在 Keil 中创建项目，输入源代码并生成 Debug. OMF 文件，然后在 Proteus 8 Professional 中打开已创建的两个 8×8 点阵滚动显示电路图并进行相应设置，以实现 Keil 与 Proteus 的联机调试。单击 Proteus 8 Professional 模拟调试按钮的运行按钮 ▶，进入调试状态。在调试运行状态下，可看见两个 8×8 点阵滚动显示字符串"Proteus8"，其运行效果图如图 8-17 所示。

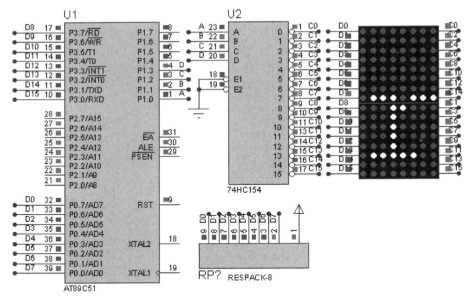

图 8-17　两个 8×8 点阵滚动显示"Proteus8"仿真效果图

# 任务 5　一个 16×16 LED 点阵汉字显示

**设计要求**

使用一个 16×16 共阴极 LED 点阵显示汉字字符串"基于 Proteus 的 51 系列单片机设计"。

## 硬件设计

在桌面上双击图标 ，打开 Proteus 8 Professional 窗口。新建一个 DEFAULT 模板，添加表 8-3 所列的元器件，并完成如图 8-18 所示的硬件电路图设计。

📖 注意：图 8-18 中单片机的晶振电路、复位电路等部分没有绘制。

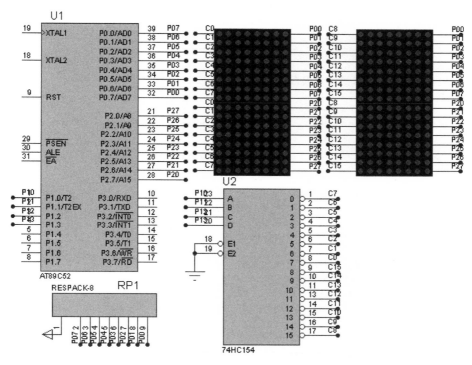

图 8-18　一个 16×16 LED 点阵汉字显示电路图

表 8-3　一个 16×16 点阵汉字显示所使用的元件

| 单片机 ATmega16 | 瓷片电容 CAP22pF | 电阻 RES | 电解电容 CAP – ELEC 10μF |
|---|---|---|---|
| 晶振 CRYSTAL 12MHz | 按钮 BUTTON | 4 – 16 线译码器 74HC154 | 点阵 MATRIX – 8×8 – GREEN |

## 程序设计

一个 16×16 共阴极 LED 点阵，实质上是由 4 个 8×8 点阵构成的，要显示字符串"基于 Proteus 的 51 系列单片机设计"，可以通过建立一个数据表格的形式进行。由于一个汉字占用 32 个段码，而一个字母占用 16 个段码，在建立一个汉字字符库时，应在合适的位置插入相应的 0x00 代码进行空白显示，否则达不到显示设计效果，因此该字符串库中有 448 个段码值。使用 PCtoLCD2002 字模软件，选择点阵格式为共阴极，取模方式为逐列式，取模方向为高位在前，字体为"黑体"，可生成"基于 Proteus 的 51 系列单片机设计"字符串的字模段码值。

首先位选 1 有效，将段码值 0x00 送给 P0 端口、0x00 送给 P2 端口以驱动相应段点亮，然后位选 2 有效，将段码值 0x00 送给 P0 端口、0xD0 送给 P2 端口以驱动相应段点亮……依此类推，直到送完 32 个段码，就可显示"基"字，然后再进行字符"于"的显示……每个

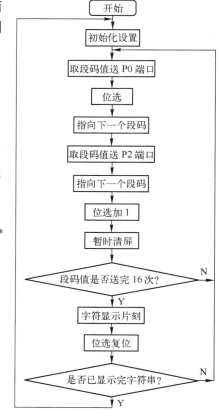

图 8-19　一个 16×16 点阵汉字显示流程图

字符的显示与上述显示过程相同，只是段码值不同而已。片选位有 C0～C15，由单片机的 P1 端口控制 74HC154 输出。因此程序流程图如图 8-23 所示。

源程序

```
/*********************************
文件名:一个 16×16 LED 点阵汉字显示.c
单片机型号:STC89C51RC
晶振频率:12.0MHz
说明:在 16×16 LED 点阵上显示基于 Proteus 的 51 系
列单片机设计
取模方法:共阴极、取模式方式为逐列式、高位在前
字体为黑体
**********************************
*******************/
#include" reg52. h"
#define uint unsigned int
#define uchar unsigned char
code uchar tab1[ ] = {       //显示的字符代码
0x00 ,0x00 ,0x00 ,0xD0 ,0x60 ,0xF6 ,0x60 ,0xE6 ,
0xFF ,0xD6 ,0xFF ,0xD6 ,0x6A ,0xD6 ,0x6A ,0xFE ,
0x6A ,0xFE ,0x6A ,0xD6 ,0xFF ,0xD6 ,0xFF ,0xE6 ,
0x60 ,0xF6 ,0x60 ,0xD6 ,0x00 ,0xD0 ,0x00 ,0x00 ,/*"
基",0*/
0x03 ,0x00 ,0x03 ,0x00 ,0x63 ,0x00 ,0x63 ,0x00 ,
0x63 ,0x00 ,0x63 ,0x06 ,0x63 ,0x06 ,0x7F ,0xFE ,
0x7F ,0xFC ,0x63 ,0x00 ,0x63 ,0x00 ,0x63 ,0x00 ,
0x63 ,0x00 ,0x03 ,0x00 ,0x03 ,0x00 ,0x00 ,0x00 ,/*"
于",1*/
0x1F ,0xFC ,0x10 ,0x40 ,0x10 ,0x40 ,0x10 ,0x40 ,
0x10 ,0x40 ,0x08 ,0x80 ,0x07 ,0x00 ,0x00 ,0x00 ,/*"P",2*/
0x00 ,0x00 ,0x00 ,0x00 ,0x01 ,0xFC ,0x00 ,0x80 ,
0x00 ,0x80 ,0x01 ,0x00 ,0x01 ,0x00 ,0x00 ,0x00 ,/*"r",3*/
0x00 ,0x70 ,0x00 ,0x88 ,0x01 ,0x04 ,0x01 ,0x04 ,
0x01 ,0x04 ,0x00 ,0x88 ,0x00 ,0x70 ,0x00 ,0x00 ,/*"o",4*/
0x00 ,0x00 ,0x01 ,0x00 ,0x01 ,0x00 ,0x07 ,0xF8 ,
0x01 ,0x04 ,0x01 ,0x04 ,0x01 ,0x04 ,0x00 ,0x00 ,/*"t",5*/
0x00 ,0x70 ,0x00 ,0xA8 ,0x01 ,0x24 ,0x01 ,0x24 ,
0x01 ,0x24 ,0x00 ,0xA4 ,0x00 ,0x68 ,0x00 ,0x00 ,/*"e",6*/
0x00 ,0x00 ,0x01 ,0xF8 ,0x00 ,0x04 ,0x00 ,0x04 ,
0x00 ,0x04 ,0x00 ,0x08 ,0x01 ,0xFC ,0x00 ,0x00 ,/*"u",7*/
0x00 ,0x00 ,0x00 ,0xC8 ,0x01 ,0x24 ,0x01 ,0x24 ,
0x01 ,0x24 ,0x01 ,0x24 ,0x00 ,0x98 ,0x00 ,0x00 ,/*"S",8*/
0x00 ,0x00 ,0x00 ,0x00 ,0x00 ,0x00 ,0x00 ,0x00 ,
0x00 ,0x00 ,0x00 ,0x00 ,0x00 ,0x00 ,0x00 ,0x00 ,/*" ",9*/
0x00 ,0x00 ,0x1F ,0xFC ,0x3F ,0xFC ,0xF9 ,0x98 ,
0xD9 ,0x98 ,0x1F ,0xFC ,0x1F ,0xFC ,0x02 ,0x00 ,
0x0E ,0x00 ,0xFD ,0xC0 ,0xF9 ,0xC6 ,0x18 ,0x06 ,
0x1F ,0xFE ,0x1F ,0xFC ,0x00 ,0x00 ,0x00 ,0x00 ,/*"的",10*/
0x00 ,0x00 ,0x1F ,0x18 ,0x12 ,0x04 ,0x12 ,0x04 ,
0x12 ,0x04 ,0x12 ,0x04 ,0x11 ,0xF8 ,0x00 ,0x00 ,/*"5",11*/
0x00 ,0x00 ,0x04 ,0x00 ,0x0C ,0x00 ,0x1F ,0xFC ,
0x00 ,0x00 ,0x00 ,0x00 ,0x00 ,0x00 ,0x00 ,0x00 ,/*"1",12*/
0x00 ,0x00 ,0x00 ,0x04 ,0x60 ,0xCC ,0x64 ,0xD8 ,
```

```
0x6C,0xD0,0x7D,0xC0,0x77,0xC6,0x66,0xFE,
0x64,0xFC,0x6C,0x80,0xD8,0x80,0xD3,0x90,
0xC1,0x98,0xC0,0xCC,0x00,0x00,0x00,0x00,/*"系",13*/
0x00,0x00,0x61,0x84,0x63,0x06,0x7E,0x8C,
0x7C,0xD8,0x6C,0x70,0x6F,0xE0,0x6F,0x80,
0x60,0x00,0x00,0x00,0x1F,0xE0,0x1F,0xE4,
0x00,0x06,0x7F,0xFE,0x7F,0xFC,0x00,0x00,/*"列",14*/
0x00,0x00,0x00,0x18,0x3F,0xD8,0x3F,0xD8,
0xB6,0xD8,0xF6,0xD8,0x76,0xD8,0x3F,0xFE,
0x3F,0xFE,0x76,0xD8,0xF6,0xD8,0xB6,0xD8,
0x3F,0xD8,0x3F,0xD8,0x00,0x18,0x00,0x00,/*"单",15*/
0x00,0x00,0x00,0x06,0x00,0x1C,0x7F,0xF8,
0x7F,0xE0,0x0C,0xC0,0x0C,0xC0,0x0C,0xC0,
0x0C,0xC0,0xFC,0xC0,0xFC,0xFE,0x0C,0xFE,
0x0C,0x00,0x0C,0x00,0x00,0x00,0x00,0x00,/*"片",16*/
0x18,0x60,0x19,0xC0,0xFF,0xFE,0xFF,0xFE,
0x19,0x80,0x18,0xC4,0x00,0x0E,0x7F,0xFC,
0x7F,0xF0,0x60,0x00,0x60,0x00,0x7F,0xFC,
0x7F,0xFE,0x00,0x06,0x00,0x0E,0x00,0x00,/*"机",17*/
0x06,0x00,0x06,0x00,0xC7,0xFC,0x77,0xFC,
0x20,0x18,0x0F,0x16,0xFF,0xC6,0xFB,0xEC,
0xC3,0x3C,0xC3,0x18,0xFB,0x78,0xFF,0xEC,
0x0F,0x86,0x0C,0x06,0x0C,0x04,0x00,0x00,/*"设",18*/
0x06,0x00,0x06,0x00,0x67,0xFE,0x37,0xFE,
0x10,0x0C,0x06,0x18,0x06,0x00,0x06,0x00,
0x06,0x00,0x7F,0xFE,0x7F,0xFE,0x06,0x00,
0x06,0x00,0x06,0x00,0x06,0x00,0x00,0x00};/*"计",19*/
const uchar tab2[] = {0x00,0x01,0x02,0x03,0x04,0x05,0x06,0x07,//扫描代码
                      0x08,0x09,0x0a,0x0b,0x0c,0x0d,0x0e,0x0f,};
void delay(uint n)              //延时函数
{   uint i;
    for(i=0;i<n;i++);
}
void main(void)
{
    uint j=0,q=0;
    uchar r,t=0;
    P0=0x00;
    P3=0x00;
    while(1)
    {
      for(r=0;r<125;r++)                //控制每个字符显示的时间
        {
          for(j=q;j<32+q;j++)           //一个汉字数据有32字节
            {
                P1=tab2[t];             //扫描
                P0=tab1[j];             //送数据
             j++;
                P2=tab1[j];             //送数据
                delay(50);
                t++;
                if(t==16)
                  {
                      t=0;
                  }
             }
```

```
            }
        q = q + 32;                                    //显示下一个字符
        if( q == 480 )

            q = 0;
        }
    }
}
```

首先在 Keil 中创建项目，输入源代码并生成 Debug. OMF 文件，然后在 Proteus 8 Professional 中打开已创建的一个 16×16 LED 点阵汉字显示电路图并进行相应设置，以实现 Keil 与 Proteus 的联机调试。单击 Proteus 8 Professional 模拟调试按钮的运行按钮，进入调试状态。在调试运行状态下，可看见一个 16×16 LED 点阵汉字显示效果图如图 8-20 所示。

图 8-20 中显示的汉字就像是两个半体，没形成一个完整的汉字。若直接将二者移动接合在一起时，显示汉字的效果如图 8-21 所示。在此图中会显示一些引脚电平，影响显示效果。

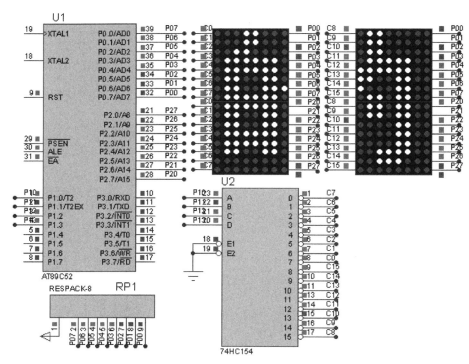

图 8-20　一个 16×16 LED 点阵汉字显示仿真效果图

为隐藏一些引脚电平从而达到较好的显示效果，先将 LED 点阵合并在一起，并全部选中，再执行菜单命令 "System" → "Set Animation Options…"，打开 "Animated Circuits Configuration" 对话框，取消 "Animation Options" 区域的 "Show Logic State of Pins?" 选项选中状态，如图 8-22 所示。单击 "OK" 按钮，重新进入调试状态，其运行效果如图 8-23 所示。

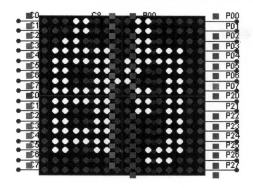

图 8-21  直接接合在一起的显示效果

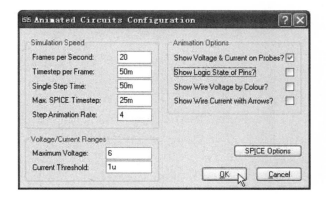

图 8-22  隐藏引脚逻辑状态

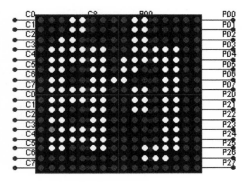

图 8-23  隐藏引脚电平后的显示效果

## 任务 6  一个 16×16 LED 点阵汉字移位显示

### 设计要求

使用一个 16×16 共阴极 LED 点阵移位显示汉字字符串"全国电子协会主办"。

### 硬件设计

在桌面上双击图标 ，打开 Proteus 8 Professional 窗口。新建一个 DEFAULT 模板，添加表 8-3 所列的元器件，并完成如图 8-24 所示的硬件电路图设计。

📖 注意：图 8-24 中单片机的晶振电路、复位电路等部分没有绘制。

### 程序设计

要实现一个 16×16 LED 点阵汉字移位显示，可以将任务 5 中的源程序进行修改即可，因此程序流程图请参见图 8-19。

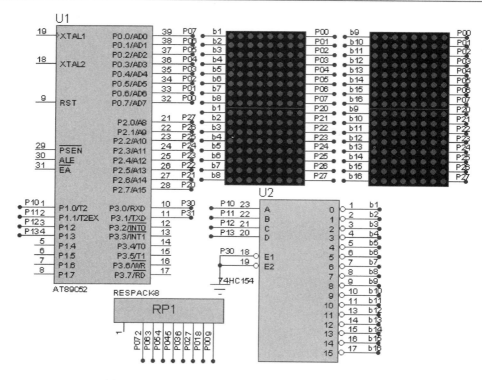

图 8-24　一个 16×16 LED 点阵汉字移位显示电路图

源程序

```
/*******************************************************
文件名:一个 16×16 LED 点阵汉字移位显示.c
单片机型号:STC89C51RC
晶振频率:12.0MHz
说明:在 16×16 LED 点阵上显示全国电子协会主办
取模方法:共阴极、取模式方式为逐列式、高位在前    字体为黑体
*******************************************************/
#include"reg52.h"
#define uint unsigned int
#define uchar unsigned char
code uchar tab1[ ] = {
    0x00,0x00,0x06,0x06,0x06,0x06,0x0C,0x66,
    0x1E,0x66,0x36,0x66,0x66,0x66,0xC7,0xFE,
    0xE7,0xFE,0x36,0x66,0x1E,0x66,0x0E,0x66,
    0x0C,0x66,0x06,0x06,0x06,0x00,0x00,0x00,/*"全",0*/
    0x00,0x00,0x7F,0xFE,0x7F,0xFE,0x60,0x06,
    0x6D,0x36,0x6D,0x36,0x6D,0x36,0x6F,0xF6,
    0x6F,0xF6,0x6D,0x36,0x6D,0x76,0x60,0x36,
    0x7F,0xFE,0x7F,0xFE,0x00,0x00,0x00,0x00,/*"国",1*/
    0x00,0x00,0x00,0x00,0x3F,0xF0,0x3F,0xF0,
    0x32,0x60,0x32,0x60,0xFF,0xFC,0xFF,0xFE,
    0x32,0x66,0x32,0x66,0x32,0x66,0x3F,0xE6,
    0x3F,0xE6,0x00,0x1E,0x00,0x1C,0x00,0x00,/*"电",2*/
    0x03,0x00,0x03,0x00,0xC3,0x00,0xC3,0x00,
```

```
    0xC3,0x00,0xC3,0x04,0xC3,0x06,0xCF,0xFE,
    0xCF,0xFC,0xDB,0x00,0xF3,0x00,0xE3,0x00,
    0xC3,0x00,0x03,0x00,0x03,0x00,0x00,0x00,/*"子",3*/
    0x0C,0x00,0x0C,0x00,0xFF,0xFE,0xFF,0xFE,
    0x0C,0x00,0x01,0xC6,0x19,0x9C,0x18,0x78,
    0xFF,0xE0,0xFF,0x84,0x18,0x06,0x1F,0xFE,
    0x1F,0xFC,0x01,0xC0,0x01,0xC0,0x00,0x00,/*"协",4*/
    0x00,0x00,0x06,0xC0,0x06,0xC6,0x0C,0xCE,
    0x18,0xDE,0x36,0xF6,0xE6,0xE4,0xE6,0xC4,
    0x36,0xC4,0x1E,0xD4,0x08,0xDC,0x0C,0xCE,
    0x06,0xC6,0x06,0xC0,0x04,0x00,0x00,0x00,/*"会",5*/
    0x00,0x00,0x18,0x06,0x18,0xC6,0x18,0xC6,
    0x18,0xC6,0x18,0xC6,0xD8,0xC6,0x7F,0xFE,
    0x3F,0xFE,0x18,0xC6,0x18,0xC6,0x18,0xC6,
    0x18,0xC6,0x18,0x06,0x00,0x00,0x00,0x00,/*"主",6*/
    0x00,0x40,0x00,0xC2,0x1B,0x86,0x1A,0x0C,
    0x18,0x18,0x18,0xF0,0xFF,0xC0,0xFF,0x06,
    0x18,0x06,0x18,0x06,0x1F,0xFC,0x1F,0xF8,
    0x01,0x80,0x01,0xE0,0x00,0x60,0x00,0x00,/*"办",7*/
    0x00,0x00,0x00,0x00,0x00,0x00,0x00,0x00,
    0x00,0x00,0x00,0x00,0x00,0x00,0x00,0x00,
    0x00,0x00,0x00,0x00,0x00,0x00,0x00,0x00,
    0x00,0x00,0x00,0x00,0x00,0x00,0x00,0x00};//什么都不显示
const uchar tab2[ ] = {0x07,0x06,0x05,0x04,0x03,0x02,0x01,0x00,//扫描代码
                0x0f,0x0e,0x0d,0x0c,0x0b,0x0a,0x09,0x08};
void delay(uint n)            //延时函数
{    uint i;
     for(i=0;i<n;i++);
}
void main(void)
{
     int j=0,q=0,y=0;
     uchar r,t=0;
     P0=0x00;
     while(1)
     {
       for(r=0;r<70;r++)                    //控制每一个字符显示的时间
         {
         for(j=q;j<32+q;j++)
           {
                 P1=tab2[t];
                 P0=tab1[j];
                 j++;
                 P2=tab1[j];
                 delay(10);
                 t++;
                  if(t==16)
                    { t=0; }
                delay(10);
              }
           }
         q=q+16;                         //显示下一个字符
          if(q==288)
            {
```

```
                q = 0;
            }
        }
    }
}
```

调试与仿真

首先在 Keil 中创建项目，输入源代码并生成 Debug. OMF 文件，然后在 Proteus 8 Professional 中打开已创建的一个 16×16 LED 点阵汉字移位显示电路图并进行相应设置，以实现 Keil 与 Proteus 的联机调试。单击 Proteus 8 Professional 模拟调试按钮的运行按钮 ▶ ，进入调试状态。在调试运行状态下，可看见一个 16×16 LED 点阵汉字移位显示效果如图 8-25 所示。

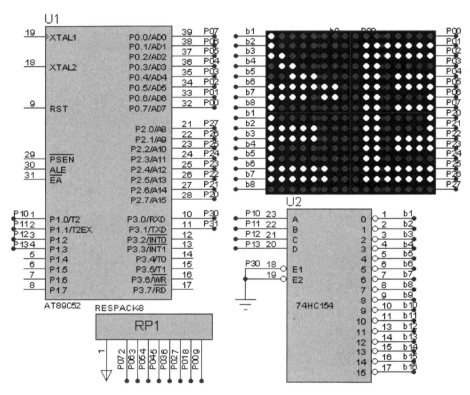

图 8-25　一个 16×16 LED 点阵汉字移位显示仿真效果图

# 任务 7　两个 16×16 LED 点阵汉字显示

设计要求

使用两个 16×16 共阴极 LED 点阵显示字符串"电子工业出版社"。

硬件设计

在桌面上双击图标 ，打开 Proteus 8 Professional 窗口。新建一个 DEFAULT 模板，添加表 8-3 所列的元器件，并完成如图 8-26 所示的硬件电路图设计。

> 📖 注意：图 8-26 中单片机的晶振电路、复位电路等部分没有绘制。

程序设计

两个 16×16 LED 点阵可构成一个 16×32 的 LED 点阵，实质上是由 8 个 8×8 点阵构成的，如图 8-26 所示。8 个 8×8 点阵可由单片机 P0 端口和 P2 端口输出段码值，片选位由两个 74HC154 控制，单片机的 P1 端口输出 LED 的片选值，P3.0 和 P3.1 选择相应的 74HC154。

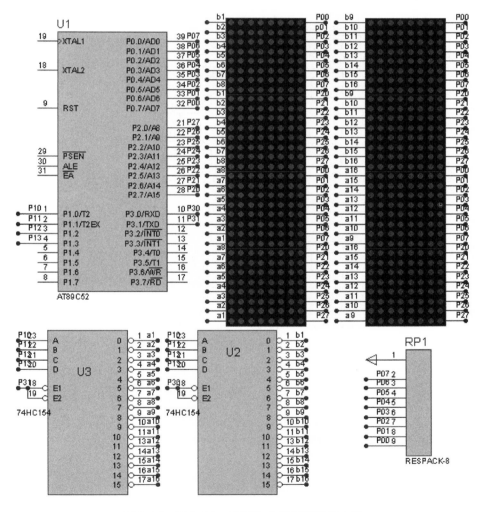

图 8-26　两个 16×16 LED 点阵汉字显示电路

　　每个字符由上半部分和下半部分构成，即 1 个段选位对应 4 个段码值。16×32 共阴极 LED 点阵显示字符串"电子工业出版社"，可以通过建立一个数据表格的形式进行。使用 16×32 点阵时，一个汉字占用 64 个段码，显示的内容共有 7 个汉字，所以字符串库中有 448 个段码值。使用 PCtoLCD2002 字模软件，选择点阵格式为共阴极、取模方式为逐列式、取模方向为高位在前，字体为"黑体"，可生成"电子工业出版社"这 7 个汉字的字模段码值。

　　首先设置 P3.0＝0，P3.1＝1 选中 U2 的 74HC154，使 U2 位选 1 有效，将段码值 0x00 送给端口 P0、段码值 0x00 送给 P2 端口以驱动相应段点亮，再设置 P3.0＝1，P3.1＝0 选中 U3 的 74HC154，使 U3 位选 1 有效，将段码值 0x00 送给 P0 端口、段码值 0x00 送给 P2 端口以驱动相应段点亮。然后设置 P3.0＝0，P3.1＝1 选中 U2 的 74HC154，使 U2 位选 2 有效，将段码值 0x00 送给 P0 端口、段码值 0x00 送给 P2 端口以驱动相应段点亮……依此类推，直到送完 64 个段码，就可显示"电"，然后再进行字符"子"的显示……每个字符的显示与字符"电"的显示过程相同，只是段码值不同而已。其程序流程图如图 8-27 所示。

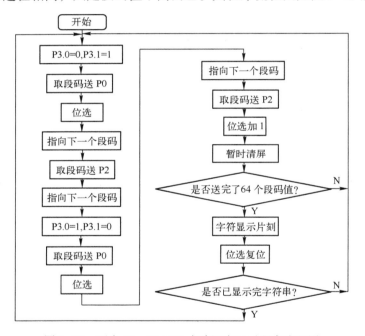

图 8-27　两个 16×16 LED 点阵汉字显示程序流程图

 源程序

```
/****************************************************************
文件名:两个 16×16 LED 点阵汉字显示.c
单片机型号:STC89C51RC
晶振频率:12.0MHz
说明:两个 16×16 LED 点阵上显示电子工业出版社
取模方法:共阴极、取模式方式为逐列式、高位在前　字体为黑体
****************************************************************/
#include" reg52. h"
#define uint unsigned int
```

```
#define uchar unsigned char
sbit p30 = P3^0;
sbit p31 = P3^1;
code uchar tab1[ ] = {                              //显示的字符代码
      0x00,0x00,0x00,0x00,0x00,0x00,0x00,0x00,
      0x00,0x00,0x00,0x00,0x00,0xFF,0xFF,0xC0,
      0x00,0xC3,0x06,0x00,0x00,0xC3,0x06,0x00,
      0x00,0xC3,0x06,0x00,0x1F,0xFF,0xFF,0xF8,
      0x00,0xC3,0x06,0x1C,0x00,0xC3,0x06,0x0C,
      0x00,0xC3,0x06,0x0C,0x00,0xC3,0x06,0x0C,
      0x00,0xFF,0xFE,0x0C,0x00,0x00,0x00,0x3C,
      0x00,0x00,0x00,0x78,0x00,0x00,0x00,0x00,/*"电",0*/
      0x00,0x00,0x00,0x00,0x00,0x01,0x80,0x00,
      0x00,0x01,0x80,0x00,0x0C,0x01,0x80,0x00,
      0x0C,0x01,0x80,0x00,0x0C,0x01,0x80,0x08,
      0x0C,0x01,0x80,0x0E,0x0C,0x3F,0xFF,0xFC,
      0x0C,0x7F,0xFF,0xF8,0x0C,0xE1,0x80,0x00,
      0x0D,0x81,0x80,0x00,0x0F,0x01,0x80,0x00,
      0x0E,0x01,0x80,0x00,0x00,0x01,0x80,0x00,
      0x00,0x01,0x80,0x00,0x00,0x00,0x00,0x00,/*"子",1*/
      0x00,0x00,0x00,0x00,0x00,0x00,0x00,0x30,
      0x06,0x00,0x00,0x30,0x06,0x00,0x00,0x30,
      0x06,0x00,0x00,0x30,0x06,0x00,0x00,0x30,
      0x06,0x00,0x00,0x30,0x07,0xFF,0xFF,0xF0,
      0x07,0xFF,0xFF,0xF0,0x06,0x00,0x00,0x30,
      0x06,0x00,0x00,0x30,0x06,0x00,0x00,0x30,
      0x06,0x00,0x00,0x30,0x06,0x00,0x00,0x30,
      0x00,0x00,0x00,0x30,0x00,0x00,0x00,0x00,/*"工",2*/
      0x00,0x00,0x00,0x00,0x00,0x00,0x00,0x1C,
      0x00,0x7F,0x00,0x1C,0x00,0x07,0xF8,0x1C,
      0x00,0x00,0x18,0x1C,0x00,0x00,0x00,0x1C,
      0x1F,0xFF,0xFF,0xFC,0x00,0x00,0x00,0x1C,
      0x00,0x00,0x00,0x1C,0x1F,0xFF,0xFF,0xFC,
      0x00,0x00,0x00,0x1C,0x00,0x00,0x18,0x1C,
      0x00,0x0F,0xF0,0x1C,0x00,0x7C,0x00,0x1C,
      0x00,0x00,0x00,0x1C,0x00,0x00,0x00,0x00,/*"业",3*/
      0x00,0x00,0x00,0x00,0x00,0x00,0x00,0x00,
      0x00,0x00,0x3F,0xF8,0x07,0xFF,0x00,0x18,
      0x00,0x07,0x00,0x18,0x00,0x07,0x00,0x18,
      0x00,0x07,0x00,0x18,0x3F,0xFF,0xFF,0xF8,
      0x3F,0xFF,0xFF,0xF8,0x00,0x07,0x00,0x18,
      0x00,0x07,0x00,0x18,0x00,0x07,0x00,0x18,
      0x07,0xFF,0x3F,0xFE,0x00,0x00,0x3F,0xFE,
      0x00,0x00,0x00,0x00,0x00,0x00,0x00,0x00,/*"出",4*/
      0x00,0x00,0x00,0x00,0x00,0x00,0x00,0x3E,
      0x07,0xFF,0xFF,0xF0,0x00,0x0C,0x30,0x00,
      0x00,0x0C,0x30,0x00,0x1F,0xFC,0x3F,0xF8,
      0x00,0x0C,0x00,0x0E,0x00,0x00,0x01,0xFC,
      0x07,0xFF,0xFF,0x84,0x06,0x1E,0x00,0x0E,
      0x06,0x1F,0xFE,0x3C,0x06,0x1C,0x03,0xF0,
```

```
   0x0E,0x1C,0x1F,0xF8,0x0E,0x1F,0xF0,0x1C,
   0x06,0x00,0x00,0x0E,0x00,0x00,0x00,0x00,/ * "版",5 * /
   0x00,0x00,0x00,0x00,0x00,0x60,0x1C,0x00,
   0x00,0x60,0x78,0x00,0x18,0x61,0xFF,0xFE,
   0x1E,0x6F,0xFF,0xFE,0x00,0x78,0x70,0x00,
   0x00,0x00,0x38,0x1C,0x00,0x1C,0x00,0x1C,
   0x00,0x1C,0x00,0x1C,0x00,0x1C,0x00,0x1C,
   0x1F,0xFF,0xFF,0xFC,0x00,0x1C,0x00,0x1C,
   0x00,0x1C,0x00,0x1C,0x00,0x1C,0x00,0x1C,
   0x00,0x00,0x00,0x1C,0x00,0x00,0x00,0x00};/ * "社",6 * /
const uchar tab2[ ] = {0x07,0x06,0x05,0x04,  //扫描代码
                   0x03,0x02,0x01,0x00,
                     0x0f,0x0e,0x0d,0x0c,
                   0x0b,0x0a,0x09,0x08};
void delay( uint n )            //延时函数
{    uint i;
     for( i = 0;i < n;i ++ );
}
void main( void )
{
     int j = 0,q = 0;
     uchar r,t = 0;
     P0 = 0x00;
     P3 = 0xff;
     while( 1 )
     {
         for( r = 0;r < 30;r ++ )               //控制每个字符显示的时间
             for( j = q;j < 64 + q;j ++ )
               {
                   p30 = 0;
                   p31 = 1;
                   P1 = tab2[ t ];
                   P0 = tab1[ j ];
               j ++ ;
                   P2 = tab1[ j ];
                   delay( 20 );
                   j ++ ;
                 p30 = 1;
               p31 = 0;
                P1 = tab2[ t ];
                P0 = tab1[ j ];
           j ++ ;
               P2 = tab1[ j ];
               delay( 20 );
               t ++ ;
               if( t == 16 )
             {
                   t = 0;
               }
             }
```

```
        q = q + 64;          //显示下一个字符
          if( q == 448 )
            {
              q = 0;
            }
        }
      }
```

 调试与仿真

首先在 Keil 中创建项目，输入源代码并生成 Debug. OMF 文件，然后在 Proteus 8 Professional 中打开已创建的两个 16×16 LED 点阵汉字显示电路图并进行相应设置，以实现 Keil 与 Proteus 的联机调试。单击 Proteus 8 Professional 模拟调试按钮的运行按钮 ▶ ，进入调试状态。在调试运行状态下，可看见两个 16×16 LED 点阵汉字显示仿真效果图如图 8-28 所示。

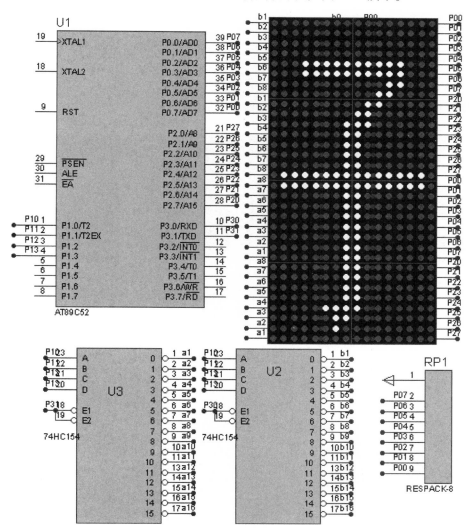

图 8-28　两个 16×16 LED 点阵汉字显示仿真效果图

## 任务 8　两个 16×16 LED 点阵汉字移位显示

设计要求

使用两个 16×16 共阴极 LED 点阵移位显示字符串"湖南省长沙市岳麓山"。

硬件设计

在桌面上双击图标 ，打开 Proteus Professional 窗口。新建一个 DEFAULT 模板，添加表 8-3 所列的元器件，并完成如图 8-29 所示的硬件电路图设计。

> 📖 注意：图 8-29 中单片机的晶振电路、复位电路等部分没有绘制。

程序设计

两个 16×16 LED 点阵汉字移位显示是在两个 16×16 LED 点阵汉字显示的基础上进行的，将两个 16×16 LED 点阵汉字显示的源程序稍加修改即可。

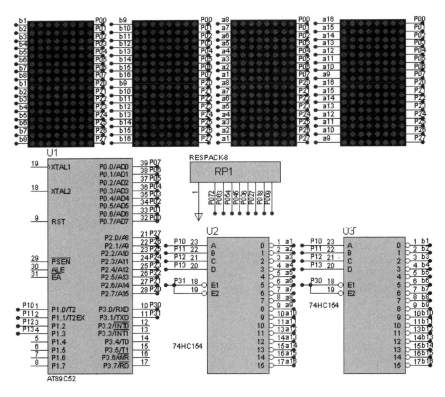

图 8-29　两个 16×16 LED 点阵汉字移位显示电路图

## 源程序

```c
/************************************************************
文件名:两个 16×16 LED 点阵汉字移位显示 . c
单片机型号:STC89C51RC
晶振频率:12. 0MHz
说明:在 16×16 LED 点阵上移位显示湖南省长沙市岳麓山
取模方法:共阴极、取模式方式为逐列式、高位在前　字体为楷体_GB2312
 ************************************************************/
#include" reg52. h"
#define uint unsigned int
#define uchar unsigned char
code uchar tab1[ ] = {
    0x00,0x00,0x00,0x00,0x00,0x00,0x00,0x00,
    0x00,0x00,0x00,0x00,0x00,0x00,0x00,0x00,
    0x00,0x00,0x00,0x00,0x00,0x00,0x00,0x00,
    0x00,0x00,0x00,0x00,0x00,0x00,0x00,0x00,
    0x00,0x00,0x00,0x00,0x00,0x00,0x00,0x00,
    0x00,0x00,0x00,0x00,0x00,0x00,0x00,0x00,
    0x00,0x00,0x00,0x00,0x00,0x00,0x00,0x00,
    0x00,0x00,0x00,0x00,0x00,0x00,0x00,0x00,       //什么都不显示
    0x00,0x00,0x04,0x18,0x22,0xE0,0x10,0x00,
    0x04,0xE0,0x05,0x20,0xFF,0x20,0x09,0xC4,
    0x08,0x08,0x00,0x30,0x1F,0xC0,0x24,0x80,
    0x20,0x04,0x3F,0xFC,0x00,0x00,0x00,0x00,/*"湖",1*/
    0x00,0x00,0x00,0x00,0x01,0xF8,0x02,0x00,
    0x12,0x50,0x13,0x50,0x1E,0xD0,0xF2,0x78,
    0x23,0xA0,0x24,0xA0,0x24,0x08,0x04,0x04,
    0x07,0xFC,0x00,0x00,0x00,0x00,0x00,0x00,/*"南",2*/
    0x00,0x10,0x00,0x10,0x00,0x20,0x04,0x40,
    0x18,0x40,0x00,0x80,0x01,0xFC,0xFA,0xA8,
    0x06,0xA8,0x1A,0x08,0x02,0x04,0x43,0xFC,
    0x20,0x00,0x00,0x00,0x00,0x00,0x00,0x00,/*"省",3*/
    0x00,0x00,0x01,0x00,0x01,0x00,0x01,0x00,
    0x01,0x00,0x7F,0xFC,0x05,0x08,0x0A,0x90,
    0x12,0x40,0x62,0x20,0x02,0x10,0x02,0x18,
    0x02,0x08,0x00,0x08,0x00,0x00,0x00,0x00,/*"长",4*/
    0x00,0x00,0x00,0x00,0x04,0x30,0x42,0xC0,
    0x20,0x02,0x01,0x02,0x06,0x04,0x00,0x04,
    0x00,0x08,0xFF,0x10,0x00,0x20,0x00,0xC0,
    0x13,0x00,0x10,0x00,0x08,0x00,0x00,0x00,/*"沙",5*/
    0x00,0x00,0x08,0x00,0x08,0x00,0x08,0x00,
    0x0B,0xE0,0x0A,0x00,0x8A,0x00,0x4F,0xFE,
    0x14,0x00,0x14,0x40,0x14,0x20,0x17,0xC0,
    0x10,0x00,0x10,0x00,0x00,0x00,0x00,0x00,/*"市",6*/
    0x00,0x80,0x00,0x80,0x00,0x80,0x00,0x88,
    0x10,0xB8,0x1F,0x88,0x25,0x08,0x25,0x78,
    0x4F,0x10,0x49,0x10,0x09,0x10,0x09,0x7C,
    0x01,0x00,0x01,0x00,0x01,0x00,0x00,0x00,/*"岳",7*/
    0x00,0x02,0x00,0x04,0x14,0x18,0x19,0xE0,
    0x12,0x22,0xFE,0xBE,0x2B,0xD4,0x15,0x40,
    0x27,0xFC,0xFD,0x4A,0x65,0xD2,0x54,0x32,
```

```
       0x48,0x02,0x08,0x0E,0x08,0x00,0x00,0x00,/* "麓",8 */
       0x00,0x00,0x00,0x00,0x01,0xF8,0x00,0x08,
       0x00,0x10,0x00,0x10,0x00,0x10,0x7F,0xE0,
       0x00,0x20,0x00,0x20,0x00,0x20,0x00,0x20,
       0x03,0xF8,0x00,0x00,0x00,0x00,0x00,0x00,/* "山",9 */
       0x00,0x00,0x00,0x00,0x00,0x00,0x00,0x00,
       0x00,0x00,0x00,0x00,0x00,0x00,0x00,0x00,
       0x00,0x00,0x00,0x00,0x00,0x00,0x00,0x00,
       0x00,0x00,0x00,0x00,0x00,0x00,0x00,0x00};//什么都不显示
const uchar tab2[] = {0x07,0x06,0x05,0x04,0x03,0x02,0x01,0x00,//扫描代码
                      0x0f,0x0e,0x0d,0x0c,0x0b,0x0a,0x09,0x08};
void delay(uint n)                      //延时函数
{   uint i;
        for(i = 0;i < n;i ++);
}
void main(void)
{
    int j = 0,q = 0,y = 0;
    uchar r,t = 0;
    P0 = 0x00;
    P3 = 0xff;
    while(1)
    {
       for(r = 0;r < 70;r ++)               //控制每个字符显示的时间
         {
            for(j = q;j < 32 + q;j ++)
              {
                    P3 = 0xFE;
                    P1 = tab2[t];
                    P0 = tab1[j];
                    j ++;
                    P2 = tab1[j];
                    delay(10);           //上面的点阵显示字
                    y = j + 31;
                    P3 = 0xFD;
                    P1 = tab2[t];
                    P0 = tab1[y];
                    y ++;
                    P2 = tab1[y];
                    t ++;
                    if(t == 16)
                    {
                       t = 0;
                    }
                 delay(10);              //下面的点阵显示字
              }
         }
         q = q + 16;                      //显示下一个字符
           if(q == 352)
             {
               q = 0;
             }
    }
}
```

调试与仿真

首先在 Keil 中创建项目，输入源代码并生成 Debug. OMF 文件，然后在 Proteus 8 Professional 中打开已创建的两个 16×16 LED 点阵汉字移位显示电路图并进行相应设置，以实现 Keil 与 Proteus 的联机调试。单击 Proteus 8 Professional 模拟调试按钮的运行按钮 ▶ ，进入调试状态。在调试运行状态下，可看见两个 16×16 LED 点阵汉字移位显示仿真效果图如图 8-30 所示。

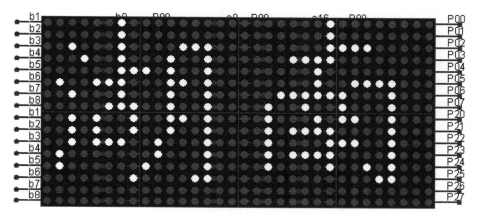

图 8-30　两个 16×16 LED 点阵汉字移位显示仿真效果图

# 项目九　LCD 液晶显示设计

【知识目标】

☺ 了解 LCD 的结构及工作原理。

☺ 理解字符式 LCD 和汉字式 LCD 的控制及时序。

【能力目标】

☺ 掌握字符式 LCD 显示字符的原理及使用方法。

☺ 掌握汉字式 LCD 显示汉字和图片的原理及使用方法。

液晶显示器（Liquid Crystal Display，LCD）是一种利用液晶的扭曲/向列效应制成的新型显示器。它具有体积小、质量轻、功耗低、抗干扰能力强等优点，因而在单片机系统中被广泛应用。

## 任务 1　LCD 液晶显示原理

**1. LCD 的结构及工作原理**

LCD 本身不发光，它是通过借助外界光线照射液晶材料而实现显示的被动显示器件。LCD 的基本结构如图 9-1 所示。

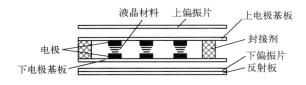

图 9-1　LCD 的基本结构

向列型液晶材料被封装在上（正）、下（背）两片导电玻璃电极之间。液晶分子垂直排列，上、下扭曲 90°。外部入射光线通过上偏振片后形成偏振光，该偏振光通过平行排列的液晶材料后被旋转 90°，再通过与上偏振片垂直的下偏振片，被反射板反射过来，呈透明状态。若在其上、下电极上加上一定的电压，在电场的作用下，迫使加在电极部分的液晶分子转成垂直排列，其旋光作用也随之消失，致使从上偏振片入射的偏振光不被旋转，光无法通过下偏振片返回，呈黑色。当去掉电压后，液晶分子又恢复其扭转结构。因此可以根据需要将电极做成各种形状，用以显示各种文字、数字、图形。

**2. LCD 的分类**

LCD 分类的方法有多种。

**1）按电光效应分类**　电光效应是指在电的作用下，液晶分子的初始排列改变为其他的排列形式，使液晶盒的光学性质发生变化，即以电通过液晶分子对光进行了调制。

LCD 按电光效应的不同，可分为电场效应类、电流效应类、电热效应类 3 种。电场效应类又可分为扭曲向列效应（Twisted Nematic，TN）型、宾主效应 GH 型和超扭曲效应 STN（Super Twisted）型等。

目前在单片机应用系统中广泛应用 TN 型和 STN 型液晶显示器。

**2）按显示内容分类**　LCD 按其显示的内容不同，可分为字段式（又称笔画式）、点阵字符式和点阵图 3 种。

字段式 LCD 是以长条笔画状显示像素组成的 LCD。

点阵字符式有 192 种内置字符，包括数字、字母、常用标点符号等。另外，用户可以自定义 5×7 点阵字符或其他点阵字符等。根据 LCD 型号的不同，每屏显示的行数有 1 行、2 行、4 行 3 种，每行可显示 8 个、16 个、20 个、24 个、32 个和 40 个字符等。

点阵图形式的 LCD 除可以显示字符外，还可显示各种图形信息、汉字等。

**3）按采光方式分类**　LCD 按采光方式的不同，可分为带背光源和不带背光源两类。

不带背光源 LCD 是靠其背面的反射膜将射入的自然光从下面反射出来完成的。大部分设备的 LCD 是用自然光光源，可选用不带背光的 LCD。

若产品工作在弱光或黑暗条件下时，就应选择带背光的 LCD。

**3. LCD 的驱动方式**

LCD 两极间不允许施加恒定直流电压，驱动电压直流成分越小越好，最好不超过 50mV。为了得到 LCD 亮、灭所需的两倍幅值及零电压，常给 LCD 的背极通以固定的交变电压，通过控制前极电压值的改变实现对 LCD 显示的控制。

LCD 的驱动方式由电极引线的选择方式确定。其驱动方式有静态驱动（直接驱动）和时分割驱动（也称多极驱动或动态驱动）两种。

**1）静态驱动方式**　静态驱动是把所有段电极逐个驱动，所有段电极和公共电极之间仅在要显示时才施加电压。静态驱动是 LCD 最基本的驱动方式，其驱动原理电路及波形如图 9-2 所示。

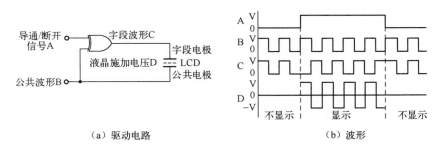

（a）驱动电路　　　　　　　　　　　（b）波形

图 9-2　LCD 静态驱动原理电路及波形

图 9-2 中，LCD 表示某个液晶显示字段。字段波形 C 与公共波形 B 不是同相就是反相。当此字段上两个电极电压相位相同时，两个电极之间的相对电压为零，液晶上无电场，该字段不显示；当此字段上两个电极的电压相位相反时，两个电极之间的相对电压为两倍幅值方波电压，该字段呈黑色显示。

在静态驱动方式下，若 LCD 有 $n$ 个字段，则需 $n+1$ 条引线，其驱动电路也需要 $n+1$ 条引线。当显示字段较多时，驱动电路的引线数将需更多。所以当显示字段较少时，一般采用静态驱动方式。当显示字段较多时，一般采用时分割驱动方式。

**2）时分割驱动方式**　　时分割驱动是把全段电极分为数组，将它们分时驱动，即采用

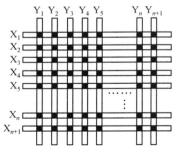

图 9-3　LCD 时分割驱动原理

逐行扫描的方法显示所需要的内容。时分割驱动原理如图 9-3 所示。

从图 9-3 中可以看出，电极沿 X、Y 方向排列成矩阵形式，按顺序给 X 电极施加选通波形，给 Y 电极施加与 X 电极同步的选通或非选通波形，如此周而复始。在 X 电极与 Y 电极交叉处的段点被点亮或熄灭，达到 LCD 显示的目的。

驱动 X 电极从第一行到最后一行所需时间为帧周期 $T_f$，驱动每一行所需时间 $T_r$ 与帧周期 $T_f$ 的比值为占空比 Duty。

时分割的占空比为：$Duty = T_r / T_f = 1/n$。其占空比有 1/2、1/8、1/11、1/16、1/32、1/64 等。非选通时，波形电压与选通时波形电压的比值称为偏比 Bias，$Bias = 1/a$，式中 $a$ 为 Duty 的平方根加 1。其偏比有 1/2、1/3、1/4、1/5、1/7、1/9 等。

图 9-4 所示为一位 8 段 1/3 偏比的 LCD 数码管各字段与背极的排列、等效电路。

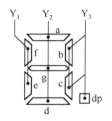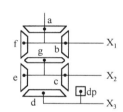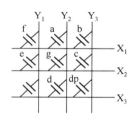

图 9-4　一位 LCD 数码管各字段与背极的排列、等效电路图

从图 9-4 中可以看出，3 根公共电极 $X_1$、$X_2$、$X_3$ 分别与所有字符的（a、b、f）、（c、e、g）、（d、dp）相连，而 $Y_1$、$Y_2$、$Y_3$ 是每个字符的单独电极，分别与（f、e）、（a、d、g）、（b、c、dp）相连。通过这种分组的方法可使具有 $m$ 个字符段的 LCD 的引脚数为 $\frac{m}{n} + n$（$n$ 为背极数），减少了驱动电路的引线数。所以当显示像素众多时，如点阵型 LCD，为节省驱动电路，多采用时分割驱动方式。

**4. SMC1602A 字符式 LCD 的基础知识**

SMC1602A 显示器可以显示两行字符，每行 16 个，显示容量为 $16 \times 2$ 个字符。它带有背光源，采用时分割驱动的形式。通过并行接口，可与单片机 I/O 口直接相连。

**1）SMC1602A 的引脚及其功能**　　SMC1602A 采用并行接口方式，有 16 根引线，各线的功能及使用方法如下所述。

☺ Vss（1）：电源地。

☺ VDD（2）：电源正极，接 +5V 电源。

☺ VL（3）：液晶显示偏压信号。

☺ RS（4）：数据/指令寄存器选择端。高电平时选择数据寄存器，低电平时选择指令寄存器。

☺ R/W（5）：读/写选择端。高电平时为读操作，低电平时为写操作。

☺ E（6）：使能信号，下降沿触发。

☺ D0 ～ D7（7 ～ 14）：I/O 数据传输线。

☺ BLA（15）：背光源正极。

☺ BLK（16）：背光源负极。

**2）SMC1602A 内部结构及工作原理**　SMC1602A LCD 内部主要由日立公司的 HD44780、HD44100（或兼容电路）和一些阻容元件等部分组成。

HD44780 是用低功耗 CMOS 技术制造的大规模点阵 LCD 控制器，具有简单而功能较强的指令集，可实现字符移动、闪烁等功能，与微处理器相连能使 LCD 显示大/小英文字母、数字和符号。HD44780 控制电路主要由 DDRAM、CGROM、CGRAM、IR、DR、BF、AC 等大规模集成电路组成。

DDRAM 为数据显示用的 RAM（Data Display RAM），用于存放要 LCD 显示的数据（最多能存储 80 个），只要将标准的 ASCII 码放入 DDRAM，内部控制线路就会自动将数据传送到显示器上，并显示出该 ASCII 码对应的字符。

CGROM 为字符产生器 ROM（Character Generator ROM），它存储了由 8 位字符码生成的 192 个 5×7 点阵字符和 32 个 5×10 点阵字符。8 位字符编码和字符的对应关系，即内置字符集，见表 9-1。

**表 9-1　HD44780 内置字符集**

| 低4位 ＼ 高4位 | 0000 | 0001 | 0010 | 0011 | 0100 | 0101 | 0110 | 0111 | 1010 | 1011 | 1100 | 1101 | 1110 | 1111 |
|---|---|---|---|---|---|---|---|---|---|---|---|---|---|---|
| xxxx0000 | CGRA | | | 0 | @ | P | \ | p | | — | タ | 三 | α | P |
| xxxx0001 | (2) | | ! | 1 | A | Q | a | q | ロ | ア | チ | ム | ä | q |
| xxxx0010 | (3) | | " | 2 | B | R | b | r | r | イ | 川 | ㄨ | β | θ |
| xxxx0011 | (4) | | # | 3 | C | S | c | s | 亅 | ウ | ラ | モ | ε | ∞ |
| xxxx0100 | (5) | | $ | 4 | D | T | d | t | \ | エ | ト | セ | μ | Ω |
| xxxx0101 | (6) | | % | 5 | E | U | e | u | ロ | オ | ナ | ユ | B | 0 |
| xxxx0110 | (7) | | & | 6 | F | V | f | v | テ | カ | 二 | ヨ | P | Σ |
| xxxx0111 | (8) | | ' | 7 | G | W | g | w | ア | キ | ヌ | テ | g | π |
| xxxx1000 | (1) | | ( | 8 | H | X | h | x | イ | ク | ネ | リ | 厂 | |
| xxxx1001 | (2) | | ) | 9 | I | Y | i | y | ウ | ヶ | ノ | ル | -I | Ч |
| xxxx1010 | (3) | | * | : | J | Z | j | z | エ | コ | ハ | レ | i | |
| xxxx1011 | (4) | | + | ; | K | [ | k | ( | オ | サ | ヒ | ロ | × | |
| xxxx1100 | (5) | | , | < | L | ¥ | l | | | セ | ツ | フ | ワ | ¢ | |
| xxxx1101 | (6) | | − | = | M | ] | m | ) | ユ | ス | ヘ | ソ | ł | ÷ |
| xxxx1110 | (7) | | . | > | N | ^ | n | → | ヨ | セ | ホ | ゛ | ñ | |
| xxxx1111 | (8) | | / | ? | O | _ | o | ← | ツ | ソ | マ | ゜ | ö | ■ |

CGRAM 为字型/字符产生器（Character Generator RAM），可供使用者存储特殊造型的造型码。CGRAM 最多可存 8 个字型/字符。

IR 为指令寄存器（Instruction Register），负责存储 MCU 要写给 LCD 的指令码，当 RS 及 R/W 引脚信号为 0 且 E［Enable］引脚信号由 1 变为 0 时，D0～D7 引脚上的数据便会存入到 IR 寄存器中。

DR 为数据寄存器（Data Register），它们负责存储 MCU 要写到 CGRAM 或 DDRAM 的数据，或者存储 MCU 要从 CGRAM 或 DDRAM 读出的数据。因此，可将 DR 视为一个数据缓冲区，当 RS 及 R/W 引脚信号为 1 且 E［Enable］引脚信号由 1 变为 0 时，读取数据；当 RS 引脚信号为 1，R/W 引脚信号为 0 且 E［Enable］引脚信号由 1 变为 0 时，存入数据。

BF 为忙碌信号（Busy Flag），当 BF 为 1 时，不接收 MCU 送来的数据或指令；当 BR 为 0 时，接收外部数据或指令，所以在写数据或指令到 LCD 前，必须查看 BF 是否为 0。

AC 为地址计数器（Address Counter），负责计数写入/读出 CGRAM 或 DDRAM 的数据地址，AC 依照 MCU 对 LCD 的设置值而自动修改它本身的内容。

HD44100 也是采用 CMOS 技术制造的大规模 LCD 驱动 IC，既可作为行驱动，又可作为列驱动，由 20×2Bit 二进制移位寄存器、20×2Bit 数据锁存器、20×2Bit 驱动器组成，主要用于 LCD 时分割驱动。

**3）显示位与 RAM 的对应关系（地址映射）**　　SMC1602A 内部带有 80×8Bit 的 RAM 缓冲区，显示位与 RAM 的对应关系见表 9-2。

表 9-2　显示位与 RAM 地址的对应关系

| 显示位序号 | | 1　2　3　4　5　6　…　40 |
|---|---|---|
| RAM 地址（HEX） | 第一行 | 00　01　02　03　04　05　…　27 |
| | 第二行 | 40　41　42　43　44　45　…　67 |

**4）指令操作**　　指令操作包括清屏、回车、输入模式控制、显示开关控制、移位控制、显示模式控制等，见表 9-3。

表 9-3　指令系统

| 指令名称 | 控制信号 | | 指令代码 | 功能 |
|---|---|---|---|---|
| | RS | R/W | D7 D6 D5 D4 D3 D2 D1 D0 | |
| 清屏 | 0 | 0 | 0 0 0 0 0 0 0 1 | 显示清屏：（1）数据指针清零（2）所有显示清除 |
| 回车 | 0 | 0 | 0 0 0 0 0 0 1 0 | 显示回车，数据指针清零 |
| 输入模式控制 | 0 | 0 | 0 0 0 0 0 1 N S | 设置光标、显示画面移动方向 |
| 显示开关控制 | 0 | 0 | 0 0 0 0 D/L D C B | 设置显示、光标、闪烁开关 |
| 移位控制 | 0 | 0 | 0 0 0 1 S/C R/L × × | 使光标或显示画面移位 |
| 显示模式控制 | 0 | 0 | 0 0 1 D/L N F × × | 设置数据总线位数、点阵方式 |
| CGRAM 地址设置 | 0 | 0 | 0 1 ACG | 设置 CGRAM 地址 |
| DDRAM 地址指针设置 | 0 | 0 | 1 ADD | |
| 忙状态检查 | 0 | 1 | BF AC | |
| 读数据 | 1 | 1 | 数据 | 从 RAM 中读取数据 |
| 写数据 | 1 | 0 | 数据 | 对 RAM 进行写数据 |
| 数据指针设置 | 0 | 0 | 80H + 地址码（0～27H，40～47H） | 设置数据地址指针 |

注：表中的"×"表示"0"或"1"，下同。

☺ 清屏指令：使 DDRAM 的显示内容清零、数据指针 AC 清零，光标回到左上角的原点。

☺ 回车指令：显示回车，数据指针 AC 清零，使光标和光标所在的字符回到原点，但 DDRAM 单元的内容不变。

☺ 输入模式控制指令：用于设置光标、显示画面移动方向。当数据写入 DDRAM（CGRAM）或从 DDRAM（CGRAM）读取数据时，N 控制 AC 自动加 1 或自动减 1。若 N 为 1 时，AC 加 1；N 为 0 时，AC 减 1。S 控制显示内容左移或右移，S＝1 且数据写入 DDRAM 时，显示将全部左移（N＝1）或右移（N＝0），此时光标看上去未动，仅显示内容移动，但读出时显示内容不移动；当 S＝0 时，显示不移动，光标左移或右移。

☺ 显示开关控制指令：用于设置显示、光标、闪烁开关。D 为显示控制位，当 D＝1 时，开显示；当 D＝0 时，关显示，此时 DDRAM 的内容保持不变。C 为光标控制位，当 C＝1 时，开光标显示；C＝0 时，关光标显示。B 为闪烁控制位，当 B＝1 时，当光标和光标所指的字符共同以 1.25Hz 速率闪烁；B＝0 时，不闪烁。

☺ 移位控制指令：使光标或显示画面在没有对 DDRAM 进行读/写操作时被左移或右移。该指令每执行 1 次，屏蔽字符与光标即移动 1 次。在两行显示方式下，光标为闪烁的位置从第 1 行移到第 2 行。移位控制指令的设置见表 9-4。

**表 9-4　移位控制指令的设置**

| D7 ～ D4 | D3 S/C | D2 R/L | D1 | D0 | 指令设置含义 |
| --- | --- | --- | --- | --- | --- |
| 0001 | 0 | 0 | × | × | 光标左移，AC 自动减 1 |
| 0001 | 0 | 1 | × | × | 光标移位，光标和显示一起右移 |
| 0001 | 1 | 0 | × | × | 显示移位，光标左移，AC 自动加 1 |
| 0001 | 1 | 1 | × | × | 光标和显示一起右移 |

☺ 显示模式控制指令：用于设置数据总线位数、点阵方式等操作，见表 9-5。

**表 9-5　显示模式控制指令的设置**

| D7 ～ D5 | D4 D/L | D3 N | D2 F | D1 | D0 | 指令设置含义 |
| --- | --- | --- | --- | --- | --- | --- |
| 001 | 1 | 1 | 1 | × | × | DL＝1 选择 8 位数据总线；N＝1 两行显示；F＝1 为 5×10 点阵 |
| 001 | 1 | 1 | 0 | × | × | DL＝1 选择 8 位数据总线；N＝1 两行显示；F＝0 为 5×7 点阵 |
| 001 | 1 | 0 | 1 | × | × | DL＝1 选择 8 位数据总线；N＝0 一行显示；F＝1 为 5×10 点阵 |
| 001 | 1 | 0 | 0 | × | × | DL＝1 选择 8 位数据总线；N＝0 一行显示；F＝0 为 5×7 点阵 |
| 001 | 0 | 1 | 1 | × | × | DL＝0 选择 4 位数据总线；N＝1 两行显示；F＝1 为 5×10 点阵 |
| 001 | 0 | 1 | 1 | × | × | DL＝0 选择 4 位数据总线；N＝0 一行显示；F＝1 为 5×10 点阵 |
| 001 | 0 | 0 | 0 | × | × | DL＝0 选择 4 位数据总线；N＝0 一行显示；F＝0 为 5×7 点阵 |

☺ CGRAM 地址设置指令：用于设置 CGRAM 地址指针，地址码 D5 ～ D7 被送入 AC。设置此指令后，就可以将自定义的显示字符数据写入 CGRAM 或从 CGRAM 中读出。

☺ DDRAM 地址指针设置指令：用于设置两行字符显示的起始地址。为 10000000（0x80）时，设置第 1 行字符的显示位置为第 1 行第 0 列，为 0x81 ～ 0x8F 时，为第 1 行第 1 列～第 1 行第 15 列。为 11000000（0xC0）时，设置第 2 行字符的显示位置为第 2 行第 0 列，为 0xC1 ～ 0xCF 时，为第 2 行第 2 列～第 2 行第 15 列。此指令设置 DDRAM 地址指针的值，此后就可以将要显示的数据写入到 DDRAM 中。在 HD44780 控制器中，由于内嵌大量的常用字符，这些字符都集成在 CGROM 中，当要显示这些点阵时，只需将该字符所对应的字符代码送给指定的 DDRAM 中即可。

☺忙状态检查指令：该指令是通过读取数据的 D7 位是否为 1 来判断的，若为 1 表示总线正在忙碌。

### 5. SMG12864A 汉字式 LCD 的基础知识

SMG12864A 是一种图形点阵液晶显示器，可完成图形显示，也可以显示 8×4 个（16×16 点阵）汉字。

**1）SMG12864A 的引脚及其功能**　见表 9-6。

**表 9-6　SMG12864A 的外部引脚及功能**

| 引 脚 号 | 引脚名称 | LEVER | 引脚功能描述 |
| --- | --- | --- | --- |
| 1 | VSS | 0 | 电源地 |
| 2 | VDD | +5.0V | 电源正极 |
| 3 | V0 | — | 驱动电压 |
| 4 | RS | H/L | D/I = "H"，表示 DB7 ～ DB0 为显示数据<br>D/I = "L"，表示 DB7 ～ DB0 为显示指令数据 |
| 5 | R/W | H/L | R/W = "H"，E = "H"，数据被读到 DB7 ～ DB0<br>R/W = "L"，E = "H→L"，数据被写到 IR 或 DR |
| 6 | E | H/L | R/W = "L"，E 信号下降沿锁存 DB7 ～ DB0<br>R/W = "H"，E = "H"，DDRAM 数据读到 DB7 ～ DB0 |
| 7 | DB0 | H/L | 数据线 |
| 8 | DB1 | H/L | 数据线 |
| 9 | DB2 | H/L | 数据线 |
| 10 | DB3 | H/L | 数据线 |
| 11 | DB4 | H/L | 数据线 |
| 12 | DB5 | H/L | 数据线 |
| 13 | DB6 | H/L | 数据线 |
| 14 | DB7 | H/L | 数据线 |
| 15 | CS1 | H/L | H：选择芯片 IC1（右半屏）信号 |
| 16 | CS2 | H/L | H：选择芯片 IC2（左半屏）信号 |
| 17 | RST | H/L | 复位信号，低电平复位（H：正常工作，L：复位） |
| 18 | VEE | −10V | LCD 驱动负电压输出 |
| 19 | BLA | +4.2V | LED 背光板正极 |
| 20 | BLK | — | LED 背光板负极 |

**2）SMG12864A 内部结构及工作原理**　SMG12864A 的内部结构如图 9-5 所示。它主要由行驱动器/列驱动器及 128×64 全点阵 LCD 组成。

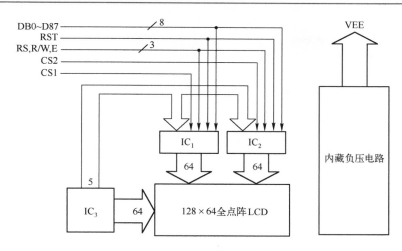

图 9-5　SMG12864A 的内部结构框图

图 9-5 中，$IC_3$ 为行驱动器；$IC_1$ 和 $IC_2$ 为列驱动器。$IC_1$、$IC_2$ 和 $IC_3$ 含有以下主要功能器件。

（1）指令寄存器（IR）：用于寄存指令码，与数据寄存器中的数据相对应。当 RS = 0 时，在 E 信号下降沿的作用下，指令码写入 IR。

（2）数据寄存器（DR）：用于寄存数据，与 IR 寄存指令相对应。当 RS = 1 时，在下降沿作用下，图形显示数据写入 DR，或者在 E 信号高电平作用下由 DR 读到 DB7 ～ DB0 数据总线中。DR 和 DDRAM 之间的数据传输是由模块内部自动执行的。

（3）忙标志（BF）：BF 标志提供内部工作情况。BF = 1 表示模块在进行内部操作，此时模块不接收外部指令和数据；BF = 0 时，模块为准备状态，随时可接受外部指令和数据。

利用 STATUS READ（读状态）指令，可以将 BF 读到 DB7 总线，以检验模块的工作状态。

（4）显示控制触发器（DFF）：DFF 用于模块屏幕显示开和关的控制。DFF = 1 为开显示（DISPLAY ON），DDRAM 的内容就显示在屏幕上，DFF = 0 为关显示（DISPLAY OFF）。

DDF 的状态由指令 DISPLAY ON/OFF 和 RST 信号控制。

（5）XY 地址计数器：XY 地址计数器是一个 9 位计数器。高 3 位是 X 地址计数器，低 6 位为 Y 地址计数器，XY 地址计数器实际上是作为 DDRAM 的地址指针的，X 地址计数器为 DDRAM 的页指针，Y 地址计数器为 DDRAM 的 Y 地址指针。

X 地址计数器是没有计数功能的，只能用指令来设置。

Y 地址计数器具有循环计数功能，各显示数据写入后，Y 地址自动加 1，Y 地址范围为 0 ～ 63。

（6）显示数据 RAM（DDRAM）：用于存储图形的显示数据。数据为 1 表示显示选择，数据为 0 表示显示非选择。DDRAM 与地址和显示位置的关系如图 9-6 所示。

（7）Z 地址计数器：Z 地址计数器是一个 6 位计数器，此计数器具备循环计数功能，用于显示行扫描同步。当一行扫描完成后，此地址计数器自动加 1，指向下一行扫描数据。RST 复位后，Z 地址计数器为 0。

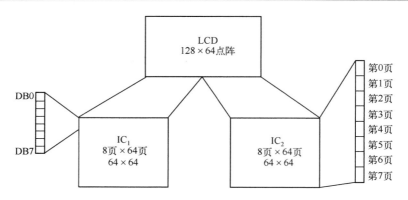

图 9-6    DDRAM 与地址和显示位置的关系图

Z 地址计数器可以用指令 DISPLAY START LINE 预置。因此，显示屏幕的起始行就由此指令控制，即 DDRAM 的数据从哪一行开始显示在屏幕的第一行。此模块的 DDRAM 共 64 行，屏幕可以循环滚动显示 64 行。

**3）SMG12864A 基本操作时序**

（1）读状态。输入信号：RS = L，R/W = H，CS1 或 CS2 = H，E = H；输出：DB0 ～ DB7 = 状态字。

（2）写指令。输入信号：RS = L，R/W = L，DB0 ～ DB7 = 指令码，CS1 或 CS2 = H，E = 高脉冲；无输出。

（3）读数据。输入信号：RS = H，R/W = H，CS1 或 CS2 = H，E = H；输出：DB0 ～ DB7 = 数据。

（4）写数据。输入信号：RS = H，R/W = L，DB0 ～ DB7 = 数据，CS1 或 CS2 = H，E = 高脉冲；无输出。

SMG12864A 的读/写操作时序如图 9-7 和图 9-8 所示。

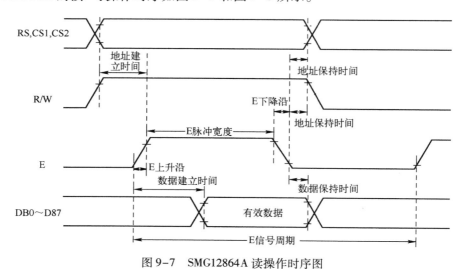

图 9-7    SMG12864A 读操作时序图

**4）指令操作**    SMG12864A 的指令见表 9-7，包括显示开关控制、设置显示起始行、设置页地址（X 地址）、设置 Y 地址、读状态、写显示数据、读显示数据等操作。

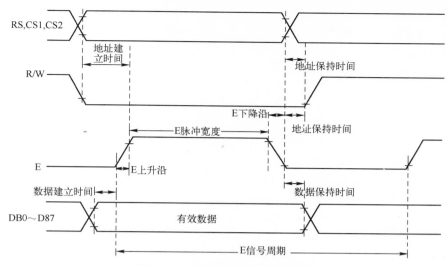

图 9-8　SMG12864A 写操作时序图

**表 9-7　SMG12864 的指令**

| 指　令 | 指　令　码 | | | | | | | | | | 功　　能 |
|---|---|---|---|---|---|---|---|---|---|---|---|
| | R/W | D/I | D7 | D6 | D5 | D4 | D3 | D2 | D1 | D0 | |
| 显示 ON/OFF | 0 | 0 | 0 | 0 | 1 | 1 | 1 | 1 | 1 | 1/0 | 控制显示器的开/关，不影响 DDRAM 中数据和内部状态 |
| 显示起始行 | 0 | 0 | 1 | 1 | 显示起始行 (0～63) | | | | | | 指定显示屏从 DDRAM 中哪一行开始显示数据 |
| 设置 X 地址 | 0 | 0 | 1 | 0 | 1 | 1 | 1 | X：0…7 | | | 设置 DDRAM 中的页地址（X 地址） |
| 设置 Y 地址 | 0 | 0 | 0 | 1 | Y 地址（0～63） | | | | | | 设置地址（Y 地址） |
| 读状态 | 1 | 0 | BUSY | 0 | ON/OFF | RST | 0 | 0 | 0 | 0 | 读取状态 RST 1：复位 0：正常 ON/OFF 1：显示开 0：显示关 BUSY 0：READY 1：IN OPERATION |
| 写显示数据 | 0 | 1 | 显示数据 | | | | | | | | 将数据线上的数据 DB7～DB0 写入 DDRAM |
| 读显示数据 | 1 | 1 | 显示数据 | | | | | | | | 将 DDRAM 上的数据读入数据线 DB7～DB0 |

下面详细讲述各操作指令的使用方法。

☺ 显示开关控制（DISPLAY ON/OFF）

| 代码 | R/W | RS | DB7 | DB6 | DB5 | DB4 | DB3 | DB2 | DB1 | DB0 |
|---|---|---|---|---|---|---|---|---|---|---|
| 形式 | 0 | 0 | 0 | 0 | 1 | 1 | 1 | 1 | 1 | D |

D = 1：开显示（DISPLAY ON），即 LCD 可以进行各种显示操作。

D = 0：关显示（DISPLAY OFF），即不能对 LCD 进行各种显示操作。

☺ 设置显示起始行

| 代码 | R/W | RS | DB7 | DB6 | DB5 | DB4 | DB3 | DB2 | DB1 | DB0 |
|---|---|---|---|---|---|---|---|---|---|---|
| 形式 | 0 | 0 | 1 | 1 | A5 | A4 | A3 | A2 | A1 | A0 |

显示起始行是由 Z 地址计数器控制的，A5～A0 的 6 位地址自动送入 Z 地址计数器，起始行的地址可以是 0～63 的任意一行。例如，选择 A5～A0 是 62，则起始行与 DDRAM 行的对应关系如下：

DDRAM 行：62  63  0  1  2  3.............................28  29

屏幕显示行：1  2  3  4  5  6.............................31  32

☺ 设置页地址

| 代码 | R/W | RS | DB7 | DB6 | DB5 | DB4 | DB3 | DB2 | DB1 | DB0 |
|------|-----|----|-----|-----|-----|-----|-----|-----|-----|-----|
| 形式 | 0 | 0 | 1 | 0 | 1 | 1 | 1 | A2 | A1 | A0 |

所谓页地址，就是 DDRAM 的行地址，8 行为一页，模块共 64 行即 8 页，A2～A0 表示 0～7 页。读/写数据对地址没有影响，页地址由本指令或 RST 信号改变复位后变为 0。页地址与 DDRAM 的对应关系见表 9-8。

表 9-8　页地址与 DDRAM 的对应关系

| | CS1 = 1 | | | | | CS2 = 1 | | | | | |
|------|-----|-----|-----|-----|-----|-----|-----|-----|-----|-----|------|
| Y = | 0 | 1 | ··· | 62 | 63 | 0 | 1 | ··· | 62 | 63 | 行号 |
| | DB0 ↓ DB7 | DB0 ↓ DB7 | DB0 ↓ DB7 | DB0 ↓ DB7 | DB0 ↓ DB7 | DB0 ↓ DB7 | DB0 ↓ DB7 | DB0 ↓ DB7 | DB0 ↓ DB7 | DB0 ↓ DB7 | 0 ↓ 7 |
| X = 0 ↓ X = 7 | DB0 ↓ DB7 | DB0 ↓ DB7 | DB0 ↓ DB7 | DB0 ↓ DB7 | DB0 ↓ DB7 | DB0 ↓ DB7 | DB0 ↓ DB7 | DB0 ↓ DB7 | DB0 ↓ DB7 | DB0 ↓ DB7 | 8 ↓ 55 |
| | DB0 ↓ DB7 | DB0 ↓ DB7 | DB0 ↓ DB7 | DB0 ↓ DB7 | DB0 ↓ DB7 | DB0 ↓ DB7 | DB0 ↓ DB7 | DB0 ↓ DB7 | DB0 ↓ DB7 | DB0 ↓ DB7 | 56 ↓ 63 |

☺ 设置 Y 地址（SET Y ADDRESS）

| 代码 | R/W | RS | DB7 | DB6 | DB5 | DB4 | DB3 | DB2 | DB1 | DB0 |
|------|-----|----|-----|-----|-----|-----|-----|-----|-----|-----|
| 形式 | 0 | 0 | 0 | 1 | A5 | A4 | A3 | A2 | A1 | A0 |

此指令的作用是将 A5～A0 送入 Y 地址计数器，作为 DDRAM 的 Y 地址指针。在对 DDRAM 进行读/写操作后，Y 地址指针自动加 1，指向下一个 DDRAM 单元。

☺ 读状态（STATUS READ）

| 代码 | R/W | RS | DB7 | DB6 | DB5 | DB4 | DB3 | DB2 | DB1 | DB0 |
|------|-----|----|------|-----|--------|-----|-----|-----|-----|-----|
| 形式 | 0 | 1 | BUSY | 0 | ON/OFF | RET | 0 | 0 | 0 | 0 |

当 R/W = 1、RS = 0 时，在 E 信号为"H"的作用下，状态分别输出到数据总线（DB7～DB0）的相应位。RST = 1 表示内部正在初始化，此时组件不接受任何指令和数据。

☺ 写显示数据（WRITE DISPLAY DATE）

| 代码 | R/W | RS | DB7 | DB6 | DB5 | DB4 | DB3 | DB2 | DB1 | DB0 |
|------|-----|----|-----|-----|-----|-----|-----|-----|-----|-----|
| 形式 | 0 | 1 | D7 | D6 | D5 | D4 | D3 | D2 | D1 | D0 |

D7～D0 为显示数据内容，此指令把 D7～D0 中的内容写入相应的 DDRAM 单元，Y 地指针自动加 1。

☺ 读显示数据（READ DISPLAY DATE）

| 代码 | R/W | RS | DB7 | DB6 | DB5 | DB4 | DB3 | DB2 | DB1 | DB0 |
|------|-----|----|-----|-----|-----|-----|-----|-----|-----|-----|
| 形式 | 1 | 1 | D7 | D6 | D5 | D4 | D3 | D2 | D1 | D0 |

此指令把 DDRAM 的内容 D7～D0 读到数据总线 DB7～DB0，Y 地址指针自动加 1。

## 任务 2　字符式 LCD 静态显示

设计要求

使用 HD44780 内置字符集，在 SMC1602A 液晶上静态显示字符串，第 1 行显示字符串为 "czpmcu@126. com"；第 2 行显示字符串为 "QQ：769879416"。

硬件设计

在 Proteus 中没有型号为 SMC1602A 的字符式 LCD，与其兼容的有 LM016L，因此可以用 LM016L 替代 SMC1602A。在桌面上双击图标 🖱，打开 Proteus 8 Professional 窗口。新建一个 DEFAULT 模板，添加表 9-9 所列的元器件，并完成如图 9-9 所示的硬件电路图设计。

**表 9-9　字符式 LCD 静态显示所使用的元器件**

| 单片机 AT89C51 | 瓷片电容 CAP22pF | 电阻 RES | 电解电容 CAP – ELEC 10μF |
| --- | --- | --- | --- |
| 晶振 CRYSTAL 12MHz | LM016L 字符式 LCD | 电阻排 RESPACK – 8 | 可调电阻 POT – HG |
| 按钮 BUTTON | | | |

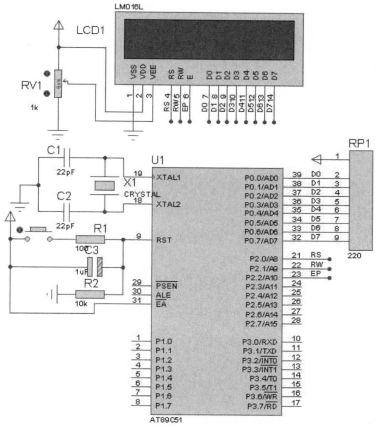

图 9-9　字符式 LCD 显示字符串电路图

### 程序设计

使用 HD44780 内置字符集，在 SMC1602A 液晶上静态显示两行字符串时，可以直接建立两个字符数组，分别为 dis1[ ] = { " czpmcu @ 126. com " } 和 dis2 [ ] = { " QQ: 769879416"}。LCD 静态显示字符串时，首先对 LCD 进行初始化，再分别确定第 1 行的显示起始坐标和第 2 行的显示起始坐标，最后分别将显示内容送到第 1 行和第 2 行即可。其程序流程图如图 9-10 所示。

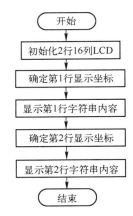

图 9-10 字符式 LCD 显示
字符串程序流程图

 源程序

```
/********************************************************
文件名:字符式 LCD 静态显示 . c
单片机型号:STC89C51RC
晶振频率:12.0MHz
说明: 第 1 行显示 czpmcu@ 126. com
      第 2 行显示 QQ:769879416
********************************************************/
#include < reg52. h >
#include < intrins. h >
#define uchar unsigned char
#define uint unsigned int
sbit rs = P2^0;
sbit rw = P2^1;
sbit ep = P2^2;
uchar code dis1[ ] = { "czpmcu@ 126. com" };
uchar code dis2[ ] = { " QQ:769879416" };
void delay( uchar ms)
{                                      //延时子程序
  uchar i;
    while( ms -- )
    {
        for( i = 0;i < 120;i ++ );
    }
}
uchar Busy_Check( void)                //测试 LCD 忙碌状态
{
    uchar LCD_Status;
    rs = 0;
    rw = 1;
    ep = 1;
    _nop_( );
    _nop_( );
    _nop_( );
    _nop_( );
    LCD_Status = P0&0x80;
    ep = 0;
    return LCD_Status;
}
void lcd_wcmd( uchar cmd)              //写入指令数据到 LCD
```

```
{
    while(Busy_Check());              //等待 LCD 空闲
    rs = 0;
    rw = 0;
    ep = 0;
    _nop_();
    _nop_();
    P0 = cmd;
    _nop_();
    _nop_();
    _nop_();
    _nop_();
    ep = 1;
    _nop_();
    _nop_();
    _nop_();
    _nop_();
    ep = 0;
}
void lcd_pos(uchar pos)               //设定显示位置
{
    lcd_wcmd(pos|0x80);               //设置 LCD 当前光标的位置
}

void lcd_wdat(uchar dat)              //写入字符显示数据到 LCD
{
    while(Busy_Check());              //等待 LCD 空闲
    rs = 1;
    rw = 0;
    ep = 0;
    P0 = dat;
    _nop_();
    _nop_();
    _nop_();
    _nop_();
    ep = 1;
    _nop_();
    _nop_();
    _nop_();
    _nop_();
    ep = 0;
}
void LCD_disp(void)
{
    uchar i;
    lcd_pos(1);                       //设置显示位置为第 1 行的第 2 个字符
    i = 0;
    while(dis1[i] != '\0')
    {
    lcd_wdat(dis1[i]);                //在第 1 行显示字符串" czpmcu@ 126. com"
    i ++;
    }
    lcd_pos(0x41);                    //设置显示位置为第 2 行第 2 个字符
    i = 0;
    while(dis2[i] != '\0')
    {
```

```
        lcd_wdat(dis2[i]);              //在第 2 行显示字符串"QQ:769879416"
        i ++;
      }
    }
    void lcd_init(void)                 //LCD 初始化设定
    {
      lcd_wcmd(0x38);                   //设置显示格式为:16 * 2 行显示,5 * 7 点阵,8 位数据接口
      delay(1);
      lcd_wcmd(0x0f);                   //0x0f – – 显示开关设置,显示光标并闪烁
      delay(1);
      lcd_wcmd(0x06);                   //0x06 – – 读写后指针加 1
      delay(1);
      lcd_wcmd(0x01);                   //清除 LCD 的显示内容
      delay(1);
    }
    void main(void)
    {
      lcd_init();                       //初始化 LCD
      delay(10);
      LCD_disp();
      while(1)
        {;}
    }
```

　调试与仿真

　　首先在 Keil 中创建项目，输入源代码并生成 Debug. OMF 文件，然后在 Proteus 8 Professional 中打开已创建的字符式 LCD 静态显示电路图并进行相应设置，以实现 Keil 与 Proteus 的联机调试。单击 Proteus 8 Professional 模拟调试按钮的运行按钮 ▶，进入调试状态。在调试运行状态下，可看见在 LM016L 液晶上显示相应字符串，其仿真效果图如图 9-11 所示。若想显示其他字符，只需更改程序中 dis1[ ] 和 dis2[ ] 的内容即可。

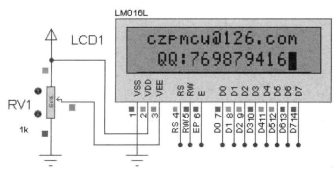

图 9-11　字符式 LCD 静态显示仿真效果图

# 任务 3　字符式 LCD 移位显示

设计要求

　　使用 HD44780 内置字符集，在 SMC1602A 液晶屏上第 1 屏闪烁显示 5 次后，进入第 2

屏移位显示，然后再回到第 1 屏显示状态。第 1 屏第 1 行显示的字符串为"czpmcu @ 126. com"；第 2 行显示的字符串为"QQ：769879416"。第 2 屏第 1 行为右移显示，显示的字符串为"tel07318012345"；第 2 行为左移显示，显示的字符串为"stc89c51RC –40D"。

### 硬件设计

本任务采用任务 2 中图 9–9 所示的硬件电路图。

### 程序设计

进行第 1 屏的显示时，首先确定第 1 行的显示起始坐标和第 2 行的显示起始坐标，然后分别将显示内容送到第 1 行和第 2 行，延时片刻后，若将0x0E 和0x08 这两个 LCD 操作指令送给 LCD，即可实现闪烁。

进行第 2 屏第 1 行显示时，首先确定第 1 行的显示起始坐标，再发送 0x06 指令到 LCD，表示向右移动光标，然后将第 1 行显示的字符串发送给 LCD，即可实现第 1 行的右移显示。依此方法，可实现第 2 行的左移显示，左移指令为0x04。其程序流程图如图 9–12 所示。

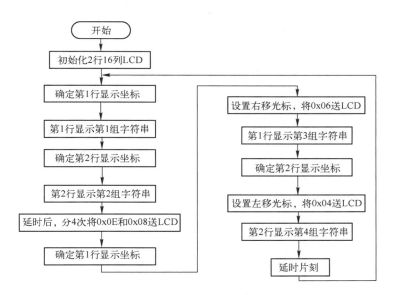

图 9–12　字符式 LCD 移位显示程序流程图

📖 注意：第 2 屏第 2 行的字符串数组中的内容要按倒序的方式编写。

### 源程序

```
/**********************************************************
文件名:字符式 LCD 移位显示 . c
单片机型号:STC89C51RC
晶振频率:12.0MHz
闪烁 5 次：第 1 行显示 czpmcu@ 126. com
          第 2 行显示 QQ:769879416
```

```
右移      第 1 行 tel07318012345
左移      第 2 行 stc89c51RC – 40D
 ****************************************************/
#include < reg52. h >
#include < intrins. h >
#define uchar unsigned char
#define uint unsigned int
sbit rs = P2^0;
sbit rw = P2^1;
sbit ep = P2^2;
uchar code dis1[ ] = {" czpmcu@ 126. com"};
uchar code dis2[ ] = {" QQ:769879416"};
uchar code dis3[ ] = {"tel07318012345"};
uchar code dis4[ ] = {"D04 – CR15c5198cts"};
void delay( uchar ms)
{                                //延时子程序
  uchar i;
    while( ms – – )
    {
      for( i = 0;i < 120;i + +);
    }
}
uchar Busy_Check( void)          //测试 LCD 忙碌状态
{
    uchar LCD_Status;
    rs = 0;
    rw = 1;
    ep = 1;
    _nop_( );
    _nop_( );
    _nop_( );
    _nop_( );
    LCD_Status = P0&0x80;
    ep = 0;
    return LCD_Status;
}
void lcd_wcmd( uchar cmd)        //写入指令数据到 LCD
{
    while( Busy_Check( ));       //等待 LCD 空闲
    rs = 0;
    rw = 0;
    ep = 0;
    _nop_( );
    _nop_( );
    P0 = cmd;
    _nop_( );
    _nop_( );
    _nop_( );
    _nop_( );
    ep = 1;
    _nop_( );
    _nop_( );
    _nop_( );
    _nop_( );
    ep = 0;
}
```

```
void lcd_pos(uchar pos)              //设定显示位置
{
    lcd_wcmd(pos|0x80);              //设置 LCD 当前光标的位置
}
void lcd_wdat(uchar dat)             //写入字符显示数据到 LCD
{
    while(Busy_Check());             //等待 LCD 空闲
    rs = 1;
    rw = 0;
    ep = 0;
    P0 = dat;
    _nop_();
    _nop_();
    _nop_();
    _nop_();
    ep = 1;
    _nop_();
    _nop_();
    _nop_();
    _nop_();
    ep = 0;
}
void LCD_on(void)
{
    lcd_wcmd(0x0E);                  //设置显示格式为:16 * 2 行显示,5 * 7 点阵,8 位数据接口
    delay(200);
}
void LCD_off(void)
{
    lcd_wcmd(0x08);                  //设置显示格式为:16 * 2 行显示,5 * 7 点阵,8 位数据接口
    delay(200);
}
void LCD_disp1(void)
{
    uchar i;
    i = 0;
    lcd_pos(1);                      //设置显示位置为第 1 行的第 2 个字符
    while(dis1[i] != '\0')
    {
        lcd_wdat(dis1[i]);           //在第 1 行显示字符串"czpmcu@126. com"
        i ++;
    }
    lcd_pos(0x41);                   //设置显示位置为第 2 行第 2 个字符
    i = 0;
    while(dis2[i] != '\0')
    {   lcd_wdat(dis2[i]);           //在第 2 行显示字符串"QQ:769879416"
        i ++;
    }
    delay(1000);
    LCD_off();
    LCD_on();
    LCD_off();
    LCD_on();
    LCD_off();
    LCD_on();
    LCD_off();
```

```
        LCD_on();
        lcd_wcmd(0x01);                        //清除 LCD 的显示内容
        delay(1);
}
    void LCD_disp2(void)                       //移位显示
    {
        uchar i;
        lcd_pos(0x0F);                         //指定第 1 行起始地址,也可用 lcd_wcmd(0x80 + 0x0F)
        i = 0;
        lcd_wcmd(0x06);                        //向右移动光标
        while(dis3[i]! = '\0')
        {
            lcd_wdat(dis3[i]);                 //在第 1 行显示字符串"tel07318012345"
            i ++ ;
            delay(100);
        }
        lcd_wcmd(0x80 + 0x40 + 0x10);          //指定第 2 行起始地址,也可用 lcd_pos(0x4F);
        i = 0;
        lcd_wcmd(0x04);                        //向左移动光标
        while(dis4[i]! = '\0')
        {
            lcd_wdat(dis4[i]);                 //在第 2 行显示字符串"stc89c51 - 40D"
            i ++ ;
            delay(100);
        }
    }
    void lcd_init(void)                        //LCD 初始化设定
    {
        lcd_wcmd(0x38);                        //设置显示格式为:16 * 2 行显示,5 * 7 点阵,8 位数据接口
        delay(1);
        lcd_wcmd(0x0c);                        //设置光标为移位模式
        delay(1);
        lcd_wcmd(0x06);                        //0x06 - - 读写后指针加 1
        delay(1);
        lcd_wcmd(0x01);                        //清除 LCD 的显示内容
        delay(1);
    }
    void main(void)
    {
        lcd_init();                            //初始化 LCD
        delay(10);
        while(1)
        {
            LCD_disp1();
            LCD_disp2();
            delay(1000);
            lcd_wcmd(0x01);                    //清除 LCD 的显示内容
        }
    }
```

**调试与仿真**

首先在 Keil 中创建项目，输入源代码并生成 Debug. OMF 文件，然后在 Proteus 8 Professional 中打开已创建的字符式 LCD 移位显示电路图并进行相应设置，以实现 Keil 与 Proteus 的联机调试。单击 Proteus 8 Professional 模拟调试按钮的运行按钮 ▶ ，进入调试状态。在调试运

行状态下，可看见在 LM016L 液晶上第 2 屏的字符串移位显示，其仿真效果图如图 9-13 所示。

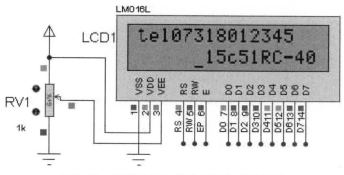

图 9-13　字符式 LCD 移位显示仿真效果图

# 任务 4　汉字式 LCD 静态显示

设计要求

使用 SMG12864A 显示汉字，第 1 行显示"爱好：单片机开发"；第 2 行显示"工具：Proteus7.8"；第 3 行显示"QQ：5imcu96472183"；第 4 行显示"启智明慧受益终身"。

硬件设计

在 Proteus 中找不到 SMG12864A，但是可使用 AMPIRE128×64 进行替代。在桌面上双击图标，打开 Proteus 8 Professional 窗口。新建一个 DEFAULT 模板，添加表 9-10 所列的元器件，并完成如图 9-14 所列的硬件电路图设计。

表 9-10　汉字式 LCD 静态显示所使用的元器件

| 单片机 AT89C51 | 瓷片电容 CAP22pF | 电阻 RES | 电解电容 CAP - ELEC 10μF |
|---|---|---|---|
| 晶振 CRYSTAL 12MHz | LM016L 字符式 LCD | 按钮 BUTTON | AMPIRE128×64 汉字式 LCD |
| 电阻排 RESPACK - 8 | 可调电阻 POT - HG | | |

程序设计

由于 AMPIRE128×64 中不含中文字库，因此首先需建立一个中文字库，中文字库的建立可采用软件（如 PCtoLCD2002 软件）来实现，或者通过人工方式实现（16×16 点阵）。使用 PCtoLCD2002 字模软件时，选择 16×16 点阵，格式为共阴极，取模方式为列行式，取模方向为低位在前，汉字为黑体，字符为 System 体。由于字符为 8×16 的点阵，为防止显示乱码，需在合适的位置进行空白显示，即添加一些 0x00 代码。其程序流程图如图 9-15 所示。

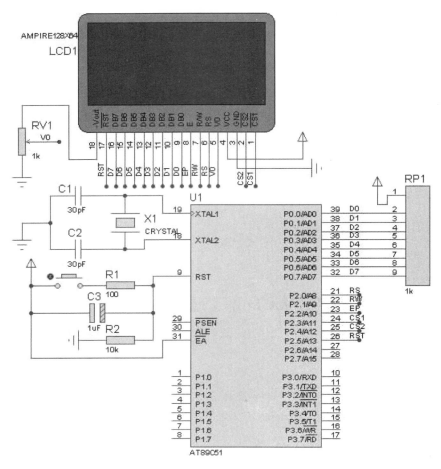

图 9-14  汉字式 LCD 静态显示电路图

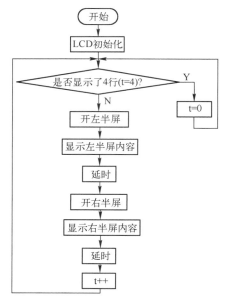

图 9-15  汉字式 LCD 静态显示流程图

### KBL C91 源程序

```
/*******************************************************
文件名:汉字式 LCD 静态显示 . c
单片机型号:STC89C51RC
晶振频率:12. 0MHz
*******************************************************/
#include < reg52. h >
#include < intrins. h >
#define uchar unsigned char
#define uint    unsigned int
sbit rs  = P2^0;      //数据/指令选择
sbit rw = P2^1;       //读/写选择
sbit ep = P2^2;       //读/写使能
sbit cs1 = P2^3;      //片选 1
sbit cs2 = P2^4;      //片选 2
sbit rst = P2^5;      //复位端
uchar code Hzk[ ] = {            //16 ×16 点阵
    0x70,0x76,0xB6,0xBE,0xBE,0xF6,0xF6,0xBE,
    0xBE,0xB3,0xBB,0xBF,0xF7,0x70,0x00,0x00,
    0x08,0x18,0x5D,0x4D,0x67,0x6F,0x3D,0x35,
    0x35,0x3D,0x6D,0x65,0x61,0x60,0x20,0x00,/ *"爱",0 */
    0x18,0x18,0xF8,0xFF,0x1F,0xF8,0xF8,0x86,
    0x86,0x86,0xF6,0xF6,0x9E,0x8E,0x86,0x00,
    0x40,0x61,0x33,0x1E,0x0C,0x1F,0x33,0x01,
    0x61,0x61,0x7F,0x3F,0x01,0x01,0x01,0x00,/ *"好",1 */
    0x00,0x00,0x00,0x00,0x00,0x00,0x00,0x00,
    0x00,0x00,0x00,0x00,0x00,0x00,0x00,0x00,
    0x00,0x00,0x33,0x33,0x00,0x00,0x00,0x00,
    0x00,0x00,0x00,0x00,0x00,0x00,0x00,0x00,/ *":",2 */
    0x00,0x00,0xFC,0xFC,0x6D,0x6F,0x6E,0xFC,
    0xFC,0x6E,0x6F,0x6D,0xFC,0xFC,0x00,0x00,
    0x00,0x18,0x1B,0x1B,0x1B,0x1B,0x1B,0x7F,
    0x7F,0x1B,0x1B,0x1B,0x1B,0x1B,0x18,0x00,/ *"单",3 */
    0x00,0x00,0x00,0xFE,0xFE,0x30,0x30,0x30,
    0x30,0x3F,0x3F,0x30,0x30,0x30,0x00,0x00,
    0x00,0x60,0x38,0x1F,0x07,0x03,0x03,0x03,
    0x03,0x03,0x7F,0x7F,0x00,0x00,0x00,0x00,/ *"片",4 */
    0x18,0x98,0xFF,0xFF,0x98,0x18,0x00,0xFE,
    0xFE,0x06,0x06,0xFE,0xFE,0x00,0x00,0x00,
    0x06,0x03,0x7F,0x7F,0x01,0x23,0x70,0x3F,
    0x0F,0x00,0x00,0x3F,0x7F,0x60,0x70,0x00,/ *"机",5 */
    0xC0,0xC6,0xC6,0xC6,0xFE,0xFE,0xC6,0xC6,
    0xC6,0xFE,0xFE,0xC6,0xC6,0xC6,0xC0,0x00,
    0x00,0x20,0x60,0x38,0x1F,0x07,0x00,0x00,
    0x00,0x7F,0x7F,0x00,0x00,0x00,0x00,0x00,/ *"开",6 */
    0x00,0x30,0x3E,0x3E,0x30,0xF0,0xFF,0xBF,
    0xB0,0xB0,0xB2,0xB6,0xB4,0x30,0x00,0x00,
    0x00,0x18,0x0C,0x66,0x63,0x21,0x37,0x1D,
    0x19,0x1D,0x37,0x23,0x61,0x60,0x60,0x00,/ *"发",7 */
    0x00,0x00,0x06,0x06,0x06,0x06,0x06,0xFE,
    0xFE,0x06,0x06,0x06,0x06,0x06,0x00,0x00,
    0x00,0x30,0x30,0x30,0x30,0x30,0x30,0x3F,
    0x3F,0x30,0x30,0x30,0x30,0x30,0x30,0x00,/ *"工",8 */
    0x00,0x00,0x00,0xFE,0xFE,0x56,0x56,0x56,
```

```
    0x56,0x56,0x56,0xFE,0xFE,0x00,0x00,0x00,
    0x0C,0x4C,0x6C,0x6F,0x3F,0x1D,0x0D,0x0D,
    0x0D,0x1D,0x1D,0x3F,0x2F,0x6C,0x0C,0x00,/* "具",9 */
    0x00,0x00,0x00,0x00,0x00,0x00,0x00,0x00,
    0x00,0x00,0x00,0x00,0x00,0x00,0x00,0x00,
    0x00,0x00,0x33,0x33,0x00,0x00,0x00,0x00,
    0x00,0x00,0x00,0x00,0x00,0x00,0x00,0x00,/* ":",10 */
    0x00,0x00,0xFC,0xFC,0x6C,0x6C,0x6D,0x6F,
    0x6E,0x6C,0x6C,0x6C,0x7C,0x7C,0x00,0x00,
    0x60,0x38,0x1F,0x07,0x00,0x7F,0x7F,0x33,
    0x33,0x33,0x33,0x33,0x7F,0x7F,0x00,0x00,/* "启",11 */
    0x00,0x9C,0xD7,0x77,0x3E,0x7E,0xD6,0x96,
    0x00,0x7E,0x7E,0x66,0x7E,0x7E,0x00,0x00,
    0x01,0x01,0x00,0x7F,0x7F,0x2B,0x2B,0x2B,
    0x2B,0x2B,0x7F,0x7F,0x00,0x00,0x00,0x00,/* "智",12 */
    0x00,0xFE,0xFE,0x66,0xFE,0xFE,0x00,0xFE,
    0xFE,0x26,0x26,0x26,0xFE,0xFE,0x00,0x00,
    0x00,0x1F,0x1F,0x06,0x0F,0x4F,0x60,0x3F,
    0x1F,0x03,0x03,0x63,0x7F,0x3F,0x00,0x00,/* "明",13 */
    0x00,0x2A,0xAA,0xFF,0xFF,0xAA,0xAA,0x80,
    0xAA,0xAA,0xFF,0xFF,0xAA,0x2A,0x00,0x00,
    0x00,0x60,0x38,0x0A,0x3A,0x7A,0x4A,0x5A,
    0x5A,0x6A,0x6A,0x0F,0x3F,0x60,0x00,0x00,/* "慧",14 */
    0x00,0xE6,0xEE,0x7E,0x76,0x66,0x6E,0x7B,
    0x73,0x63,0x73,0x7B,0xEB,0xE0,0x00,0x00,
    0x00,0x40,0x60,0x63,0x27,0x3F,0x3B,0x13,
    0x1B,0x3F,0x27,0x60,0x40,0x40,0x00,0x00,/* "受",15 */
    0x00,0x98,0x98,0xD9,0x7B,0x7E,0x18,0x18,
    0x18,0x3E,0x7B,0xD9,0x98,0x98,0x00,0x00,
    0x60,0x61,0x7F,0x7F,0x63,0x7F,0x7F,0x63,
    0x7F,0x7F,0x63,0x7F,0x7F,0x61,0x60,0x00,/* "益",16 */
    0x30,0xB8,0xEE,0x66,0x30,0x10,0x20,0x38,
    0x9F,0xEF,0x4C,0xFC,0x9C,0x0C,0x00,0x00,
    0x33,0x33,0x33,0x1B,0x1B,0x00,0x03,0x13,
    0x11,0x32,0x26,0x64,0x6D,0x03,0x03,0x00,/* "终",17 */
    0x00,0x00,0x00,0xFE,0xFE,0x56,0x57,0x57,
    0x56,0x56,0x56,0xFE,0xFE,0x80,0xC0,0x00,
    0x00,0x63,0x63,0x63,0x33,0x33,0x1B,0x1B,
    0x0F,0x67,0x63,0x7F,0x3F,0x01,0x00,0x00};/* "身",18 */
uchar code Ezk[] = {                    //8x8 点阵
    0x00,0xF8,0xF8,0x88,0x88,0xF8,0x70,0x00,
    0x00,0x0F,0x0F,0x00,0x00,0x00,0x00,0x00,/* "P",0 */
    0x00,0xE0,0xE0,0x80,0x40,0x60,0x60,0x00,
    0x00,0x0F,0x0F,0x00,0x00,0x00,0x00,0x00,/* "r",1 */
    0x00,0xC0,0xE0,0x20,0x20,0xE0,0xC0,0x00,
    0x00,0x07,0x0F,0x08,0x08,0x0F,0x07,0x00,/* "o",2 */
    0x00,0x20,0xF8,0xF8,0x20,0x20,0x20,0x00,
    0x00,0x00,0x07,0x0F,0x08,0x08,0x08,0x00,/* "t",3 */
    0x00,0xC0,0xE0,0x20,0x20,0xE0,0xC0,0x00,
    0x00,0x07,0x0F,0x09,0x09,0x09,0x01,0x00,/* "e",4 */
    0x00,0xE0,0xE0,0x00,0x00,0xE0,0xE0,0x00,
    0x00,0x07,0x0F,0x08,0x08,0x0F,0x0F,0x00,/* "u",5 */
    0x00,0xC0,0xE0,0x20,0x20,0x20,0x20,0x00,
    0x00,0x08,0x09,0x09,0x09,0x0F,0x06,0x00,/* "s",6 */
    0x00,0x08,0x08,0x88,0xE8,0x78,0x18,0x00,
    0x00,0x00,0x0E,0x0F,0x01,0x00,0x00,0x00,/* "7",7 */
```

```
    0x00,0x00,0x00,0x00,0x00,0x00,0x00,0x00,
    0x00,0x00,0x00,0x0C,0x0C,0x0C,0x00,0x00,/* ".",8 */
    0x00,0x70,0xF8,0xC8,0x88,0xF8,0x70,0x00,
    0x00,0x07,0x0F,0x08,0x09,0x0F,0x07,0x00,/* "8",9 */
    0x00,0xF0,0xF8,0x08,0x08,0xF8,0xF0,0x00,
    0x00,0x07,0x0F,0x08,0x18,0x3F,0x27,0x00,/* "Q",10 */
    0x00,0xF0,0xF8,0x08,0x08,0xF8,0xF0,0x00,
    0x00,0x07,0x0F,0x08,0x18,0x3F,0x27,0x00,/* "Q",11 */
    0x00,0x00,0x00,0x60,0x60,0x60,0x00,0x00,
    0x00,0x00,0x00,0x0C,0x0C,0x0C,0x00,0x00,/* ":",12 */
    0x00,0xF8,0xF8,0x88,0x88,0x88,0x08,0x00,
    0x00,0x08,0x08,0x08,0x0C,0x07,0x03,0x00,/* "5",13 */
    0x00,0x20,0x20,0xEC,0xEC,0x00,0x00,0x00,
    0x00,0x08,0x08,0x0F,0x0F,0x08,0x08,0x00,/* "i",14 */
    0x00,0xE0,0xE0,0x20,0xE0,0x20,0xE0,0xC0,
    0x00,0x0F,0x0F,0x00,0x07,0x00,0x0F,0x0F,/* "m",15 */
    0x00,0xC0,0xE0,0x20,0x20,0x60,0x40,0x00,
    0x00,0x07,0x0F,0x08,0x08,0x0C,0x04,0x00,/* "c",16 */
    0x00,0xE0,0xE0,0x00,0x00,0xE0,0xE0,0x00,
    0x00,0x07,0x0F,0x08,0x08,0x0F,0x0F,0x00,/* "u",17 */
    0x00,0x00,0x09,0x0D,0x0F,0x03,0x01,0x00,
    0x00,0xC0,0xE0,0x78,0x58,0xC8,0x80,0x00,/* "9",18 */
    0x00,0x07,0x0F,0x08,0x08,0x0F,0x07,0x00,
    0x00,0x00,0xF8,0xF8,0x00,0xE0,0xE0,0x00,/* "6",19 */
    0x00,0x03,0x03,0x02,0x02,0x0F,0x0F,0x02,
    0x00,0x08,0x08,0x88,0xE8,0x78,0x18,0x00,/* "4",20 */
    0x00,0x00,0x0E,0x0F,0x01,0x00,0x00,0x00,
    0x00,0x30,0x38,0x08,0x88,0xF8,0x70,0x00,/* "7",21 */
    0x00,0x0C,0x0E,0x0B,0x09,0x08,0x08,0x00,
    0x00,0x20,0x20,0x30,0xF8,0xF8,0x00,0x00,/* "2",22 */
    0x00,0x00,0x00,0x00,0x0F,0x0F,0x00,0x00,
    0x00,0x70,0xF8,0xC8,0x88,0xF8,0x70,0x00,/* "1",23 */
    0x00,0x07,0x0F,0x08,0x09,0x0F,0x07,0x00,
    0x00,0x30,0x38,0x88,0x88,0xF8,0x70,0x00,/* "8",24 */
    0x00,0x06,0x0E,0x08,0x08,0x0F,0x07,0x00};/* "3",25 */
void delay(uchar ms)
{                 //延时
    uchar i;
      while(ms--)
      {
        for(i=0;i<120;i++);
      }
}

void Busy_Check()                       //检查 LCD 是否为忙状态
{
    uchar LCD_Status;                   //状态信息(判断是否忙)
    rs=0;                               //数据\指令选择,D/I(RS)="L",表示 DB7～DB0 为
                                        //  显示指令数据
    rw=1;                               //R/W="H",E="H"数据被读到 DB7～DB0
    do{
        P0=0x00;
        ep=1;                           //EN 下降源
        _nop_();                        //一个时钟延时
        LCD_Status=P0;
        ep=0;
```

```
            LCD_Status = 0x80 &LCD_Status;      //仅当第 7 位为 0 时才可操作(判别 busy 信号)
        }while( !( LCD_Status == 0x00 ) );
}
void lcd_wcmd( uchar cmd )                      //写入指令数据到 LCD
{
    Busy_Check( );                             //等待 LCD 空闲
    rs = 0;                                    //向 LCD 发送命令。RS = 0 写指令, RS = 1 写数据
    rw = 0;                                    //R/W = "L", E = "H→L"数据被写到 IR 或 DR
    ep = 0;
    _nop_( );
    _nop_( );
    P0 = cmd;
    _nop_( );
    _nop_( );
    _nop_( );
    _nop_( );
    ep = 1;
    _nop_( );
    _nop_( );
    _nop_( );
    _nop_( );
    ep = 0;
}
void lcd_wdat( uchar dat )                      //写显示数据
{
    Busy_Check( );                             //等待 LCD 为空闲状态
    rs = 1;                                    //RS = 0 写指令, RS = 1 写数据
    rw = 0;                                    //R/W = "L", E = "H→L"数据被写到 IR 或 DR
    P0 = dat;                                  //dat:显示数据
    _nop_( );
    _nop_( );
    _nop_( );
    _nop_( );
    ep = 1;
    _nop_( );
    _nop_( );
    _nop_( );
    _nop_( );
    ep = 0;
}
void SetLine( uchar page )                      //设置页 0xb8 是页的首地址
{
    page = 0xb8 | page;                        //1011 1xxx 0 <= page <= 7 设定页地址 – – X 0 - 7, 8 行
                                               //  为 1 页 64/8 = 8,共 8 页
    lcd_wcmd( page );
}
void SetStartLine( uchar startline )            //设定显示开始行, 0xc0 是行的首地址
{
    startline = 0xc0 | startline;              //1100 0000
    lcd_wcmd( startline );                     //设置从哪行开始:0 – – 63,一般从 0 行开始显示
void SetColumn( uchar column )                  //设定列地址 – – Y 0 - 63 , 0x40 是列的首地址
{
    column = column &0x3f;                     //column 最大值为 64,越出 0 =< column <= 63
    column = 0x40 | column;                    //01xx xxxx
    lcd_wcmd( column );
}
```

```
void disOn_Off( uchar onoff)              //开关显示,0x3f 是开显示,0x3e 是关显示
{
    onoff = 0x3e | onoff;                 //0011 111x,onoff 只能为 0 或 1
    lcd_wcmd( onoff) ;
}
void SelectScreen( uchar NO)              //选择屏幕
{
    switch （NO）
        {
            case   0：                    //全屏
                cs1 = 0;                  //选择左片液晶
                _nop_( ) ;
                _nop_( ) ;
                _nop_( ) ;
                _nop_( ) ;
                cs2 = 0;                  //选择右片液晶
                _nop_( ) ;
                _nop_( ) ;
                _nop_( ) ;
                _nop_( ) ;
                break;
            case   1：                    //选择左片液晶(左屏)
                cs1 = 1;
                _nop_( ) ;
                _nop_( ) ;
                _nop_( ) ;
                _nop_( ) ;
                cs2 = 0;
                _nop_( ) ;
                _nop_( ) ;
                _nop_( ) ;
                _nop_( ) ;
                break;
            case   2：                    //选择右片液晶(右屏)
                cs1 = 0;
                _nop_( ) ;
                _nop_( ) ;
                _nop_( ) ;
                _nop_( ) ;
                cs2 = 1;
                _nop_( ) ;
                _nop_( ) ;
                _nop_( ) ;
                _nop_( ) ;
                break;
            default：
                break;
        }
}
void ClearScreen( uchar screen)           //清屏
{
    uchar i,j;
    SelectScreen( screen) ;
    for( i = 0;i < 8;i ++ )               //控制页数 0～7,共 8 页
    {
        SetLine( i) ;
```

```
            SetColumn(0);
            for(j=0;j<64;j++)                    //控制列数 0～63,共 64 列
                {
                    lcd_wdat(0x00);              //写点内容,列地址自动加 1
                }
            }
        }
}
void Disp_Sinogram(uchar ss,uchar page,uchar column,uchar number)    //显示全角汉字
{
    int i;                 //选屏参数,page 选页参数,column 选列参数,number 选第几汉字输出
    SelectScreen(ss);
    column = column&0x3f;
    SetLine(page);                       //写上半页
    SetColumn(column);                   //控制列
    for(i=0;i<16;i++)                    //控制 16 列的数据输出
    {
        lcd_wdat(Hzk[i+32*number]);      //i+32*number 汉字的前 16 个数据输出
    }
    SetLine(page+1);                     //写下半页
    SetColumn(column);                   //控制列
    for(i=0;i<16;i++)                      //控制 16 列的数据输出
    {
        lcd_wdat(Hzk[i+32*number+16]);   //i+32*number+16 汉字的后 16 个数据输出
    }
}
void Disp_English(uchar ss,uchar page,uchar column,uchar number)    //显示半角汉字和数字和
                                                                     字母
{
    uint i;                               //选屏参数,page 选页参数,column 选列参数,number
                                            选第几汉字输出
    SelectScreen(ss);
    column = column&0x3f;
    SetLine(page);                       //写上半页
    SetColumn(column);
    for(i=0;i<8;i++)
    {
        lcd_wdat(Ezk[i+16*number]);
    }
    SetLine(page+1);                     //写下半页
    SetColumn(column);
    for(i=0;i<8;i++)
    {
        lcd_wdat(Ezk[i+16*number+8]);
    }
}
void lcd_reset()                          //LCD 复位
{
    rst=0;
    delay(20);
    rst=1;
    delay(20);
}
void lcd_init()
{
    lcd_reset();                         //将 LCD 复位
    Busy_Check();                        //等待 LCD 为空闲状态
```

```
        SelectScreen(0);                    //选择全屏
        disOn_Off(0);                       //关全屏显示
        SelectScreen(0);
        disOn_Off(1);                       //开全屏显示
        SelectScreen(0);
        ClearScreen(0);                     //清屏
        SetStartLine(0);                    //开始行:0
    }
    void main(void)
    {
        uint i;
        lcd_init();                         //对 LCD 初始化
        ClearScreen(0);                     //LCD 清屏
        SetStartLine(0);                    //设置显示开始行
        while(1)
            {
            for(i=0;i<4;i++)
                {
    //Disp_Sinogram(选屏参数(cs0,cs1),pagr 选页参数,column 选列参数,number 选第几汉字输出)
                    Disp_Sinogram(2,0,i*16,i);              //第 1 行左屏显示 4 个汉字"爱好:单"
                        _nop_();
                    Disp_Sinogram(1,0,i*16,i+4);            //第 1 行右屏显示 4 个汉字"片机开发"
                        _nop_();
                    Disp_Sinogram(2,0+2,8*16,8);            //第 2 行左屏显示第 1 个汉字"工"
                    Disp_Sinogram(2,0+2,9*16,9);            //第 2 行左屏显示第 2 个汉字"具"
                    Disp_Sinogram(2,0+2,10*16,10);          //第 2 行左屏显示第 3 个汉字":"
                    Disp_Sinogram(2,0+2+2,i*16,i+11);       //第 4 行左屏显示 4 个汉字"启智明慧"
                        _nop_();
                    Disp_Sinogram(1,0+2+2,i*16,i+15);       //第 4 行右屏显示 4 个汉字"受益终身"
                        _nop_();
                }
    //Disp_English(选屏参数(cs0,cs1),pagr 选页参数,column 选列参数,number 选第几个字符
            输出)
                Disp_English(2,0+2,14*8,0);                 //第 2 行左屏第 14 列显示"P"
                Disp_English(2,0+2,15*8,1);                 //第 2 行左屏第 15 列显示"r"
        for(i=0;i<8;i++)
            {
                Disp_English(1,0+2,(i+16)*8,i+2);           //第 2 行右屏第 16 列开始显示"oteus7.8"
                _nop_();
            }
        for(i=0;i<8;i++)
            {
                Disp_English(2,0+2+2,i*8,i+10);             //第 3 行左屏显示"QQ:5imcu"
                    _nop_();
                Disp_English(1,0+2+2,i*8,i+18);             //第 3 行右屏显示"96472183"
                    _nop_();
            }
        }
    }
```

**调试与仿真**

　　首先在 Keil 中创建项目，输入源代码并生成 Debug. OMF 文件，然后在 Proteus 8 Professional 中打开已创建的汉字式 LCD 静态显示电路图并进行相应设置，以实现 Keil 与 Proteus 的联机调试。单击 Proteus 8 Professional 模拟调试按钮的运行按钮 ▶ ，进入调试状态。在调试运

行状态下，可看见 AMPIRE128x64 的运行效果图如图 9-16 所示。

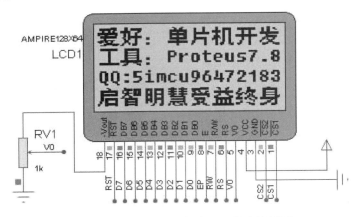

图 9-16　汉字式 LCD 静态显示仿真效果图

 **任务 5　汉字式 LCD 移位显示**

设计要求

使用 SMG12864A 显示汉字，要求在 LCD 液晶屏的前 3 行静态显示，其中第 1 行显示"励志座右铭"；第 2 行显示"得意淡然失意坦然"；第 3 行显示"喜而不狂忧而不伤"。第 4 行移位显示"宠辱不惊，看庭上花开花落；去留无意，望天上云卷云舒"。

硬件设计

本设计的硬件电路与图 9-14 完全相同，读者参照该图即可。

程序设计

由于 AMPIRE128×64 不含中文字库，因此需要建立一个中文字库。使用 PCtoLCD2002 字模软件时，选择 16×16 点阵，字体为楷体_GB2312，格式为共阴极，取模方式为列行式，取模方向为低位在前。

此程序分为两大部分，第 1 部分显示前面 3 行，第 2 部分移位显示第 4 行。因此可以在任务 4 的程序上稍作修改即可实现。

源程序

```
/********************************************************
文件名:LCD12864 移位显示 . c
单片机型号:STC89C51RC
晶振频率:12.0MHz
********************************************************/
#include < reg52. h >
#include < intrins. h >
```

```
#define uchar unsigned char
#define uint   unsigned int
uchar a ;                          //滚动选择
sbit rs = P2^0 ;                   //数据/指令选择
sbit rw = P2^1 ;                   //读/写选择
sbit ep = P2^2 ;                   //读/写使能
sbit cs1 = P2^3 ;                  //片选 1
sbit cs2 = P2^4 ;                  //片选 2
sbit rst = P2^5 ;                  //复位端
uchar code Hzk[ ] = {              //16x16 点阵
    0x00,0x00,0x00,0x00,0x00,0x00,0x00,0x00,
    0x00,0x00,0x00,0x00,0x00,0x00,0x00,0x00,
    0x00,0x00,0x00,0x00,0x00,0x00,0x00,0x00,
    0x00,0x00,0x00,0x00,0x00,0x00,0x00,0x00,/*" ",0*/
    0x00,0x00,0x00,0x00,0x00,0x00,0x00,0x00,
    0x00,0x00,0x00,0x00,0x00,0x00,0x00,0x00,
    0x00,0x00,0x00,0x00,0x00,0x00,0x00,0x00,
    0x00,0x00,0x00,0x00,0x00,0x00,0x00,0x00,/*" ",1*/
    0x00,0x00,0x00,0xFC,0x24,0xE4,0xA4,0x92,
    0x12,0x40,0x40,0xFE,0x20,0x20,0xE0,0x00,
    0x08,0x04,0x03,0x08,0x06,0x01,0x08,0x27,
    0x10,0x08,0x06,0x11,0x18,0x0E,0x01,0x00,/*"励",2*/
    0x00,0x00,0x00,0x10,0x90,0x90,0x90,0x7F,
    0x48,0x48,0x08,0x08,0x00,0x00,0x00,0x00,
    0x00,0x18,0x06,0x00,0x04,0x08,0x10,0x12,
    0x24,0x20,0x28,0x31,0x22,0x04,0x00,0x00,/*"志",3*/
    0x00,0x00,0x00,0x00,0xF8,0x08,0xE8,0x08,
    0xF5,0x06,0x84,0x74,0x84,0x00,0x00,0x00,
    0x40,0x20,0x18,0x27,0x22,0x21,0x24,0x25,
    0x3F,0x12,0x12,0x12,0x10,0x11,0x10,0x00,/*"座",4*/
    0x00,0x20,0x20,0x20,0x20,0xA0,0x60,0x1E,
    0x10,0x10,0x10,0x10,0x10,0x10,0x00,0x00,
    0x10,0x10,0x08,0x04,0x02,0x3F,0x12,0x12,
    0x12,0x11,0x19,0x07,0x00,0x00,0x00,0x00,/*"右",5*/
    0x00,0x80,0x40,0x70,0xDE,0x50,0x08,0x20,
    0x30,0x48,0x8E,0x48,0x38,0x08,0x00,0x00,
    0x01,0x00,0x02,0x02,0x3F,0x11,0x05,0x02,
    0x3E,0x13,0x12,0x12,0x1A,0x06,0x00,0x00,/*"铭",6*/
    0x00,0x00,0x00,0x00,0x00,0x00,0x00,0x00,
    0x00,0x00,0x00,0x00,0x00,0x00,0x00,0x00,
    0x00,0x00,0x00,0x00,0x00,0x00,0x00,0x00,
    0x00,0x00,0x00,0x00,0x00,0x00,0x00,0x00,/*" ",7*/
    0x00,0x10,0x88,0xC4,0x33,0x00,0x06,0x5A,
    0x52,0x55,0xD1,0xA9,0xA7,0x80,0x80,0x00,
    0x02,0x01,0x00,0x3F,0x00,0x01,0x01,0x05,
    0x09,0x21,0x7F,0x00,0x00,0x00,0x00,0x00,/*"得",8*/
    0x00,0x20,0x20,0x20,0xA4,0xAC,0xD5,0x53,
    0x5E,0x52,0xD2,0x10,0x10,0x10,0x00,0x00,
    0x00,0x00,0x38,0x00,0x0B,0x12,0x22,0x2B,
    0x52,0x43,0x50,0x24,0x04,0x08,0x00,0x00,/*"意",9*/
    0x00,0x20,0x44,0x08,0x00,0x08,0x50,0x20,
    0x9E,0x10,0x28,0xA4,0x00,0x00,0x00,0x00,
    0x00,0x10,0x1C,0x03,0x20,0x21,0x12,0x0C,
    0x03,0x04,0x09,0x10,0x30,0x20,0x20,0x00,/*"淡",10*/
    0x00,0x40,0x20,0x90,0x5E,0x90,0x70,0x40,
    0x40,0xFE,0x20,0x24,0x0C,0x00,0x00,0x00,
```

```
0x00,0x60,0x14,0x02,0x09,0x30,0x04,0x02,
0x09,0x30,0x01,0x0A,0x32,0x22,0x00,0x00,/*"然",11*/
0x00,0x00,0x40,0x38,0x20,0x20,0xFF,0x90,
0x90,0x90,0x80,0x00,0x00,0x00,0x00,0x00,
0x00,0x20,0x21,0x11,0x09,0x05,0x03,0x02,
0x04,0x08,0x10,0x30,0x20,0x20,0x20,0x00,/*"失",12*/
0x00,0x20,0x20,0x20,0xA4,0xAC,0xD5,0x53,
0x5E,0x52,0xD2,0x10,0x10,0x10,0x00,0x00,
0x00,0x00,0x38,0x00,0x0B,0x12,0x22,0x2B,
0x52,0x43,0x50,0x24,0x04,0x08,0x00,0x00,/*"意",13*/
0x00,0x40,0x40,0xFE,0x20,0x20,0x00,0xF8,
0x48,0x28,0x28,0xC4,0x3C,0x00,0x00,0x00,
0x00,0x08,0x04,0x07,0x02,0x12,0x10,0x11,
0x11,0x09,0x09,0x09,0x08,0x08,0x08,0x00,/*"坦",14*/
0x00,0x40,0x20,0x90,0x5E,0x90,0x70,0x40,
0x40,0xFE,0x20,0x24,0x0C,0x00,0x00,0x00,
0x00,0x60,0x14,0x02,0x09,0x30,0x04,0x02,
0x09,0x30,0x01,0x0A,0x32,0x22,0x00,0x00,/*"然",15*/
0x00,0x00,0x00,0x04,0x54,0xB4,0xB4,0xAF,
0xAA,0xEA,0x02,0x02,0x00,0x00,0x00,0x00,
0x04,0x04,0x04,0x04,0x35,0x56,0x54,0x4C,
0x4A,0x2B,0x1A,0x02,0x02,0x02,0x02,0x00,/*"喜",16*/
0x00,0x80,0x80,0x88,0x88,0xC8,0xB8,0x88,
0x84,0x44,0x44,0x44,0xC0,0x00,0x00,0x00,
0x00,0x00,0x0F,0x00,0x00,0x07,0x00,0x00,
0x07,0x00,0x08,0x10,0x0F,0x00,0x00,0x00,/*"而",17*/
0x00,0x00,0x08,0x08,0x08,0x88,0x48,0xE4,
0x14,0x8C,0x84,0x04,0x04,0x04,0x00,0x00,
0x00,0x04,0x04,0x02,0x01,0x00,0x00,0x3F,
0x00,0x00,0x00,0x01,0x03,0x06,0x00,0x00,/*"不",18*/
0x00,0x40,0x44,0x28,0x90,0xEE,0x00,0x10,
0x10,0x10,0xF0,0x88,0x88,0x08,0x00,0x00,
0x00,0x04,0x02,0x11,0x20,0x1F,0x00,0x10,
0x11,0x11,0x0F,0x08,0x08,0x08,0x08,0x00,/*"狂",19*/
0x00,0xE0,0x00,0xFE,0x10,0x20,0x40,0xC0,
0x3E,0xA0,0x20,0x24,0x28,0x00,0x00,0x00,
0x00,0x01,0x00,0x3F,0x10,0x08,0x06,0x01,
0x00,0x1F,0x20,0x20,0x20,0x20,0x1C,0x00,/*"忧",20*/
0x00,0x80,0x80,0x88,0x88,0xC8,0xB8,0x88,
0x84,0x44,0x44,0x44,0xC0,0x00,0x00,0x00,
0x00,0x00,0x0F,0x00,0x00,0x07,0x00,0x00,
0x07,0x00,0x08,0x10,0x0F,0x00,0x00,0x00,/*"而",21*/
0x00,0x00,0x08,0x08,0x08,0x88,0x48,0xE4,
0x14,0x8C,0x84,0x04,0x04,0x04,0x00,0x00,
0x00,0x04,0x04,0x02,0x01,0x00,0x00,0x3F,
0x00,0x00,0x00,0x01,0x03,0x06,0x00,0x00,/*"不",22*/
0x00,0x80,0x40,0xF0,0x0E,0x00,0x20,0x10,
0x08,0xEE,0x88,0x88,0x84,0x04,0x00,0x00,
0x01,0x00,0x00,0x3F,0x00,0x20,0x11,0x09,
0x07,0x11,0x20,0x18,0x07,0x00,0x00,0x00,/*"伤",23*/
0x00,0x00,0x10,0x8C,0x88,0x88,0xF5,0x46,
0x44,0x54,0x24,0x0C,0x04,0x00,0x00,0x00,
0x00,0x20,0x10,0x08,0x04,0x13,0x08,0x1F,
0x24,0x22,0x21,0x20,0x20,0x20,0x1C,0x00,/*"宠",24*/
0x00,0x00,0x80,0x60,0x1F,0xF2,0x96,0x55,
0xAD,0x49,0xA9,0x88,0x80,0x80,0x80,0x00,
```

```
0x00,0x05,0x04,0x04,0x0C,0x14,0x02,0x22,
0x7F,0x02,0x02,0x02,0x02,0x00,0x00,0x00,/*"辱",25*/
0x00,0x00,0x08,0x08,0x08,0x88,0x48,0xE4,
0x14,0x8C,0x84,0x04,0x04,0x04,0x00,0x00,
0x00,0x04,0x04,0x02,0x01,0x00,0x00,0x3F,
0x00,0x00,0x00,0x01,0x03,0x06,0x00,0x00,/*"不",26*/
0x80,0x60,0x00,0xFF,0x08,0x00,0x10,0xD0,
0x52,0x56,0x28,0xE8,0x08,0x08,0x00,0x00,
0x00,0x00,0x00,0x3F,0x00,0x10,0x0C,0x00,
0x21,0x3F,0x01,0x04,0x08,0x10,0x00,0x00,/*"惊",27*/
0x00,0x00,0x00,0x00,0x00,0x00,0x00,0x00,
0x00,0x00,0x00,0x00,0x00,0x00,0x00,0x00,
0x00,0x00,0x2C,0x1C,0x00,0x00,0x00,0x00,
0x00,0x00,0x00,0x00,0x00,0x00,0x00,0x00,/*"，",28*/
0x00,0x40,0x40,0x40,0x54,0xD4,0xB4,0xAE,
0xAA,0xAB,0xA8,0x20,0x20,0x20,0x00,0x00,
0x10,0x08,0x04,0x02,0x01,0x3F,0x2A,0x2A,
0x2A,0x20,0x7F,0x00,0x00,0x00,0x00,0x00,/*"看",29*/
0x00,0x00,0x00,0xF8,0x08,0xA8,0x68,0x05,
0xA6,0xE4,0x94,0x94,0x80,0x00,0x00,0x00,
0x10,0x08,0x06,0x11,0x0A,0x04,0x07,0x08,
0x0A,0x13,0x12,0x22,0x20,0x20,0x20,0x00,/*"庭",30*/
0x00,0x00,0x00,0x00,0x00,0x00,0x00,0xFE,
0x40,0x40,0x20,0x20,0x00,0x00,0x00,0x00,
0x00,0x20,0x20,0x20,0x20,0x20,0x20,0x1F,
0x10,0x10,0x10,0x10,0x10,0x10,0x10,0x00,/*"上",31*/
0x00,0x00,0x08,0x08,0xCA,0x1E,0x08,0xC4,
0x1C,0x07,0x84,0x44,0x04,0x00,0x00,0x00,
0x08,0x04,0x02,0x7F,0x00,0x04,0x04,0x1F,
0x22,0x21,0x20,0x20,0x20,0x20,0x1C,0x00,/*"花",32*/
0x00,0x80,0x80,0x84,0x84,0xFC,0x44,0x44,
0xFE,0x22,0x22,0x20,0x20,0x20,0x00,0x00,
0x00,0x20,0x10,0x08,0x06,0x01,0x00,0x00,
0x7F,0x00,0x00,0x00,0x00,0x00,0x00,0x00,/*"开",33*/
0x00,0x00,0x08,0x08,0xCA,0x1E,0x08,0xC4,
0x1C,0x07,0x84,0x44,0x04,0x00,0x00,0x00,
0x08,0x04,0x02,0x7F,0x00,0x04,0x04,0x1F,
0x22,0x21,0x20,0x20,0x20,0x20,0x1C,0x00,/*"花",34*/
0x00,0x88,0x08,0x28,0x4E,0x94,0x44,0x74,
0xAC,0x67,0x24,0x04,0x04,0x00,0x00,0x00,
0x00,0x30,0x19,0x06,0x00,0x04,0x3A,0x29,
0x28,0x29,0x1A,0x02,0x04,0x04,0x04,0x00,/*"落",35*/
0x00,0x00,0x00,0x00,0x00,0x00,0x00,0x00,
0x00,0x00,0x00,0x00,0x00,0x00,0x00,0x00,
0x00,0x00,0x5B,0x3B,0x00,0x00,0x00,0x00,
0x00,0x00,0x00,0x00,0x00,0x00,0x00,0x00,/*"；",36*/
0x00,0x00,0x00,0x00,0x20,0x20,0x20,0xFF,
0x90,0x90,0x90,0x80,0x80,0x80,0x00,0x00,
0x01,0x01,0x01,0x31,0x29,0x25,0x13,0x11,
0x10,0x14,0x18,0x30,0x00,0x00,0x00,0x00,/*"去",37*/
0x00,0x00,0xF8,0x44,0x24,0x32,0x80,0x48,
0x28,0x18,0x44,0x44,0x3C,0x00,0x00,0x00,
0x00,0x00,0x00,0x0E,0x32,0x2A,0x2A,0x1F,
0x15,0x11,0x21,0x1F,0x00,0x00,0x00,0x00,/*"留",38*/
0x00,0x00,0x40,0x40,0x48,0xC8,0x78,0xA4,
0x24,0x24,0x20,0x00,0x00,0x00,0x00,0x00,
```

```
    0x20,0x20,0x10,0x08,0x06,0x01,0x00,0x0F,
    0x10,0x20,0x20,0x20,0x20,0x1C,0x00,0x00,/* "无",39 */
    0x00,0x20,0x20,0x20,0xA4,0xAC,0xD5,0x53,
    0x5E,0x52,0xD2,0x10,0x10,0x10,0x00,0x00,
    0x00,0x00,0x38,0x00,0x0B,0x12,0x22,0x2B,
    0x52,0x43,0x50,0x24,0x04,0x08,0x00,0x00,/* "意",40 */
    0x00,0x00,0x00,0x00,0x00,0x00,0x00,0x00,
    0x00,0x00,0x00,0x00,0x00,0x00,0x00,0x00,
    0x00,0x00,0x2C,0x1C,0x00,0x00,0x00,0x00,
    0x00,0x00,0x00,0x00,0x00,0x00,0x00,0x00,/* ",",41 */
    0x00,0x10,0x10,0xF0,0x8A,0x4C,0x28,0x80,
    0x7C,0x2A,0x2A,0x82,0xFE,0x00,0x00,0x00,
    0x00,0x00,0x40,0x41,0x40,0x4A,0x4A,0x3E,
    0x25,0x25,0x25,0x20,0x20,0x20,0x00,0x00,/* "望",42 */
    0x00,0x00,0x40,0x44,0x44,0x44,0xFC,0x22,
    0x22,0x22,0x20,0x00,0x00,0x00,0x00,0x00,
    0x20,0x20,0x10,0x08,0x04,0x03,0x00,0x01,
    0x02,0x04,0x08,0x10,0x30,0x20,0x20,0x00,/* "天",43 */
    0x00,0x00,0x00,0x00,0x00,0x00,0x00,0xFE,
    0x40,0x40,0x20,0x20,0x00,0x00,0x00,0x00,
    0x00,0x20,0x20,0x20,0x20,0x20,0x20,0x1F,
    0x10,0x10,0x10,0x10,0x10,0x10,0x10,0x00,/* "上",44 */
    0x00,0x40,0x40,0x40,0x48,0x48,0xC8,0x24,
    0x24,0x24,0x20,0x20,0x20,0x20,0x00,0x00,
    0x00,0x00,0x00,0x18,0x14,0x12,0x09,0x08,
    0x04,0x05,0x06,0x0C,0x00,0x00,0x00,0x00,/* "云",45 */
    0x00,0x00,0x80,0xA4,0xA8,0xA0,0x7F,0x50,
    0xD8,0x54,0x46,0x00,0x00,0x00,0x00,0x00,
    0x10,0x10,0x08,0x04,0x02,0x3F,0x42,0x4A,
    0x4E,0x41,0x32,0x06,0x04,0x04,0x04,0x00,/* "卷",46 */
    0x00,0x40,0x40,0x40,0x48,0x48,0xC8,0x24,
    0x24,0x24,0x20,0x20,0x20,0x20,0x00,0x00,
    0x00,0x00,0x00,0x18,0x14,0x12,0x09,0x08,
    0x04,0x05,0x06,0x0C,0x00,0x00,0x00,0x00,/* "云",47 */
    0x80,0x40,0xB0,0xAC,0xF3,0x54,0x48,0x00,
    0x44,0x54,0xF2,0x2A,0x26,0x20,0x60,0x00,
    0x00,0x00,0x06,0x0A,0x09,0x09,0x07,0x00,
    0x10,0x20,0x3F,0x00,0x00,0x00,0x00,0x00};/* "舒",48 */
void delay(uchar ms)
{                                    //延时
    uchar i;
        while(ms--)
        {
          for(i=0;i<120;i++);
        }
}

void Busy_Check()                    //检查 LCD 是否为忙状态,
{
    uchar LCD_Status;                //状态信息(判断是否忙)
    rs = 0;                          //数据\指令选择,D/I(RS) = "L",表示 DB7~DB0 为
                                       显示指令数据
    rw = 1;                          //R/W = "H",E = "H"数据被读到 DB7~DB0
    do{
        P0 = 0x00;
        ep = 1;                      //EN 下降源
        _nop_();                     //一个时钟延时
```

```
        LCD_Status = P0;
        ep = 0;
        LCD_Status = 0x80 &LCD_Status;      //仅当第 7 位为 0 时才可操作(判别 busy 信号)
        }while( !( LCD_Status == 0x00 ) );
}
void lcd_wcmd( uchar cmd )                  //写入指令数据到 LCD
{
    Busy_Check( );                          //等待 LCD 空闲
    rs = 0;                                 //向 LCD 发送命令。RS = 0 写指令,RS = 1 写数据
    rw = 0;                                 //R/W = "L",E = "H→L"数据被写到 IR 或 DR
    ep = 0;
    _nop_( );
    _nop_( );
    P0 = cmd;
    _nop_( );
    _nop_( );
    _nop_( );
    _nop_( );
    ep = 1;
    _nop_( );
    _nop_( );
    _nop_( );
    _nop_( );
    ep = 0;
}
void lcd_wdat( uchar dat )                  //写显示数据
{
    Busy_Check( );                          //等待 LCD 为空闲状态
    rs = 1;                                 //RS = 0 写指令,RS = 1 写数据
    rw = 0;                                 //R/W = "L",E = "H→L"数据被写到 IR 或 DR
    P0 = dat;                               //dat:显示数据
    _nop_( );
    _nop_( );
    _nop_( );
    _nop_( );
    ep = 1;
    _nop_( );
    _nop_( );
    _nop_( );
    _nop_( );
    ep = 0;
}
void SetLine( uchar page )                  //设置页 0xb8 是页的首地址
{
    page = 0xb8 | page;                     //1011 1xxx 0 <= page <=7 设定页地址 -- X 0 - 7,8
                                            //    行为一页 64/8 = 8,共 8 页
    lcd_wcmd( page );
}
void SetStartLine( uchar startline )        //设定显示开始行,0xc0 是行的首地址
{
    startline = 0xc0 | startline;           //1100 0000
    lcd_wcmd( startline );                  //设置从哪行开始:0 -- 63,一般从 0 行开始显示
}
void SetColumn( uchar column )              //设定列地址 -- Y 0 - 63 ,0x40 是列的首地址
{
    column = column &0x3f;                  //column 最大值为 64,越出 0 =< column <=63
```

```c
        column = 0x40 | column;                 //01xx xxxx
        lcd_wcmd(column);
}
void disOn_Off(uchar onoff)                     //开关显示,0x3f 是开显示,0x3e 是关显示
{
        onoff = 0x3e | onoff;                   //0011 111x,onoff 只能为 0 或者 1
        lcd_wcmd(onoff);
}
void SelectScreen(uchar NO)                     //选择屏幕
{
    switch（NO）
        {
            case  0:                            //全屏
                cs1 = 0;                        //选择左片液晶
                _nop_();
                _nop_();
                _nop_();
                _nop_();
                cs2 = 0;                        //选择右片液晶
                _nop_();
                _nop_();
                _nop_();
                _nop_();
                break;
            case  1:                            //选择左片液晶(左屏)
                cs1 = 1;
                _nop_();
                _nop_();
                _nop_();
                _nop_();
                cs2 = 0;
                _nop_();
                _nop_();
                _nop_();
                _nop_();
                break;
            case  2:                            //选择右片液晶(右屏)
                cs1 = 0;
                _nop_();
                _nop_();
                _nop_();
                _nop_();
                cs2 = 1;
                _nop_();
                _nop_();
                _nop_();
                _nop_();
                break;
            default:
                break;
        }
}
void ClearScreen(uchar screen)                  //清屏
{
        uchar i,j;
        SelectScreen(screen);
```

```
        for(i=0;i<8;i++)                          //控制页数 0～7,共 8 页
        {
            SetLine(i);
            SetColumn(0);
            for(j=0;j<64;j++)                     //控制列数 0～63,共 64 列
                {
                    lcd_wdat(0x00);               //写点内容,列地址自动加 1
                }
        }
}
void Disp_Sinogram(uchar ss,uchar page,uchar column,uchar number)        //显示全角汉字
{
    int i;                                        //选屏参数,page 选页参数,column 选列参数,number
                                                    选第几汉字输出
    SelectScreen(ss);
    column = column&0x3f;
    SetLine(page);                                //写上半页
    SetColumn(column);                            //控制列
    for(i=0;i<16;i++)                             //控制 16 列的数据输出
    {
        lcd_wdat(Hzk[i+32*number]);               //i+32*number 汉字的前 16 个数据输出
    }
    SetLine(page+1);                              //写下半页
    SetColumn(column);                            //控制列
    for(i=0;i<16;i++)                             //控制 16 列的数据输出
    {
        lcd_wdat(Hzk[i+32*number+16]);//i+32*number+16 汉字的后 16 个数据输出
    }
}
void display()
{
    uint i,j;
    for(i=0;i<4;i++)
        {
//Disp_Sinogram(选屏参数(cs0,cs1),pagr 选页参数,column 选列参数,number 选第几汉字输出)
        Disp_Sinogram(2,0,i*16,i);                //第 1 行左屏显示 2 个汉字"励志"
        _nop_();
        Disp_Sinogram(1,0,i*16,i+4);              //第 1 行右屏显示 3 个汉字"座右铭"
        _nop_();
        Disp_Sinogram(2,0+2,i*16,i+8);            //第 2 行左屏显示 4 个汉字"得意淡然"
        _nop_();
        Disp_Sinogram(1,0+2,i*16,i+12);           //第 2 行右屏显示 4 个汉字"失意坦然"
        _nop_();
        Disp_Sinogram(2,0+2+2,i*16,i+16);         //第 3 行左屏显示 4 汉字"喜而不狂"
        _nop_();
        Disp_Sinogram(1,0+2+2,i*16,i+20);         //第 3 行右屏显示 4 个汉字"忧而不伤"
        _nop_();
        }
    for(j=0;j<25;j++)                             //第 4 行移动 25 个汉字
        {for(i=0;i<4;i++)
        {Disp_Sinogram(2,0+2+2,i*16,i+24+j);      //第 4 行左屏显示
        delay(15);                                //调整移位速度
        Disp_Sinogram(1,0+2+2,i*16,i+28+j);       //第 4 行右屏显示
        delay(15);                                //调整移位速度
```

```
        }
      }
    }
  void lcd_reset( )                                    //LCD 复位
  {
    rst = 0;
    delay(20);
    rst = 1;
    delay(20);
  }
  void lcd_init( )
  {
    lcd_reset( );                                      //将 LCD 复位
    Busy_Check( );                                     //等待 LCD 为空闲状态
    SelectScreen(0);                                   //选择全屏
    disOn_Off(0);                                      //关全屏显示
    SelectScreen(0);
    disOn_Off(1);                                      //开全屏显示
    SelectScreen(0);
    ClearScreen(0);                                    //清屏
    SetStartLine(0);                                   //开始行:0
  }
  void main(void)
  {
    a = 0;
    lcd_init( );                                       //对 LCD 初始化
    ClearScreen(0);                                    //LCD 清屏
    SetStartLine(0);                                   //设置显示开始行
    while(1)
      {
        display( );
      }
  }
```

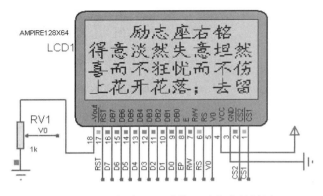

图 9-17　汉字式 LCD 移位显示仿真效果图

**调试与仿真**

首先在 Keil 中创建项目，输入源代码并生成 Debug. OMF 文件，然后在 Proteus 8 Professional 中打开已创建的汉字式 LCD 移位显示电路图并进行相应设置，以实现 Keil 与 Proteus 的联机调试。单击 Proteus 8 Professional 模拟调试按钮的运行按钮 ▶，进入调试状态。在调试运行状态下，可看见 AMPIRE128x64 的运行效果图如图 9-17 所示。

## 任务6 汉字式 LCD 滚动显示

设计要求

使用 SMG12864A 显示汉字，要求奇数次按下按键 K1 时，LCD 液晶屏的显示内容向上滚动；偶数次按下按键 K1 时，LCD 液晶屏的显示内容向下滚动；按下按键 K2 时，LCD 液晶屏的显示内容不滚动。

硬件设计

在 Proteus 中找不到 SMG12864A，但是可使用 AMPIRE128×64 进行替代。在桌面上双击图标 ⚙，打开 Proteus 8 Professional 窗口。新建一个 DEFAULT 模板，添加表 9–10 所列的元器件，并完成如图 9–18 所示的硬件电路图设计。

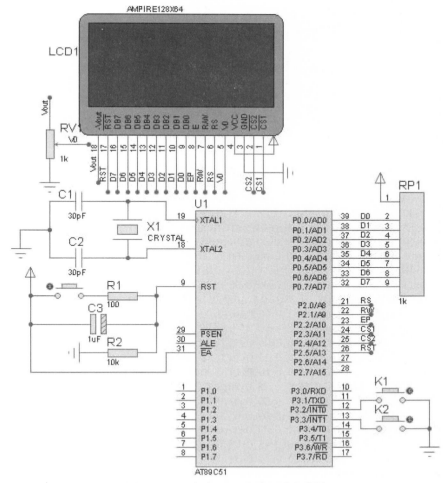

图 9–18　汉字式 LCD 滚动显示电路图

**程序设计**

由于 AMPIRE128×64 不含中文字库，因此需要建立一个中文字库。使用 PCtoLCD2002 字模软件时，选择 16×16 点阵，字体为楷体_GB2312，格式为共阴极，取模方式为列行式，取模方向为低位在前。

此任务使用了两个中断，与任务 5 相比，程序中还加了向上滚动和向下滚动显示函数及相关中断控制函数。

**源程序**

```c
/ **********************************************************
File name:LCD12864 滚动显示 . c
Chip type:STC89C51RC
Clock frequency:12. 0MHz
INT0 控制向上/向下滚动 INT1 控制正常显示
 ********************************************************** /
#include < reg52. h >
#include < intrins. h >
#define uchar unsigned char
#define uint   unsigned int
uchar a;                          //滚动选择
sbit rs = P2^0;                   //数据/指令选择
sbit rw = P2^1;                   //读/写选择
sbit ep = P2^2;                   //读/写使能
sbit cs1 = P2^3;                  //片选 1
sbit cs2 = P2^4;                  //片选 2
sbit rst = P2^5;                  //复位端
uchar code Hzk[ ] = {             //16x16 点阵
    0x40,0x40,0x40,0x40,0x48,0xBE,0xA8,0xE8,
    0xB8,0xA7,0xA4,0x24,0x20,0x20,0x20,0x00,
    0x00,0x00,0x40,0x40,0x2F,0x18,0x0A,0x0F,
    0x0A,0x14,0x27,0x60,0x00,0x00,0x00,0x00,/ * "黄",0 * /
    0x00,0x10,0x20,0x02,0x04,0xC8,0x48,0x28,
    0xE8,0x08,0x08,0xFC,0x04,0x04,0x04,0x00,
    0x00,0x00,0x1C,0x03,0x00,0x00,0x01,0x01,
    0x01,0x00,0x10,0x3F,0x00,0x00,0x00,0x00,/ * "河",1 * /
    0x40,0x40,0x42,0xCC,0x00,0x20,0x24,0xE4,
    0x14,0xF6,0x12,0x10,0x90,0x00,0x00,0x00,
    0x08,0x08,0x0B,0x0C,0x08,0x0A,0x09,0x10,
    0x10,0x11,0x32,0x32,0x13,0x10,0x10,0x00,/ * "远",2 * /
    0x00,0x00,0x00,0x00,0x00,0x00,0x00,0xFE,
    0x40,0x40,0x20,0x20,0x00,0x00,0x00,0x00,
    0x00,0x20,0x20,0x20,0x20,0x20,0x20,0x1F,
    0x10,0x10,0x10,0x10,0x10,0x10,0x10,0x00,/ * "上",3 * /
    0x00,0x00,0xE0,0x20,0x30,0x28,0x26,0x22,
    0x10,0x10,0x10,0xF0,0x00,0x00,0x00,0x00,
    0x00,0x00,0x00,0x1F,0x09,0x09,0x09,0x09,
    0x09,0x08,0x30,0x0F,0x00,0x00,0x00,0x00,/ * "白",4 * /
    0x00,0x40,0x40,0x40,0x48,0x48,0xC8,0x24,
    0x24,0x24,0x20,0x20,0x20,0x20,0x00,0x00,
    0x00,0x00,0x00,0x18,0x14,0x12,0x09,0x08,
    0x04,0x05,0x06,0x0C,0x00,0x00,0x00,0x00,/ * "云",5 * /
    0x00,0x00,0xF8,0x02,0x04,0xE0,0xA4,0x14,
```

```
0xF4,0x02,0x02,0x02,0xFE,0x00,0x00,0x00,
0x00,0x00,0x1F,0x00,0x00,0x07,0x02,0x02,
0x07,0x00,0x10,0x20,0x1F,0x00,0x00,0x00,/*"间",6*/
0x00,0x00,0x00,0x00,0x00,0x00,0x00,0x00,
0x00,0x00,0x00,0x00,0x00,0x00,0x00,0x00,
0x00,0x00,0x2C,0x1C,0x00,0x00,0x00,0x00,
0x00,0x00,0x00,0x00,0x00,0x00,0x00,0x00,/*",",7*/
0x00,0x80,0x80,0x80,0x80,0x80,0x80,0x80,
0x80,0x40,0x40,0x40,0x40,0xC0,0x80,0x00,
0x00,0x00,0x00,0x00,0x00,0x00,0x00,0x00,
0x00,0x00,0x00,0x00,0x00,0x00,0x00,0x00,/*"一",8*/
0x00,0x00,0x00,0x00,0xFE,0x20,0x20,0x20,
0xA0,0x9F,0x10,0x10,0x00,0x00,0x00,0x00,
0x00,0x20,0x10,0x0C,0x03,0x01,0x01,0x01,
0x00,0x3F,0x00,0x00,0x00,0x00,0x00,0x00,/*"片",9*/
0x00,0x08,0x28,0xD4,0x8C,0x00,0xF0,0x08,
0xF8,0x24,0xC6,0x00,0x00,0x00,0x00,0x00,
0x02,0x12,0x21,0x1F,0x20,0x18,0x07,0x00,
0x1F,0x08,0x1C,0x03,0x04,0x08,0x08,0x00,/*"孤",10*/
0x00,0x80,0xFC,0x40,0x40,0x00,0xC0,0x40,
0x3F,0xE0,0x20,0x24,0x88,0x00,0x00,0x00,
0x08,0x08,0x07,0x24,0x12,0x0C,0x03,0x19,
0x0F,0x10,0x0B,0x04,0x1B,0x20,0x78,0x00,/*"城",11*/
0x00,0x08,0x08,0x08,0x08,0x08,0xC8,0x78,
0x44,0x44,0xC4,0x04,0x04,0x04,0x00,0x00,
0x00,0x10,0x08,0x04,0x02,0x01,0x08,0x10,
0x10,0x0C,0x03,0x00,0x00,0x00,0x00,0x00,/*"万",12*/
0x80,0x40,0x20,0xF0,0x0C,0x03,0x10,0xD0,
0x10,0x90,0x78,0x08,0x08,0xF8,0x00,0x00,
0x00,0x00,0x00,0x3F,0x00,0x20,0x11,0x08,
0x06,0x01,0x08,0x10,0x0E,0x01,0x00,0x00,/*"仞",13*/
0x00,0x00,0x80,0x00,0x00,0x00,0x00,0xFE,
0x00,0x00,0x00,0x00,0xC0,0x00,0x00,0x00,
0x00,0x00,0x1F,0x10,0x08,0x08,0x08,0x07,
0x04,0x04,0x04,0x04,0x1F,0x00,0x00,0x00,/*"山",14*/
0x00,0x00,0x00,0x00,0x00,0x00,0x00,0x00,
0x00,0x00,0x00,0x00,0x00,0x00,0x00,0x00,
0x00,0x18,0x24,0x24,0x18,0x00,0x00,0x00,
0x00,0x00,0x00,0x00,0x00,0x00,0x00,0x00,/*"。",15*/
0x00,0x00,0x00,0x00,0x52,0x54,0x50,0xF8,
0xAC,0xAA,0xA9,0x00,0x00,0x00,0x00,0x00,
0x00,0x20,0x21,0x11,0x09,0x05,0x03,0x1E,
0x20,0x20,0x20,0x20,0x20,0x20,0x3C,0x00,/*"羌",16*/
0x00,0x20,0x10,0x08,0x16,0x24,0x04,0xD4,
0x88,0x8E,0x94,0x84,0x04,0x00,0x00,0x00,
0x00,0x00,0x00,0x3F,0x11,0x15,0x15,0x1F,
0x12,0x12,0x20,0x1F,0x00,0x00,0x00,0x00,/*"笛",17*/
0x80,0x40,0x20,0xF8,0x06,0x10,0xD0,0x50,
0x50,0xC8,0x08,0xF8,0x08,0x08,0x08,0x00,
0x00,0x00,0x00,0x1F,0x00,0x00,0x03,0x02,
0x01,0x01,0x20,0x3F,0x00,0x00,0x00,0x00,/*"何",18*/
0x00,0x10,0x88,0x44,0x22,0x80,0x04,0xE4,
0x24,0xDC,0x12,0x12,0xF2,0x02,0x00,0x00,
0x20,0x11,0x08,0x04,0x02,0x21,0x20,0x17,
0x08,0x07,0x08,0x10,0x37,0x00,0x00,0x00,/*"须",19*/
0x00,0x40,0x20,0x58,0x8E,0x68,0x18,0x00,
```

```
        0x78,0x84,0xA4,0x9C,0xE0,0x00,0x00,0x00,
        0x00,0x10,0x1A,0x01,0x04,0x08,0x11,0x22,
        0x20,0x20,0x28,0x30,0x22,0x04,0x00,0x00,/* "怨",20 */
        0x00,0x20,0x20,0xA0,0xFF,0x90,0x00,0xC8,
        0xA8,0x94,0x8C,0x44,0x40,0xC0,0x00,0x00,
        0x04,0x02,0x01,0x00,0x3F,0x00,0x04,0x12,
        0x09,0x04,0x13,0x20,0x1C,0x03,0x00,0x00,/* "杨",21 */
        0x00,0x20,0x20,0xA0,0xFE,0x90,0x00,0xF8,
        0x88,0xE4,0x10,0xF0,0x08,0x08,0xF8,0x00,
        0x04,0x02,0x01,0x00,0x1F,0x00,0x10,0x09,
        0x04,0x03,0x00,0x7F,0x01,0x02,0x01,0x00,/* "柳",22 */
        0x00,0x00,0x00,0x00,0x00,0x00,0x00,0x00,
        0x00,0x00,0x00,0x00,0x00,0x00,0x00,0x00,
        0x00,0x00,0x2C,0x1C,0x00,0x00,0x00,0x00,
        0x00,0x00,0x00,0x00,0x00,0x00,0x00,0x00,/* ",",23 */
        0x00,0x00,0x00,0x80,0xA4,0xA4,0x64,0x5F,0x52,
        0xD2,0x52,0x40,0x40,0x00,0x00,0x00,0x00,
        0x08,0x08,0x04,0x02,0x7D,0x2A,0x2A,0x22,
        0x7E,0x01,0x02,0x04,0x0C,0x08,0x08,0x00,/* "春",24 */
        0x00,0x00,0x00,0xFC,0x04,0x24,0x44,0x82,
        0x7A,0x02,0xFE,0x00,0x00,0x00,0x00,0x00,
        0x10,0x08,0x04,0x03,0x08,0x04,0x02,0x01,
        0x06,0x00,0x07,0x08,0x10,0x20,0x3C,0x00,/* "风",25 */
        0x00,0x00,0x08,0x08,0x08,0x88,0x48,0xE4,
        0x14,0x8C,0x84,0x04,0x04,0x04,0x00,0x00,
        0x00,0x04,0x04,0x02,0x01,0x00,0x00,0x3F,
        0x00,0x00,0x00,0x01,0x03,0x06,0x00,0x00,/* "不",26 */
        0x00,0x00,0x00,0xF8,0x08,0x28,0xF8,0xA9,
        0xA6,0x7C,0x14,0x14,0x00,0x00,0x00,0x00,
        0x20,0x18,0x06,0x21,0x20,0x22,0x16,0x0A,
        0x09,0x17,0x30,0x20,0x20,0x20,0x20,0x00,/* "度",27 */
        0x00,0x00,0x00,0x00,0x10,0x10,0x10,0xF8,
        0x88,0x88,0x08,0x00,0x00,0x00,0x00,0x00,
        0x00,0x10,0x10,0x10,0x11,0x11,0x11,0x0F,
        0x08,0x08,0x09,0x0A,0x08,0x08,0x00,0x00,/* "玉",28 */
        0x00,0x00,0xF8,0x00,0x04,0x08,0x00,0x08,
        0x08,0x04,0x04,0x04,0xFC,0x00,0x00,0x00,
        0x00,0x00,0x1F,0x00,0x00,0x00,0x00,0x00,
        0x00,0x00,0x10,0x20,0x1F,0x00,0x00,0x00,/* "门",29 */
        0x00,0x00,0x00,0x00,0x22,0x2C,0x20,0xE0,
        0x98,0x97,0x90,0x80,0x80,0x00,0x00,0x00,
        0x00,0x01,0x21,0x21,0x11,0x09,0x05,0x03,
        0x04,0x08,0x10,0x30,0x20,0x20,0x00,0x00,/* "关",30 */
        0x00,0x00,0x00,0x00,0x00,0x00,0x00,0x00,
        0x00,0x00,0x00,0x00,0x00,0x00,0x00,0x00,
        0x00,0x18,0x24,0x24,0x18,0x00,0x00,0x00,
        0x00,0x00,0x00,0x00,0x00,0x00,0x00,0x00};/* "。",31 */
void delay(uchar ms)
{                               //延时
    uchar i;
        while(ms--)
        {
            for(i=0;i<120;i++);
        }
}
void Busy_Check()               //检查 LCD 是否为忙状态
```

```
    }
        uchar LCD_Status;           //状态信息(判断是否忙)
        rs = 0;                     //数据\指令选择,D/I(RS) = "L",表示 DB7~DB0 为显示指令数据
        rw = 1;                     //R/W = "H",E = "H"数据被读到 DB7~DB0
        do{
            P0 = 0x00;
            ep = 1;                 //EN 下降源
            _nop_();                //一个时钟延时
            LCD_Status = P0;
            ep = 0;
            LCD_Status = 0x80 &LCD_Status;  //仅当第 7 位为 0 时才可操作(判别 busy 信号)
        }while( !( LCD_Status == 0x00 ) );
    }
void lcd_wcmd( uchar cmd )                   //写入指令数据到 LCD
{
    Busy_Check( );                           //等待 LCD 空闲
    rs = 0;                                  //向 LCD 发送命令。RS = 0 写指令,RS = 1 写数据
    rw = 0;                                  //R/W = "L",E = "H→L"数据被写到 IR 或 DR
    ep = 0;
    _nop_();
    _nop_();
    P0 = cmd;
    _nop_();
    _nop_();
    _nop_();
    _nop_();
    ep = 1;
    _nop_();
    _nop_();
    _nop_();
    _nop_();
    ep = 0;
}
void lcd_wdat( uchar dat )                   //写显示数据
{
    Busy_Check( );                           //等待 LCD 为空闲状态
    rs = 1;                                  //RS = 0 写指令,RS = 1 写数据
    rw = 0;                                  //R/W = "L",E = "H→L"数据被写到 IR 或 DR
    P0 = dat;                                //dat:显示数据
    _nop_();
    _nop_();
    _nop_();
    _nop_();
    ep = 1;
    _nop_();
    _nop_();
    _nop_();
    _nop_();
    ep = 0;
}
void SetLine( uchar page )                   //设置页 0xb8 是页的首地址
{
    page = 0xb8 | page;                      //1011 1xxx 0 <= page <= 7 设定页地址 -- X 0-7,8 行
                                             //  为一页 64/8 = 8,共 8 页
    lcd_wcmd( page );
}
```

```
void SetStartLine( uchar startline )        //设定显示开始行,0xc0 是行的首地址
{
    startline = 0xc0 | startline;           //1100 0000
    lcd_wcmd( startline );                   //设置从哪行开始:0 -- 63,一般从 0 行开始显示
}
void SetColumn( uchar column )              //设定列地址 -- Y 0 - 63 ,0x40 是列的首地址
{
    column = column &0x3f;                  //column 最大值为 64,越出 0 =< column <=63
    column = 0x40 | column;                 //01xx xxxx
    lcd_wcmd( column );
}
void disOn_Off( uchar onoff )               //开关显示,0x3f 是开显示,0x3e 是关显示
{
    onoff = 0x3e | onoff;                   //0011 111x, onoff 只能为 0 或 1
    lcd_wcmd( onoff );
}
void SelectScreen( uchar NO )               //选择屏幕
{
    switch（NO）
        {
        case  0:                            //全屏
            cs1 = 0;                        //选择左片液晶
            _nop_( );
            _nop_( );
            _nop_( );
            _nop_( );
            cs2 = 0;                        //选择右片液晶
            _nop_( );
            _nop_( );
            _nop_( );
            _nop_( );
            break;
        case  1:                            //选择左片液晶(左屏)
            cs1 = 1;
            _nop_( );
            _nop_( );
            _nop_( );
            _nop_( );
            cs2 = 0;
            _nop_( );
            _nop_( );
            _nop_( );
            _nop_( );
            break;
        case  2:                            //选择右片液晶(右屏)
            cs1 = 0;
            _nop_( );
            _nop_( );
            _nop_( );
            _nop_( );
            cs2 = 1;
            _nop_( );
            _nop_( );
            _nop_( );
            _nop_( );
            break;
```

```
              default:
                 break;
           }
   }
   void ClearScreen(uchar screen)              //清屏
   {
       uchar i,j;
       SelectScreen(screen);
       for(i=0;i<8;i++)                        //控制页数0~7,共8页
          {
            SetLine(i);
            SetColumn(0);
            for(j=0;j<64;j++)                  //控制列数0~63,共64列
               {
                 lcd_wdat(0x00);               //写点内容,列地址自动加1
               }
          }
   }
   void Disp_Sinogram(uchar ss,uchar page,uchar column,uchar number)   //显示全角汉字
   {
       int i;   //选屏参数,page选页参数,column选列参数,number选第几汉字输出
       SelectScreen(ss);
       column = column&0x3f;
       SetLine(page);                          //写上半页
       SetColumn(column);                      //控制列
       for(i=0;i<16;i++)                        //控制16列的数据输出
          {
            lcd_wdat(Hzk[i+32*number]);         //i+32*number汉字的前16个数据输出
          }
       SetLine(page+1);                         //写下半页
       SetColumn(column);                       //控制列
       for(i=0;i<16;i++)                         //控制16列的数据输出
          {
            lcd_wdat(Hzk[i+32*number+16]);      //i+32*number+16汉字的后16个数据
                                                   输出
          }
   }
   void display()
   {
       uint i;
       for(i=0;i<4;i++)
          {
       //Disp_Sinogram(选屏参数(cs0,cs1),pagr选页参数,column选列参数,number选第几个汉字输出)
          Disp_Sinogram(2,0,i*16,i);            //第1行左屏显示4个汉字"黄河远上"
          _nop_();
          Disp_Sinogram(1,0,i*16,i+4);          //第1行右屏显示4个汉字"白云间,"
          _nop_();
          Disp_Sinogram(2,0+2,i*16,i+8);        //第2行左屏显示4个汉字"一片孤城"
          _nop_();
          Disp_Sinogram(1,0+2,i*16,i+12);       //第2行右屏显示4个汉字"万仞山。"
          _nop_();
          Disp_Sinogram(2,0+2+2,i*16,i+16);     //第3行左屏显示4汉字"羌笛何须"
          _nop_();
          Disp_Sinogram(1,0+2+2,i*16,i+20);     //第3行右屏显示4个汉字"怨杨柳,"
          _nop_();
          Disp_Sinogram(2,0+2+2+2,i*16,i+24);   //第4行左屏显示4个汉字"春风不度"
```

```
        _nop_();
        Disp_Sinogram(1,0+2+2+2,i*16,i+28);          //第4行右屏显示4个汉字"玉门关。"
        _nop_();
    }


}
void lcd_rol()                                       //向上滚动
{
    uint i;
    for(i=0; i<64; i++)
    {
        cs1=0;                                       //片选1
        lcd_wcmd(0xc0+i);
        cs2=1;                                       //片选2
        cs1=1;
        lcd_wcmd(0xc0+i);
        cs2=0;                                       //片选2
    delay(120);                                      //调整滚动频率
    }

}
void lcd_ror()                                       //向下滚动
{
    uint i;
    for(i=64; i>0; i--)
    {
        cs1=0;                                       //片选1
        lcd_wcmd(0xc0+i);
        cs2=1;
        cs1=1;                                       //片选2
        lcd_wcmd(0xc0+i);
        cs2=0;                                       //片选2
    delay(120);                                      //调整滚动频率
    }

}
void lcd_reset()                                     //LCD复位
{
  rst=0;
  delay(20);
  rst=1;
  delay(20);
}
void  int0() interrupt 0
{
  delay(10);
  if(INT0==0)
   {
      if(a==3)
       {
      a=1;
       }
      else
       {
        a++;
       }
    }

}
```

```c
void    int1( ) interrupt 2
{
    delay(10);
    if(INT1 == 0)
      {
        a = 0;
      }
}
void INT_init(void)                        //INT0 和 INT1 中断初始化
{
    EX0 = 1;                               //打开外部中断 0
    IT0 = 1;                               //下降沿触发中断 INT0
    EX1 = 1;                               //打开外部中断 1
    IT1 = 1;                               //下降沿触发中断 INT1
    EA = 1;                                //全局中断允许
    PX0 = 1;                               //INT0 中断优先
}
void lcd_init( )
{
    lcd_reset( );                          //将 LCD 复位
    Busy_Check( );                         //等待 LCD 为空闲状态
    SelectScreen(0);                       //选择全屏
    disOn_Off(0);                          //关全屏显示
    SelectScreen(0);
    disOn_Off(1);                          //开全屏显示
    SelectScreen(0);
    ClearScreen(0);                        //清屏
    SetStartLine(0);                       //开始行:0
}
void main(void)
{
    a = 0;
    INT_init( );                           //外部中断初始化
    lcd_init( );                           //对 LCD 初始化
    ClearScreen(0);                        //LCD 清屏
    SetStartLine(0);                       //设置显示开始行
    while(1)
      {
          switch(a)
            { case 0x0:                     //正常显示
              {
                display( );
                break;
              }
            case 0x1:                       //选择向上滚动
              {
                lcd_rol( );
                break;
              }
            case 0x2:                       //选择向下滚动
              {
                lcd_ror( );
                break;
              }
          }
      }
}
```

调试与仿真

　　首先在 Keil 中创建项目，输入源代码并生成 Debug. OMF 文件，然后在 Proteus 8 Professional 中打开已创建的汉字式 LCD 滚动显示电路图并进行相应设置，以实现 Keil 与 Proteus 的联机调试。单击 Proteus 8 Professional 模拟调试按钮的运行按钮 ▶，进入调试状态。在调试初始运行状态下，AMPIRE128x64 静态显示仿真效果图如图 9-19（a）所示；奇数次按下按键 K1 时，AMPIRE128x64 的显示内容向上滚动，如图 9-19（b）所示；偶数次按下按键 K1 时，AMPIRE128x64 的显示内容向下滚动；按下按键 K2 时，AMPIRE128x64 停止滚动显示。

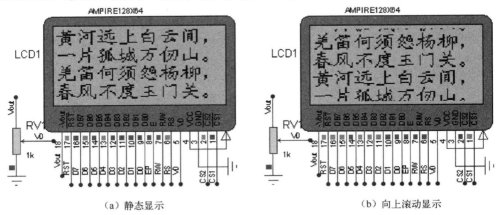

（a）静态显示　　　　　　　　　　　　　　（b）向上滚动显示

图 9-19　汉字式 LCD 滚动显示仿真效果图

# 任务 7　汉字式 LCD 图片显示

设计要求

　　使用 SMG12864A 显示汉字，要求未按下任何按键时，LCD 液晶屏静态显示汉字；按下按键 K1 时，LCD 液晶屏静态显示图片 1；按下按键 K2 时，LCD 液晶屏向上滚动图片 2；按下按键 K3 时，LCD 液晶屏返回到静态汉字显示界面。

硬件设计

　　在 Proteus 中找不到 SMG12864A，可使用 AMPIRE128 ×64 进行替代。在桌面上双击图标 ，打开 Proteus 8 Professional 窗口。新建一个 DEFAULT 模板，添加表 9-10 所列的元器件，并完成如图 9-20 所示的硬件电路图设计。

程序设计

　　由于 AMPIRE128 ×64 不含中文字库，因此需要建立一个中文字库。使用 PCtoLCD2002 字模软件时，选择 16 ×16 点阵，字体为黑体，格式为共阴极，取模方式为列行式，取模方向为低位在前。

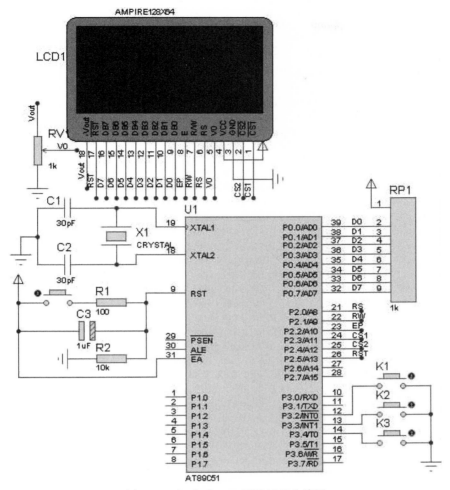

图 9-20 汉字式 LCD 图片显示电路图

由于 AMPIRE128 × 64 也不含图片库,因此也需要建立一个图片库。根据显示原理可知,AMPIRE128 × 64 分为左半屏和右半屏两部分,因此每半屏的图片设置为 64 × 64 点阵。此任务使用了 3 个中断,即 INT0、INT1 和 T0 加 1 中断计数。

KEIL C51 源程序

```
/*****************************************************
文件名:LCD12864 图片显示 . c
单片机型号:STC89C51RC
晶振频率:12.0MHz
*****************************************************/
#include < reg52. h >
#include < intrins. h >
#define uchar unsigned char
#define uint   unsigned int
sbit rs = P2^0 ;                       //数据/指令选择
sbit rw = P2^1 ;                       //读/写选择
sbit ep = P2^2 ;                       //读/写使能
sbit cs1 = P2^3 ;                      //片选 1
```

```
sbit cs2 = P2^4;                        //片选 2
sbit rst = P2^5;                        //复位端
uchar a;                                //画面选择
uchar code Hzk[] = {                    //16x16 点阵
    0x02,0xF2,0x02,0x02,0xFA,0x4A,0x4A,0xFA,
    0x4A,0x4A,0xFA,0x02,0x02,0xF2,0x02,0x00,
    0x00,0x7F,0x20,0x20,0x2F,0x24,0x24,0x27,
    0x24,0x24,0x2F,0x20,0x20,0x7F,0x00,0x00,/*"画",1*/
    0x00,0x02,0xF2,0x12,0x12,0xFA,0x96,0x92,
    0x92,0xF2,0x12,0x12,0x12,0xF2,0x02,0x00,
    0x00,0x00,0x7F,0x20,0x20,0x3F,0x24,0x24,
    0x24,0x3F,0x20,0x20,0x20,0x7F,0x00,0x00,/*"面",2*/
    0x40,0x40,0x42,0xCC,0x00,0x50,0x4E,0xC8,
    0x48,0x7F,0xC8,0x48,0x48,0x40,0x00,0x00,
    0x00,0x40,0x20,0x1F,0x20,0x48,0x46,0x41,
    0x40,0x40,0x47,0x48,0x48,0x4E,0x40,0x00,/*"选",3*/
    0x08,0x08,0xFF,0x88,0x48,0x08,0x42,0x46,
    0x2A,0xD2,0x2A,0x46,0x42,0x80,0x80,0x00,
    0x42,0x81,0x7F,0x00,0x00,0x08,0x09,0x09,
    0x09,0xFF,0x09,0x09,0x09,0x08,0x08,0x00,/*"择",4*/
    0x00,0x00,0x00,0x00,0x00,0x00,0x00,0x00,
    0x00,0x00,0x00,0x00,0x00,0x00,0x00,0x00,
    0x00,0x00,0x36,0x36,0x00,0x00,0x00,0x00,
    0x00,0x00,0x00,0x00,0x00,0x00,0x00,0x00,/*":",5*/
    0x00,0xFE,0x42,0x42,0x22,0x1E,0xAA,0x4A,
    0xAA,0x9A,0x0A,0x02,0x02,0xFE,0x00,0x00,
    0x00,0xFF,0x42,0x42,0x41,0x41,0x48,0x72,
    0x54,0x40,0x41,0x43,0x41,0xFF,0x00,0x00,/*"图",6*/
    0x00,0x00,0x00,0xFE,0x10,0x10,0x10,0x10,
    0x10,0x1F,0x10,0x10,0x10,0x18,0x10,0x00,
    0x80,0x40,0x30,0x0F,0x01,0x01,0x01,0x01,
    0x01,0x01,0x01,0xFF,0x00,0x00,0x00,0x00,/*"片",7*/
    0x40,0x42,0xDC,0x08,0x00,0x00,0xFE,0x52,
    0x92,0x12,0x12,0x92,0x73,0x02,0x00,0x00,
    0x40,0x20,0x1F,0x20,0x48,0x46,0x51,0x50,
    0x48,0x45,0x42,0x45,0x48,0x50,0x00,0x00,/*"返",8*/
    0x00,0xFE,0x02,0x02,0xF2,0x12,0x12,0x12,
    0x12,0x12,0xF2,0x02,0x02,0xFE,0x00,0x00,
    0x00,0x7F,0x40,0x40,0x47,0x44,0x44,0x44,
    0x44,0x44,0x47,0x40,0x40,0x7F,0x00,0x00,/*"回",9*/
    0x00,0x00,0x00,0x00,0x00,0x00,0x00,0x00,
    0x00,0x00,0x00,0x00,0x00,0x00,0x00,0x00,
    0x00,0x00,0x00,0x00,0x00,0x00,0x00,0x00,
    0x00,0x00,0x00,0x00,0x00,0x00,0x00,0x00};/*" ",10*/
uchar code Ezk[] = {                    //8x8 点阵
    0x08,0xF8,0x00,0x00,0x80,0x80,0x80,0x00,
    0x20,0x3F,0x24,0x02,0x2D,0x30,0x20,0x00,/*"k",0*/
    0x00,0x10,0x10,0xF8,0x00,0x00,0x00,0x00,
    0x00,0x20,0x20,0x3F,0x20,0x20,0x00,0x00,/*"1",1*/
    0x00,0x70,0x08,0x08,0x08,0x88,0x70,0x00,
    0x00,0x30,0x28,0x24,0x22,0x21,0x30,0x00,/*"2",2*/
    0x00,0x30,0x08,0x88,0x88,0x48,0x30,0x00,
    0x00,0x18,0x20,0x20,0x20,0x11,0x0E,0x00,/*"3",3*/
    0x00,0x00,0x00,0x00,0x00,0x00,0x00,0x00,
    0x00,0x00,0x00,0x00,0x00,0x00,0x00,0x00};/*" ",4*/
uchar code picture1[][64] = {/*--  宽度 x 高度 =64x64 --0-- */
```

0x00,0x00,0x00,0x00,0x00,0x00,0xE0,0xE0,
0xE0,0xE0,0xE0,0xF0,0xF0,0x70,0x60,0x60,
0x60,0x60,0x60,0xFC,0xFC,0xFC,0xFC,0xF8,
0xF8,0xF8,0x80,0x8C,0x8C,0xBC,0x3E,0xFE,
0xFE,0xFE,0xFE,0x7E,0x7E,0x3E,0x3E,0x3E,
0x3C,0x3C,0x3C,0x7C,0x78,0x78,0x3C,0x7C,
0x7C,0xF8,0xF8,0xF0,0xC0,0xF0,0xE0,0x80,
0xC0,0xC0,0x80,0x80,0x00,0x00,0x00,0x00,
0x00,0x00,0x00,0x80,0x80,0x80,0xFF,0xFF,
0xFF,0xFF,0xFF,0xFF,0x0F,0x00,0x00,0x00,
0x00,0x00,0x00,0x0F,0x1F,0x3F,0x3F,0x3F,
0x1F,0x1F,0x01,0x01,0xFD,0xFF,0x8F,0xEF,
0xED,0xC0,0x00,0x00,0x00,0x00,0x00,0x00,
0x00,0x00,0x00,0x00,0xB0,0xB8,0x98,0x9C,
0x0C,0x0E,0x0E,0xFE,0xFD,0x39,0x03,0x07,
0xFF,0xFF,0xFF,0x0D,0x00,0x00,0x00,0x00,
0x00,0x78,0xFF,0xDF,0xDB,0xFB,0xF3,0xF7,
0xFF,0xFF,0xFF,0xFF,0x00,0x00,0x00,0x00,
0x00,0x00,0x00,0x00,0x00,0xC0,0xE0,0x60,
0x70,0x30,0xF8,0xFF,0xFF,0x7F,0x7F,0xFF,
0xE7,0xE0,0xE0,0x00,0xE0,0xF0,0xF8,0xEC,
0xEE,0xE6,0x87,0xC3,0xE3,0xFD,0xBF,0x0F,
0x00,0x00,0x03,0x03,0x03,0x01,0x00,0x80,
0xFF,0xFF,0xFF,0x0F,0x00,0x00,0x00,0x00,
0x00,0x00,0x07,0x0F,0x9E,0xFE,0xFF,0xFF,
0xFF,0xFF,0xFF,0xFF,0x00,0x00,0x00,0x00,
0x00,0x00,0x80,0xC0,0xE0,0xE3,0xC7,0x86,
0x0E,0x3C,0x78,0xF9,0xE3,0xD3,0xFF,0xFF,
0xFE,0x7F,0x3F,0x77,0x0E,0x0F,0x07,0x07,
0x0F,0x0F,0x1D,0x0D,0x05,0x01,0x03,0x80,
0x80,0x80,0xC0,0xE0,0xF0,0xFC,0xBE,0x9F,
0x8F,0x83,0x80,0x80,0x80,0x80,0x80,0x00,
0x00,0x00,0x00,0x00,0x3F,0x7F,0x7F,0x7F,
0x7F,0x7F,0x7F,0x7F,0x7F,0x60,0x70,0x70,
0x70,0x77,0x7F,0xFF,0xFF,0xFC,0xC7,0xFF,
0xFF,0xF0,0xE0,0x60,0xE0,0xE1,0xCF,0xFF,
0xFF,0x1B,0x1F,0x0F,0x0F,0x07,0x07,0x2F,
0xFF,0xEF,0xF7,0xF7,0xF7,0xF7,0x77,0x77,
0xBF,0x9B,0x1B,0x03,0x03,0x03,0x03,0x01,
0x01,0x01,0x01,0x01,0x81,0xFF,0xFF,0x7F,
0x00,0x00,0x00,0x00,0x00,0x00,0x00,0x00,
0x00,0x00,0x00,0x00,0x00,0x00,0x00,0x00,
0x00,0x00,0xE0,0xFF,0xFF,0x07,0xFB,0xFF,
0xFF,0xFB,0xFC,0xEC,0xCC,0x8C,0x9C,0x78,
0x78,0x30,0x30,0x30,0x00,0x00,0x00,0x00,
0x00,0x87,0x87,0xC1,0xFB,0xFB,0x7F,0x3F,
0x3F,0x33,0x38,0x1C,0x1C,0x1C,0x18,0x18,
0x18,0x38,0x38,0x38,0x3F,0x3F,0x1F,0x1F,
0x00,0x00,0x00,0x00,0x00,0x00,0x00,0x00,
0x00,0x00,0x00,0x00,0x00,0x00,0x00,0x00,
0x00,0x3E,0x7F,0x7F,0x38,0x3F,0x1F,0x03,
0x01,0x03,0x03,0x07,0x07,0x0F,0x0F,0x0F,
0x0E,0x0E,0x1E,0x7E,0xFE,0xFE,0xBF,0xFF,
0xEF,0xC7,0x83,0x03,0x01,0x00,0x00,0x00,
0x00,0x00,0x00,0x00,0x00,0x00,0x00,0x00,
0x00,0x00,0x00,0x00,0x00,0x00,0x00,0x00,

```
        0x00,0x00,0x00,0x00,0x00,0x00,0x00,0x00,
        0x00,0x00,0x00,0x00,0x00,0x00,0x00,0x00,
        0x00,0x00,0x00,0x00,0x00,0x00,0x00,0x00,
        0x00,0x00,0x00,0x00,0x00,0x00,0x00,0x00,
        0x00,0x00,0x00,0x00,0x00,0x03,0x07,0x0E,
        0x1C,0x79,0x7B,0xFF,0xF7,0xEE,0xEC,0xDC,
        0xF8,0xF0,0xE0,0xE0,0x00,0x00,0x00,0x00,
        0x00,0x00,0x00,0x00,0x00,0x00,0x00,0x00};
uchar code picture2[][64] = {
        0x00,0x00,0x00,0x00,0x00,0x00,0x00,0x00,
        0x00,0x00,0x00,0x00,0x00,0x00,0x00,0x00,
        0x00,0x00,0x00,0x00,0x00,0x00,0x00,0x00,
        0x00,0x00,0x00,0x00,0x00,0x00,0x00,0x00,
        0x00,0x00,0x00,0x00,0x00,0x80,0xC0,0x60,
        0xE0,0xE0,0xE0,0xC0,0xC0,0x80,0x00,0x00,
        0x00,0x00,0x00,0x00,0x00,0x00,0x00,0x00,
        0x00,0x00,0x00,0x00,0x00,0x00,0x00,0x00,
        0x00,0x00,0x00,0x00,0x00,0x00,0x00,0x00,
        0x00,0x00,0x00,0x80,0xF0,0xF8,0xFC,0xFE,
        0xFE,0xFE,0x3E,0x3E,0x3C,0x7C,0x7C,0x7C,
        0xFC,0xF8,0xF8,0xF8,0xF8,0xF8,0xF0,0xF0,
        0xF0,0xF0,0xF0,0xFC,0xFE,0xFF,0xFF,0xFF,
        0xFF,0xFF,0xFF,0xBF,0xBF,0x87,0x00,0x00,
        0x00,0x00,0x00,0x00,0x00,0x00,0x00,0x00,
        0x00,0x00,0x00,0x00,0x00,0x00,0x00,0x00,
        0x00,0x00,0x00,0x00,0x00,0x00,0x00,0x00,
        0x00,0xE0,0xFC,0xFF,0xFF,0xFF,0x3F,0x0F,
        0x39,0xFE,0xFC,0xF8,0xF8,0xF8,0xF8,0xF8,
        0xF8,0xC0,0xC0,0xC0,0x01,0x81,0xC1,0xE1,
        0xF3,0xF3,0xF3,0xF3,0xF7,0xE7,0xE7,0xE7,
        0x0F,0x1F,0x0F,0x0F,0x1F,0x1F,0x1F,0x1F,
        0x1F,0x3E,0x3E,0x7E,0x7E,0x7C,0xFC,0xFC,
        0xF8,0xF8,0xF8,0xF0,0xE0,0x00,0x00,0x00,
        0x00,0x00,0x00,0x00,0x00,0x00,0x00,0x78,
        0xFF,0xFF,0xFF,0xFF,0xFF,0xE3,0xE0,0xC0,
        0xC0,0xC0,0xC3,0x87,0x87,0x87,0x83,0x03,
        0x0F,0x0F,0x06,0x00,0x00,0x1F,0x7F,0x7F,
        0x71,0xF0,0xF8,0xFE,0xFC,0xFC,0x00,0xF0,
        0xF8,0xFC,0x9C,0xAC,0xEE,0xFE,0xFE,0x7C,
        0x00,0x00,0x60,0x70,0x78,0xB9,0xFB,0xFE,
        0xFF,0xFF,0xFF,0x3F,0x01,0x00,0x00,0x00,
        0x00,0x00,0x00,0x00,0x00,0x00,0x00,0x00,
        0x00,0x00,0x01,0x01,0x01,0x01,0x03,0x03,
        0x03,0x07,0x07,0x07,0x07,0x0F,0x0F,0x1F,
        0x1F,0xDF,0xFF,0xFE,0x7E,0xFE,0xFE,0xFE,
        0xFC,0xFC,0x7C,0x7C,0x79,0xF9,0xF8,0xF8,
        0xF9,0xF1,0xF1,0xF3,0xF3,0xF1,0xE0,0xE3,
        0xE3,0xF3,0xF0,0xF8,0xFE,0xFF,0xFF,0x7F,
        0x5F,0x07,0x00,0x00,0x00,0x00,0x00,0x00,
        0x00,0x00,0x00,0x00,0x00,0x00,0x00,0x00,
        0x00,0x00,0x00,0x00,0x00,0x00,0x00,0x00,
        0x00,0x00,0x00,0x00,0x00,0x00,0x80,0xE0,
        0xFE,0xFF,0xFF,0xFD,0xFF,0xFF,0xFF,0xFF,
        0x1F,0x03,0x00,0x00,0x00,0x00,0x00,0x00,
        0x00,0x01,0x01,0x01,0x01,0x01,0x03,0x03,
        0x03,0x03,0x03,0x03,0x03,0x03,0x01,0x00,
```

```
            0x00,0x00,0x00,0x00,0x00,0x00,0x00,0x00,
            0x00,0x00,0x00,0x00,0x00,0x00,0x00,0x00,
            0x00,0x00,0x00,0x00,0x00,0x00,0x00,0x00,
            0x00,0x00,0x00,0x00,0xE0,0xFC,0xFF,0xFF,
            0xFF,0xFF,0xFF,0xFF,0xFF,0x3F,0x07,0x00,
            0x00,0x00,0x00,0x00,0x00,0x00,0x00,0x00,
            0x00,0x00,0x00,0x00,0x00,0x00,0x00,0x00,
            0x00,0x00,0x00,0x00,0x00,0x00,0x00,0x00,
            0x00,0x00,0x00,0x00,0x00,0x00,0x00,0x00,
            0x00,0x00,0x00,0x00,0x00,0x00,0x00,0x00,
            0x00,0x00,0x00,0x00,0x00,0x00,0x00,0x00,
            0x00,0x00,0x00,0xFE,0xFF,0xFF,0x7F,0x7F,
            0x7F,0xFF,0xFF,0xEF,0x01,0x00,0x00,0x00,
            0x00,0x00,0x00,0x00,0x00,0x00,0x00,0x00,
            0x00,0x00,0x00,0x00,0x00,0x00,0x00,0x00,
            0x00,0x00,0x00,0x00,0x00,0x00,0x00,0x00,
            0x00,0x00,0x00,0x00,0x00,0x00,0x00,0x00};
void delay(uchar ms)
{                                       //延时
    uchar i;
        while(ms--)
        {
            for(i=0;i<120;i++);
        }
}
void Busy_Check()                       //检查 LCD 是否为忙状态
{
    uchar LCD_Status;                   //状态信息(判断是否忙)
    rs=0;                               //数据\指令选择,D/I(RS)="L",表示 DB7~DB0
                                          为显示指令数据
    rw=1;                               //R/W="H",E="H"数据被读到 DB7~DB0
    do{
      P0=0x00;
      ep=1;                             //EN 下降源
      _nop_();                          //一个时钟延时
      LCD_Status=P0;
      ep=0;
      LCD_Status=0x80 &LCD_Status;      //仅当第 7 位为 0 时才可操作(判别 busy 信号)
      }while(!(LCD_Status==0x00));
}
void lcd_wcmd(uchar cmd)                //写入指令数据到 LCD
{
    Busy_Check();                       //等待 LCD 空闲
    rs=0;                               //向 LCD 发送命令。RS=0 写指令,RS=1 写数据
    rw=0;                               //R/W="L",E="H→L"数据被写到 IR 或 DR
    ep=0;
    _nop_();
    _nop_();
    P0=cmd;
    _nop_();
    _nop_();
    _nop_();
    _nop_();
    ep=1;
    _nop_();
    _nop_();
```

```
        _nop_();
        _nop_();
        ep = 0;
}
void lcd_wdat(uchar dat)                    //写显示数据
{
    Busy_Check();                           //等待 LCD 为空闲状态
    rs = 1;                                 //RS = 0 写指令,RS = 1 写数据
    rw = 0;                                 //R/W = "L",E = "H→L"数据被写到 IR 或 DR
    P0 = dat;                               //dat:显示数据
    _nop_();
    _nop_();
    _nop_();
    _nop_();
    ep = 1;
    _nop_();
    _nop_();
    _nop_();
    _nop_();
    ep = 0;
}
void SetLine(uchar page)                    //设置页 0xb8 是页的首地址
{
    page = 0xb8|page;                       //1011 1xxx 0 <= page <=7 设定页地址 -- X 0 - 7,8
                                            //  行为一页 64/8 = 8,共 8 页
    lcd_wcmd(page);
}
void SetStartLine(uchar startline)          //设定显示开始行,0xc0 是行的首地址
{
    startline = 0xc0|startline;  //1100 0000
    lcd_wcmd(startline);                    //设置从哪行开始:0 -- 63,一般从 0 行开始显示
}
void SetColumn(uchar column)                //设定列地址 -- Y 0 - 63 ,0x40 是列的首地址
{
    column = column &0x3f;                  //column 最大值为 64,越出 0 =< column <=63
    column = 0x40|column;                   //01xx xxxx
    lcd_wcmd(column);
}
void disOn_Off(uchar onoff)                 //开关显示,0x3f 是开显示,0x3e 是关显示
{
    onoff = 0x3e|onoff;                     //0011 111x,onoff 只能为 0 或者 1
    lcd_wcmd(onoff);
}
void SelectScreen(uchar NO)                 //选择屏幕
{
    switch (NO)
    {
        case  0:                            //全屏
            cs1 = 0;                        //选择左片液晶
            _nop_();
            _nop_();
            _nop_();
            _nop_();
            cs2 = 0;                        //选择右片液晶
            _nop_();
            _nop_();
```

```
            _nop_();
            _nop_();
            break;
        case  1:                              //选择左片液晶(左屏)
            cs1 = 1;
            _nop_();
            _nop_();
            _nop_();
            _nop_();
            cs2 = 0;
            _nop_();
            _nop_();
            _nop_();
            _nop_();
            break;
        case  2:                              //选择右片液晶(右屏)
            cs1 = 0;
            _nop_();
            _nop_();
            _nop_();
            _nop_();
            cs2 = 1;
            _nop_();
            _nop_();
            _nop_();
            _nop_();
            break;
        default:
            break;
    }
}
void ClearScreen(uchar screen)                //清屏
{
    uchar i,j;
    SelectScreen(screen);
    for(i = 0;i < 8;i ++ )                     //控制页数 0~7,共 8 页
    {
        SetLine(i);
        SetColumn(0);
        for(j = 0;j < 64;j ++ )                //控制列数 0~63,共 64 列
        {
            lcd_wdat(0x00);                    //写点内容,列地址自动加 1
        }
    }
}
void Disp_Sinogram(uchar ss,uchar page,uchar column,uchar number)      //显示全角汉字
{
    int i;                                     //选屏参数,page 选页参数,column 选列参数,num-
                                               //ber 选第几汉字输出
    SelectScreen(ss);
    column = column&0x3f;
    SetLine(page);                             //写上半页
    SetColumn(column);                         //控制列
    for(i = 0;i < 16;i ++ )                    //控制 16 列的数据输出
    {
        lcd_wdat(Hzk[i + 32 * number]);        //i + 32 * number 汉字的前 16 个数据输出
```

```
        }
        SetLine(page + 1);                    //写下半页
        SetColumn(column);                     //控制列
        for(i = 0;i < 16;i ++ )                //控制16列的数据输出
        {
            lcd_wdat(Hzk[i + 32 * number + 16]); //i + 32 * number + 16 汉字的后16个数据输出
        }
    }

void Disp_English(uchar ss,uchar page,uchar column,uchar number)   //显示半角汉字和数字和
                                                                    字母
{
    uint i;                                //选屏参数,page 选页参数,column 选列参数,num-
                                            ber 选第几汉字输出
    SelectScreen(ss);
    column = column&0x3f;
    SetLine(page);                         //写上半页
    SetColumn(column);
    for(i = 0;i < 8;i ++ )
    {
        lcd_wdat(Ezk[i + 16 * number]);
    }
    SetLine(page + 1);                     //写下半页
    SetColumn(column);
    for(i = 0;i < 8;i ++ )
    {
        lcd_wdat(Ezk[i + 16 * number + 8]);
    }
}
void Disp_Picture1(uchar fu,uchar pos)
{
uchar i,j;
    if(pos == 0)//选择左块
    {
        for(j = 0;j < 8;j ++ )
        {
        SelectScreen(2);
            lcd_wcmd(0x40);                //列指针指向第0列
            lcd_wcmd(0xb8 + j);            //0xb8 页指针指向第0页
        for(i = 0;i < 64;i ++ )
        lcd_wdat(picture1[8 * fu + j][i]); //写数据
        }
    }
    else
    {
    for(j = 0;j < 8;j ++ )
        {
            SelectScreen(1);
            lcd_wcmd(0x40);
            lcd_wcmd(0xb8 + j);
            for(i = 0;i < 64;i ++ )
        lcd_wdat(picture1[8 * fu + j][i]);  //写数据
        }
    }
}
void Disp_Picture2(uchar fu,uchar pos)
{
```

```
uchar i,j;
    if( pos ==0)//选择左块
    {
        for( j =0;j <8;j ++)
        {
        SelectScreen(2);
          lcd_wcmd(0x40);                    //列指针指向第 0 列
          lcd_wcmd(0xb8 +j);                 //0xb8 页指针指向第 0 页
        for( i =0;i <64;i ++)
        lcd_wdat(picture2[8 * fu +j][i]);    //写数据
        }
    }
    else
    {
      for( j =0;j <8;j ++)
      {
        SelectScreen(1);
          lcd_wcmd(0x40);
          lcd_wcmd(0xb8 +j);
       for( i =0;i <64;i ++)
        lcd_wdat(picture2[8 * fu +j][i]);    //写数据
        }
    }
}
void lcd_reset()                             //LCD 复位
{
  rst =0;
  delay(20);
  rst =1;
  delay(20);
}
void lcd_init()
{
    lcd_reset();                             //将 LCD 复位
    Busy_Check();                            //等待 LCD 为空闲状态
    SelectScreen(0);                         //选择全屏
    disOn_Off(0);                            //关全屏显示
    SelectScreen(0);
    disOn_Off(1);                            //开全屏显示
    SelectScreen(0);
    ClearScreen(0);                          //清屏
    SetStartLine(0);                         //开始行:0
}
void   int0() interrupt 0
{
  delay(10);
  if( INT0 ==0)
   {
     a =0x1;
   }
}
void   int1() interrupt 2
{
  delay(10);
  if( INT1 ==0)
   {
```

```
                a = 0x2;
        }
}
void    count0( ) interrupt 1                    //加 1 计数
{
    TH0 = 0xFF;                                  //重新赋值
    TL0 = 0xFF;
    delay(10);
    if(T0 == 0)
        {
            a = 0;
        }
}
void INT_init(void)                              //INT0 和 INT1 中断初始化
{
    EX0 = 1;                                     //打开外部中断 0
    IT0 = 1;                                     //下降沿触发中断 INT0
    EX1 = 1;                                     //打开外部中断 1
    IT1 = 1;                                     //下降沿触发中断 INT1
    EA = 1;                                      //全局中断允许
    PX0 = 1;                                     //INT0 中断优先
}
void T0_init(void)
{
    TMOD = 0x05;                                 //T0 计数方式 1
    TH0 = 0xFF;
    TL0 = 0xFF;
    ET0 = 1;                                     //允许 T0 中断
    TR0 = 1;                                     //启动 T0
}
void lcd_rol( )
{
    uint i;
    for(i = 0; i < 64; i ++ )
        {
            cs1 = 0;                             //片选 1
            lcd_wcmd(0xc0 + i);
            cs2 = 1;
            cs1 = 1;                             //片选 2
            lcd_wcmd(0xc0 + i);
            cs2 = 0;                             //片选 2
        delay(120);                              //调整滚动频率
        }
}
void display( )
{
    switch(a)
            { case 0x0:
                {
                    Disp_Sinogram(2,0,0 * 16,9);        //第 1 行左屏显示空白
                    Disp_Sinogram(2,0,1 * 16,0);        //第 1 行左屏显示第 1 个汉字"画"
                    Disp_Sinogram(2,0,2 * 16,1);        //第 1 行左屏显示第 2 个汉字"面"
                    Disp_Sinogram(2,0,3 * 16,2);        //第 1 行左屏显示第 3 个汉字"选"
                    Disp_Sinogram(1,0,4 * 16,3);        //第 1 行右屏显示第 4 个汉字"择"
                    Disp_Sinogram(1,0,5 * 16,4);        //第 1 行右屏显示第 5 个汉字":"
                    Disp_Sinogram(1,0,6 * 16,9);        //第 1 行右屏显示空白
```

```
            Disp_Sinogram(1,0,7*16,9);                    //第1行右屏显示空白
            Disp_Sinogram(2,0+2,8*16,9);                  //第2行左屏显示空白
            Disp_Sinogram(2,0+2,9*16,9);                  //第2行左屏显示空白
            Disp_Sinogram(2,0+2,10*16,9);                 //第2行左屏显示空白
            Disp_English(2,0+2,14*8,0);                   //第2行左屏显示第1个字符"k"
            Disp_English(2,0+2,15*8,1);                   //第2行左屏显示第2个字符"1"
            Disp_Sinogram(1,0+2,20*16,4);                 //第2行右屏显示第7个汉字":"
            Disp_Sinogram(1,0+2,21*16,5);                 //第2行右屏显示第6个汉字"图"
            Disp_Sinogram(1,0+2,22*16,6);                 //第2行右屏显示第7个汉字"片"
            Disp_English(1,0+2,22*8,1);                   //第2行右屏显示第2个字符"1"
            Disp_English(1,0+2,23*8,4);                   //第2行右屏显示空白
            Disp_Sinogram(2,0+2+2,16*16,9);               //第3行左屏显示空白
            Disp_Sinogram(2,0+2+2,17*16,9);               //第3行左屏显示空白
            Disp_Sinogram(2,0+2+2,18*16,9);               //第3行左屏显示空白
            Disp_English(2,0+2+2,30*8,0);                 //第3行左屏显示第1个字符"k"
            Disp_English(2,0+2+2,31*8,2);                 //第3行左屏显示第2个字符"1"
            Disp_Sinogram(1,0+2+2,20*16,4);               //第3行右屏显示第7个汉字":"
            Disp_Sinogram(1,0+2+2,21*16,5);               //第3行右屏显示第6个汉字"图"
            Disp_Sinogram(1,0+2+2,22*16,6);               //第3行右屏显示第7个汉字"片"
            Disp_English(1,0+2+2,38*8,2);                 //第3行右屏显示第2个字符"1"
            Disp_English(1,0+2+2,39*8,4);                 //第3行右屏显示空白
            Disp_Sinogram(2,0+2+2+2,24*16,9);             //第3行左屏显示空白
            Disp_Sinogram(2,0+2+2+2,25*16,9);             //第3行左屏显示空白
            Disp_Sinogram(2,0+2+2+2,26*16,9);             //第3行左屏显示空白
            Disp_English(2,0+2+2+2,46*8,0);               //第4行左屏显示第1个字符"k"
            Disp_English(2,0+2+2+2,47*8,3);               //第4行左屏显示第3个字符"2"
            Disp_Sinogram(1,0+2+2+2,24*16,4);             //第4行右屏显示第6个汉字":"
            Disp_Sinogram(1,0+2+2+2,25*16,7);             //第4行右屏显示第8个汉字"返"
            Disp_Sinogram(1,0+2+2+2,26*16,8);             //第4行右屏显示第9个汉字"回"
            Disp_Sinogram(1,0+2+2+2,27*16,9);             //第4行右屏显示空白
            break;
            }
        case 1:                                            //显示画面1
            {
            Disp_Picture1(0,0);                            //显示64*64图片
            Disp_Picture2(0,1);
            break;
            }
        case 2:                                            //显示画面2
            {
            Disp_Picture1(0,1);                            //显示64*64图片
            Disp_Picture2(0,0);
            lcd_rol();                                     //画面2滚动显示
            break;
            }
        }
    }
void main(void)
{
    a=0;
    INT_init();                                            //外部中断初始化
    lcd_init();                                            //对LCD初始化
    T0_init();
    ClearScreen(0);                                        //LCD清屏
    SetStartLine(0);                                       //设置显示开始行
```

```
while(1)
    {
        display( );
    }
}
```

**调试与仿真**

首先在 Keil 中创建项目，输入源代码并生成 Debug. OMF 文件，然后在 Proteus 8 Professional 中打开已创建的汉字式 LCD 图片显示电路图并进行相应设置，以实现 Keil 与 Proteus 的联机调试。单击 Proteus 8 Professional 模拟调试按钮的运行按钮 ▶️，进入调试状态。在调试初始运行状态下，AMPIRE128x64 静态显示汉字的仿真效果图如图 9-21（a）所示；按下按键 K1 时，AMPIRE128x64 的显示图片 1，如图 9-21（b）所示；按下按键 K2 时，AMPIRE128x64 的显示图片 2 且向上滚动，如图 9-21（c）所示；按下按键 K3 时，AMPIRE128x64 静态显示图 9-21（a）所示内容。

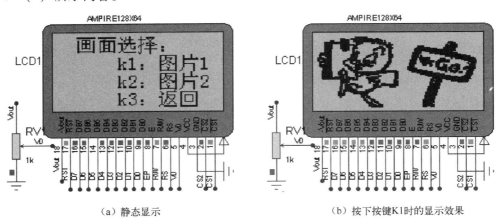

（a）静态显示　　　　　　　　　　　　　（b）按下按键 K1 时的显示效果

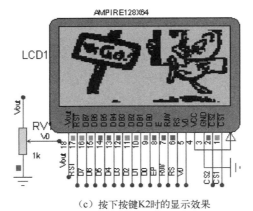

（c）按下按键 K2 时的显示效果

图 9-21　汉字式 LCD 图片显示仿真效果图

# 项目十　A/D 与 D/A 转换

【知识目标】

☺ 了解 A/D 与 D/A 转换器的基本知识。

☺ 了解并行 A/D 与 D/A 和串行 A/D 与 D/A 在单片机应用系统中的使用方法。

【能力目标】

☺ 能正确使用 A/D 及 D/A 转换器。

☺ 掌握单片机对 A/D 转换器及 D/A 转换器的控制与编程。

## 任务 1　ADC0809 模/数转换

### 设计要求

使用单片机和 ADC0809 设计一个电压测量系统，能够测量 2 个模拟量输入点，测量的模拟电压范围为 0 ～ 5V，然后分别在数码管上显示出所测电压值。

【ADC0808 的基础知识】

**1）ADC0808 外形及引脚功能**　ADC0808 是一种 8 路模拟输入的 8 位逐次逼近式 ADC，其外形如图 10-1 所示。

☺ IN0 ～ IN7：8 路模拟量输入端，通过 3 根地址译码线 ADD A、ADD B 和 ADD C 来选通。

☺ ADD A、ADD B、ADD C：模拟量输入通道地址选择信号，ADD A 为低位，ADD C 为高位，地址信号与选中通道的对应关系见表 10-1。

☺ ALE：地址锁存端，高电平有效。当 ALE 为高电平时，地址锁存译码器将 ADD A、ADD B、ADD C 三条地址线的地址信号进行锁存，经译码后，被选中的通道的模拟量通过转换器进行转换。

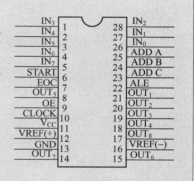

图 10-1　ADC0809 外形图

☺ START：ADC 转换启动信号，正脉冲效，该信号要求保持在 200ns 以上。其上升沿将内部逐次逼近寄存器清零，下降沿启动 ADC 转换。在 A/D 转换期间，START 应保持低电平。

☺ EOC：转换结束信号，可作为中断请求信号或供 CPU 查询。

☺ CLOCK：时钟输入端，频率范围在 10kHz ～ 1.2MHz。

☺ OE：允许输出信号，用于打开三态数据输出锁存器。

☺ Vcc：芯片工作电压。

☺ VREF( + )、VREF( - )：正、负参考电压输入端，用于提供片内 DAC 电阻网络的基准电压。在单极性输入时，VREF( + ) =5V，VREF( - ) =0V；双极性输入时，VREF( + )、VREF( - )分别接正、负极性的参考电压。

☺ OUT1～OUT8：A/D 转换后的 8 路数据输出端，为三态可控输出，所以可直接与微处理器数据线连接。其中，OUT1 为最高位（MSB），OUT8 为最低位（LSB）。

**表 10-1　地址信号与选中通道的对应关系**

| ADD C | ADD B | ADD A | 选中的通道 | ADD C | ADD B | ADD A | 选中的通道 |
|-------|-------|-------|-----------|-------|-------|-------|-----------|
| 0 | 0 | 0 | IN0 | 1 | 0 | 0 | IN4 |
| 0 | 0 | 1 | IN1 | 1 | 0 | 1 | IN5 |
| 0 | 1 | 0 | IN2 | 1 | 1 | 0 | IN6 |
| 0 | 1 | 1 | IN3 | 1 | 1 | 1 | IN7 |

**2）ADC0809 内部结构**　ADC0809 内部结构如图 10-2 所示。除 8 位 ADC 转换电路外，它还有一个 8 路通道选择开关，其作用是根据地址译码信号来选择 8 路模拟输入。8 路模拟输入可以分时共用一个 ADC 转换器进行转换，可实现多路数据采集。其转换结果通过三态输出锁存器输出。

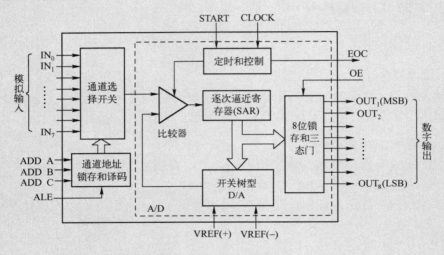

图 10-2　ADC0809 内部结构

**3）工作时序**　ADC0809 的工作时序如图 10-3 所示。当通道选择地址有效时，ALE

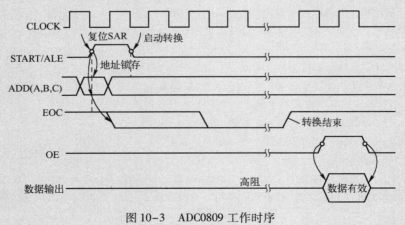

图 10-3　ADC0809 工作时序

信号一出现，地址便马上被锁存，这时转换启动信号紧随 ALE 后（或者与 ALE 同时）出现。START 的上升沿将逐次逼近寄存器（SAR）复位，在该上升沿后的 2 μs 加 8 个时钟周期内（不定），EOC 信号将变为低电平，以指示转换操作正在进行中，直到转换完成后 EOC 再变为高电平。微处理器收到变为高电平的 EOC 信号后，便立即送出 OE 信号，打开三态门，读取转换结果。CLOCK 为时钟输入信号，由于 ADC0809 内部没有时钟电路，因此该信号必需由外部电路提供（通常使用频率为 500kHz）。

**硬件设计**

ADC0808 是 ADC0809 的简化版本，二者的功能基本相同。一般在硬件仿真时采用 ADC0808 进行 A/D 转换，实际使用时采用 ADC0809 进行 A/D 转换。ADC0809 对输入主模拟量要求：信号单极性，电压范围为 0 ~ 5V，若信号太小，必须进行放大；输入的模拟量在转换过程中应该保持不变，如果模拟量变化太快，则需在输入前增加采样保持电路。

在桌面上双击图标 ，打开 Proteus 8 Professional 窗口。新建一个 DEFAULT 模板，添加表 10-2 所列的元器件，并完成如图 10-4 中所示的硬件电路图设计。

**表 10-2　ADC0809 模/数转换所用元器件**

| 单片机 AT89C51 | 瓷片电容 CAP 22pF | 晶振 CRYSTAL 12MHz | 电解电容 CAP – ELEC |
| --- | --- | --- | --- |
| 电阻 RES | 电阻排 RESPACK – 8 | 数码管 7SEG – MPX4 – CA – GRN | 按钮 BUTTON |
| 三极管 NPN | A/D 转换 ADC0809 | 可调电阻 POT – LIN | |

**程序设计**

要启动 ADC0808 进行 A/D 转换，首先要进行模拟量输入通道的选择，然后设置 START 信号。

模拟量输入通道的选择有两种方法：一种是通过地址总线选择；另一种是通过数据总线选择。图 10-4 中模拟量输入通道的选择是通过数据总线来进行的，因此测量 IN0 端输入的模拟电压时，单片机的 P3.5 = 0，P3.6 = 0，P3.7 = 0；测量 IN4 端输入的模拟电压时，单片机的 P3.5 = 0，P3.6 = 0，P3.7 = 1。

由图 10-3 时序图可以看出，START 信号设置为 START = 0，START = 1，START = 0 以产生启动转换的正脉冲。

进行 A/D 转换时，采用查询 EOC 的标志信号来检测 A/D 转换是否完毕，若转换完毕则将数据通过单片机 P1 端口读入（adval），经过数据处理后，在数码管上显示。由于模拟量输入信号电压为 5V，ADC0808 的转换精度为 8 位，因此数据转换公式为 volt = adval × $500.0/(2^8 - 1)$。其程序流程图如图 10-5 所示。

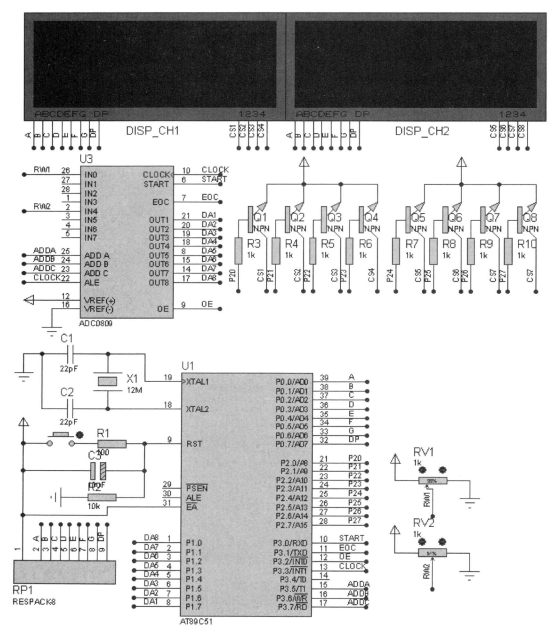

图 10-4　ADC0809 模/数转换电路图

源程序

```
/ ************************************************************
文件名:ADC0809 模数转换.c
单片机型号:STC89C51RC
晶振频率:12.0MHz
************************************************************ /
#include < reg52. h >
```

```
#include "intrins. h"
#define uchar unsigned char
#define uint unsigned int
sbit START = P3^0;
sbit EOC = P3^1;
sbit OE = P3^2;
sbit CLOCK = P3^3;
sbit ADDA = P3^5;
sbit ADDB = P3^6;
sbit ADDC = P3^7;
uint adval1 ,volt1;
uint adval2 ,volt2;
uchar tab[ ] = {0xC0,0xF9,0xA4,0xB0,0x99,0x92,0x82,0xF8,
                    //共阳极 LED0~F 的段码
            0x80,0x90,0x88,0x83,0xC6,0xA1,0x86,0x8E};
void delayms( uint ms)
{
    uchar j;
    while( ms -- )
    {
        for( j = 0;j < 120;j ++ );
    }
}
void select_CH1( )
{
  ADDA = 0;
  ADDB = 0;
  ADDC = 1;
}
void select_CH2( )
{
  ADDA = 0;
  ADDB = 0;
  ADDC = 0;
}
void ADC_read1( )
{
    START = 0;                    //启动 A/D 转换
    START = 1;
    START = 0;
    while( EOC == 0);             //等待转换结束
     OE = 1;
     adval1 = P1;                 //转换结果
     OE = 0;
}
void ADC_read2( )
{
    START = 0;                    //启动 A/D 转换
    START = 1;
    START = 0;
```

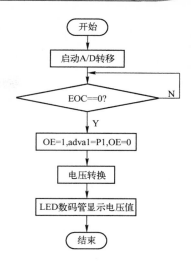

图 10-5　ADC0808 模/数
转换程序流程图

```c
    while(EOC == 0);                    //等待转换结束
    OE = 1;
    adval2 = P1;                        //转换结果
    OE = 0;
}
void volt_result1()
{
    volt1 = adval1 * 500.0/255;         //A/D 转换值换算为相应电压值
}
void volt_result2()
{
    volt2 = adval2 * 500.0/255;         //A/D 转换值换算为相应电压值
}
void disp_volt1(uint date)              //数码管显示电压
{
    P2 = 0x01;                          //P2.0 = 1,选通第 1 位
    P0 = ~((~tab[date/100])|0x80);
    delayms(1);
    P0 = 0xFF;                          //消隐
    P2 = 0x02;                          //P2.1 = 1,选通第 2 位
    P0 = tab[date%100/10];
    delayms(1);
    P0 = 0xFF;                          //消隐
    P2 = 0x04;                          //P2.3 = 1,选通第 3 位
    P0 = tab[date%10];
    delayms(1);
    P0 = 0xFF;                          //消隐
}
void disp_volt2(uint date)              //数码管显示电压
{
    P2 = 0x10;                          //P2.5 = 1,选通第 5 位
    P0 = ~((~tab[date/100])|0x80);
    delayms(1);
    P0 = 0xFF;                          //消隐
    P2 = 0x20;                          //P2.6 = 1,选通第 6 位
    P0 = tab[date%100/10];
    delayms(1);
    P0 = 0xFF;                          //消隐
    P2 = 0x40;                          //P2.7 = 1,选通第 7 位
    P0 = tab[date%10];
    delayms(1);
    P0 = 0xFF;                          //消隐
}
void t0() interrupt 1
{
    CLOCK = ~CLOCK;
}
void t0_init()
{
    TMOD = 0x02;                        //定时器 0,模式 2
```

```
            TH0 = 0xA0;
            TL0 = 0xA0;
            TR0 = 1;                        //启动定时器
            ET0 = 1;                        //开定时器中断
            EA = 1;                         //开总中断
        }
    void main( void)
        {
        t0_init( );
        P3 = 0x1F;
        while( 1)
            {
            select_CH1( );
            ADC_read1( );
            volt_result1( );
            disp_volt1( volt1);
            delayms( 8);
            select_CH2( );
            ADC_read2( );
            volt_result2( );
            disp_volt2( volt2);
            delayms( 8);
            }
        }
```

 调试与仿真

　　首先在 Keil 中创建项目，输入源代码并生成 Debug. OMF 文件，然后在 Proteus 8 Professional 中打开已创建的 ADC0809 模数转换电路图并进行相应设置，以实现 Keil 与 Proteus 的联机调试。单击 Proteus 8 Professional 模拟调试按钮的运行按钮 ▶ ，进入调试状态。在调试运行状态下，两个 4 位 LED 数码管将分别显示当前所测电压值。如果移动可调电阻，显示的数据也会发生相应的变化。分别在可调电阻的 RW1 和 RW2 处添加电压表，在运行状态下，电压表显示的数据与 LED 数码管显示的数据十分相近，其仿真效果图如图 10-6 所示。

　　📖 注意：如果采用的 Proteus 版本不支持 ADC0809 的仿真时，直接使用 ADC0808 将其替代即可。

# 任务 2　ADC0832 模/数转换

 设计要求

　　使用单片机和 ADC0832 设计一个 A/D 转换系统，移动可调电阻，使数码管显示 0 ～ 126 之间的值。

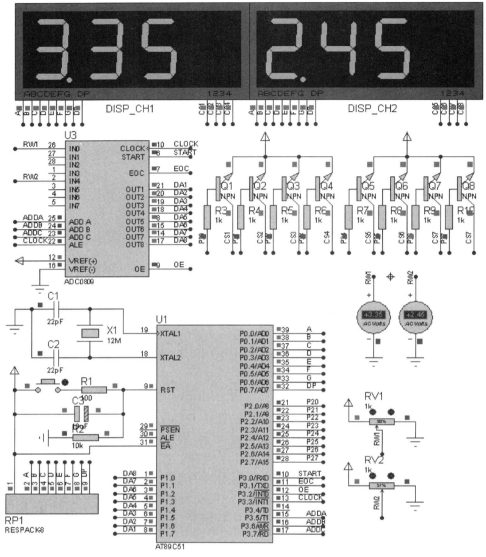

图 10-6　ADC0809 模/数转换运行仿真效果图

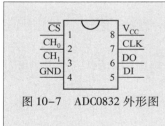

图 10-7　ADC0832 外形图

【ADC0832 的基本知识】

**1）ADC0832 外形及引脚功能**　ADC0832 是美国国家半导体公司生产的一种 8 位分辨率、双通道 A/D 转换芯片，具有体积小、兼容性强、性价比高等特点。ADC0832 的外形如图 10-7 所示。

☺ $\overline{CS}$：片选使能端，低电平有效。

☺ $CH_0$、$CH_1$：模拟输入通道 0、1，或者作为 IN + / - 使用。

☺ GND：电源地。

☺ DI：数据信号输入，选择通道控制。

☺ DO：数据信号输出，转换数据输出。

☺ CLK：芯片时钟输入。

☺ VCC：电源输入端。

**2）ADC0832 内部结构及工作原理**　ADC0832 的内部结构如图 10-8 所示。

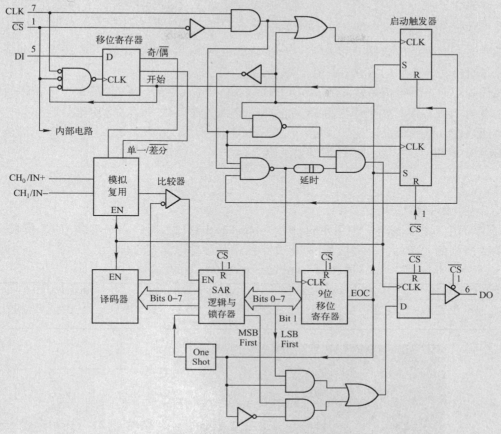

图 10-8　ADC0832 内部结构

当 ADC0832 没有进行 A/D 转换时，$\overline{CS}$ 为高电平，此时芯片禁用，CLK 和 DO、DI 的电平可为任意。若要进行 A/D 转换时，必须先将 $\overline{CS}$ 置为低电平，并且保持此状态至转换完全结束。进行 A/D 进行转换时，CLK 端输入的是时钟脉冲，DO、DI 则使用 DI 端输入通道功能选择的数据信号。在第 1 个时钟脉冲的下降沿前，DI 端必须为高电平，表示起始信号。在第 2、3 个脉冲下降沿前 DI 端应输入 2 位数据用于选择通道功能，其功能选择由复用地址决定，见表 10-3。

表 10-3　ADC0832 复用模式

| 复用模式 | 复用地址 | | 通道功能 | |
|---|---|---|---|---|
| | 单一差分 | 奇偶 | 通道 0（CH$_0$） | 通道 1（CH$_1$） |
| 单一复用 | 0 | 0 | + | − |
| | 0 | 1 | − | + |
| 差分复用 | 1 | 0 | + | |
| | 1 | 1 | | + |

当复用地址为 00 时，将 CH$_0$ 作为正输入端 IN + ，CH$_1$ 作为负输入端 IN − 进行输入；当复用地址为 01 时，将 CH$_0$ 作为负输入端 IN − ，CH$_1$ 作为正输入端 IN + 进行输入；当复

用地址为 10 时，只对 $CH_0$ 进行单通道转换；当复用地址为 11 时，只对 $CH_1$ 进行单通道转换。

到第 3 个脉冲的下降沿后，DI 端的输入信号无效。从第 4 个脉冲下降沿开始，由 DO 端输出转换数据最高位 DATA7，随后每个脉冲下降沿 DO 端输出下一位数据，直到第 11 个脉冲时发出最低位数据 DATA0，一个字节的数据输出完成。最后，将 $\overline{CS}$ 置高电平禁用芯片，直接将转换后的数据进行处理即可。

作为单通道模拟信号输入时，ADC0832 的输入电压是 0 ～ 5V，且 8 位分辨率时的电压精度为 19.53mV。如果作为由 IN + 与 IN - 输入的输入时，可将电压值设定在某一个较大范围之内，从而提高转换的宽度。但在进行 IN + 与 IN - 的输入时，如果 IN - 的电压大于 IN + 的电压，则转换后的数据结果始终为 0x00。

**硬件设计**

在桌面上双击图标 ，打开 Proteus 8 Professional 窗口。新建一个 DEFAULT 模板，添加表 10-4 所列的元器件，并完成如图 10-9 中所示的硬件电路图设计。

表 10-4    ADC0832 模/数转换所用元器件

| 单片机 AT89C51 | 瓷片电容 CAP 22pF | 晶振 CRYSTAL 12MHz | 电解电容 CAP – ELEC |
|---|---|---|---|
| 电阻 RES | 电阻排 RESPACK – 8 | 数码管 7SEG – MPX4 – CA – GRN | 按钮 BUTTON |
| 三极管 NPN | A/D 转换 ADC0832 | 可调电阻 POT – LIN | |

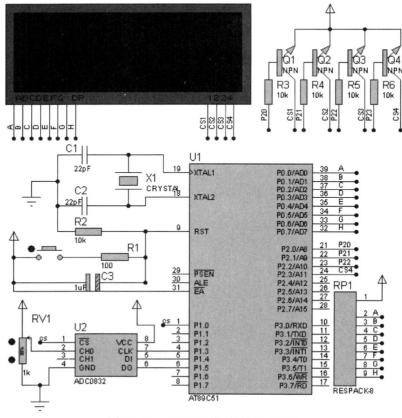

图 10-9    ADC0832 模/数转换电路图

程序设计

使用 ADC0832 进行 A/D 转换时，首先启动 ADC0832，再选择转换通道，然后读取一字节的转换结果，最后将转换结果送 LED 数码管进行显示即可。其程序流程图如图 10-10 所示。

源程序

图 10-10　ADC0832 模/数转换程序流程图

```
/*****************************************
*******************
文件名:ADC0832 模数转换.c
单片机型号:STC89C51RC
晶振频率:12.0MHz
说明:转动电位器,使数码管显示 0~126 之间的值。
*****************************************
*******************/
#include < reg52. h >
#include " intrins. h"
#define uchar unsigned char
#define uint unsigned int
sbit   cs = P1^0;
sbit   clk = P1^3;
sbit   DI = P1^4;
sbit   DO = P1^5;
uint   adval;                        //AD 值
uchar temp;
uchar tab[ ] = {0xC0,0xF9,0xA4,0xB0,0x99,0x92,0x82,0xF8,    //共阳极 LED0~F 的段码
         0x80,0x90,0x88,0x83,0xC6,0xA1,0x86,0x8E};
void delay( uint ms)
{
    uchar j;
    while( ms -- )
    {
    for( j = 0;j < 120;j ++ );
    }
}
void ADC_start( )
{
    cs = 1;                        //一个转换周期开始
    _nop_( );
    clk = 0;
    _nop_( );
    cs = 0;                        //cs 置 0,片选有效
    _nop_( );
    DI = 1;                        //DI 置 1,起始位
    _nop_( );
    clk = 1;                       //第 1 个脉冲
    _nop_( );
    DI = 0;                        //在负跳变前加一个 DI 反转操作
    _nop_( );
    clk = 0;
    _nop_( );
}
void   ADC_read( uint CH)           //A/D 转换子程序
{
```

```
uchar i;
ADC_start();
if ( CH == 0 )                              //选择通道0
  {
    clk = 0;
    DI = 1;
    _nop_();
    _nop_();
    clk = 1;
    _nop_();
    _nop_();                                //通道0的第1位
    clk = 0;
    _nop_();
    DI = 0;
    _nop_();
    _nop_();
    clk = 1;
    _nop_();
    _nop_();                                //通道0的第2位
  }
else                                        //选择通道1
  {
    clk = 0;
    DI = 1;
    _nop_();
    _nop_();
    clk = 1;
    _nop_();
    _nop_();                                //通道1的第1位
    clk = 0;
    _nop_();
    DI = 1;
    _nop_();
    _nop_();
    clk = 1;
    _nop_();
    _nop_();                                //通道1的第2位
  }
clk = 1;
_nop_();
clk = 0;
for( i = 0; i < 8; i ++ )                   //读取一字节的转换结果
  {
    DI = 1;
    if( DO )
      {
        temp = ( temp | 0x01 );
      }
    else
      {
        temp = ( temp & 0xFE );             //最低位和0相与
      }
clk = 0;
_nop_();
clk = 1;
temp = temp << 1;
```

```
               }
           adval = temp;
       }
       void display(uint date)                              //数码管显示子程序
       {
           P2 = 0x01;                                       //P2.0 = 1,选通第 1 位
           P0 = tab[date/1000];                             //取出千位,查表,输出
           delay(1);
           P0 = 0xFF;                                       //消隐
           P2 = 0x02;                                       //P2.1 = 1,选通第 2 位
           P0 = tab[date%1000/100];
           delay(1);
           P0 = 0xFF;                                       //消隐
           P2 = 0x04;                                       //P2.3 = 1,选通第 3 位
           P0 = tab[date%100/10];
           delay(1);
           P0 = 0xFF;                                       //消隐
           P2 = 0x08;                                       //P2.3 = 1,选通第 4 位
           P0 = tab[date%10];
           delay(1);
           P0 = 0xFF;                                       //消隐
       }
       void main(void)
       {
           P2 = 0xFF;                                       //端口初始化
           P0 = 0xFF;
           while(1)                                         //主循环
           {
               ADC_read(0);                                 //通道 0 转换
               delay(1);
               display(adval);                              //显示 A/D 值
           }
       }
```

 调试与仿真

    首先在 Keil 中创建项目，输入源代码并生成 Debug. OMF 文件，然后在 Proteus 8 Professional 中打开已创建的 ADC0832 模数转换电路图并进行相应设置，以实现 Keil 与 Proteus 的联机调试。单击 Proteus 8 Professional 模拟调试按钮的运行按钮 ▶ ，进入调试状态。在调试运行状态下，如果移动可调电阻，LED 数码管将显示 0 ～ 126 的转换数值，其仿真效果图如图 10-11 所示。

 **任务3   TLC549 模/数转换**

 设计要求

    使用单片机和 TLC549 设计一个 A/D 转换系统，要求对输入的正弦波信号进行 A/D 采样，然后将采样值送给 PC。

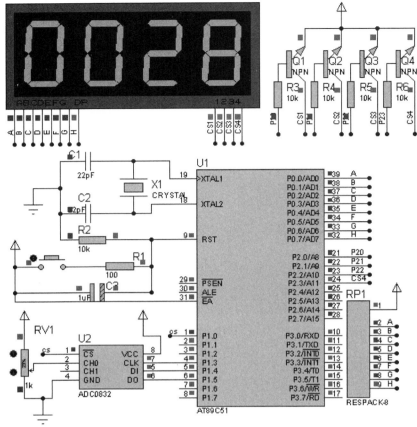

图 10-11　ADC0832 模/数转换运行仿真效果图

【TLC549 的基本知识】

TLC549 是 TI 公司生产的一种低价位、高性能的 8 位 A/D 转换器，它以 8 位开关电容逐次逼近的方法实现 A/D 转换，其转换速度小于 17μs，最大转换速率为 40kHz，4MHz 典型内部系统时钟，电源为 3～6V。它能方便地采用 SPI 串行接口方式与各种 MCU 连接，构成各种廉价的测控应用系统。

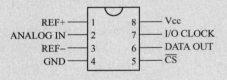

图 10-12　TLC549 外形图

**1）TLC549 外形及引脚功能**　TLC549 的外形如图 10-12 所示。

☺ REF +：正基准电压输入端。

☺ ANALOG IN：模拟信号输入端，0 ≤ ANALOG IN ≤ Vcc。当 ANALOGIN ≥ REF + 电压时，转换结果为全 "1"（0xFF）；当 ANALOGIN ≤ REF - 电压时，转换结果为全 "0"（0x00）。

☺ REF -：负基准电压输入端。

☺ GND：接地端。

☺ CS：片选使能端，低电平有效。

☺ DATA OUT：转换结果数据串行输出端，与 TTL 电平兼容，输出时高位在前，低位在后。

☺ I/O CLOCK：外接 I/O 时钟输入端，同于同步芯片的 I/O 操作，无须与芯片内部系统时钟同步。

☺ Vcc：电源端。

**2）TLC549 内部结构及工作原理** TLC549 的内部结构如图 10-13 所示。

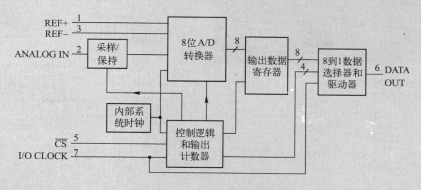

图 10-13 TLC549 内部结构图

TLC549 均有片内系统时钟，该时钟与 I/O CLOCK 是独立工作的，无须特殊的速度或相位来匹配。当 $\overline{CS}$ 为高电平时，数据输出 DATA OUT 端处于高阻状态，此时 I/O CLOCK 不起作用。当 $\overline{CS}$ 变为低电平后，TLC549 芯片被选中，同时前次转换结果的最高有效位 MSB（D7）从 DATA OUT 端输出，接着要求自 I/O CLOCK 端输入 8 个外部时钟信号，其中前 7 个 I/O CLOCK 信号是配合 TLC549 输出前次转换结果的 D6 ～ D0 位，并为本次转换做准备。在第 4 个 I/O CLOCK 信号发生负跳变后，片内采样/保持电路对输入模拟量采样开始，第 8 个 I/O CLOCK 信号的下降沿使片内采样/保持电路进入保持状态并启动 A/D 开始转换。转换时间为 36 个系统时钟周期，最大为 $17\mu s$。直到 A/D 转换完成前的这段时间内，TLC549 的控制逻辑要求 $\overline{CS}$ 保持高电平，或者 I/O CLOCK 时钟端保持 36 个系统时钟周期的低电平。由此可见，在自 TLC549 的 I/O CLOCK 端输入 8 个外部时钟信号期间需要完成以下工作：①读入前次 A/D 转换结果；②对本次转换的输入模拟信号采样并保持；③启动本次 A/D 转换开始。

 **硬件设计**

在桌面上双击图标 ，打开 Proteus 8 Professional 窗口。新建一个 DEFAULT 模板，添加表 10-5 所列的元器件，并完成如图 10-14 中所示的硬件电路图设计。

表 10-5 TLC549 模/数转换所用元器件

| 单片机 AT89C51 | 瓷片电容 CAP 22pF | 晶振 CRYSTAL 12MHz | 电解电容 CAP – ELEC |
|---|---|---|---|
| 电阻 RES | 电阻排 RESPACK – 8 | 数码管 7SEG – MPX4 – CA – GRN | 按钮 BUTTON |
| 三极管 NPN | A/D 转换 TLC549 | 可调电阻 POT – LIN | DB – 9 串行口 COMPIM |
| 电平转换 MAX232 | | | |

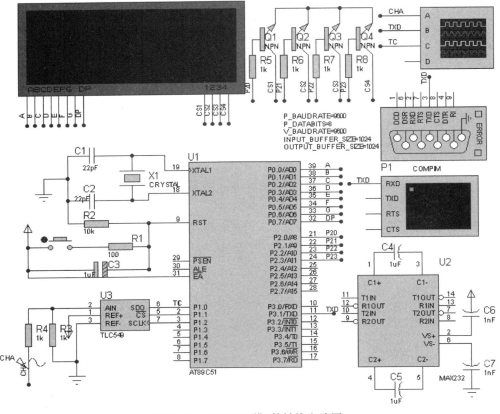

图 10-14 TLC549 模/数转换电路图

### 程序设计

使用 TLC549 和单片机实现将部输入的正弦波信号进行 A/D 采样，并将采样值送给 PC 时，TLC549 首先对外部正弦波信号进行采样，然后将采样数据送给单片机，再由单片机将该数据通过 TXD 发送给 PC 即可。TLC549 对外部正弦波信号的采样时，其采样程序流程如图 10-15 所示。

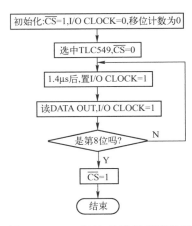

图 10-15 TLC549 采样程序流程图

### 源程序

```
/********************************************
文件名:TLC549 模数转换.c
单片机型号:STC89C51RC
晶振频率:12.0MHz
********************************************/
#include < reg52. h >
#include " intrins. h"
#define uchar unsigned char
#define uint unsigned int
uchar date;
sbit SDO = P1^0;
sbit CS  = P1^1;
sbit SCLK = P1^2;
```

```
uchar tab[] = {0xC0,0xF9,0xA4,0xB0,0x99,0x92,0x82,0xF8,     //共阳极 LED0～F 的段码
             0x80,0x90,0x88,0x83,0xC6,0xA1,0x86,0x8E};
void delayms(uint ms)
   {
       uint i;
       while(ms --)
          {
             for(i = 0; i < 120; i ++);
          }
   }
void    ADC_read()
  {
     uchar a,j;
     a = 0;
     CS = 1;
     SCLK = 0;
     CS = 0;
     delayms(1);
     for(j = 0;j < 8;j ++)
        {
           SCLK = 1;
           if(SDO)
             a ++;
           a = a << 1;
           SCLK = 0;
        }
     SCLK = 1;
     date = a;
  }
void disp_AD(uint temp)                //数码管显示电压
  {
     P2 = 0x01;                        //P2.0 = 1,选通第 1 位
     P0 = tab[temp/100];
     delayms(1);
     P0 = 0xFF;                        //消隐
     P2 = 0x02;                        //P2.1 = 1,选通第 2 位
     P0 = tab[temp%100/10];
     delayms(1);
     P0 = 0xFF;                        //消隐
     P2 = 0x04;                        //P2.3 = 1,选通第 3 位
     P0 = tab[temp%10];
     delayms(1);
     P0 = 0xFF;                        //消隐
  }
void send(uchar state)
  {
     TR1 = 1;
     SBUF = state;                     //将内容串行发送
     while(TI == 0);                   //等待发送完
     TI = 0;                           //发送完将 TI 复位
     TR1 = 0;
  }
void SCON_init(void)                   //串口初始化
  {
     SCON = 0x40;                      //串口工作在方式 1
     TMOD = 0x20;                      //T1 工作在模式 2
     PCON = 0x00;                      //波特率不倍增
```

```
        TH1 = 0xFD;                    //波特率为9600
        TL1 = 0xFD;
    }
    void main( void )
    {
        SCON_init( );
        while( 1 )
        {
            ADC_read( );
            send( date );
            disp_AD( date );
            delayms( 5 );
        }
    }
```

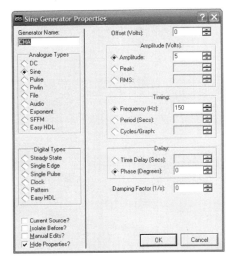

图 10-16　正弦波信号设置对话框

### 调试与仿真

首先在 Keil 中创建项目，输入源代码并生成 Debug. OMF 文件，然后在 Proteus 8 Professional 中打开已创建的 TLC549 模数转换电路图并进行相应设置，以实现 Keil 与 Proteus 的联机调试。在 Proteus 8 Professional 工具箱中单击图标，并选择 Sine，然后单击原理图中 CHA 端，即可在 CHA 端添加正弦波信号。双击添加的正弦波信号，将弹出"Sine Generator Properties"对话框，在此对话框中可以设置正弦波的电压幅度、频率，如图 10-16 所示。

单击 Proteus 8 Professional 模拟调试按钮的运行按钮▶，进入调试状态。在调试运行状态下，可以看到虚拟示波器显示的波形如图 10-17（a）所示，串口调试助手接收的数据如图 10-17（b）所示，虚拟终端显示的数据如图 10-17（c）所示。另外，LED 数码管也将显示正弦波信号的采样数值。

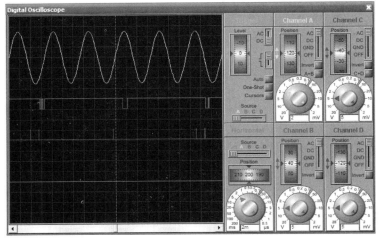

（a）虚拟示波器显示波形

图 10-17　TLC549 模/数转换运行仿真效果图

（b）串口调试助手接收的数据　　　　　　　　（c）虚拟终端显示的数据

图 10-17　TLC549 模/数转换运行仿真效果图（续）

# 任务 4　TLC2543 模/数转换

设计要求

使用单片机和 TLC2543 设计一个 A/D 转换系统，要求可以作为 5V 电压表，并能输出频率可调的方波。

【TLC2543 基础知识】

TLC2543 是 TI 公司的 12 位串行 A/D 转换器，它以 8 位开关电容逐次逼近的方法来实现 A/D 转换。TLC2543 具有转移快、稳定性好、与单片机接口简单、价格低等优点，在仪器仪表中有较为广泛的应用。

**1）TLC2543 外形及引脚功能**　TLC2543 芯片引脚如图 10-18 所示。

☺ $AIN_0 \sim AIN_{10}$：11 路模拟输入端，对于 4.1MHz 的 I/O 时钟，驱动源阻抗必须不大于 $50\Omega$。

☺ REF +：正基准电压端。基准电压的正端（通常为 Vcc）被加到 REF +。最大的输入电压取决于本端与加于 REF − 端的电压差。

☺ REF −：负基准电压端。基准电压的负端（通常为地）被接到 REF −。

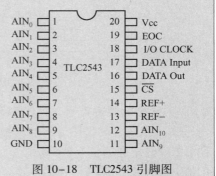

图 10-18　TLC2543 引脚图

☺ $\overline{CS}$：片选端。当$\overline{CS}$端由高变低时，内部计数器复位，并控制 DATA Out、DATA Input、I/O CLOCK；当$\overline{CS}$由低变为高时，将在一个设置时间内禁止 DATA Input 和 I/O CLOCK 信号。

☺ DATA Out：A/D 转换结果串行输出端。DATA Out 在$\overline{CS}$为高电平时处于高阻状态，在$\overline{CS}$为低电平时处于激活状态。$\overline{CS}$一旦有效，按照前一次转换结果的 MSB/LSB 将 DATA Out 从高阻状态转变成相应的逻辑电平。I/O CLOCK 的下一个下降沿将根据下一个 MSB/LSB 将 I/O CLOCK 驱动相应的逻辑电平，剩下的各位依次移出。

☺ DATA Input：串行数据输入端。一个 4 位的串行地址选择下一个即将被转换的模拟输入或测试电压。串行数据以 MSB 为前导，并在 I/O CLOCK 的前 4 个上升沿被移入。在 4 个地址位被读入地址寄存器后，I/O CLOCK 将剩下的几位依次移入。

☺ I/O CLOCK：I/O 时钟端。I/O CLOCK 接收串行输入并完成如下 4 个功能。

◇ 在 I/O CLOCK 的前 8 个上升沿，将 8 个输入数据位移入输入数据寄存器，在第 4 个上升沿后为多路器的地址。

◇ 在 I/O CLOCK 的第 4 个下降沿，在选定的多路器的输入端上的模拟输入电压开始向电容器充电，并继续到 I/O CLOCK 的最后 1 个下降沿。

◇ 在 I/O CLOCK 的下降沿将前 1 次转换的数据的其余 11 位移出 DATA Out 端。

◇ 在 I/O CLOCK 的最后 1 个下降沿将转换的控制信号传送到内部的状态控制位。

☺ EOC：转换结束信号。在最后的 I/O CLOCK 下降沿后，EOC 从高电平变为低电平，并保持低电平直到转换完成及数据准备传输。

**2）TLC2543 内部结构及工作原理** TLC2543 的内部结构框图如图 10-19 所示。芯片内部含有 1 个 14 通道的多路选择器，可选择 11 个输入中的任何 1 个或 3 个内部自测试电压中的 1 个。片内有采样/保持电路，采样/保持是自动的。在转换结束时，EOC 输出端变高以指示转换完成。系统时钟由片内产生并由 I/O CLOCK 同步，I/O 最高时钟频率为 4.1MHz。器件的基准电压 REF +、REF − 由外部电路提供，可差分输入，也可单端输入，电压范围为 +2.5V ～ Vcc，通常接 Vcc 和地。在工作温度范围内，转换时间小于 $10\mu s$。

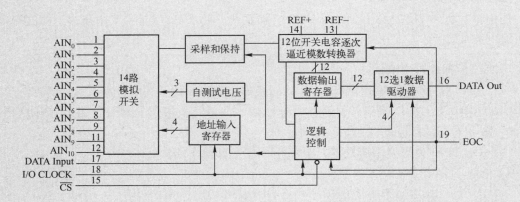

图 10-19 TLC2543 内部结构框图

**3）数据输入寄存器** TLC2543 数据输入寄存器的作用是选择模拟量输入通道、测试电压大小、输出数据长度、输出数据格式等。输入的数据是 1 个包含 4 位数据输入地址位、2 位输出数据长度选择位、1 位数据输出格式选择位和 1 位输出代码格式选择位的数据流。这个数据流的格式如下：

| D7 | D6 | D5 | D4 | D3 | D2 | D1 | D0 |
|----|----|----|----|----|----|----|----|

☺ D7 ～ D4：数据输入地址位。用于从 11 个输入通道、3 个基准测试电压和软件断电中选择其一。当 D7 ～ D4 为 0000 ～ 1010 时，分别选择通道 $AIN_0$ ～ $AIN_{10}$ 中的模拟输入量；当 D7 ～ D4 = 1011 时，选择 $((REF+) + (REF-))/2$ 的测试电压；当 D7 ～ D4 = 1100 时，选择 REF - 测试电压；当 D7 ～ D4 = 1101 时，选择 REF + 测试电压；当 D7 ～ D4 = 1110 时，选择软件断电功能。

☺ D3D2：输出数据长度选择位，当前 I/O 周期有效（在该周期中数据被读出）。当 D3D2 = 01 时，选择 8 位输出，低 4 位将被截止，这样可以方便地与 8 位串行接口通信；当 D3D2 = 00 或 10 时，选择 12 位输出。当 D3D2 = 11 时，选择 16 位输出，在转换结果的低端增加 4 个 0，这样可以方便地与 16 位串行接口通信。由于 TLC2543 的分辨率为 12 位，因而建议选择 12 位数据长度输出。

☺ D1：输出数据格式选择位，它控制输出的二进制数的传送。当 D1 = 0 时，转换结果以 MSB（最高位）前导格式输出；当 D1 = 1 时，转换结果以 LSB（最低位）前导格式输出。

☺ D0：输出代码格式选择位，用于表示转换后结果的二进制数据格式。当 D0 = 0 时，转换结果被表示成单极性（无符号二进制）数据；当 D0 = 1 时，转换结果被表示成双极性（有符号二进制）数据。

**4）工作过程**　TLC2543 的工作过程分为 I/O 周期和转换周期。

☺ I/O 周期：在 $\overline{CS}$ 变低后，芯片进入 I/O 周期，同时进行两种操作。其一，在 I/O CLOCK 的前 8 个脉冲上升沿，以 MSB 前导方式从 DATA Input 端输入 8 位数据流到输入寄存器；把模拟量通道或内部测试电压的其中一路送到采样/保持电路，该电路从 I/O CLOCK 脉冲的第 4 个下降沿开始对所选信号进行采样，直到最后一个 I/O CLOCK 脉冲下降沿。在最后一个 I/O CLOCK 脉冲下降沿后进行保持。I/O 周期的时钟脉冲个数与输出数据长度有关，当工作于 12 位或 16 位时，在前 8 个脉冲后，DATA Input 无效。其二，在 DATA Out 端串行输出 8、12 或 16 位数据，当插入 $\overline{CS}$ 高电平脉冲控制器件工作时，第 1 个数据出现在 $\overline{CS}$ 下降沿；当 $\overline{CS}$ 保持为低电平时，第 1 个数据出现在 EOC 的上升沿，后续数据在 I/O CLOCK 下降沿依次输出。这个数据串是前一次转换的结果。

☺ 转换周期：I/O 周期的最后一个 I/O CLOCK 下降沿后，EOC 变低，采样值保持不变，转换周期开始。数据流从 DATA Input 端加入的，I/O 时钟加在 I/O CLOCK 端，片内转换器对采样值进行逐次逼近式 A/D 转换。转换完成后，EOC 变高，结果锁存在数据输出寄存器中，等下一个 I/O 周期输出。I/O 周期与转换周期是交替进行的。

 **硬件设计**

在桌面上双击图标 ☺，打开 Proteus 8 Professional 窗口。新建一个 DEFAULT 模板，添加表 10-6 所列的元器件，并完成如图 10-20 中所示的硬件电路图设计。

**表 10-6　TLC2543 模/数转换所用元器件**

| 单片机 AT89C51 | 瓷片电容 CAP 22pF | 晶振 CRYSTAL 12MHz | 电解电容 CAP - ELEC |
|----|----|----|----|
| 电阻 RES | 电阻排 RESPACK - 8 | 数码管 7SEG - MPX4 - CA - GRN | 按钮 BUTTON |
| 三极管 NPN | A/D 转换 TLC2543 | 可调电阻 POT - LIN | |

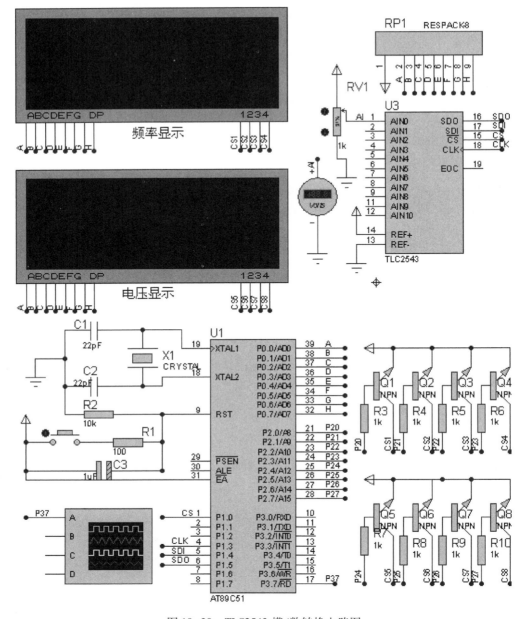

图 10-20    TLC2543 模/数转换电路图

程序设计

　　TLC2543 的转换精度为 12 位，单片机的字长为 8 位，因此可以分两次完成 A/D 转换（先完成低 8 位的转换，再完成高 4 位的转换），然后将两次转换的结果进行相加，即可实现 12 位的 A/D 转换。转换后进行相关数据处理即可得到转换电压值及频率值，然后将频率值的高 8 位送 TH0，低 8 位送 TL0，就可以输出可调频率的方波。TLC2543 进行 A/D 转换时，其采样程序流程与 TLC549 的采样程序流程类似，在此不再赘述。

![源程序图标]源程序

```
/ ***********************************************************
文件名:TLC2543 模数转换. c
单片机型号:STC89C51RC
晶振频率:12.0MHz
 *********************************************************** /
#include < reg52. h >
#define uchar unsigned char
#define uint unsigned int
sbit    cs = P1^0;
sbit    clk = P1^3;
sbit    SDI = P1^4;
sbit    SDO = P1^5;
sbit    bit7 = B^7;
sbit    Freq_out = P3^7;
bit     cy;
uint    adval,volt,freq;          //A/D 转换值
uchar temp;
uchar tab[] = {0xC0,0xF9,0xA4,0xB0,0x99,0x92,0x82,0xF8,   //共阳极 LED0～F 的段码
              0x80,0x90,0x88,0x83,0xC6,0xA1,0x86,0x8E};
void delayms( uint ms)
{
    uchar j;
    while( ms -- )
    {
    for( j = 0;j < 120;j ++ );
    }
}
void delay( )
{
  uint i = 5;
  while( i -- );
}
void    ADC_read( uint CH)
{
  uchar i;
  clk = 0;
  cs = 1;
  delay( );
  cs = 0;
  B = CH;
  for( i = 8;i > 0;i -- )
    {
      cy = SDO;
      SDI = bit7;
      clk = 1;
      B = B << 1;
      clk = 0;
```

```
            temp = temp << 1;
            if( cy == 1)
                temp ++ ;
        }
    adval = temp;
    adval = adval << 4;
    for( i = 4 ; i > 0 ; i -- )
        {
            cy = SDO;
            temp = temp << 1;
            if( cy == 1)
                temp ++ ;
            clk = 1;
            clk = 0;
        }
    cs = 1;
    adval = adval + temp;
    volt = adval;
    freq = adval;
}
void volt_result( )                         //12 位精度结果转换为相应电压值
    {
        volt = volt * 5000. 0/4095;
    }
void freq_result( )
    {
        freq = 1000000. 0/freq * 2/2. 0;
    }
void disp_volt( uint date)                  //数码管显示电压
{
    P2 = 0x10;                              //P2. 0 = 1,选通第 1 位
    P0 = ~ ( ( ~ tab[ date/1000 ] ) |0x80 ) ;   //取出千位,查表,输出
    delayms( 1) ;
    P0 = 0xFF;                              //消隐
    P2 = 0x20;                              //P2. 1 = 1,选通第 2 位
    P0 = tab[ date% 1000/100 ] ;
    delayms( 1) ;
    P0 = 0xFF;                              //消隐
    P2 = 0x40;                              //P2. 3 = 1,选通第 3 位
    P0 = tab[ date% 100/10 ] ;
    delayms( 1) ;
    P0 = 0xFF;                              //消隐
    P2 = 0x80;                              //P2. 3 = 1,选通第 4 位
    P0 = tab[ date% 10 ] ;
    delayms( 1) ;
    P0 = 0xFF;                              //消隐
}
void disp_freq( uint date)                  //数码管显示频率
{
    P2 = 0x01;                              //P2. 0 = 1,选通第 1 位
    P0 = tab[ date/1000 ] ;                 //取出千位,查表,输出
    delayms( 1) ;
    P0 = 0xFF;                              //消隐
    P2 = 0x02;                              //P2. 1 = 1,选通第 2 位
```

```
        P0 = tab[ date% 1000/100 ];
        delayms(1);
        P0 = 0xFF;                          //消隐
        P2 = 0x04;                          //P2.3 =1,选通第3位
        P0 = tab[ date% 100/10 ];
        delayms(1);
        P0 = 0xFF;                          //消隐
        P2 = 0x08;                          //P2.3 =1,选通第4位
        P0 = tab[ date% 10 ];
        delayms(1);
        P0 = 0xFF;                          //消隐
    }
    void t0_int( ) interrupt 1
    {
      TH0 = - freq/256;
      TL0 = - freq% 256;
      Freq_out =~ Freq_out;
    }
    void T0_init( void)
    {
      TMOD = 0x01;                          //T0 计时方式1
      ET0 = 1;                              //允许 T0 中断
      TR0 = 1;                              //启动 T0
      EA = 1;
    }
    void main( void)
    {
        T0_init( );
        P2 = 0xFF;                          //端口初始化
        P0 = 0xFF;
        while(1)                            //主循环
          {
            ADC_read(0);                    //通道0转换
            delayms(1);
            volt_result( );
            freq_result( );
            disp_freq( freq);               //显示频率值
            disp_volt( volt);               //显示电压值
          }
    }
```

**调试与仿真**

首先在 Keil 中创建项目，输入源代码并生成 Debug. OMF 文件，然后在 Proteus 8 Professional 中打开已创建的 TLC2543 模数转换电路图并进行相应设置，以实现 Keil 与 Proteus 的联机调试。单击 Proteus 8 Professional 模拟调试按钮的运行按钮 ▶ ，进入调试状态。在调试运行状态下，如果移动可调电阻，LED 数码管显示的频率及电压值均发生改变，同时虚拟示波器输出方波的频率也发生相应变化，其运行仿真效果图如图 10-21 所示。

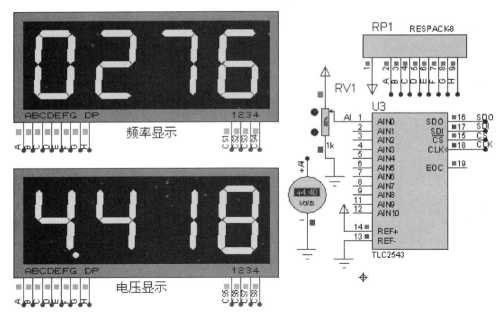

（a）电压及频率显示

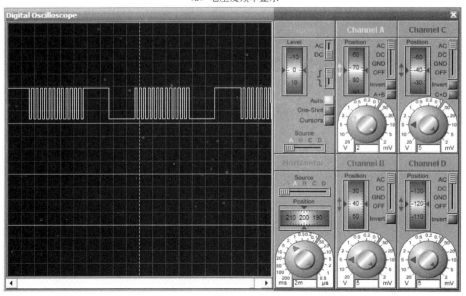

（b）虚拟示波器显示的方波

图 10-21    TLC2543 模/数转换运行仿真效果图

 **任务 5    DAC0832 数/模转换**

设计要求

使用单片机和 DAC0832 设计一个频率可调的正弦波信号发生器。

【DAC0832 基础知识】

DAC0832 是 8 位分辨率的 D/A 转换芯片，该芯片以其价格低廉、接口简单、转换控制容易等优点，在单片机应用系统中得到广泛的应用。

**1）DAC0832 外形及引脚功能**　DAC0832 是 20 引脚的双列直插式芯片，其外形如图 10-22 所示。

☺ $\overline{CS}$：片选信号，低电平有效。

☺ $\overline{WR_1}$：输入寄存器的写选通信号。

☺ AGND：模拟地，模拟信号和基准电源的参考地。

☺ $DI_0 \sim DI_7$：数据输入线。

☺ VREF：基准电压输入线（-10 ～ +10V）。

☺ RFB：反馈信号输入线，芯片内部有反馈电阻。

☺ DGND：数字地。

☺ $IOUT_1$：电流输出线。当输入全为 1 时，$IOUT_1$ 最大。

☺ $IOUT_2$：电流输出线。其值与 $IOUT_1$ 之和为一常数。

☺ $\overline{XFER}$：数据传送控制信号输入线，低电平有效。

☺ $\overline{WR_2}$：DAC 寄存器写选通输入线。

☺ ILE：数据锁存允许控制信号输入线，高电平有效。

☺ $V_{CC}$：电源输入线（+5 ～ +15V）。

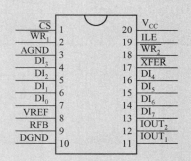

图 10-22　DAC0832 外形图

**2）DAC0832 内部结构及工作原理**　DAC0832 的内部结构如图 10-23 所示。从图中可以看出，DAC0832 是双缓冲结构，由一个输入寄存器和一个 DAC 寄存器构成双缓冲结构。

DAC0832 是由 R-2R 的电阻阶梯网络来完成 D/A 的转换完成的，如图 10-24 所示。

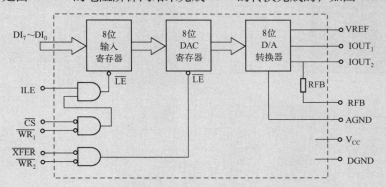

图 10-23　DAC0832 内部结构

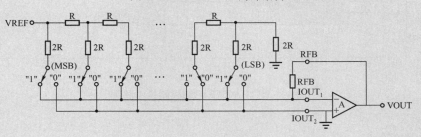

图 10-24　R-2R 电阻阶梯网络

**硬件设计**

在桌面上双击图标 ，打开 Proteus 8 Professional 窗口。新建一个 DEFAULT 模板，添加表 10-7 所列的元器件，并完成如图 10-25 中所示的硬件电路图设计。

表 10-7　DAC0832 数/模转换所用元器件

| 单片机 AT89C51 | 瓷片电容 CAP 22pF | 晶振 CRYSTAL 12MHz | 电解电容 CAP-ELEC |
| --- | --- | --- | --- |
| 电阻 RES | 数/模转换 DAC0832 | 运放 OP1P | 按钮 BUTTON |

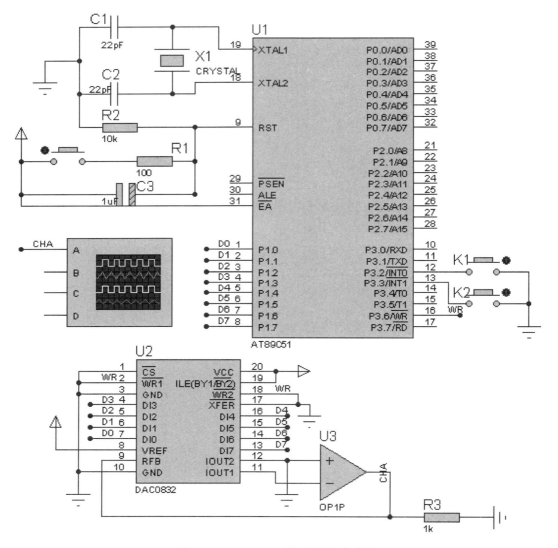

图 10-25　DAC0832 数/模转换电路图

**程序设计**

在图 10-25 中，8 位 DAC0832 的输入数据与输出电压的关系为

$$CHA = -\frac{VREF}{256} \times D$$

式中，$D$ 为 D7 ～ D0 对应的十进制数字。为了产生正弦波，可以建立一个正弦数字量数组，取值范围为一个周期，循环将这些数据送 DAC0832 进行转换，即可在输出端得到正弦波。

 源程序

```c
/ *****************************************************
文件名:DAC0832 数模转换 . c
单片机型号:STC89C51RC
晶振频率:12.0MHz
***************************************************** /
#include < reg52. h >
#define uchar unsigned char
#define uint unsigned int
uint counter,step;
uchar code tab[256] = {                         //输出正弦波的采样值
    0x80,0x83,0x86,0x89,0x8c,0x8f,0x92,0x95,
    0x98,0x9c,0x9f,0xa2,0xa5,0xa8,0xab,0xae,
    0xb0,0xb3,0xb6,0xb9,0xbc,0xbf,0xc1,0xc4,
    0xc7,0xc9,0xcc,0xce,0xd1,0xd3,0xd5,0xd8,
    0xda,0xdc,0xde,0xe0,0xe2,0xe4,0xe6,0xe8,
    0xea,0xec,0xed,0xef,0xf0,0xf2,0xf3,0xf4,
    0xf6,0xf7,0xf8,0xf9,0xfa,0xfb,0xfc,0xfc,
    0xfd,0xfe,0xfe,0xff,0xff,0xff,0xff,0xff,
    0xff,0xff,0xff,0xff,0xff,0xff,0xfe,0xfe,
    0xfd,0xfc,0xfc,0xfb,0xfa,0xf9,0xf8,0xf7,
    0xf6,0xf5,0xf3,0xf2,0xf0,0xef,0xed,0xec,
    0xea,0xe8,0xe6,0xe4,0xe3,0xe1,0xde,0xdc,
    0xda,0xd8,0xd6,0xd3,0xd1,0xce,0xcc,0xc9,
    0xc7,0xc4,0xc1,0xbf,0xbc,0xb9,0xb6,0xb4,
    0xb1,0xae,0xab,0xa8,0xa5,0xa2,0x9f,0x9c,
    0x99,0x96,0x92,0x8f,0x8c,0x89,0x86,0x83,
    0x80,0x7d,0x79,0x76,0x73,0x70,0x6d,0x6a,
    0x67,0x64,0x61,0x5e,0x5b,0x58,0x55,0x52,
    0x4f,0x4c,0x49,0x46,0x43,0x41,0x3e,0x3b,
    0x39,0x36,0x33,0x31,0x2e,0x2c,0x2a,0x27,
    0x25,0x23,0x21,0x1f,0x1d,0x1b,0x19,0x17,
    0x15,0x14,0x12,0x10,0xf,0xd,0xc,0xb,0x9,
    0x8,0x7,0x6,0x5,0x4,0x3,0x3,0x2,0x1,0x1,
    0x0,0x0,0x0,0x0,0x0,0x0,0x0,0x0,0x0,0x0,
    0x0,0x1,0x1,0x2,0x3,0x3,0x4,0x5,0x6,0x7,
    0x8,0x9,0xa,0xc,0xd,0xe,0x10,0x12,0x13,
    0x15,0x17,0x18,0x1a,0x1c,0x1e,0x20,0x23,
    0x25,0x27,0x29,0x2c,0x2e,0x30,0x33,0x35,
    0x38,0x3b,0x3d,0x40,0x43,0x46,0x48,0x4b,
    0x4e,0x51,0x54,0x57,0x5a,0x5d,0x60,0x63,
    0x66,0x69,0x6c,0x6f,0x73,0x76,0x79,0x7c};
void delayms( uint ms)
    {
    uint i;
    while( ms -- )
        {
        for( i = 0; i < 120; i ++ );
        }
```

```
      }
    void int0( ) interrupt 0
    {
      delayms( 10 ) ;
      if( INT0 == 0 )
          {
            if( step < 4096 )
                {
                  step ++ ;
                }
            else
              step = 2 ;
          }
    }
    void int1( ) interrupt 2
    {
      delayms( 10 ) ;
      if( INT1 == 0 )
          {
            if( step > 1 )
                {
                  step -- ;
                }
            else
              step = 4096 ;
          }
    }
    void timer0( ) interrupt 1
    {
        TH0 = 0xFF ;
        TL0 = 0xFF ;
        counter = counter + step ;
        P1 = tab[ ( uint )counter >> 8 ] ;
    }
    void INT_init( void )                        //INT0 和 INT1 中断初始化
    {
      EX0 = 1 ;                                   //打开外部中断 0
      IT0 = 1 ;                                   //下降沿触发中断 INT0
      EX1 = 1 ;                                   //打开外部中断 1
      IT1 = 1 ;                                   //下降沿触发中断 INT1
      EA = 1 ;                                    //全局中断允许
      PX0 = 1 ;                                   //INT1 中断优先
    }
    void timer0_init( void )                     //定时器 0 初始化
    {
        TMOD = 0X01 ;
        TH0 = 0xFF ;
        TL0 = 0xFF ;
        TR0 = 1 ;
        ET0 = 1 ;
    }
    main( )
    {
        INT_init( ) ;
        timer0_init( ) ;
        step = 2 ;
```

```
        while(1)
        {
            ;
        }
    }
```

 调试与仿真

首先在 Keil 中创建项目, 输入源代码并生成 Debug. OMF 文件, 然后在 Proteus 8 Professional 中打开已创建的 DAC0832 数模转换电路图并进行相应设置, 以实现 Keil 与 Proteus 的联机调试。单击 Proteus 8 Professional 模拟调试按钮的运行按钮 ▶ , 进入调试状态。在调试运行状态下, 按下按键 K1 或按键 K2 可改变输出正弦波的频率, 其运行仿真效果图如图 10-26 所示。

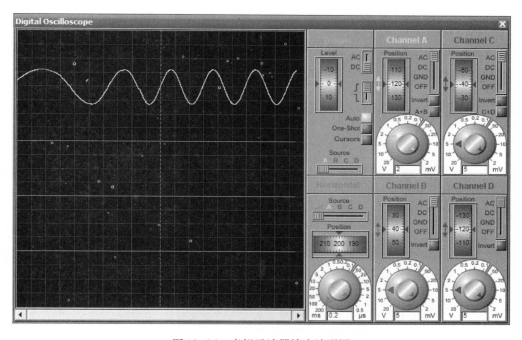

图 10-26 虚拟示波器输出波形图

 任务 6 TLC5615 数/模转换

 设计要求

使用单片机和 TLC5615 设计一个波形发生器, 要求能够输出锯齿波、三角波和方波。

【TLC5615 基础知识】

1) TLC5615 外形及引脚功能 TLC5615 的外形封装如图 10-27 所示。

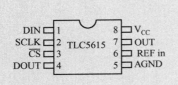

图 10-27　TLC5615 外形封装

☺ DIN：串行数据输入端。

☺ SCLK：串行时钟输入端。

☺ $\overline{CS}$：片选端，低电平有效。

☺ DOUT：用于菊花链的串行数据输出。

☺ AGND：模拟地。

☺ REFin：基准输入端。

☺ OUT：DAC 模拟电压输出端。

☺ $V_{CC}$：电源端。

**2）TLC5615 内部结构及工作原理**　TLC5615 的内部结构如图 10-28 所示。它由 16 位转换寄存器、控制逻辑、10 位 DAC 寄存器、上电复位、DAC、外部基准缓冲器、基准电压倍增器等组成。

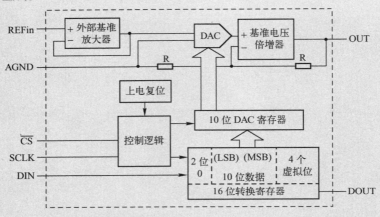

图 10-28　TLC5615 内部结构框图

TLC5615 通过固定增益为 2 的运放缓冲电阻串网络，把 10 位数字数据转换成模拟电压。上电时，内部电路把 DAC 寄存器复位至全 0。其输出具有与基准输入相同的极性，表达式为

$$Vo = 2 \times REFin \times CODE/1024$$

☺ 数据输入：由于 DAC 是 12 位寄存器，所以在写入 10 位数据后，最低 2 位写入 2 个 "0"。

☺ 输出缓冲器：输出缓冲器具有满电源电压幅度（Rail to Rail）输出，它带有短路保护，并能驱动有 100pF 负载电容的 2kΩ 负载。

☺ 外部基准：外部基准电压输入经过缓冲，使得 DAC 输入电阻与代码无关。因此，REFin 输入电阻为 10MΩ，输入电容典型值为 5pF，它们与输入代码无关。基准电压决定 DAC 的满度输出。

☺ 逻辑接口：逻辑输入端可使用 TTL 或 CMOS 逻辑电平。但使用满电源电压幅度，CMOS 逻辑可得到最小的功耗。当使用 TTL 逻辑电平时，功耗需求增加约 2 倍。

☺ 串行时钟和更新速率：图 10-29 所示为 TLC5615 的工作时序。TLC5615 的最大串行时钟速率近似为 14MHz。通常，数字更新速率（Digital Update Rate）受片选周期的限制。对于满度输入阶跃跳变，10 位 DAC 建立时间为 12.5μs，这把更新速率限制在 80kHz。

☺ 菊花链接（Daisy-Chaining，即级联）器件：如果时序关系合适，可以在一个链路（Chain）中把一个器件的 DOUT 端连接到下一个器件的 DIN 端实现 DAC 的菊花链接（级联）。DIN 端的数据延迟 16 个时钟周期加 1 个时钟宽度后出现在 DOUT 端。DOUT 是低功率的图腾柱（Totem-Poled，即推拉输出电路）输出。当 $\overline{CS}$ 为低电平时，DOUT 在 SCLK 下降沿变化；当 $\overline{CS}$ 为高电平时，DOUT 保持在最近数据位的值并不进入高阻状态。

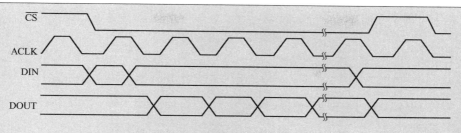

图 10-29 TLC5615 的工作时序

**3）TLC5615 的使用方法** 当片选信号$\overline{CS}$为低电平时，输入数据读入 16 位移位寄存器（由时钟同步，最高有效位在前）。SCLK 输入的上升沿把数据移入输入寄存器，接着，$\overline{CS}$的上升沿把数据传送至 DAC 寄存器。当$\overline{CS}$为高电平时，输入的数据不能由时钟同步送入输入寄存器。所有$\overline{CS}$的跳变应当发生在 SCLK 输入为低电平时。

串行 D/A 转换器 TLC5615 的使用有两种方式，即使用菊花链（级联）功能方式和不使用菊花链（级联）功能方式。

如果不使用菊花链（级联）功能方式，DIN 只需输入 12 位数据。DIN 输入的 12 位数据中，前 10 位为 TLC5615 输入的 D/A 转换数据，且输入时高位在前，低位在后，后两位必须写入为零的 2 位数值，因为 TLC5615 的 DAC 输入锁存器为 12 位宽。12 位的输入数据序列如下：

| D9 | D8 | D7 | D6 | D5 | D4 | D3 | D2 | D1 | D0 | 0 | 0 |
|----|----|----|----|----|----|----|----|----|----|----|----|

如果使用菊花链（级联）功能，那么可以传送 4 个高虚拟位（Upper Dummy Bits）在前的 16 位输入数据序列：

| 4 Upper Dummy | 10 Data Bits | 0 | 0 |
|---------------|--------------|----|----|

来自 DOUT 的数据需要输入时钟 16 个下降沿，因此需要额外的时钟宽度。当菊花链接（级联）多个 TLC5615 器件时，因为数据传送需要 16 个输入时钟周期加上 1 个额外的输入时钟下降沿数据在 DOUT 端输出，所以数据需要 4 个高虚拟位。为了提供与 12 位数据转换器传送的硬件与软件兼容性，两个额外位总是需要的。

**硬件设计**

在桌面上双击图标 ◌ ，打开 Proteus 8 Professional 窗口。新建一个 DEFAULT 模板，添加表 10-8 所列的元器件，并完成如图 10-30 中所示的硬件电路图设计。

表 10-8 TLC5615 数模转换所用元器件

| 单片机 AT89C51 | 瓷片电容 CAP 22pF | 晶振 CRYSTAL 12MHz | 电解电容 CAP-ELEC |
|---------------|-------------------|--------------------|-------------------|
| 电阻 RES | D/A 转换 TLC5615 | 运放 LM358 | 按钮 BUTTON |
| 可调电阻 POT – HG | | | |

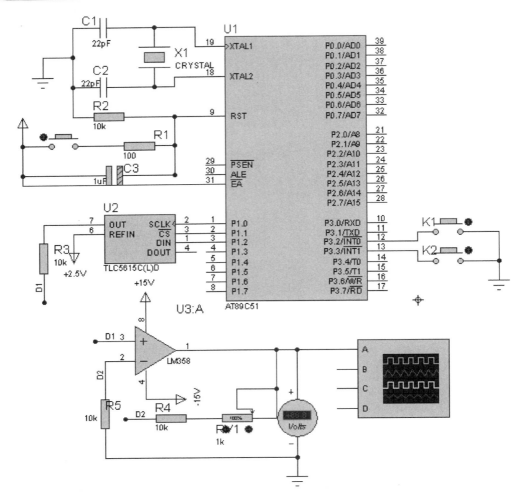

图 10-30　TLC5615 数/模转换电路图

## 程序设计

本任务通过按键 K1 进行锯齿波、三角波和方波的选择，按键 K2 作为复位控制键。按键 K1 和按键 K2 作为 INT0 和 INT1 的外部中断源，即 INT0 中断为波形方式选择；INT1 中断实现波形复位控制。波形的输出都是通过 TLC5615 进行 D/A 转换实现的，由于 TLC5615 为 10 位 D/A 转换器，要输出锯齿波，首先判断 i 是否为 1024（即 $2^{10}$），若是，则将 i 值通过 TLC5615 转换，并将 i 加 1；否则，将 i 清 0，再判断 i 值。要输出锯齿波，首先判断 i 是否小于 1000，若是，则将 i 值通过 TLC5615 转换，并将 i 加 1；否则，再判断 i 是否 1000，若是，则 i 减 1，并判断是否大于 1，且将 i 值通过 TLC5615 转换即可。要输出方波，则首先将 0x00 送 TLC5615 进行转换，并延时一段时间后，再将 1024 送 TLC5615 进行转换，并延时一段时间后即可。

## 源程序

```
/******************************************************
文件名:TLC5615 数模转换.c
```

```
单片机型号:STC89C51RC
晶振频率:12.0MHz
******************************************************/
#include < reg52. h >
#include < intrins. h >
#define uchar unsigned char
#define uint unsigned int
uchar   a;
sbit CS = P1^1;                      //选通
sbit DIN = P1^2;                     //数据
sbit SCLK = P1^0;                    //时序脉冲
uint dat1;                           //将要输入的数据大小
void delay( uint ms )
  {
    uint i;
    while( ms -- )
      {
      for( i = 0;i < 120;i ++ );
      }
  }
void TLC5615( )                      //TLC5615 转换输出
{
  uchar i;
  uint dat;
  dat = dat1;
  dat <<= 4;                         //屏蔽高 4 位
  CS = 0;                            //初始化片选线
  SCLK = 0;                          //初始化时钟
  for( i = 0;i < 12;i ++ )           //从高位到低位发送,连续送 12 个位保证最后两位一定为 0
    {
      if( ( dat&0x8000 ) == 0 )
        {
          DIN = 0;                   //赋值给数据线
        }
      else
        {
          DIN = 1;                   //赋值给数据线
        }
  dat <<= 1;
  SCLK = 0;                          //上升沿送数据
  SCLK = 1;                          //上升沿送数据
    }
  CS = 1;                            //回到初始状态
  SCLK = 0;                          //回到初始状态
  _nop_( );                          //需要转换时间至少 13μs
  _nop_( );
  _nop_( );
  _nop_( );
  _nop_( );
  _nop_( );
  _nop_( );
  _nop_( );
  _nop_( );
  _nop_( );
  _nop_( );
  _nop_( );
```

```
        _nop_( ) ;
        _nop_( ) ;
        _nop_( ) ;
        _nop_( ) ;
        _nop_( ) ;
        _nop_( ) ;
        _nop_( ) ;
        _nop_( ) ;
        _nop_( ) ;
        _nop_( ) ;
        _nop_( ) ;
        _nop_( ) ;
        _nop_( ) ;
        _nop_( ) ;
   }
   void int0( ) interrupt 0              //波形选择
   {
      delay( 10 ) ;
      if( INT0 == 0 )
         {
            a ++ ;
            if( a == 3 )
               {
                  a = 0 ;
               }
         }
   }
   void int1( ) interrupt 2              //复位
   {
      delay( 10 ) ;
      if( INT1 == 0 )
         {
            a = 0 ;
         }
   }
   void corr1( void )                    //锯齿波
   {
      uint i;
      for( i = 0 ; i < 1024 ; i ++ )
         {
            dat1 = i;
            TLC5615( ) ;
         }
   }
   void corr2( void )                    //三角波
   {
      uint i;
      for( i = 0 ; i < 1000 ; i ++ )   //i 不能为 1024,若为 1024 在峰 - 峰值间会出现一小段的低电平情况
         {
            dat1 = i;
            TLC5615( ) ;
         }
      for( i = 1000 ; i > 1 ; i -- )
         {
            dat1 = i;
```

```
            TLC5615( );
        }
    }
    void corr3( void )              //方波
    {
      dat1 = 0x00;
      TLC5615( );
      delay( 100 );                 //延时可改变波形输出频率
      dat1 = 1024;
      TLC5615( );
      delay( 100 );
    }
    void INT_init( void )           //INT0 和 INT1 中断初始化
    {
      EX0 = 1;                      //打开外部中断 0
      IT0 = 1;                      //下降沿触发中断 INT0
      EX1 = 1;                      //打开外部中断 1
      IT1 = 1;                      //下降沿触发中断 INT1
      EA = 1;                       //全局中断允许
      PX1 = 1;                      //INT1 中断优先
    }
    void main( void )
    {
      INT_init( );
      while( 1 )
        {
          switch( a )
            {
              case 0:
                {
                  corr1( );break;
              case 1:
                {
                  corr2( );break;
              case 2:
                {
                  corr3( );break;
                }
            }
        }
    }
```

### 调试与仿真

首先在 Keil 中创建项目，输入源代码并生成 Debug. OMF 文件，然后在 Proteus 8 Professional 中打开已创建的 TLC5615 数模转换电路图并进行相应设置，以实现 Keil 与 Proteus 的联机调试。单击 Proteus 8 Professional 模拟调试按钮的运行按钮▶️，进入调试状态。在调试运行状态下，按下按键 K1 可选择输出波形，按下按键 K2 时输出为默认波形（锯齿波），其仿真效果图如图 10-31 所示。

📖 注意：如果在虚拟示波器中看不到波形时，只需更改示波器中的频率挡即可。

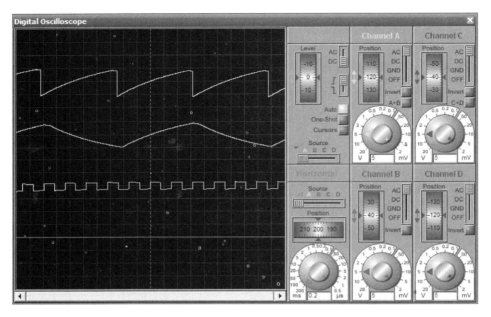

图 10-31　虚拟示波器输出的 3 种波形仿真效果图

# 任务 7　PCF8591 的 A/D 及 D/A 转换

设计要求

使用单片机和 PCF8591 实现 A/D 及 D/A 转换，要求能够测量 4 路模拟电压且通过 LCD1602 将其显示，并能输出频率可调的正弦波信号。

【PCF8591 基础知识】

PCF8591 是具有 $I^2C$ 总线接口的 8 位 A/D 及 D/A 转换器，有 4 路 A/D 转换输入和 1 路 D/A 模拟输出，既可以进行 A/D 转换，也可以进行 D/A 转换。

**1）PCF8591 外形及引脚功能**　PCF8591 的外形封装如图 10-32 所示。

图 10-32　PCF8591 外形封装图

☺ $AIN_0 \sim AIN_3$：模拟信号输入端。

☺ $A_0 \sim A_3$：引脚地址端。

☺ VDD、VSS：电源端（2.5～6V）。

☺ SDA、SCL：$I^2C$ 总线的数据线、时钟线。

☺ OSC：外部时钟输入端，内部时钟输出端。

☺ EXT：内部/外部时钟选择线，使用内部时钟时 EXT 接地。

☺ AGND：模拟信号地。

☺ AOUT：D/A 转换输出端。

☺ VREF：基准电源端。

**2）PCF8591 内部结构及工作原理**　PCF8591 的内部结构如图 10-33 所示。

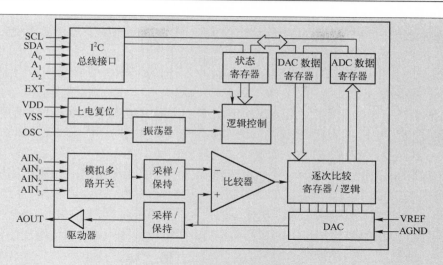

图 10-33 PCF8591 内部结构框图

（1）器件寻址：PCF8591 采用典型的 I²C 总线接口器件寻址方法，即总线地址由器件地址、引脚地址和方向位组成。引脚地址为 A2A1A0，其值由用户选择，所以 I²C 系统中最多可连接 $2^3 = 8$ 个具有 I²C 总线接口的 A/D 器件。地址的最后一位为方向位 $R/\overline{W}$，当主控器对 A/D 器件进行读操作时为 1，进行写操作时为 0。总线操作时，由器件地址、引脚地址和方向位组成的从地址为主控制器发送的第 1 字节，如下所示：

| MSB | | | | | | | LSB |
| --- | --- | --- | --- | --- | --- | --- | --- |
| 1 | 0 | 0 | 1 | A2 | A1 | A0 | $R/\overline{W}$ |

（2）控制字：发送给 PCF8591 的第 2 个字节将被存储在控制寄存器，用于控制器件功能，其格式如下所示：

| MSB | | | | | | | LSB |
| --- | --- | --- | --- | --- | --- | --- | --- |
| 0 | × | × | × | 0 | × | × | × |
| D7 | D6 | D5 | D4 | D3 | D2 | D1 | D0 |

其中，D1、D0 两位是 A/D 通道编号（00 为通道 0，01 为通道 1，10 为通道 2，11 为通道 3）；D2 为自动增益选择（有效位为 1）；D5、D4 是模拟量输入选择（00 为四路单端输入、01 为三路差分输入、10 为单端与差分配合输入、11 为模拟输出允许有效）。

当系统为 A/D 转换时，模拟输出允许为 0。模拟量输入选择位取值由输入方式决定：四路单端输入时取 00，三路差分输入时取 01，单端与差分输入时取 10，二路差分输入时取 11。最低两位是通道编号位，当对 0 通道的模拟信号进行 A/D 转换时取 00，当对 1 通道的模拟信号进行 A/D 转换时取 01，当对 2 通道的模拟信号进行 A/D 转换时取 10，当对 3 通道的模拟信号进行 A/D 转换时取 11。

在进行数据操作时，首先是主控器发出起始信号，然后发出读寻址字节，被控器做出应答后，主控器从被控器读出第 1 个数据字节，主控器发出应答，主控器从被控器读出第 2 个数据字节，主控器发出应答……直到主控器从被控器中读出第 $n$ 个数据字节，主控器发出非应答信号，最后主控器发出停止信号。

（3）D/A 转换：发送给 PCF8591 的第 3 个字节被存储到 DAC 数据寄存器，并使用片上 D/A 转换器转换成对应的模拟电压。这个 D/A 转换器由连接至外部参考电压的具有 256 个接头的电阻分压电路和选择开关组成。

模拟输出电压由自动清零单位增益放大器缓冲。这个缓冲放大器可通过设置控制寄存器的模拟输出允许标志开启或关闭。在激活状态下，输出电压将保持到新的数据字节被发送。

片上 D/A 转换器也可用于逐次逼近 A/D 转换。为释放用于 A/D 转换周期的 DAC，单端增益放大器还配备了一个跟踪和保持电路。在执行 A/D 转换时，该电路保持输出电压。

（4）A/D 转换：A/D 转换器采用逐次逼近转换技术，在 A/D 转换周期将临时使用片上 D/A 转换器和高增益比较器。一个 A/D 转换周期总是开始于发送一个有效读模式地址给 PCF8591 后。A/D 转换周期在应答时钟脉冲的后沿被触发，并在传输前一次转换结果时执行。一旦一个转换周期被触发，所选通的输入电压采样将保存到芯片并被转换为对应的 8 位二进制码。转换结果被保存到 ADC 数据寄存器等待传输。如果自动增益标志被置 1，将选择下一个通道。在读周期传输的第 1 个字节包含前一次读周期的转换结果代码。

 **硬件设计**

在桌面上双击图标 ，打开 Proteus 8 Professional 窗口。新建一个 DEFAULT 模板，添加表 10-9 所列的元器件，并完成如图 10-34 中所示的硬件电路图设计。

**表 10-9　PCF8591 的 A/D 及 D/A 转换所用元器件**

| 单片机 AT89C51 | 瓷片电容 CAP 22pF | 晶振 CRYSTAL 12MHz | 电解电容 CAP-ELEC |
|---|---|---|---|
| 电阻 RES | A/D 及 D/A 转换 PCF8591 | 字符式 LCD LM016L | 按钮 BUTTON |
| 可调电阻 POT-HG | | | |

 **程序设计**

从图 10-34 中可以看出，PCF8591 的 A2、A1、A0 将接地，即设置器件地址 000。由于 PCF8591 属于 I²C 器件，因此其读/写操作应符合 I²C 的读/写操作规范。

 **源程序**

```
/*******************************************************
文件名:PCF8591 的 AD 及 DA 转换 . c
单片机型号:STC89C51RC
晶振频率:11.0592.0MHz
******************************************************* /
#include < reg52. h >
#include < intrins. h >
#define uchar unsigned char
#define uint unsigned int
#define PCF8591_WRITE 0x90
#define PCF8591_READ 0x91
#define   NUM   4                    //PCF8591 接收和发送缓存区的深度
uchar idata receivebuf[ NUM ];        //PCF8591 数据接收缓冲区
sbit SDA = P1^1;                     //将 P1. 1 口模拟数据口
sbit SCL = P1^0;                     //将 P1. 0 口模拟时钟口
```

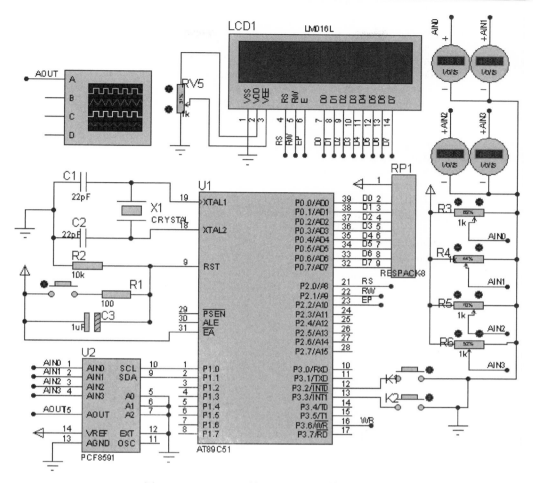

图 10-34　PCF8591 的 A/D 及 D/A 转换电路图

```
sbit rs = P2^0;
sbit rw = P2^1;
sbit ep = P2^2;
bit    bdata SystemError;                              //从机错误标志位
uchar a;                                               //调节正弦波频率
uchar code dis1[ ] = {"R3:.    VR4:.    V"};
uchar code dis2[ ] = {"R5:.    VR6:.    V"};
uint data dis[4] = {0x00,0x00,0x00,0x00};              //定义 3 个显示数据单元和 1 个数据存
                                                       //储单元
uchar code tab[256] = {                                //输出正弦波的采样值
    0x80,0x83,0x86,0x89,0x8c,0x8f,0x92,0x95,
    0x98,0x9c,0x9f,0xa2,0xa5,0xa8,0xab,0xae,
    0xb0,0xb3,0xb6,0xb9,0xbc,0xbf,0xc1,0xc4,
    0xc7,0xc9,0xcc,0xce,0xd1,0xd3,0xd5,0xd8,
    0xda,0xdc,0xde,0xe0,0xe2,0xe4,0xe6,0xe8,
    0xea,0xec,0xed,0xef,0xf0,0xf2,0xf3,0xf4,
    0xf6,0xf7,0xf8,0xf9,0xfa,0xfb,0xfc,0xfc,
    0xfd,0xfe,0xfe,0xff,0xff,0xff,0xff,0xff,
    0xff,0xff,0xff,0xff,0xff,0xff,0xfe,0xfe,
    0xfd,0xfc,0xfc,0xfb,0xfa,0xf9,0xf8,0xf7,
    0xf6,0xf5,0xf3,0xf2,0xf0,0xef,0xed,0xec,
    0xea,0xe8,0xe6,0xe4,0xe3,0xe1,0xde,0xdc,
    0xda,0xd8,0xd6,0xd3,0xd1,0xce,0xcc,0xc9,
    0xc7,0xc4,0xc1,0xbf,0xbc,0xb9,0xb6,0xb4,
```

```
        0xb1,0xae,0xab,0xa8,0xa5,0xa2,0x9f,0x9c,
        0x99,0x96,0x92,0x8f,0x8c,0x89,0x86,0x83,
        0x80,0x7d,0x79,0x76,0x73,0x70,0x6d,0x6a,
        0x67,0x64,0x61,0x5e,0x5b,0x58,0x55,0x52,
        0x4f,0x4c,0x49,0x46,0x43,0x41,0x3e,0x3b,
        0x39,0x36,0x33,0x31,0x2e,0x2c,0x2a,0x27,
        0x25,0x23,0x21,0x1f,0x1d,0x1b,0x19,0x17,
        0x15,0x14,0x12,0x10,0xf,0xd,0xc,0xb,0x9,
        0x8,0x7,0x6,0x5,0x4,0x3,0x3,0x2,0x1,0x1,
        0x0,0x0,0x0,0x0,0x0,0x0,0x0,0x0,0x0,0x0,
        0x0,0x1,0x1,0x2,0x3,0x3,0x4,0x5,0x6,0x7,
        0x8,0x9,0xa,0xc,0xd,0xe,0x10,0x12,0x13,
        0x15,0x17,0x18,0x1a,0x1c,0x1e,0x20,0x23,
        0x25,0x27,0x29,0x2c,0x2e,0x30,0x33,0x35,
        0x38,0x3b,0x3d,0x40,0x43,0x46,0x48,0x4b,
        0x4e,0x51,0x54,0x57,0x5a,0x5d,0x60,0x63,
        0x66,0x69,0x6c,0x6f,0x73,0x76,0x79,0x7c};
void delay(uint ms)
    {
        uint i;
        while(ms--)
            {
            for(i=0;i<120;i++);
            }
    }
void delay1(uint ms)                    //用于调节正弦波频率
{
    uint i;
    while(ms--)
        {
        for(i=0;i<12;i++);
        }
}
uchar Busy_Check(void)                  //测试 LCD 忙碌状态
{
        uchar LCD_Status;
        rs=0;
        rw=1;
        ep=1;
        _nop_();
        _nop_();
        _nop_();
        _nop_();
        LCD_Status = P0&0x80;
        ep=0;
        return LCD_Status;
}
void lcd_wcmd(uchar cmd)                //写入指令数据到 LCD
{
        while(Busy_Check());            //等待 LCD 空闲
        rs=0;
        rw=0;
        ep=0;
        _nop_();
        _nop_();
        P0=cmd;
```

```
        _nop_();
        _nop_();
        _nop_();
        _nop_();
        ep = 1;
        _nop_();
        _nop_();
        _nop_();
        _nop_();
        ep = 0;
}
void lcd_pos(uchar pos)              //设定显示位置
{
    lcd_wcmd(pos|0x80);             //设置 LCD 当前光标的位置
}

void lcd_wdat(uchar dat)            //写入字符显示数据到 LCD
{
    while(Busy_Check());           //等待 LCD 空闲
    rs = 1;
    rw = 0;
    ep = 0;
    P0 = dat;
    _nop_();
    _nop_();
    _nop_();
    _nop_();
    ep = 1;
    _nop_();
    _nop_();
    _nop_();
    _nop_();
    ep = 0;
}
void lcd_init(void)                 //LCD 初始化设定
{
    lcd_wcmd(0x38);                 //设置显示格式为:16*2 行显示,5*7 点阵,8 位数据
                                    //接口
    delay(1);
    lcd_wcmd(0x0f);                 //0x0f -- 显示开关设置,显示光标并闪烁
    delay(1);
    lcd_wcmd(0x06);                 //0x06 --- 读写后指针加 1
    delay(1);
    lcd_wcmd(0x01);                 //清除 LCD 的显示内容
    delay(1);
}
void show_value(uchar ad_data)      //将 PCF8591 采集到的 A/D 转换数据进行 16 进制转换为
                                    //ASCII码

{
    dis[2] = ad_data/51;           //A/D 转换值换算为 3(BCD 码),最大为 5.00V
    dis[2] = dis[2] + 0x30;        //转换为 ASCII 码
    dis[3] = ad_data%51;           //余数暂存
    dis[3] = dis[3]*10;            //计算小数第 1 位
    dis[1] = dis[3]/51;
    dis[1] = dis[1] + 0x30;        //转换为 ASCII 码
    dis[3] = dis[3]%51;
```

```
    dis[3] = dis[3] * 10;              //计算小数第 2 位
    dis[0] = dis[3]/51;                //
    dis[0] = dis[0] + 0x30;            //转换为 ASCII 码
}
void iic_start(void)                   //I²C 启动
                                       //时钟保持高,数据线从高到低一次跳变,I²C 通信开始
{
    SDA = 1;
    SCL = 1;
    _nop_();                           //延时 4μs
    _nop_();
    _nop_();
    _nop_();
    SDA = 0;
    _nop_();
    _nop_();
    _nop_();
    _nop_();
    SCL = 0;
}
void iic_stop(void)                    //I²C 停止
{
    SDA = 0;                           //时钟保持高,数据线从低到高一次跳变,I²C 通信停止
    SCL = 1;
    _nop_();
    _nop_();
    _nop_();
    _nop_();
    SDA = 1;
    _nop_();
    _nop_();
    _nop_();
    _nop_();
    SCL = 0;
}
void slave_ACK(void)                   //从机发送应答位子程序
{
    SDA = 0;
    SCL = 1;
    _nop_();
    _nop_();
    _nop_();
    SCL = 0;
}
void slave_NOACK(void)                 //从机发送非应答位子程序,迫使数据传输过程结束
{
    SDA = 1;
    SCL = 1;
    _nop_();
    _nop_();
    _nop_();
    SDA = 0;
    SCL = 0;
}
void check_ACK(void)                   //主机应答位检查子程序,迫使数据传输过程结束
```

```
    {
        SDA = 1;                        //将 P1.1 设置成输入,必须先向端口写 1
        SCL = 1;
        F0 = 0;
        _nop_();
        _nop_();
        _nop_();
        _nop_();
        if(SDA == 1)                    //若 SDA = 1 表明非应答,置位非应答标志 F0
        F0 = 1;
        SCL = 0;
    }
void IICSendByte(uchar ch)
{
    uchar idata n = 8;                  //向 SDA 上发送一位数据字节,共 8 位
    while(n --)
    {
        if((ch&0x80) == 0x80)           //若要发送的数据最高位为 1,则发送位 1
        {
            SDA = 1;                    //传送位 1
            SCL = 1;
            _nop_();
            _nop_();
            _nop_();
            _nop_();
            SCL = 0;
        }
        else
        {
            SDA = 0;                    //否则传送位 0
            SCL = 1;
            _nop_();
            _nop_();
            _nop_();
            _nop_();
            SCL = 0;
        }
        ch = ch << 1;                   //数据左移 1 位
    }
}
uchar IICreceiveByte(void)
{
    uchar idata n = 8;                  //从 SDA 线上读取一个数据字节,共 8 位
    uchar tdata = 0;
    while(n --)
    {
        SDA = 1;
        SCL = 1;
        tdata = tdata << 1;             //左移 1 位
        if(SDA == 1)
        {
            tdata = tdata|0x01;         //若接收到的位为 1,则数据的最后一位置 1
        }
        else
        {
            tdata = tdata&0xfe;         //否则数据的最后一位置 0
```

```c
            }
        SCL = 0;
        }
    return( tdata );
}
void iicInit( void )                          //I²C 总线初始化
    {
    SCL = 0;
    iic_stop( );
    }
// ——————————————————————————————————————————————
//函数名称：DAC_PCF8591
//入口参数：slave_add 从机地址，n 为要发送的数据个数
//函数功能：发送 n 位数据子程序
// ——————————————————————————————————————————————
void DAC_PCF8591( uchar controlbyte, uchar w_data )
{
    iic_start( );                             //启动 I²C
    _nop_( );
    _nop_( );
    _nop_( );
    _nop_( );
    IICSendByte( PCF8591_WRITE );             //发送地址位
    check_ACK( );                             //检查应答位
    if( F0 == 1 )
        {
        SystemError = 1;
        return;                               //若非应答，置错误标志位
        }
    IICSendByte( controlbyte&0x77 );          //Control byte
        check_ACK( );                         //检查应答位
    if( F0 == 1 )
        {
        SystemError = 1;
        return;                               //若非应答，置错误标志位
        }
    IICSendByte( w_data );                    //data byte
        check_ACK( );                         //检查应答位
    if( F0 == 1 )
        {
        SystemError = 1;
    return;                                   //若非应答表明器件错误或已坏，置错误标志位
                                              //SystemError
        }
    iic_stop( );                              //全部发完则停止
    _nop_( );
    _nop_( );
    _nop_( );
    _nop_( );
    _nop_( );
    _nop_( );
    _nop_( );
    _nop_( );
    _nop_( );
    _nop_( );
    _nop_( );
    _nop_( );
```

```
            _nop_();
            _nop_();
            _nop_();
            _nop_();
    }
    // ---------------------------------------------------------------
    //函数名称: ADC_PCF8591
    //入口参数: controlbyte 控制字
    //函数功能: 连续读入 4 路通道的 A/D 转换结果到 receivebuf
    // ---------------------------------------------------------------
    void ADC_PCF8591( uchar controlbyte)
    {
        uchar idata receive_da, i = 0;
        iic_start();
        IICSendByte( PCF8591_WRITE);      //控制字
        check_ACK();
        if( F0 == 1)
            {
                SystemError = 1;
                return;
            }
        IICSendByte( controlbyte);         //控制字
        check_ACK();
        if( F0 == 1)
            {
                SystemError = 1;
                return;
            }
        iic_start();                       //重新发送开始命令
        IICSendByte( PCF8591_READ);        //控制字
        check_ACK();
        if( F0 == 1)
            {
                SystemError = 1;
                return;
            }
        IICreceiveByte();                  //空读一次,调整读顺序
        slave_ACK();                       //收到一个字节后,发送一个应答位
        while( i < 4)
            {
            receive_da = IICreceiveByte();
            receivebuf[ i ++ ] = receive_da;
            slave_ACK();                   //收到一个字节后,发送一个应答位
            }
        slave_NOACK();                     //收到最后一个字节后,发送一个非应答位
        iic_stop();
    }
    void LCD_disp1( void)
    {
      uchar i;
      lcd_pos(0);                          //设置显示位置为第 1 行的第 1 个字符
      i = 0;
      while( dis1[ i] ! = '\0')
          {                                //显示字符
            lcd_wdat( dis1[ i]);
            i ++ ;
```

```
        }
    lcd_pos(0x40);                          //设置显示位置为第 2 行第 1 个字符
    i = 0;
    while( dis2[i] != '\0' )
        {
        lcd_wdat( dis2[i] );                //显示字符
        i++;
        }
}
void LCD_PCF8591AD( void )                  //显示电压值
{
    uchar i;
    iicInit( );                             //I²C 总线初始化
    ADC_PCF8591(0x04);
    if( SystemError == 1 )                  //有错误，重新开始
        {
        iicInit( );                         //I²C 总线初始化
        ADC_PCF8591(0x04);
        }
    for( i = 0;i < 4;i++ )
        {
        show_value( receivebuf[0] );        //显示通道 0
        lcd_pos(0x03);
        lcd_wdat( dis[2] );                 //整数位显示
        lcd_pos(0x05);
        lcd_wdat( dis[1] );                 //第 1 位小数显示
        lcd_pos(0x06);
        lcd_wdat( dis[0] );                 //第 2 位小数显示
        show_value( receivebuf[1] );        //显示通道 1
        lcd_pos(0x0c);
        lcd_wdat( dis[2] );                 //整数位显示
        lcd_pos(0x0e);
        lcd_wdat( dis[1] );                 //第 1 位小数显示
        lcd_pos(0x0f);
        lcd_wdat( dis[0] );                 //第 2 位小数显示
        show_value( receivebuf[2] );        //显示通道 2
        lcd_pos(0x43);
        lcd_wdat( dis[2] );                 //整数位显示
        lcd_pos(0x45);
        lcd_wdat( dis[1] );                 //第 1 位小数显示
        lcd_pos(0x46);
        lcd_wdat( dis[0] );                 //第 2 位小数显示
        show_value( receivebuf[3] );        //显示通道 3
        lcd_pos(0x4c);
        lcd_wdat( dis[2] );                 //整数位显示
        lcd_pos(0x4e);
        lcd_wdat( dis[1] );                 //第 1 位小数显示
        lcd_pos(0x4f);
        lcd_wdat( dis[0] );                 //第 2 位小数显示
        }
}
void int0( ) interrupt 0
{
    delay(10);
    if( INT0 == 0 )
        {
```

```
        if( a < 10 )
            {
             a ++ ;
            }
        else
            a = 0 ;
        }
    }
    void int1( ) interrupt 2
    {
      delay( 10 ) ;
      if( INT1 == 0 )
            {
             if( a > 0 )
                 {
                  a -- ;
                 }
             else
                 a = 10 ;
            }
    }
    void INT_init( void )                          //INT0 和 INT1 中断初始化
    {
       EX0 = 1 ;                                    //打开外部中断 0
       IT0 = 1 ;                                    //下降沿触发中断 INT0
       EX1 = 1 ;                                    //打开外部中断 1
       IT1 = 1 ;                                    //下降沿触发中断 INT1
       EA = 1 ;                                     //全局中断允许
       PX0 = 1 ;                                    //INT1 中断优先
    }
    void PCF8591_sine( void )                       //正弦波输出
    {
       uint i ;
       iicInit( ) ;                                 //I²C 总线初始化
       if( SystemError == 1 )                       //有错误,重新来
            {
             iicInit( ) ;                           //I²C 总线初始化
             for( i = 0 ; i < 255 ; i ++ )
                 {
                  DAC_PCF8591( 0x00 , tab[ i ] ) ;  //D/A 输出
                  delay1( a ) ;
                 }
            }
    }
    void main( void )
    {
       INT_init( ) ;
       lcd_init( ) ;                                //初始化 LCD
       LCD_disp1( ) ;
       while( 1 )
            {
             LCD_PCF8591AD( ) ;                     //显示 4 个通道的电压值
             PCF8591_sine( ) ;                      //正弦波输出
            }
    }
```

首先在 Keil 中创建项目，输入源代码并生成 Debug. OMF 文件，然后在 Proteus 8 Professional 中打开已创建的 PCF8591 的 A/D 及 D/A 转换电路图并进行相应设置，以实现 Keil 与 Proteus 的联机调试。单击 Proteus 8 Professional 模拟调试按钮的运行按钮 ▶ ，进入调试状态。在调试运行状态下，LCD 显示 4 个通道的电压值，仿真如图 10-35 （a） 所示。若滑动可调电阻，LCD 显示的数据也将发生相应改变。按下按键 K1 或按键 K2 可改变正弦波的频率，仿真效果如图 10-35 （b） 所示。

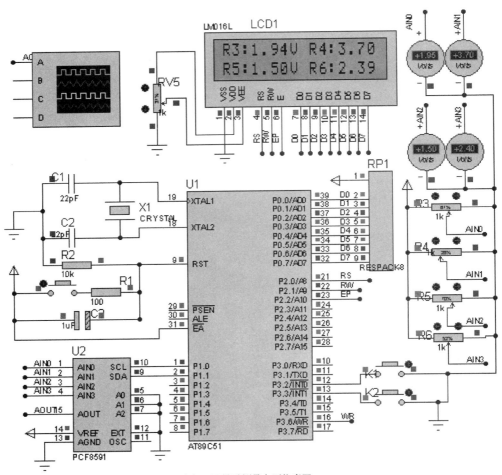

（a）LCD显示测量电压仿真图

图 10-35　PCF8591 的 A/D 及 D/A 转换仿真效果图

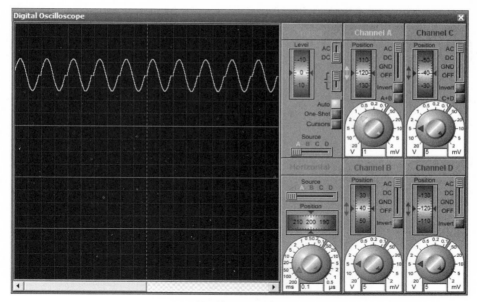

（b）输出的正弦波仿真图

图 10-35　PCF8591 的 A/D 及 D/A 转换仿真效果图（续）

# 项目十一　串行总线扩展及应用设计

【知识目标】

☺ 了解 $I^2C$、SPI、1 – wire 串行总线扩展的基本知识。

☺ 了解 $I^2C$、SPI、1 – wire 这 3 种串行总线在单片机应用系统中的使用方法。

【能力目标】

☺ 能正确使用 $I^2C$、SPI、1 – wire 这 3 种串行总线的相关器件。

☺ 掌握单片机对 $I^2C$、SPI、1 – wire 这 3 种串行总线器件的控制与编程。

 任务1　24C04 开启次数统计

 设计要求

使用 24C04 存储单片机开启次数，要求单片机每次上电时，开启次数加 1，LED 数码管显示次数。当开启次数超过 5 次时，LED 数码管闪烁显示次数；当开启次数超过 10 次时，开启次数清零，LED 数码管显示为 00。

---

【24CXX 基础知识】

24CXX 为 $I^2C$ 串行总线 $E^2PROM$ 存储器，该系列存储器有 24C01（A）/02/04/08/16/32/64 等型号，它们的外部封装形式、引脚功能及内部结构类似，只是存储容量不同而已，对应的存储容量分别是 128/256/512/1K/2K/4K/8K ×8 位。

**1）24CXX 的封装形式及引脚说明**　24C01（A）/02/04/08/16 $E^2PROM$ 存储器都是 8 个引脚，采用 PDIP 和 SOIC 两种封装形式，如图 11–1 所示。

图 11–1　24C01（A）/02/04/08/16 的封装形式

☺ $A_0$、$A_1$、$A_2$：片选或页面选择地址输入。选用不同的 $E^2PROM$ 存储器芯片时，其意义不同，但都要接一固定电平，用于多个器件级联时寻址芯片。

◇ 对于 24C01（A）/02 $E^2PROM$ 存储器芯片，这 3 位用于芯片寻址，通过与其所接的硬接线逻辑电平相比较，判断芯片是否被选通。在总线上最多可连接 8 个 24C01（A）/02 存储器芯片。

◇ 对于 24C04 $E^2PROM$ 存储器芯片，用了 $A_1$、$A_2$ 作为片选，$A_0$ 悬空。在总线上最多可连接 4 个 24C04。

◇ 对于 24C08 $E^2$PROM 存储器芯片，只用了 $A_2$ 作为片选，$A_1$、$A_0$ 悬空。在总线上最多可连接 2 个 24C08。

◇ 对于 24C16 $E^2$PROM 存储器芯片，$A_0$、$A_1$、$A_2$ 都悬空。这 3 位地址作为页地址位 $P_0$、$P_1$、$P_2$。在总线上只能接一个 24C16。

☺ GND：地线。

☺ SDA：串行数据（或地址）I/O 端，用于串行数据的 I/O。这个引脚是漏极开路驱动，可以与任何数量的漏极开路或集电极开路器件"线或"连接。

☺ SCL：串行时钟输入端，用于 I/O 数据的同步。在其上升沿时串行写入数据，在下降沿时串行读取数据。

☺ WP：写保护，用于硬件数据的保护。WP 接地时，对整个芯片进行正常的读/写操作；WP 接电源 $V_{CC}$ 时，对芯片进行数据写保护。其保护范围见表 11-1。

**表 11-1　WP 端的保护范围**

| WP 引脚状态 | 被保护的存储单元部分 | | | | |
|---|---|---|---|---|---|
| | 24C01（A） | 24C02 | 24C04 | 24C08 | 24C16 |
| 接 $V_{CC}$ | 1KB 全部阵列 | 2KB 全部阵列 | 4KB 全部阵列 | 正常读/写操作 | 上半部 8KB 阵列 |
| 接地 | 正常读/写操作 | | | | |

☺ $V_{CC}$：电源电压，接 +5V。

**2）24CXX 内部结构**　24CXX 内部结构如图 11-2 所示。它由启动和停止逻辑、芯片地址比较器、串行控制逻辑、数据字地址计数器、译码器、高压发生器/定时器、存储矩阵、数据输出等部分组成。

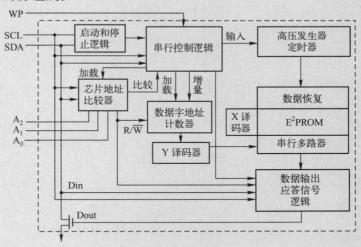

图 11-2　24CXX 内部结构框图

**3）24CXX 命令字节格式**　主器件发送"启动"信号后，再发送一个 8 位的含有芯片地址的控制字对从器件进行片选。这个 8 位片选地址字由 3 部分组成：第一部分是 8 位控制字的高 4 位（D7 ～ D4），固定为 1010，是 $I^2C$ 总线器件特征编码；第二部分是最低位 D0，D0 位是读/写选择位 $R/\overline{W}$，决定微处理器对 $E^2$PROM 进行读/写操作，$R/\overline{W}=1$，表示读操作，$R/\overline{W}=0$ 表示写操作；剩下的 3 位为第 3 部分，即 $A_0$、$A_1$、$A_2$，这 3 位根据芯片的容量不同，其定义也不相同。表 11-2 为 24CXX $E^2PROM$ 芯片的地址安排（表中 P2、P1、P0 为页地址位）。

表 11-2　24CXX　$E^2PROM$ 芯片的地址安排

| 型　　号 | 容　　量 | | | | 地　　址 | | | | 可扩展数目 |
|---|---|---|---|---|---|---|---|---|---|
| 24C01（A） | 128B | 1 | 0 | 1 | 0 | $A_2$ | $A_1$ | $A_0$ | $R/\overline{W}$ | 8 |
| 24C02 | 256B | 1 | 0 | 1 | 0 | $A_2$ | $A_1$ | $A_0$ | $R/\overline{W}$ | 8 |
| 24C04 | 512B | 1 | 0 | 1 | 0 | $A_2$ | $A_1$ | $P_0$ | $R/\overline{W}$ | 4 |
| 24C08 | 1KB | 1 | 0 | 1 | 0 | $A_2$ | $P_1$ | $P_0$ | $R/\overline{W}$ | 2 |
| 24C016 | 2KB | 1 | 0 | 1 | 0 | $P_2$ | $P_1$ | $P_0$ | $R/\overline{W}$ | 1 |
| 24C032 | 4KB | 1 | 0 | 1 | 0 | $A_2$ | $A_1$ | $A_0$ | $R/\overline{W}$ | 8 |
| 24C064 | 8KB | 1 | 0 | 1 | 0 | $A_2$ | $A_1$ | $A_0$ | $R/\overline{W}$ | 8 |

**4）时序分析**

☺ SCL 和 SDA 的时钟关系：24CXX $E^2PROM$ 存储器采用二线制传输，遵循 $I^2C$ 总线协议。SCL 和 SDA 的时钟关系与 $I^2C$ 协议中规定的相同。加在 SDA 的数据只有在串行时钟 SCL 处于低电平时钟周期内才能改变，如图 11-3 所示。

☺ 启动和停止信号：当 SCL 处于高电平时，SDA 由高电平变为低电平时，表示"启动"信号；如果 SDA 由低变为高，表示"停止"信号。启动与停止信号如图 11-4 所示。

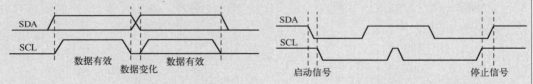

图 11-3　24CXX SDA 和 SCL 时钟关系　　　　图 11-4　24CXX 启动和停止信号

☺ 应答信号：应答信号是由接收数据的存储器发出的，每个正在接收数据的 $E^2PROM$ 收到一个字节数据后，需发出一个"0"应答信号 ACK；单片机接收完存储器的数据后也需发出一个应答信号。ACK 信号在主器件 SCL 时钟线的第 9 个周期出现。在应答时钟第 9 个周期时，将 SDA 线变为低电平，表示已收到一个 8 位数据。若主器件没有发送一个应答信号，器件将停止数据的发送，且等待一个停止信号，如图 11-5 所示。

**5）读/写操作**　24C01/02/04/08/16 系列 $E^2PROM$ 从器件地址的最后一位为 $R/\overline{W}$（读/写）位，$R/\overline{W}=1$ 执行读操作，$R/\overline{W}=0$ 表示写操作。

（1）读操作：包括立即地址读、随机地址读和顺序地址读。

☺ 立即地址读：24C01/02/04/08/16 $E^2PROM$ 在上次读/写操作完成后，其地址计数器的内容为最后操作字节的地址加 1，即最后一次读/写操作的字节地址为 $n$，则立即地址读从地址 $n+1$ 开始。只要芯片不掉电，这个地址在操作中一直保持有效。在读操作方式下，其地址会自动循环覆盖，即地址计数器为芯片最大地址值时，计数器自动翻转为"0"，且继续输出数据。24C01/02/04/08/16 $E^2PROM$ 接收到主器件发来的从器件地址后，且 $R/\overline{W}=1$ 时，该相应的 $E^2PROM$ 发出一个应答信号 ACK，然后发送一个 8 位字节数据。主器件接收到数据后，不需发送一个应答信号，但需产生一个停止信号，如图 11-6 所示。

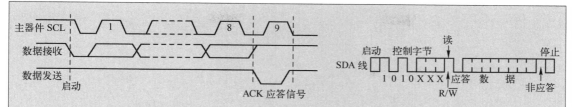

图 11-5 应答信号　　　　　　图 11-6 24CXX 立即地址读操作

☺ 随机地址读：随机地址读通过一个"伪写入"操作形式对要寻址的 $E^2PROM$ 存储单元进行定位，然后执行读操作。随机地址读允许主器件对存储器的任意字节进行读操作，主器件首先发送起始信号、从器件地址、读取字节数据的地址执行一个"伪写入"操作。在从器件应答后，主器件重新发送起始信号、从器件地址，此时 $R/\overline{W}=1$，从器件发送一个应答信号后，输出所需读取的一个 8 位数据，主器件不发送应答信号，但产生一个停止信号，如图 11-7 所示。

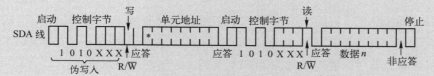

图 11-7 24CXX 随机地址读操作

☺ 顺序读：顺序读可以通过立即地址读或随机地址读操作启动。在从器件发送完一个数据后，主器件发出应答信号，告诉从器件需发送更多的数据。对应每个应答信号，从器件将发送一个数据，当主器件发送的不是应答信号而是停止信号时操作结束。从器件输出的数据按顺序从 $n$ 到 $n+i$，地址计数器的内容相应的相加，计数器也会产生翻转继续输出数据，如图 11-8 所示。

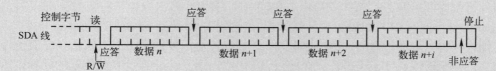

图 11-8 24CXX 顺序读操作

（2）写操作：包括字节写、页面写和写保护。

☺ 字节写：每一次启动串行总线时，字节写操作方式只能写入一个字节到从器件中。主器件发出"启动"信号和从器件地址给从器件，从器件收到并产生应答信号后，主器件再发送从器件 24C01（A）/02/04/08/16 的字节地址，从器件将再发送另一个相应的应答信号，主器件收到后发送数据到被寻址的存储单元，从器件再一次发出应答，而且在主器件产生停止信号后才进行内部数据的写操作，从器件在写的过程中不再响应主器件的任何请求，如图 11-9 所示。

☺ 页面写：页面写操作方式启动一次 $I^2C$ 总线，24C01（A）可写入 8 个字节数据，24C02/04/08/16 可写入 16 个字节数据。页面字与字节写不同，传送一个字节后，主器件并不产生停止信号，而是发送 $P$ 个（24C01（A）：$P=7$，24C02/04/08/16：$P=15$）额外字节，每发送一个数据后，从器件发送一个应答位，并将地址低位自动加 1，高位不变，如图 11-10 所示。

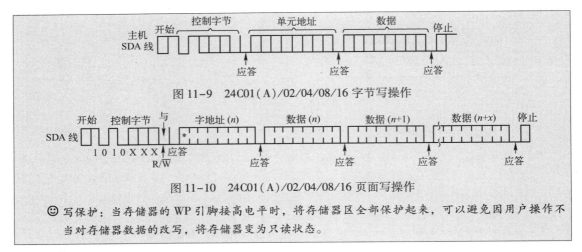

图 11-9　24C01（A）/02/04/08/16 字节写操作

图 11-10　24C01（A）/02/04/08/16 页面写操作

☺ 写保护：当存储器的 WP 引脚接高电平时，将存储器区全部保护起来，可以避免因用户操作不当对存储器数据的改写，将存储器变为只读状态。

 硬件设计

在桌面上双击图标 ，打开 Proteus 8 Professional 窗口。新建一个 DEFAULT 模板，添加表 11-3 所列的元器件，并完成如图 11-11 中所示的硬件电路图设计。

表 11-3　24C04 开启次数统计所用元器件

| 单片机 AT89C51 | 瓷片电容 CAP 22pF | 晶振 CRYSTAL 12MHz | 电解电容 CAP-ELEC |
|---|---|---|---|
| 电阻 RES | 电阻排 RESPACK−8 | 数码管 7SEG−MPX2−CA−BLUE | 按钮 BUTTON |
| 三极管 NPN | 存储器 24C04 A | | |

 程序设计

单片机每次开启时，首先从 24C04 中 0xa0 地址读出开启次数，并将该数据加 1 后，重新写入 0xa0 地址，同时 LED 数码管显示该数据。将数据加 1 前，应该判断当前值是否大于 10，若是，则将该数据清零；否则，继续加 1。LED 数码管显示数据时，也先判断当前值是否不小于 5，若是，则将 P2 端口送 0x00，短暂熄灭 LED 数码管，以实现 LED 数码管的闪烁显示。

源程序

```
/ **********************************************************
文件名:24c04 开机次数统计的设计 . c
单片机型号:STC89C51RC
晶振频率:12.0MHz
********************************************************** /
#include < reg52. h >
#include < intrins. h >
#define uint unsigned int
#define uchar unsigned char
sbit sda = P1^1 ;
sbit scl = P1^0 ;
uchar temp = 0 ;
uchar data_h,data_l;
uchar state;
const uchar tab[ ] = {0xc0,0xf9,0xa4,0xb0,0x99,
                0x92,0x82,0xf8,0x80,0x90 };
```

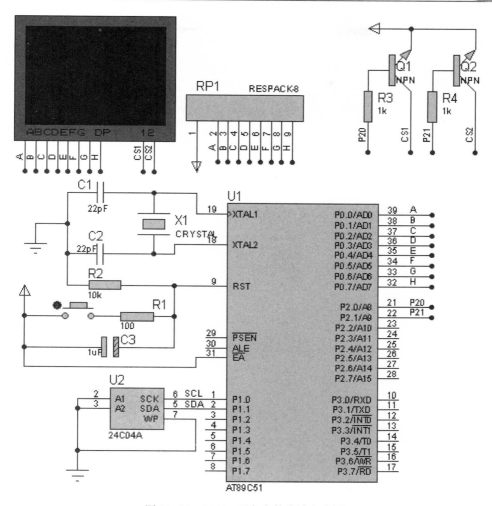

图 11-11　24C04 开启次数统计电路图

```
void delayic( uint i)
{
    uchar j;
    while( i -- )
    {
    for( j = 0 ; j < 120 ; j ++ );
    }
}
void delaym( uchar t)
{
    uchar i;
    for( i = 0 ; i < t ; i ++ );
}
void Start_I2c( )              //启动 I²C 总线,即发送 I²C 起始条件
{
    sda = 1;                    //发送起始条件的数据信号
    _nop_( );
    scl = 1;
    _nop_( );                   //起始条件建立时间大于 4.7μs,延时
    _nop_( );
```

```c
    _nop_();
    _nop_();
    _nop_();
    sda = 0;                    //发送起始信号
    _nop_();                    //起始条件锁定时间大于4μs
    _nop_();
    _nop_();
    _nop_();
    _nop_();
    scl = 0;                    //钳住I²C总线,准备发送或接收数据
    _nop_();
    _nop_();
}
void Stop_I2c()                 //结束I²C总线,即发送I²C结束条件
{
    sda = 0;                    //发送结束条件的数据信号
    _nop_();                    //发送结束条件的时钟信号
    scl = 1;                    //结束条件建立时间大于4μs
    _nop_();
    _nop_();
    _nop_();
    _nop_();
    _nop_();
    sda = 1;                    //发送I²C总线结束信号
    _nop_();
    _nop_();
    _nop_();
    _nop_();
}
void cack(void)                 //应答
{
    sda = 0;
    _nop_();
    _nop_();
    _nop_();
    scl = 1;                    //时钟低电平周期大于4μs
    _nop_();
    _nop_();
    _nop_();
    _nop_();
    _nop_();
    scl = 0;                    //清时钟线,钳住I²C总线,以便继续接收
    _nop_();
    _nop_();
}
void mnack(void)                //非应答
{
    sda = 1;
    _nop_();
    _nop_();
    _nop_();
    scl = 1;                    //时钟低电平周期大于4μs
    _nop_();
    _nop_();
    _nop_();
    _nop_();
```

```
        _nop_( );
        scl = 0;                //清时钟线,钳住 I²C 总线,以便继续接收
        sda = 0;
        _nop_( );
        _nop_( );
}
void wrbyt( uchar date)      //写一字节
{
        uchar i,j;
        j = 0x80;
        for( i = 0;i < 8;i ++ )
        {
             if( ( date&j) ==0)
             {
                  sda = 0;
                  scl = 1;
                  delaym(1);
                  scl = 0;
             }
             else
             {
                  sda = 1;
                  scl = 1;
                  delaym(1);
                  scl = 0;
                  sda = 0;
             }
             j = j >> 1;
        }
}
uchar rdbyt( void)           //读一字节
{
        uchar a,c;
        scl = 0;
        delaym(1);
        sda = 1;
        delaym(1);
        for( c = 0;c < 8;c ++ )
        {
             scl = 1;
             delaym(1);
             a = ( a << 1) |sda;
             scl = 0;
             delaym(1);
        }
        return a;
}
void read_data( )            //数据读出
{
        Start_I2c( );
        wrbyt(0xa0);
        cack( );
        wrbyt(1);
        cack( );
        Start_I2c( );
        wrbyt(0xa1);
```

```
        cack();
        temp = rdbyt();          //数据读出后送显示
        mnack();
        Stop_I2c();
        delayic(50);
}

void write_data()               //写入一数据
{
        if( temp <= 10)         //如果不大于10,数据写入到 E²PROM 中
        {
            state = temp;
            state ++ ;           ///每次通电后加1后写入
            Start_I2c();
            wrbyt(0xa0);
            cack();
            wrbyt(1);
            cack();
            wrbyt(state);
            cack();
            Stop_I2c();
            delayic(50);
        }
        else
        {
            temp = 0;
            state = temp;
            Start_I2c();
            wrbyt(0xa0);
            cack();
            wrbyt(1);
            cack();
            wrbyt(state);
            cack();
            Stop_I2c();
            delayic(50);
        }
}

void dispaly(uchar count)
{
        uchar num;
        num = count;
        if( num > = 5)
        {
            P2 = 0x00;
            delayic(400);
        }
        data_l = num% 10;
        data_h = num/10;
        P2 = 0x01;
        P0 = tab[ data_h];
        delayic(10);
        P2 = 0x02;
        P0 = tab[ data_l];
```

```
        delayic(10);
    }
void main()
{
    read_data();
    write_data();
    while(1)
    {
        dispaly(temp);
    }
}
```

**调试与仿真**

首先在 Keil 中创建项目，输入源代码并生成 Debug. OMF 文件，然后在 Proteus 8 Professional 中打开已创建的 24C04 开启次数统计电路图并进行相应设置，以实现 Keil 与 Proteus 的联机调试。单击 Proteus 8 Professional 模拟调试按钮的运行按钮 ▶，进入调试状态，其运行仿真效果图如图 11-12 所示。再单击按钮 ■，然后再单击按钮 ▶，LED 显示的次

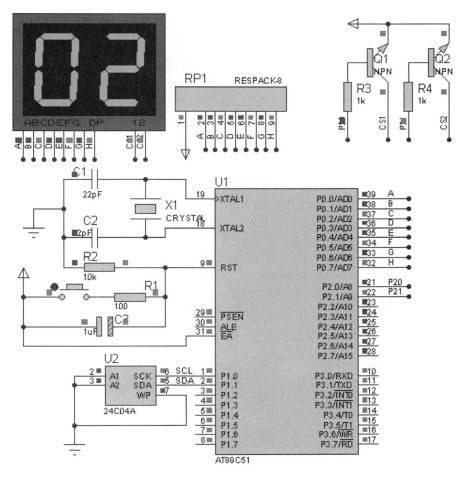

图 11-12　24C04 开启次数统计仿真效果图

数为上次次数加 1。当显示到 5 次后，单击按钮 ■，再单击按钮 ▶ 时，LED 闪烁显示次数。当显示达到 10 次后，单击按钮 ■，再单击按钮 ▶ 时，LED 显示为 0，重新开始计数。

　　在仿真前，若添加 I²C 调试器，可监视 24C04 中的内容。单击 Proteus 8 Professional 的工具箱中的 ☎ 图标，并选择 "I2C DEBUGGER"，即可添加 I²C 调试器。然后将 I²C 调试器 SDA 与 24C04 的 SDA 连接，SCL 与 SCK 连接，TRIG 与地连接。单击按钮 ▶，将弹出 I²C 调试器工作界面，如图 11-13 所示。从图中可以看出，在 I²C 主调试窗口中显示的数字与 LED 数码管显示的数据相同。

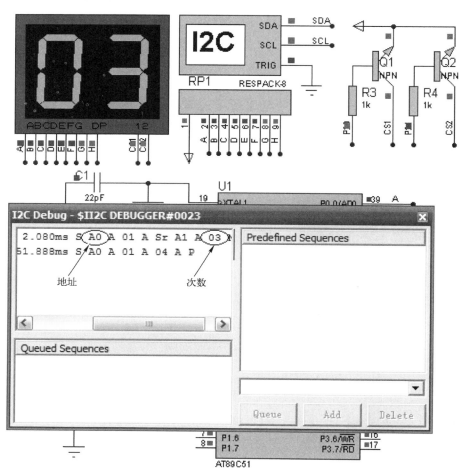

图 11-13　有 I²C 调试监视器的仿真效果图

 # 任务 2　PCF8574 串行总线扩展

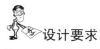设计要求

　　使用 PCF8574 进行串行总线扩展，要求单片机的 LCD 显示数据由 PCF8574 控制输出。

【PCF8574 基础知识】

PCF8574 为 COMS 器件，它通过两条双向总线（I²C）可使大多数单片机实现远程 I/O 口扩展。该器件包含一个 8 位准双向口和一个 I²C 总线接口。PCF8574 电流消耗很低，且输出端口具有大电流驱动能力，可直接驱动 LED。它还带有一条中断接口线（$\overline{INT}$），可与单片机的中断逻辑相连。通过 $\overline{INT}$ 发送中断信号，远程 I/O 接口不必经过 I²C 总线通信就可通知单片机是否有数据从端口输入。

**1）PCF8574 封装形式及引脚功能**　PCF8574 通常采用 DIL16、SO16、SSOP20 这 3 种封装形式，采用 SO16 封装形式的引脚配置如图 11-14 所示。

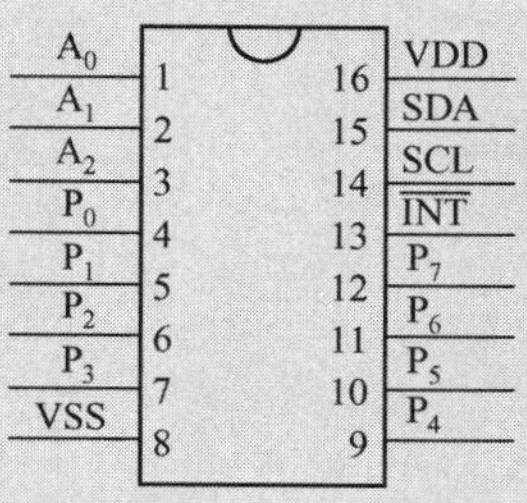

☺ $A_0$、$A_1$、$A_2$：片选或选择地址输入。

☺ $P_0 \sim P_7$：准双向 I/O 口 1~7。

☺ VSS：地线。

☺ $\overline{INT}$：中断输入，低电平有效。

☺ SCL：串行时钟输入端，用于输入/输出数据的同步。在其上升沿处，串行写入数据；在下降沿处，串行读取数据。

☺ SDA：串行数据/地址 I/O 端口，用于串行数据的输入/输出。这个引脚是漏极开路驱动的，可以与任何数量的漏极开路或集电极开路器件"线或"连接。

☺ VDD：电源电压，接 +5V。

图 11-14　PCF8574 SO16 封装形式

**2）PCF8574 内部结构**　PCF8574 的内部结构如图 11-15 所示，它主要由准双向 I/O 端口、低通滤波器、中断逻辑、输入滤波器、I²C 总线控制器、移位寄存器等部分组成。

**3）准双向 I/O 端口**　PCF8574 的准双向 I/O 端口可用做输入和输出而不需要通过控制寄存器定义数据的方向。该模式中只有 VDD 提供的电流有效，上电时，I/O 端口为高电平。在大负载输出时，提供额外的强上拉，以使电平迅速上升。当输出写为高电平时，打开强上拉，在 SCL 的下降沿关闭上拉。I/O 端口用做输入端口前，I/O 应当为高电平。

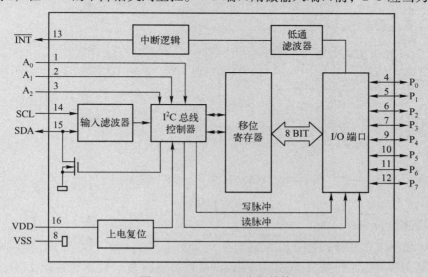

图 11-15　PCF8574 内部结构

 **硬件设计**

在桌面上双击图标 ，打开 Proteus 8 Professional 窗口。新建一个 DEFAULT 模板，添加表 11-4 所列的元器件，并完成如图 11-16 中所示的硬件电路图设计。

**表 11-4　PCF8574 串行总线扩展所用元器件**

| 单片机 AT89C51 | 瓷片电容 CAP 22pF | 晶振 CRYSTAL 12MHz | 电解电容 CAP-ELEC |
| --- | --- | --- | --- |
| 电阻 RES | 可调电阻 POT－HG | I²C 串行总线扩展 PCF8574 | 按钮 BUTTON |
| LCD 液晶 LMO16L | | | |

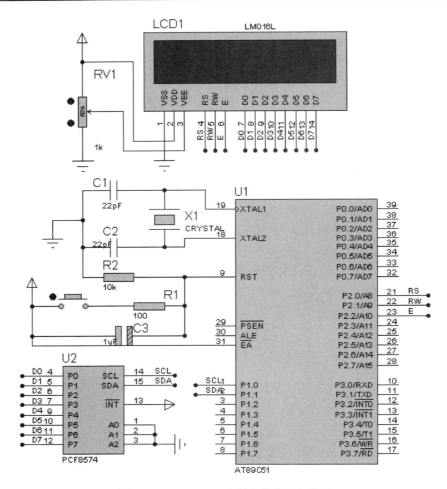

图 11-16　PCF8574 串行总线扩展电路图

 **程序设计**

PCF8574 属于 I²C 总线器件，由 SCL 和 SDA 两根总线构成，要根据 I²C 总线工作时序进行数据的发送与接收。由于在本任务中 PCF8574 只负责将显示数据传送给 LCD，因此在系统中它是被控接收器，只存在单片机向其发送数据的单向过程。PCF8574 向 LCD 发送显示数据时，首先启动 I²C 总线，再写入器件地址，然后等待应答信号。接收到应答信号后，将

显示数据发送，然后等待该数据发送完毕。一旦数据发送完毕，则停止 I²C 总线。

**源程序**

```c
/ ***********************************************
文件名:PCF8574 串口扩展 . c
单片机型号:STC89C51RC
晶振频率:12.0MHz
LCD1602 第 1 行显示"MCU:stc89c51RC";第 2 行显示"Software:keil4"
 *********************************************** /
#include < reg52. h >
#include < intrins. h >
#define uint unsigned int
#define uchar unsigned char
sbit sda = P1^1;
sbit scl = P1^0;
sbit rs = P2^0;
sbit rw = P2^1;
sbit ep = P2^2;
uchar code dis1[ ] = {"MCU:stc89c51RC"};
uchar code dis2[ ] = {"Software:keil4"};
void delayms( uchar ms)                         //延时子程序
{
   uchar i;
     while( ms -- )
     {
         for( i = 0;i < 120;i ++ );
     }
}
void delay( )
{;;}
void init( )                          //PCF8574 程序初始化
{
    sda = 1;
    delay( );
    scl = 1;
    delay( );
}
void start( )                        //I²C 开始条件,启动 PCF8574
{
    sda = 1;                          //发送起始条件的数据信号
    _nop_( );
    scl = 1;
    _nop_( );                         //起始条件建立时间大于4.7μs,延时
    _nop_( );
    _nop_( );
    _nop_( );
    _nop_( );
    sda = 0;                          //发送起始信号
    _nop_( );                         //起始条件建立时间大于4.7μs,延时
    _nop_( );
    _nop_( );
    _nop_( );
    _nop_( );
    scl = 0;                          //钳住 I²C 总线,准备发送或接收数据
    _nop_( );
```

```
        _nop_();
    }
    void stop()                               //I²C 停止,PCF8574 发送结束
    {
        sda = 0;                              //发送结束条件的数据信号
        _nop_();                              //发送结束条件的时钟信号
        scl = 1;                              //结束条件建立时间大于 4μs
        _nop_();
        _nop_();
        _nop_();
        _nop_();
        _nop_();
        sda = 1;                              //发送 I²C 总线结束信号
        _nop_();
        _nop_();
        _nop_();
        _nop_();
    }
    void respons()                            //应答
    {
        sda = 0;
        _nop_();
        _nop_();
        _nop_();
        scl = 1;                              //时钟低电平周期大于 4μs
        _nop_();
        _nop_();
        _nop_();
        _nop_();
        _nop_();
        scl = 0;                              //清时钟线,钳住 I²C 总线,以便继续接收
        _nop_();
        _nop_();
    }
    void write_byte(uchar date)               //写操作
    {
        uchar i;
        for(i = 0; i < 8; i ++)               //要传送的数据长度为 8 位
        {
            date <<= 1;
            scl = 0;
            delay();
            sda = CY;
            delay();
            scl = 1;
            delay();
        }
        scl = 0;
        delay();
        sda = 1;
        delay();                              //释放总线
    }
    void write_pcf8574(uchar add, uchar date) //写入 PCF8574 一字节数据
    {
        start();                              //开始信号
        write_byte(add);                      //写入器件地址 RW 为 0
```

```
    respons( ) ;                        //应答信号
    write_byte( date) ;                 //写入数据
    respons( ) ;                        //应答信号
    stop( ) ;                           //停止信号
}
uchar Busy_Check( void )                //测试 LCD 忙碌状态
{
    uchar LCD_Status;
    rs = 0 ;
    rw = 1 ;
    ep = 1 ;
    _nop_( ) ;
    _nop_( ) ;
    _nop_( ) ;
    _nop_( ) ;
    LCD_Status = P0&0x80 ;
    ep = 0 ;
    return LCD_Status;
}
void lcd_wcmd( uchar cmd)               //写入指令数据到 LCD
{
    while( Busy_Check( ) ) ;            //等待 LCD 空闲
    rs = 0 ;
    rw = 0 ;
    ep = 0 ;
    _nop_( ) ;
    _nop_( ) ;
    write_pcf8574(0x40 , cmd) ;
    _nop_( ) ;
    _nop_( ) ;
    _nop_( ) ;
    _nop_( ) ;
    ep = 1 ;
    _nop_( ) ;
    _nop_( ) ;
    _nop_( ) ;
    _nop_( ) ;
    ep = 0 ;
}
void lcd_pos( uchar pos)                //设定显示位置
{
    lcd_wcmd( pos|0x80) ;               //设置 LCD 当前光标的位置
}
void lcd_wdat( uchar dat)               //写入字符显示数据到 LCD
{
    while( Busy_Check( ) ) ;            //等待 LCD 空闲
    rs = 1 ;
    rw = 0 ;
    ep = 0 ;
    write_pcf8574(0x40 , dat) ;
    _nop_( ) ;
    _nop_( ) ;
    _nop_( ) ;
    _nop_( ) ;
    ep = 1 ;
    _nop_( ) ;
```

```
        _nop_();
        _nop_();
        _nop_();
        ep = 0;
    }
    void LCD_disp(void)
    {
        uchar i;
        lcd_pos(1);                          //设置显示位置为第 1 行的第 2 个字符
        i = 0;
        while(dis1[i] != '\0')
        {
            lcd_wdat(dis1[i]);               //在第 1 行显示字符串"MCU:stc89c51RC"
            i++;
        }
        lcd_pos(0x41);                       //设置显示位置为第 2 行第 2 个字符
        i = 0;
        while(dis2[i] != '\0')
        {
            lcd_wdat(dis2[i]);               //在第 2 行显示字符串"Software:keil4"
            i++;
        }
    }
    void lcd_init(void)                      //LCD 初始化设定
    {
        lcd_wcmd(0x38);                      //设置显示格式为:16*2 行显示,5*7 点阵,8 位数据接口
        delayms(1);
        lcd_wcmd(0x0c);                      //0x0f -- 显示开关设置,显示光标并闪烁
        delayms(1);
        lcd_wcmd(0x06);                      //0x06 -- 读写后指针加 1
        delayms(1);
        lcd_wcmd(0x01);                      //清除 LCD 的显示内容
        delayms(1);
    }
    void main()
    {
        init();
        lcd_init();                          //初始化 LCD
        delayms(10);
        LCD_disp();
        while(1)
        {;}
    }
```

### 调试与仿真

　　首先在 Keil 中创建项目，输入源代码并生成 Debug. OMF 文件，然后在 Proteus 8 Professional 中打开已创建的 PCF8574 串行总线扩展电路图并进行相应设置，以实现 Keil 与 Proteus 的联机调试。单击 Proteus 8 Professional 模拟调试按钮的运行按钮 ▶ ，进入调试状态。在调试状态下，LCD 第 1 行显示 "MCU：stc89c51RC"，第 2 行显示 "Software：keil4"，其仿真效果图如图 11-17 所示。

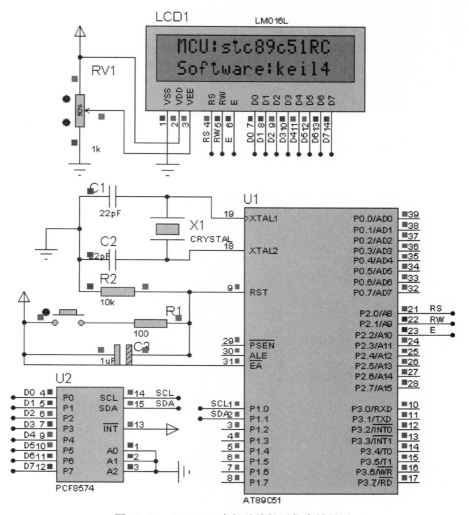

图 11-17 PCF8574 串行总线扩展仿真效果图

## 任务 3 MAX7219 控制数码管动态显示

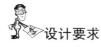设计要求

使用 MAX7219 串行驱动 8 位共阴极 LED 数码管，动态显示为"12518623"。

【MAX7219 基础知识】

在单片机应用系统中，通常需要 LED 显示器对系统的状态进行观察。一般情况下，LED 显示器的显示方式有静态显示和动态显示两种。不管是静态显示还是动态显示，单片机都工作在并行 I/O 端口状态或存储器方式中，需要占用比较多的 I/O 端口线。如果采用 MAX7219 作为 LED 显示器的接口电路，则只需占用单片机的 3 根线即可串行实现 8 位 LED 的显示驱动和控制。

MAX7219 是美国 MAXIM（美信）公司生产的串行 I/O 共阴极显示驱动器。采用 3 线制串行接口技术进行数据的传送，可直接与单片机连接，用户能方便地修改内部参数实现多位 LED 显示器的显示。MAX7219 片内含有硬件动态扫描显示控制，每个芯片可驱动 8 个 LED 显示器。

**1）MAX7219 外部封装及引脚功能** MAX7219 是七段共阴极 LED 显示器的驱动器，采用 24 引脚的 DIP 和 SO 两种封装形式，其外形封装如图 11-18 所示。

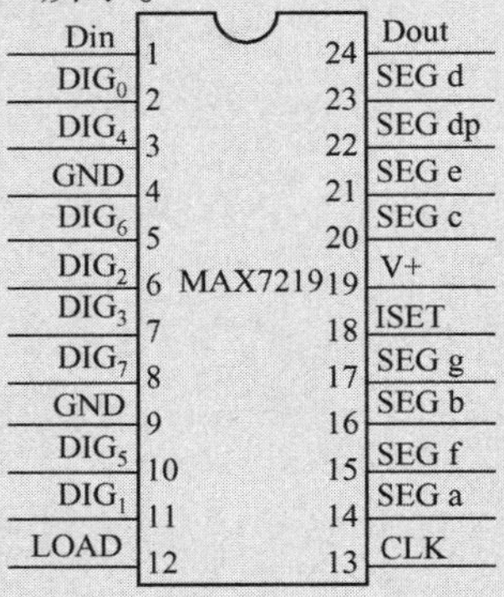

MAX7219 LED 驱动器各引脚功能如下所述

☺ Din：串行数据输入端。在 CLK 的上升沿，数据被锁入 16 位内部移位寄存器中。

☺ DIG$_0$～DIG$_7$：8 位数码管驱动线，输出位选信号，从数码管的共阴极吸收电流。

☺ GND：地线。

☺ LOAD：装载数据控制端。在 LOAD 的上升沿，最后送入的 16 位串行数据被锁存到移位寄存器中。

☺ CLK：串行时钟输入端。最高输入频率为 10MHz，在 CLK 的上升沿，数据被送入内部移位寄存器；在 CLK 的下降沿，数据 Dout 端输出。

图 11-18 MAX7219 外形封装

☺ SEG a～SEG g：LED 七段显示器段驱动端，用于驱动当前 LED 段码。

☺ SEG dp：小数点驱动端。

☺ ISET：LED 段峰值电流设置端。ISET 端通过一个电阻与电源 V+ 相连，调节电阻值，改变 LED 段提供峰值电流。

☺ V+：+5V 电源。

☺ Dout：串行数据输出端。进入 Din 的数据在 16.5 个时钟后送到 Dout 端，Dout 在级联时传送到下一个 MAX7219 的 Din 端。

**2）MAX7219 内部结构** MAX7219 的内部结构如图 11-19 所示。主要由段驱动器、段电流基准、二进制 ROM、数位驱动器、5 个控制寄存器、16 位移位寄存器、8×8 双端口 SRAM、地址寄存器和译码器、亮度脉宽调制器、多路扫描电路等部分组成。

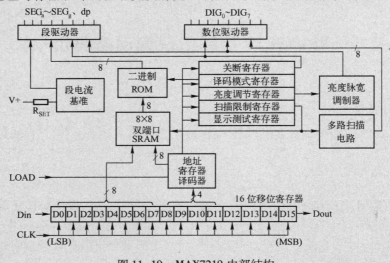

图 11-19 MAX7219 内部结构

数位驱动器用于选择某位 LED 显示。串行数据以 16 位数据包的形式从 Din 引脚输入，在 CLK 的每个上升沿处，不管 LOAD 引脚的工作状态如何，数据逐位地串行送入片内 16 位移位寄存器中。在第 16 个 CLK 上升沿出现的同时或之后，在下一个 CLK 上升沿之前，LOAD 必须变为高电平，否则移入移位寄存器的数据将会被丢失。这 16 位数据包见表 11-5。从表中可以看出，D15 ～ D12 为无关位，取任意值，通常全为"1"，D11 ～ D8 为 4 位地址，D7 ～ D0 为 5 个控制寄存的命令字或 8 位 LED 待显示的数据位，在 8 位数据中 D7 为最高位，D0 为最低位。一般情况下，程序先送控制命令，再送数据到显示寄存器，但必须每 16 位为一组，从最高位开始送数据，一直送到最低位为止。

表 11-5　16 位数据包格式

| D15 | D14 | D13 | D12 | D11 | D10 | D9 | D8 | D7 | D6 | D5 | D4 | D3 | D2 | D1 | D0 |
|-----|-----|-----|-----|-----|-----|----|----|----|----|----|----|----|----|----|----|
| × | × | × | × | 地　　　址 | | | | MSB | | 数　　　据 | | | | | LSB |

通过对 D11 ～ D8 中 4 位地址译码，可寻址 14 个内部寄存器，即 8 个数位寄存器、5 个控制寄存器及 1 个空操作寄存器。14 个内部寄存器地址见表 11-6。空操作寄存器主要用于多个 MAX7219 级联，允许数据通过而不对当前 MAX7219 产生影响。

表 11-6　14 个内部寄存器地址

| 寄　存　器 | 地　　　址 | | | | | 十六进制代码 |
|-----------|-----------|-----|-----|-----|-----|-------------|
| | D15～D12 | D11 | D10 | D9 | D8 | |
| 空操作 | × | 0 | 0 | 0 | 0 | X0 |
| DIG$_0$ | × | 0 | 0 | 0 | 1 | X1 |
| DIG$_1$ | × | 0 | 0 | 1 | 0 | X2 |
| DIG$_2$ | × | 0 | 0 | 1 | 1 | X3 |
| DIG$_3$ | × | 0 | 1 | 0 | 0 | X4 |
| DIG$_4$ | × | 0 | 1 | 0 | 1 | X5 |
| DIG$_5$ | × | 0 | 1 | 1 | 0 | X6 |
| DIG$_6$ | × | 0 | 1 | 1 | 1 | X7 |
| DIG$_7$ | × | 1 | 0 | 0 | 0 | X8 |
| 译码模式 | × | 1 | 0 | 0 | 1 | X9 |
| 亮度调节 | × | 1 | 0 | 1 | 0 | XA |
| 扫描限制 | × | 1 | 0 | 1 | 1 | XB |
| 关断模式 | × | 1 | 1 | 0 | 0 | XC |
| 显示测试 | × | 1 | 1 | 1 | 1 | XF |

5 个控制寄存器分别是译码模式寄存器、亮度调节寄存器、扫描限制寄存器、关断模式寄存器和显示测试寄存器。在使用 MAX7219 时，首先必须对 5 个控制寄存器进行初始化。5 个控制寄存器的设置含义如下所述。

☺ 译码模式选择寄存器（地址：0xX9）：决定数位驱动器的译码方式，共有 4 种译码模式选择。每一位对应一个数位。其中，"1"代表 B 码方式；"0"表示不译方式。驱动 LED 数码管时，应将数位驱动器设置为 B 码方式。一般情况下，应将数据位置为全"0"，即选择"全非译码方式"，在此方式下，8 个数据位分别对应 7 个段和小数点。

◇ 当选择译码模式时，译码器只对数据的低 4 位进行译码（D3～D0），D4～D6 为无效位。D7 位用于设置小数点，不受译码器的控制且为高电平。表 11-7 所列为 B 型译码的格式。

**表 11-7　B 型译码格式**

| 字符代码 | 寄存器数据 | | | | | | 段码 | | | | | | |
| --- | --- | --- | --- | --- | --- | --- | --- | --- | --- | --- | --- | --- | --- |
| | D7 | D6～D4 | D3 | D2 | D1 | D0 | DP | G | F | E | D | C | B | A |
| 0 | | × | 0 | 0 | 0 | 0 | 1 | 1 | 1 | 1 | 1 | 1 | 1 | 0 |
| 1 | | × | 0 | 0 | 0 | 1 | 1 | 0 | 1 | 1 | 0 | 0 | 0 | 0 |
| 2 | | × | 0 | 0 | 1 | 0 | 1 | 1 | 1 | 0 | 1 | 1 | 0 | 1 |
| 3 | | × | 0 | 0 | 1 | 1 | 1 | 1 | 1 | 1 | 1 | 0 | 0 | 1 |
| 4 | | × | 0 | 1 | 0 | 0 | 1 | 0 | 1 | 1 | 0 | 0 | 1 | 1 |
| 5 | | × | 0 | 1 | 0 | 1 | 1 | 1 | 0 | 1 | 1 | 0 | 1 | 1 |
| 6 | | × | 0 | 1 | 1 | 0 | 1 | 1 | 0 | 1 | 1 | 1 | 1 | 1 |
| 7 | | × | 0 | 1 | 1 | 1 | 1 | 1 | 1 | 1 | 0 | 0 | 0 | 0 |
| 8 | | × | 1 | 0 | 0 | 0 | 1 | 1 | 1 | 1 | 1 | 1 | 1 | 1 |
| 9 | | × | 1 | 0 | 0 | 1 | 1 | 1 | 1 | 1 | 1 | 0 | 1 | 1 |
| — | | × | 1 | 0 | 1 | 0 | 1 | 0 | 0 | 0 | 0 | 0 | 0 | 1 |
| E | | × | 1 | 0 | 1 | 1 | 1 | 1 | 0 | 0 | 1 | 1 | 1 | 1 |
| H | | × | 1 | 1 | 0 | 0 | 1 | 0 | 1 | 1 | 0 | 1 | 1 | 1 |
| L | | × | 1 | 1 | 0 | 1 | 1 | 0 | 0 | 0 | 1 | 1 | 1 | 0 |
| P | | × | 1 | 1 | 1 | 0 | 1 | 1 | 1 | 0 | 0 | 1 | 1 | 1 |
| blank | | × | 1 | 1 | 1 | 1 | 0 | 0 | 0 | 0 | 0 | 0 | 0 | 0 |

◇ 当选择不译码时，数据的 8 位与 MAX7219 的各段线上的信号一致。表 11-8 列出了数字对应的段码位。

**表 11-8　每个数字对应的段码位**

| （段码示意图：g 上，b a f 中，c e dp，d 下） | 寄存器数据 | | | | | | | |
| --- | --- | --- | --- | --- | --- | --- | --- | --- |
| | D7 | D6 | D5 | D4 | D3 | D2 | D1 | D0 |
| | DP | g | f | e | d | c | b | a |

◇ 亮度调节寄存器（地址：×A）：用于 LED 数码管显示亮度强弱的设置。利用其 D3～D0 位控制内部亮度脉宽调制器 DAC 的占空比来控制 LED 段电流的平均值，实现 LED 的亮度控制。D3～D0 取值范围为 0000～1111，对应电流的占空比则从 1/32、3/32 变化到 31/32，共 16 级，D3～D0 的值越大，LED 显示越亮。而亮度控制寄存器中的其他各位未使用，可置任意值。亮度调节寄存器的设置格式见表 11-9。

**表 11-9 亮度调节寄存器中的设置格式**

| 占空比 | D7 | D6 | D5 | D4 | D3 | D2 | D1 | D0 | 十六进制代码 |
|---|---|---|---|---|---|---|---|---|---|
| 1/32 | × | × | × | × | 0 | 0 | 0 | 0 | 0xX0 |
| 3/32 | × | × | × | × | 0 | 0 | 0 | 1 | 0xX1 |
| 5/32 | × | × | × | × | 0 | 0 | 1 | 0 | 0xX2 |
| 7/32 | × | × | × | × | 0 | 0 | 1 | 1 | 0xX3 |
| 9/32 | × | × | × | × | 0 | 1 | 0 | 0 | 0xX4 |
| 11/32 | × | × | × | × | 0 | 1 | 0 | 1 | 0xX5 |
| 13/32 | × | × | × | × | 0 | 1 | 1 | 0 | 0xX6 |
| 15/32 | × | × | × | × | 0 | 1 | 1 | 1 | 0xX7 |
| 17/32 | × | × | × | × | 1 | 0 | 0 | 0 | 0xX8 |
| 19/32 | × | × | × | × | 1 | 0 | 0 | 1 | 0xX9 |
| 21/32 | × | × | × | × | 1 | 0 | 1 | 0 | 0xXA |
| 23/32 | × | × | × | × | 1 | 0 | 1 | 1 | 0xXB |
| 25/32 | × | × | × | × | 1 | 1 | 0 | 0 | 0xXC |
| 27/32 | × | × | × | × | 1 | 1 | 0 | 1 | 0xXD |
| 29/32 | × | × | × | × | 1 | 1 | 1 | 0 | 0xXE |
| 31/32 | × | × | × | × | 1 | 1 | 1 | 1 | 0xXF |

◇ 扫描限制寄存器（地址：×B）：用于设置显示数码管的个数（1～8）。该寄存器的 D2～D0（低 3 位）指定要扫描的位数，D7～D3 无关，支持 0～7 位，各数位均以 1.3kHz 的扫描频率被分路驱动。当 D2～D0 = 111 时，可接 8 个数码管。扫描限制寄存器的设置格式见表 11-10 所示。

**表 11-10 扫描限制寄存器的设置格式**

| 扫描 LED 位数 | D7 | D6 | D5 | D4 | D3 | D2 | D1 | D0 | 十六进制代码 |
|---|---|---|---|---|---|---|---|---|---|
| 只扫描 0 位 | × | × | × | × | × | 0 | 0 | 0 | 0xX0 |
| 扫描 0 或 1 位 | × | × | × | × | × | 0 | 0 | 1 | 0xX1 |
| 扫描 0, 1, 2 位 | × | × | × | × | × | 0 | 1 | 0 | 0xX2 |
| 扫描 0, 1, 2, 3 位 | × | × | × | × | × | 0 | 1 | 1 | 0xX3 |
| 扫描 0, 1, 2, 3, 4 位 | × | × | × | × | × | 1 | 0 | 0 | 0xX4 |
| 扫描 0, 1, 2, 3, 4, 5 位 | × | × | × | × | × | 1 | 0 | 1 | 0xX5 |
| 扫描 0, 1, 2, 3, 4, 5, 6 位 | × | × | × | × | × | 1 | 1 | 0 | 0xX6 |
| 扫描 0, 1, 2, 3, 4, 5, 6, 7 位 | × | × | × | × | × | 1 | 1 | 1 | 0xX7 |

☺ 关断模式寄存器（地址：×C）：用于关断所有显示器。有两种选择模式：D0 = 0，关断所有显示器，但不会消除各寄存器中保持的数据；D0 = 1，正常工作状态。剩下各位未使用，可取任意值。通常情况下选择正常操作状态。

☺ 显示测试寄存器（地址：×F）：用于检测外接 LED 数码管是工作在测试状态还是正常操作状态。D0 = 0，LED 处于正常工作状态；D0 = 1，LED 处于显示测试状态，所有 8 位 LED 各位全亮，电流占空比为 31/32。D7～D1 位未使用，可任意取值。一般情况下选择正常工作状态。

**3）工作时序** MAX7219 工作时序如图 11-20 所示。从图中可以看出，在 CLK 的每个上升沿处，都有一位数据从 Din 端输入，加载到 16 位移位寄存器中。在 LOAD 的上升沿处，输入的 16 位串行数据被锁存到数位或控制寄存器中。LOAD 必须在第 16 个 CLK 上升沿出现的同时或在下一个 CLK 上升沿之前变为高电平，否则移入移位寄存器的数据将会被丢失。

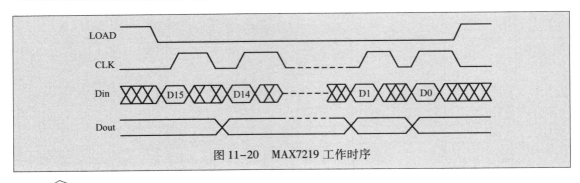

图 11-20　MAX7219 工作时序

　**硬件设计**

在桌面上双击图标 💿 ，打开 Proteus 8 Professional 窗口。新建一个 DEFAULT 模板，添加表 11-11 所列的元器件，并完成如图 11-21 中所示的硬件电路图设计。

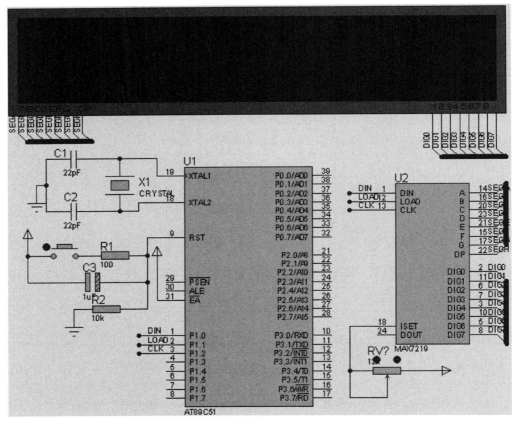

图 11-21　MAX7219 控制数码管动态显示电路图

**表 11-11　MAX7219 控制数码管动态显示所用元器件**

| 单片机 AT89C51 | 瓷片电容 CAP 22pF | 晶振 CRYSTAL 12MHz | 电解电容 CAP-ELEC |
|---|---|---|---|
| 电阻 RES | 可调电阻 POT – HG | 数码管 7SEG – MPX8 – CC – BLUE | LED 驱动 MAX7219 |
| 按钮 BUTTON | | | |

程序设计

无论是 MAX7219 的初始化，还是 8 个七段数码管的显示，均要对数据进行写入。16 位数据包分成两个 8 位的字节进行传送，第 1 字节是地址，第 2 字节是数据。在这 16 位数据包中，D15 ～ D12 可以任意写，在此均置为"1"；D11 ～ D8 决定所选通的内部寄存器地址；D7 ～ D0 为待显示数据，8 个 LED 显示器的显示内容在 tab 中。

源程序

```c
/ **********************************************
文件名:MAX7219 控制数码管动态显示 . c
单片机型号:STC89C51RC
晶振频率:12. 0MHz
 ********************************************** /
#include < reg52. h >
#include < intrins. h >
#define uchar unsigned char
#define uint unsigned int
sbit din = P1^0;          //数据串行输入端
sbit cs = P1^1;           //数据输入允许端
sbit clk = P1^2;          //时钟信号
uchar dig;
uchar tab[10] = {0x30,0x6d,0x5b,0x30,0x7f,0x5f,0x6d,0x79};//表示不译方式 12518623
//{0x7e,0x30,0x6d,0x79,0x33,0x5b,0x5f,0x70,0x7f,0x7b};   //表示不译方式 0 ～9
//B 码方式数字 0 ～9 时,uchar tab[10] = {0,1,2,3,4,05,6,7,8,9};
void write_7219(uchar add,uchar date)   //add 为接受 MAX7219 地址;date 为要写的数据
{
    uchar i;
    cs = 0;
    for(i = 0;i < 8;i ++ )
    {
        clk = 0;
        din = add&0x80;           //按照高位在前,低位在后的顺序发送
        add <<= 1;                //先发送地址
        clk = 1;
    }
    for(i = 0;i < 8;i ++ )         //时钟上升沿写入一位
    {
        clk = 0;
        din = date&0x80;
        date <<= 1;               //再发送数据
        clk = 1;
    }
    cs = 1;
}
void init_7219()
{
    write_7219(0x0c,0x01);        //0x0c 为关断模式寄存器;0x01 表示显示器处于工作状态
    write_7219(0x0a,0x0f);        //0x0a 为亮度调节寄存器;0x0f 使数码管显示亮度为最亮
    write_7219(0x09,0x00);
        //0x09 为译码模式选择寄存器;0x00 为非译码方式;0xff 选择为 8 位 BCD - B 译码模式
    write_7219(0x0b,0x07);        //0x0b 为扫描限制寄存器;0x07 表示可将 8 个 LED 数码管
}
void display(uchar * p)           //数码管 8 位显示 0 ～7
```

```
{
    uchar i;

    for(i = 0;i < 8;i ++ )
        {
            write_7219(i + 1, * (p + i));
        }
}
void main( )
{
    init_7219( );
    while(1)
        {
            display(tab);
        }
}
```

调试与仿真

　　首先在 Keil 中创建项目，输入源代码并生成 Debug.OMF 文件，然后在 Proteus 8 Professional 中打开已创建的 MAX7219 控制数码管动态显示电路图并进行相应设置，以实现 Keil 与 Proteus 的联机调试。单击 Proteus 8 Professional 模拟调试按钮的运行按钮 ▶，进入调试状态。在调试状态下，8 位共阴极 LED 数码显示 "12518623"，其仿真效果图如图 11-22 所示。

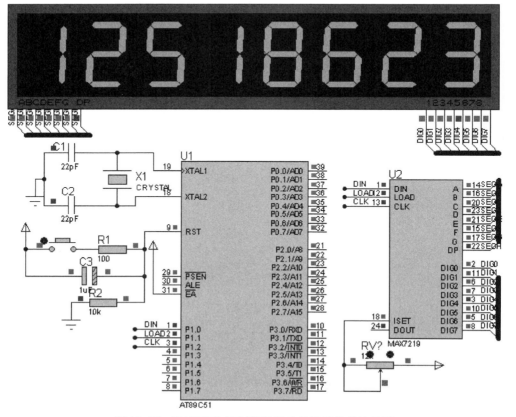

图 11-22　MAX7219 控制数码管动态显示仿真效果图

# 任务4 DS18B20 测温

设计要求

使用 DS18B20 作为温度传感器，MAX7219 作为 LED 数码管驱动，设计一个测温系统，要求测温范围为 $-55 \sim +128℃$。

【DS18B20 基础知识】

DS18B20 是 DALLAS 公司继 DS1820 后推出的一种改进型智能数字温度传感器。与传统热敏电阻相比，DS18B20 只需一根数据线就能直接读出被测温度，并可根据实际需求编程实现 9～12 位数字值的读数方式。

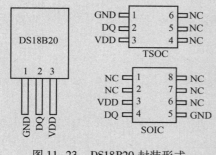

图 11-23 DS18B20 封装形式

**1）DS18B20 的外形及脚功能** DS18B20 有 3 种封装形式：采用 3 引脚 TO-92 的封装形式；采用 6 引脚的 TSOC 封装形式；采用 8 引脚的 SOIC 封装形式，如图 11-23 所示。DS18B20 芯片各引脚功能如下所述。

☺ GND：电源地。

☺ DQ：数字信号 I/O 端口。

☺ VDD：外接供电电源输入端。采用寄生电源方式时该引脚接地。

**2）DS18B20 的内部结构** DS18B20 的内部结构如图 11-24 所示。它主要由 64 位 ROM、温度传感器、非易失的温度报警触发器及高速缓存器 4 部分组成。

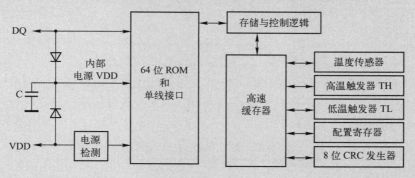

图 11-24 DS18B20 的内部结构

（1）64 位 ROM：64 位 ROM 是由厂家使用激光刻录的一个 64 位二进制 ROM 代码，是该芯片的标志号，如图 11-25 所示。

| 8 位循环冗余检验 | | 48 位序列号 | | 8 位分类编号 (10H) | |
|---|---|---|---|---|---|
| MSB | LSB | MSB | LSB | MSB | LSB |

图 11-25 64 位 ROM 结构

第 1 个 8 位表示产品分类编号，DS18B20 的分类号为 10H；紧随其后的是 48 号序列号，它是一个大于 $281 \times 10^{12}$ 的十进数编码，作为该芯片的唯一标志代码；最后 8 位是前 56 位的 CRC 循环冗余校验码（$CRC = X^8 + X^5 + X^4 + 1$）。由于每个芯片的 64 位 ROM 代码不同，因此在单总线上能够并挂多个 DS18B20 进行多点温度实时检测。

（2）温度传感器：温度传感器是 DS18B20 的核心部分，该功能部件可完成对温度的测量。通过软件编程可将 $-55 \sim 125℃$ 范围内的温度值按 9 位、10 位、11 位、12 位的分辨率进行量化，以上的分辨率都包括一个符号位，因此对应的温度量化值分别是 $0.5℃$、$0.25℃$、$0.125℃$、$0.0625℃$，即最高分辨率为 $0.0625℃$。芯片出厂时默认为 12 位的转换精度。当接收到温度转换命令（0x44）后，开始转换，转换完成后的温度以 16 位带符号扩展的二进制补码形式表示，存储在高速缓存器 RAM 的第 0 字节和第 1 字节中，二进制数的前 5 位是符号位。如果测得的温度大于 0，这 5 位为 0，只要将测到的数值乘以 0.0625 即可得到实际温度；如果温度小于 0，这 5 位为 1，测到的数值需要取反加 1 再乘以 0.0625 即可得到实际温度。

例如，+125℃ 的数字输出为 0x07D0，+25.0625℃ 的数字输出为 0x0191，−25.0625℃ 的数字输出为 0xFF6F，−55℃ 的数字输出为 0xFC90。

（3）高速缓存器：DS18B20 内部的高速缓存器包括一个高速暂存器 RAM 和一个非易失性可电擦除的 $E^2PROM$。非易失性可电擦除 $E^2PROM$ 用于存放高温触发器 TH、低温触发器 TL 和配置寄存器中的信息。

高速暂存器 RAM 是一个连续 8B 的存储器，前两个字节是测得的温度信息，第 1 个字节的内容是温度的低 8 位，第 2 个字节是温度的高 8 位。第 3 个和第 4 个字节是 TH、TL 的易失性备份，第 5 个字节是配置寄存器的易失性备份，以上字节的内容在每一次上电复位时被刷新。第 6、7、8 个字节暂时保留为 1。

（4）配置寄存器：配置寄存器的内容用于确定温度值的数字转换分辨率。DS18B20 工作时，按此寄存器的分辨率将温度转换为相应精度的数值，它是高速缓存器的第 5 个字节，该字节定义如下：

| TM | R0 | R1 | 1 | 1 | 1 | 1 | 1 |
|----|----|----|---|---|---|---|---|

TM 是测试模式位，用于设置 DS18B20 在工作模式还是在测试模式。在 DS18B20 出厂时，该位被设置为 0，用户不要去改动；R1 和 R0 用于设置分辨率；其余 5 位均固定为 1。DS18B20 分辨率的设置见表 11-12。

表 11-12　DS18B20 分辨率的设定

| R1 | R0 | 分辨率/bit | 最大转换时间/ms |
|----|----|-----------|----------------|
| 0 | 0 | 9 | 93.75 |
| 0 | 1 | 10 | 187.5 |
| 1 | 0 | 11 | 375 |
| 1 | 1 | 12 | 750 |

**3）DS18B20 测温原理**　　DS18B20 的测温原理如图 11-26 所示。从图中可以看出，它主要由斜率累加器、温度系数振荡器、减法计数器、温度寄存器等功能部分组成。斜率累加器用于补偿和修正测温过程中的非线性，其输出用于修正减法计数器的预置值；温度系数

振荡器用于产生减法计数脉冲信号，其中低温度系数的振荡频率受温度的影响很小，用于产生固定频率的脉冲信号送给减法计数器 1；高温度系数振荡器受温度的影响较大，随着温度的变化其振荡频率明显改变，产生的信号作为减法计数器 2 的脉冲输入。减法计数器是对脉冲信号进行减法计数；温度寄存器暂存温度数值。

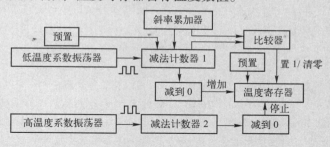

图 11-26  DS18B20 工作原理图

在图 11-26 中还隐含着计数门，当计数门打开时，DS18B20 就对低温度系数振荡器产生的时钟脉冲进行计数，从而完成温度测量。计数门的开启时间由高温度系数振荡器决定，每次测量前，首先将 −55℃ 所对应的基数分别置入减法计数器 1 和温度寄存器中，减法计数器 1 和温度寄存器被预置在 −55℃ 所对应的一个基数值。

减法计数器 1 对低温度系数振荡器产生的脉冲信号进行减法计数，当减法计数器 1 的预置值减到 0 时，温度寄存器的值将加 1。之后，减法计数器 1 的预置值将重新被装入，减法计数器 1 重新开始对低温度系数晶振产生的脉冲信号进行计数，如此循环，直到减法计数器 2 计数到 0 时，停止温度寄存器值的累加，此时温度寄存器中的数值即为所测温度值。斜率累加器不断补偿和修正测温过程中的非线性，只要计数门仍未关闭，就重复上述过程，直至温度寄存器值达到被测温度值。

由于 DS18B20 是单总线芯片，在系统中若有多个单总线芯片时，每个芯片的信息交换是分时完成的，均有严格的读/写时序要求。系统对 DS18B20 的操作协议为初始化 DS18B20（发复位脉冲）→发 ROM 功能命令→发存储器操作命令→处理数据。

### 4）DS18B20 的 ROM 命令

☺ Read ROM（读 ROM）：命令代码 0x33，允许主设备读出 DS18B20 的 64 位二进制 ROM 代码。该命令只适用于总线上存在单个 DS18B20 的情况。

☺ Match ROM（匹配 ROM）：命令代码 0x55，若总线上有多个从设备时，使用该命令可选中某一指定的 DS18B20，即只有和 64 位二进制 ROM 代码完全匹配的 DS18B20 才能响应其操作。

☺ Skip ROM（跳过 ROM）：命令代码 0xCC，在启动所有 DS18B20 转换前或系统只有一个 DS18B20 时，该命令将允许主设备不提供 64 位二进制 ROM 代码就使用存储器操作命令。

☺ Search ROM（搜索 ROM）：命令代码 0xF0，当系统初次启动时，主设备可能不知道总线上有多少个从设备或它们的 ROM 代码，使用该命令可确定系统中的从设备个数及其 ROM 代码。

☺ Alarm ROM（报警搜索 ROM）：命令代码 0xEC，该命令用于鉴别和定位系统中超出程序设定的报警温度值。

☺ Write Scratchpad（写暂存器）：命令代码 0x4E，允许主设备向 DS18B20 的暂存器写入两个字节的数据，其中第 1 字节写入 TH 中，第 2 字节写入 TL 中。可以在任何时刻发出复位命令中止数据的写入。

☺ Read Scratchpad（读暂存器）：命令代码 0xBE，允许主设备读取暂存器中的内容。从第 1 字节开始，直到读完第 9 字节 CRC。也可以在任何时刻发出复位命令中止数据的读取操作。

☺ Copy Scratchpad（复制暂存器）：命令代码 0x48，将温度报警触发器 TH 和 TL 中的字节复制到非易失性 E²PROM 中。若主机在该命令之后又发出读操作，而 DS18B20 又忙于将暂存器的内容复制到 E²PROM 时，DS18B20 就会输出一个"0"；若复制结束，则 DS18B20 输出一个"1"。如果使用寄生电源，则主设备发出该命令后，立即发出强上拉并至少保持 10ms 以上的时间。

☺ Convert T（温度转换）：命令代码 0x44，启动一次温度转换。若主机在该命令后又发出其他操作，而 DS18B20 又忙于温度转换，DS18B20 就会输出一个"0"；若转换结束，则 DS18B20 输出一个"1"。如果使用寄生电源，则主设备发出该命令后，立即发出强上拉并至少保持 500ms 以上的时间。

☺ Recall E2（复制到暂存器）：命令代码 0xB8，将温度报警触发器 TH 和 TL 中的字节从 E²ROM 中复制到暂存器中。该操作是在 DS18B20 上电时自动执行，若执行该命令后又发出读操作，DS18B20 会输出温度转换忙标识（0 表示忙，1 表示完成）。

☺ Read Power Supply（读电源使用模式）：命令代码 0xB4，主设备将该命令发给 DS18B20 后发出读操作，DS18B20 会返回它的电源使用模式（0 为寄生电源，1 为外部电源）。

**5）DS18B20 的工作时序** 由于 DS18B20 采用 1 - Wire 串行总线协议方式，即在一根数据线上实现数据的双向传输，而对 80C51 单片机来说，硬件上并不支持单总线协议，因此在使用时，应采用软件的方法来模拟单总线的协议时序，以便完成对 DS18B20 芯片的访问。

由于 DS18B20 是在一根 I/O 线上读/写数据，因此对读/写的数据位有着严格的时序要求。DS18B20 有严格的通信协议来保证各位数据传输的正确性和完整性。该协议定义了 3 种信号的时序，即初始化时序、读时序、写时序。所有时序都是将主机作为主设备，单总线器件作为从设备。而每一次命令和数据的传输都是从主机主动启动写时序开始的，如果要求单总线器件回送数据，在进行写命令后，主机需启动读时序来完成数据接收。数据和命令的传输都是低位在先。

☺ 初始化时序：单片机和 DS18B20 间的通信都需要从初始化时序开始。初始化时序如图 11-27 所示。一个复位脉冲跟着一个应答脉冲表明 DS18B20 已经准备好发送和接收数据（该数据为适当的 ROM 命令和存储器操作命令）。

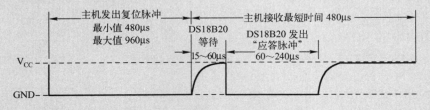

图 11-27 初始化时序图

☺ 读时序：对于 DS18B20 的读时序分为读 0 时序和读 1 时序两个过程，如图 11-28 所示。从 DS18B20 中读取数据时，主机生成读时隙。对于 DS18B20 的读时隙，是从主机把单总线拉低后，在 15μs 内必须释放单总线，以让 DS18B20 把数据传输到单总线上。在读时隙的结尾，DQ 引脚将被外部上拉电阻拉到高电平。DS18B20 完成一个读时序过程至少需要 60μs，包括两个读周期间至少 1μs 的恢复时间。

☺ 写时序：对于 DS18B20 的写时序也分为写 0 时序和写 1 时序两个过程，如图 11-29 所示。对于 DS18B20 写 0 时序和写 1 时序的要求不同，当要写 0 时序时，单总线要被拉低至少 60μs，保证 DS18B20 能够在 15 ~ 45μs 之间能够正确地采样 I/O 总线上的"0"电平；当要写 1 时序时，单总线被拉低后，在 15μs 之内必须释放单总线。

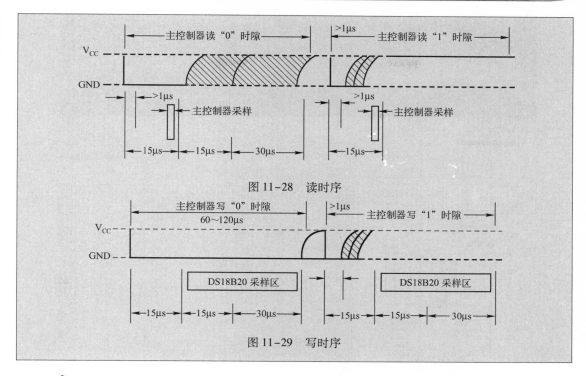

图 11-28 读时序

图 11-29 写时序

 硬件设计

在桌面上双击图标 ，打开 Proteus 8 Professional 窗口。新建一个 DEFAULT 模板，添加表 11-13 所列的元器件，并完成如图 11-30 中所示的硬件电路图设计。

表 11-13 DS18B20 测温电路所用元器件

| 单片机 AT89C51 | 瓷片电容 CAP 22pF | 晶振 CRYSTAL 12MHz | 电解电容 CAP-ELEC |
|---|---|---|---|
| 电阻 RES | 可调电阻 POT – HG | 数码管 7SEG – MPX8 – CC – BLUE | LED 驱动 MAX7219 |
| 按钮 BUTTON | 温度传感器 DS18B20 | | |

 程序设计

DS18B20 遵循单总线协议，每次测温时都必须有 4 个过程：①初始化；②传送 ROM 命令；③传送 RAM 命令；④数据交换。在这 4 个过程中要注意时序。通过这 4 个过程，将获取的采样数据进行处理，然后由 MAX7219 传送给 LED 数码管进行显示即可。

 源程序

```
/ ******************************************************
文件名:DS18B20 温度测量 . c
单片机型号:STC89C51RC
晶振频率:12. 0MHz
 ****************************************************** /
#include < reg52. h >
#include < intrins. h >
```

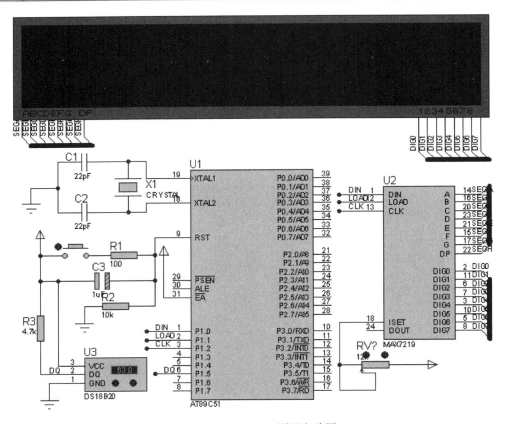

图 11-30　DS18B20 测温电路图

```c
#define uchar unsigned char
#define uint unsigned int
sbit din = P1^0 ;                          //MAX7219 数据串行输入端
sbit cs = P1^1 ;                           //MAX7219 数据输入允许端
sbit clk = P1^2 ;                          //MAX7219 时钟信号
sbit DQ = P1^5 ;                           //DS18B20 端口 DQ
uchar dig ;
sbit DIN = P0^7 ;                          //小数点
bit   list_flag = 0 ;                      //显示开关标志
uchar code tab[ ] = {0x7e,0x30,0x6d,0x79,0x33,0x5b,0x5f,
              0x70,0x7f,0x7b,0x4E,0x63,0x01,0x00} ;//表示不译方式 0 ～9
                                           //0x4E 为"C";0x63 为".";0x01 为" –";"0x00"不显示
uchar data   temp_data[2] = {0x00,0x00} ;
unsigned char data   display[ ] = {0x00,0x00,0x00,0x00,0x00,0x00} ;
unsigned char code   ditab[ ] = {0x00,0x01,0x01,0x02,0x03,0x03,0x04,0x04,
              0x05,0x06,0x06,0x07,0x08,0x08,0x09,0x09} ;
void Delay( uint ms)                       //延时函数
{
   while( ms -- ) ;
}
uchar Init_DS18B20( void)                  //初始化 DS18B20
{
    uchar status ;
    DQ = 1 ;                               //DQ 复位
    Delay(8) ;                             //延时片刻
    DQ = 0 ;                               //单片机将 DQ 拉低
```

```
        Delay(90);                    //精确延时,大于 480μs
        DQ = 1;                       //拉高总线
        Delay(8);
        status = DQ;                  //如果为0,则初始化成功;为1,则初始化失败
        Delay(100);
        DQ = 1;
        return(status);
}
uchar ReadOneByte(void)               //读一个字节
{
        uchar i = 0;
        uchar dat = 0;
        for(i = 8;i > 0;i -- )
          {
            DQ = 0;                   //给脉冲信号
            dat >> = 1;
            DQ = 1;                   //给脉冲信号
            _nop_();
            _nop_();
            if(DQ)
              {
                dat | = 0x80;
              }
            Delay(4);
            DQ = 1;
          }
        return(dat);
}
void WriteOneByte(uchar dat)          //写一个字节
{
      uchar i = 0;
      for(i = 8;i > 0;i -- )
        {
        DQ = 0;
        DQ = dat&0x01;
        Delay(5);
        DQ = 1;
        dat >> = 1;
        }
}
void Read_Temperature(void)           //读取温度
{
      if(Init_DS18B20( ) == 1)
          {
            list_flag = 1;            //DS18B20 不正常
          }
      else
          {
            list_flag = 0;
            WriteOneByte(0xCC);       //跳过读序号列号的操作
            WriteOneByte(0x44);       //启动温度转换
            Init_DS18B20();
            WriteOneByte(0xCC);       //跳过读序号列号的操作
            WriteOneByte(0xBE);       //读取温度寄存器
            temp_data[0] = ReadOneByte();  //温度低 8 位
            temp_data[1] = ReadOneByte();  //温度高 8 位
```

```
        }
  }
  void Temperature_trans( )                    //温度值处理
  {
    uchar   ng = 0;
    if( ( temp_data[ 1 ]&0xF8) == 0xF8)
      {
        temp_data[ 1 ] = ~temp_data[ 1 ];
        temp_data[ 0 ] = ~temp_data[ 0 ] + 1;
        if( temp_data[ 0 ] == 0x00)
          {
            temp_data[ 1 ] ++;
          }
        ng = 1;
      }
    display[ 4 ] = temp_data[ 0 ]&0x0f;
    display[ 0 ] = ditab[ display[ 4 ] ];          //查表得小数位的值
    display[ 4 ] = ( ( temp_data[ 0 ]&0xf0)>>4)|( ( temp_data[ 1 ]&0x0f) <<4);
    display[ 3 ] = display[ 4 ]/100;
    display[ 1 ] = display[ 4 ]%100;
    display[ 2 ] = display[ 1 ]/10;
    display[ 1 ] = display[ 1 ]%10;
    if( ng == 1)                                 //温度为零度以下时
      {
        display[ 5 ] = 12;                       //显示" - "
      }
    else
      {
        display[ 5 ] = 13;                       //不显示" - "
      }
    if( !display[ 3 ] )                          //高位为 0,不显示
    {
      display[ 3 ] = 13;
      if( !display[ 2 ] )                        //次高位为 0,不显示
      display[ 2 ] = 13;
    }
  }
  void write_7219( uchar add,uchar date)        //add 为接受 MAX7219 地址;date 为要写的数据
  {
      uchar i;
      cs = 0;
      for( i = 0;i < 8;i ++ )
        {
            clk = 0;
            din = add&0x80;                      //按照高位在前,低位在后的顺序发送
            add <<= 1;                           //先发送地址
            clk = 1;
        }
      for( i = 0;i < 8;i ++ )                    //时钟上升沿写入一位
        {
            clk = 0;
            din = date&0x80;
            date <<= 1;                          //再发送数据
            clk = 1;
        }
      cs = 1;
```

```
    }
    void init_7219( )
    {
        write_7219(0x0c,0x01);              //0x0c 为关断模式寄存器;0x01 表示显示器处于工作状态
        write_7219(0x0a,0x0f);              //0x0a 为亮度调节寄存器;0x0f 使数码管显示亮度为最亮
        write_7219(0x09,0x00);              //0x09 为译码模式选择寄存器;0x00 为非译码方式
        write_7219(0x0b,0x07);              //0x0b 为扫描限制寄存器;0x07 表示可将 8 个 LED 数码管
    }
    void disp_Max7219(uchar dig,uchar date)    //指定位,显示某一数
    {
        write_7219(dig,date);
    }

    void main( )
    {
        init_7219( );
        while(1)
        {
            Temperature_trans( );
            Read_Temperature( );
            if(list_flag == 0)
            {
                disp_Max7219(1,tab[display[5]]);
                disp_Max7219(2,tab[display[3]]);
                disp_Max7219(3,tab[display[2]]);
                disp_Max7219(4,tab[display[1]]|0x80);        //|0x80 为带上小数点
                disp_Max7219(5,tab[display[0]]);
                disp_Max7219(7,tab[11]);
                disp_Max7219(8,tab[10]);
            }
        }
    }
```

 调试与仿真

首先在 Keil 中创建项目,输入源代码并生成 Debug. OMF 文件,然后在 Proteus 8 Professional 中打开已创建的 DS18B20 测温电路图并进行相应设置,以实现 Keil 与 Proteus 的联机调试。单击 Proteus 8 Professional 模拟调试按钮的运行按钮 ▢▶ ,进入调试状态。在调试状态下,单击 DS18B20 中的 ● 或 ● ,表示外界温度发生变化,在 DS18B20 中 71.0 显示的数据就是所测量的温度,在图 11−31 中 4 位 LED 显示的数据与 DS18B20 测量的数据相同。

 任务 5　DS1302 可调日历时钟

 设计要求

使用 DS1302 日历时钟芯片,PCF8574 作为 LCD 显示驱动,设计一个可调日历时钟系统。

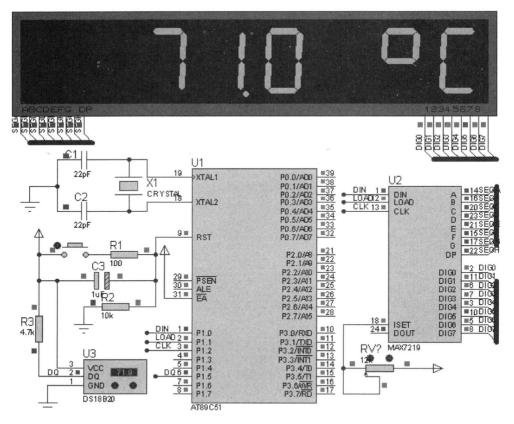

图 11-31　DS18B20 测温仿真效果图

【DS1302 基础知识】

DS1302 是美国 DALLAS 公司推出的一种高性能、低功耗的 SPI 总线涓流充电时钟芯片，内含有一个实时时钟/日历和 31B 静态 RAM，通过简单的串行接口与单片机进行通信。实时时钟/日历电路提供秒、分、时、日、星期、月、年的信息，每月的天数和闰年的天数可自动调整，时钟操作可通过 AM/PM 指示决定采用 24h 或 12h 格式。DS1302 与单片机之间能简单地采用同步串行的方式进行通信，仅需用到 3 个口线：①$\overline{\text{RST}}$（复位）；②I/O（数据线）；③SCLK（串行时钟）。时钟/RAM 的读/写数据以一个字节或多达 31B 的字符组方式通信。DS1302 工作时功耗很低，保持数据和时钟信息时功率小于 1mW。DS1302 是由 DS1202 改进而来的，增加了以下的特性：双电源引脚用于主电源和备份电源供应 Vcc1；为可编程涓流充电电源；附加 7B 存储器。它广泛应用于电话、传真机、便携式仪器及电池供电的仪器仪表等。

**1）DS1302 封装形式及引脚说明**　DS1302 有 DIP 和 SOIC 两种封装形式，如图 11-32 所示。

☺ $Vcc_2$：主电源，一般接 +5V 电源；

☺ $Vcc_1$：辅助电源，一般接 3.6V 可充电池；

☺ $X_1$ 和 $X_2$：晶振引脚，接 32.768kHz 晶振，通常该引脚上还要接补偿电容；

☺ GND：电源地，接主电源及辅助电源的地端；

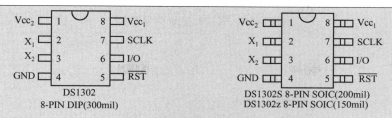

图 11-32 DS1302 封装形式

☺ SCLK：串行时钟输入端口；

☺ I/O：数据 I/O 端口；

☺ $\overline{RST}$：复位输入端。

**2）DS1302 内部结构及工作原理** DS1302 的内部结构如图 11-33 所示。它包括输入移位寄存器、控制逻辑、晶振、实时时钟和 31×8 RAM 等部分。

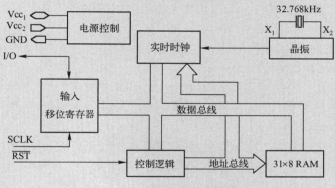

图 11-33 DS1302 的内部结构

在进行数据传输时，$\overline{RST}$必须被置为高电平（注意，虽然将它置为高电平，内部时钟还是在晶振作用下走时的，此时允许外部读/写数据）。在每个 SCLK 上升沿处数据被输入，下降沿处数据被输出，一次只能读/写一位。是读还是写，需要通过串行输入控制指令来实现（也是一个字节），通过 8 个脉冲便可读取一个字节，从而实现串行数据的输入与输出。最初通过 8 个时钟周期载入控制字节到输入移位寄存器。如果控制指令选择的是单字节模式，连续的 8 个时钟脉冲可以进行 8 位数据的写和 8 位数据的读操作。8 个脉冲便可读/写一个字节，SCLK 时钟的上升沿时，数据被写入 DS1302；SCLK 脉冲的下降沿读出 DS1302 的数据。在突发模式，通过连续的脉冲一次性读/写完 7 个字节的时钟/日历寄存器（注意，时钟/日历寄存器要读/写完），也可以一次性读/写 8 ～ 32 位 RAM 数据（可按实际情况读/写一定数量的位，不必全部读/写）。

**3）DS1302 命令字节格式** 每一次数据的传送由命令字节进行初始化，DS1302 的命令字节格式见表 11-14。最高位 MSB（D7 位）必须为逻辑 1，如果为 0，则禁止写 DS1302。D6 位为逻辑 0（CLK），指定读/写操作时钟/日历数据；D6 位为逻辑 1（RAM），指定读/写操作为 RAM 数据。D5 ～ D1 位（A4 ～ A1 地址）指定进行输入或输出的特定寄存器。最低有效位 LSB（D0 位）为逻辑 0 时，指定进行写操作（输入）；为逻辑 1 时，指定读操作（输出）。命令字节总是从最低有效位 LSB（D0）开始输入，命令字节中的每一位是在 SCLK 的上升沿处送出的。

表 11-14　DS1302 的命令字节格式

| D7（MSB） | D6 | D5 | D4 | D3 | D2 | D1 | D0（LSB） |
|---|---|---|---|---|---|---|---|
| 1 | RAM/$\overline{\text{CLK}}$ | A4 | A3 | A2 | A1 | A0 | RD/$\overline{\text{W}}$ |

**4）复位及时钟控制**　所有的数据传输在 $\overline{\text{RST}}$ 置 1 时进行。输入信号有两种功能：首先，$\overline{\text{RST}}$ 接通控制逻辑，允许地址/命令序列送入移位寄存器；其次，$\overline{\text{RST}}$ 提供终止单字节或多字节数据的传送手段。当 $\overline{\text{RST}}$ 为高电平时，所有的数据传送被初始化，允许对 DS1302 进行操作。如果在传送过程中 $\overline{\text{RST}}$ 被置为低电平，则会终止此次数据传送，I/O 引脚变为高阻态。上电运行时，在 Vcc 大于或等于 2.5V 前，$\overline{\text{RST}}$ 必须保持低电平。只有在 SCLK 为低电平时，才能将 $\overline{\text{RST}}$ 置为高电平。I/O 为串行数据 I/O 端（双向），SCLK 始终是输入端。

**5）数据传输**　数据的传输主要包括数据输入、数据输出及突发模式，其传输格式如图 11-34 所示。

☺ 数据输入：经过 8 个时钟周期的控制字节的输入，一个字节的输入将在下 8 个时钟周期的上升沿完成，数据传输从字节最低位开始。

☺ 数据输出：经过 8 个时钟周期的控制读指令的输入，控制指令串行输入后，一个字节的数据将在下个 8 个时钟周期的下降沿被输出。注意，第一位输出是在最后一位控制指令所在脉冲的下降沿被输出，要求 $\overline{\text{RST}}$ 保持位高电平。

同理，如果 8 个时钟周期的控制读指令指定的是突发模式，将会在脉冲的上升沿读入数据，下降沿读出数据，突发模式一次可进行多字节数据的一次性读/写，只要控制好脉冲即可。

☺ 突发模式：突发模式可以指定为任何时钟/日历或 RAM 的寄存器，同样，D6 指定时钟或 RAM，D0 指定读或写。读取或写入的突发模式开始在 D0 地址 0。

对于 DS1302 来说，在突发模式下写时钟寄存器，起始的 8 个寄存器用于写入相关数据，必须写完。然而，在突发模式下写 RAM 数据时，没有必要全部写完。每个字节都将被写入而不论 31B 是否写完。

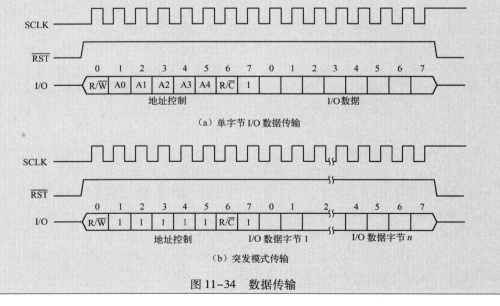

（a）单字节 I/O 数据传输

（b）突发模式传输

图 11-34　数据传输

**6）DS1302 内部寄存器**　DS1302 内部寄存器地址（命令）及数据寄存器分配情况如图 11-35 所示。图中，RD/$\overline{\text{W}}$为读/写保护位，RD/$\overline{\text{W}}$=0 时，寄存器能够写入数据；RD/$\overline{\text{W}}$=1 时，寄存器不能写入数据，只能读。A/P=1 时，下午模式；A/P=0 时，上午模式。TCS 为涓流充电选择，TCS=1010 时，使能涓流充电；TCS 为其他时，禁止涓流充电。DS 为二极管选择位，DS=01 时，选择一个二极管；DS=10 时，选择两个二极管；DS=00 或 11 时，即使 TCS=1010，充电功能也被禁止。RS 位功能见表 11-15。

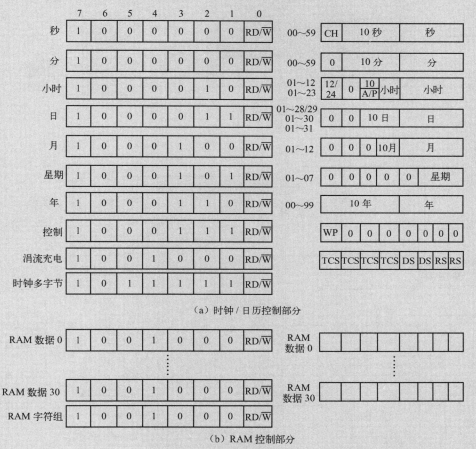

图 11-35　DS1302 寄存器分配情况

**表 11-15　RS 位功能表**

| RS 位 | 电阻 | 典型位/kΩ | RS 位 | 电阻 | 典型位/kΩ |
|---|---|---|---|---|---|
| 00 | 无 | 无 | 10 | R2 | 4 |
| 01 | R1 | 2 | 11 | R3 | 8 |

**硬件设计**

在桌面上双击图标 ，打开 Proteus 8 Professional 窗口。新建一个 DEFAULT 模板，添加表 11-16 所列的元器件，并完成如图 11-36 中所示的硬件电路图设计。

**表 11-16　DS1302 可调日历时钟所用元器件**

| 单片机 AT89C51 | 瓷片电容 CAP 22pF | 晶振 CRYSTAL 12MHz | 电解电容 CAP – ELEC |
| --- | --- | --- | --- |
| 电阻 RES | 可调电阻 POT – HG | $I^2C$ 串行总线扩展 PCF8574 | 日历时钟芯片 DS1302 |
| 按钮 BUTTON | LCD 液晶 LM016L | 蜂鸣器 SOUNDER | 电池组 BATTERY |

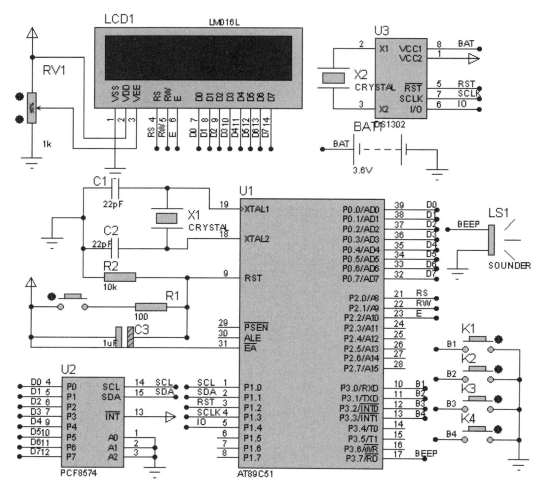

图 11-36　DS1302 可调日历时钟电路图

程序设计

DS1302 与微处理器进行数据交换时，首先由单片机向 DS1302 发送命令字节，命令字节最高位 MSB（D7）必须为逻辑 1，如果 D7 = 0，则禁止写 DS1302，即写保护；D6 = 0，指定时钟数据，D6 = 1，指定 RAM 数据；D5 ～ D1 指定输入或输出的特定寄存器；最低位 LSB（D0）为逻辑 0，指定写操作（输入），D0 = 1，指定读操作（输出）。

在 DS1302 的日历时钟或 RAM 进行数据传送时，DS1302 必须首先发送命令字节。若进行单字节传送，8 位命令字节传送结束后，在下 2 个 SCLK 周期的上升沿输入数据字节，或者在下 8 个 SCLK 周期的下降沿输出数据字节。DS1302 的实时时间流程如图 11-37 所示，根据该流程可以完成对实时时间的采集。

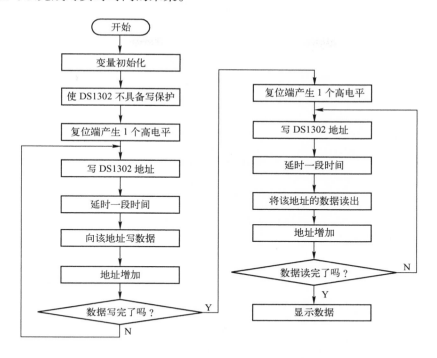

图 11-37　DS1302 实时时间流程

由于 DS1302 工作在 32.768kHz 的时钟条件下，而单片机工作在 12MHz 时钟环境下，在单片机对 DS1302 进行操作时，由于单片机的工作速度很快，DS1302 可能响应不到，所以在程序中要适当增加一些延时，以使 DS1302 能够正确接收。

单片机将采集的实时时间数据进行处理后，再将显示数据通过 PCF8574 芯片控制 LCD1602 即可实现时间、日历的显示。

**源程序**

```
/ ***************************************************
文件名:DS1302 可调日历时钟.c
单片机型号:STC89C51RC
晶振频率:12.0MHz
*************************************************** /
#include < reg51.h >
#include < intrins.h >
#define uchar unsigned char
#define uint unsigned int
sbit    rs = P2^0 ;                                //LCD_RS
sbit    rw = P2^1 ;                                //LCD_RW
sbit    ep = P2^2 ;                                //LCD_EP
sbit    sda = P1^1 ;                               //PCF8574_SDA
sbit    scl = P1^0 ;                               //PCF8574_SCL
sbit    reset = P1^2 ;                             //DS1302_RST
sbit    sclk = P1^3 ;                              //DS1302_SCLK
```

```c
sbit   io = P1^4;                                      //DS1302_IO
sbit   K1 = P3^0;                                      //减 1
sbit   K2 = P3^1;                                      //加 1
sbit   K3 = P3^2;                                      //时间/日历设置选择
sbit   K4 = P3^3;                                      //闹铃设置
sbit   BEEP = P3^7;                                    //蜂鸣器
bit flag = 1, hour = 0, min = 0, sec = 0;
bit year = 0, month = 0, day = 0, week = 0;
bit alarm_flag = 0;
uchar   timecount = 0, count = 0;
uchar str1[ ] = " -- Week:    ";
uchar str2[ ] = "Time:            ";
uchar str3[ ] = "Alarm:           ";
uchar init[ ] = {0x00,0x00,0x00,0x00,0x00,0x00,0x00};
uchar init1[ ] = {0x00,0x00};
uchar init2[ ] = {0x00,0x59,0x23,0x01,0x05,0x01,0x06};  //秒，分，时，日，月，星期，年
uchar bj_time[ ] = {0x00,0x00,0x00};                    //秒，分，时
uchar code   mytab[8] = {0x01,0x1b,0x1d,0x19,0x1d,0x1b,0x01,0x00};//小喇叭字符
void delay(uchar ms)
{                                                       //延时子程序
    uchar i;
        while(ms -- )
        {
            for(i = 0;i < 120;i ++ );
        }
}
void write_byte_ds1302(uchar inbyte)                    //DS1302 写字节函数
{
    uchar i;
    for(i = 0;i < 8;i ++ )
    {
        sclk = 0;                                       //写时,低电平,改变数据
        if(inbyte&0x01)
        io = 1;
        else
        io = 0;
        sclk = 1;                                       //写时,高电平,把数据写入 DS1302
        _nop_();
        inbyte = inbyte >> 1;
    }
}
uchar read_byte_ds1302()                                //DS1302 读字节函数
{
    uchar i,temp = 0;
    io = 1;                                             //设置为输入口
    for(i = 0;i < 7;i ++ )
    {
        sclk = 0;                                       //sclk 的下跳沿读数据
        if(io == 1)
        temp = temp|0x80;
        else
        temp = temp&0x7f;
        sclk = 1;                                       //产生下跳沿
        temp = temp >> 1;
    }
    return(temp);
```

```
    }
void write_ds1302(uchar cmd,uchar indata)                  //向 DS1302 的某个地址写入数据
    {
        sclk = 0;
        reset = 1;
        write_byte_ds1302(cmd);
        write_byte_ds1302(indata);
        sclk = 0;
        reset = 0;
    }
uchar read_ds1302(uchar addr)                              //读 DS1302 某地址的数据
    {
        uchar backdata;
        sclk = 0;
        reset = 1;
        write_byte_ds1302(addr);                           //先写地址
        backdata = read_byte_ds1302();                     //然后读数据
        sclk = 0;
        reset = 0;
        return(backdata);
    }
void set_ds1302(uchar addr,uchar * p,uchar n)              //设置初始时间写入 n 个数据
    {
        write_ds1302(0x8e,0x00);                           //写控制字,允许写操作
        for( ;n > 0;n -- )
          {
            write_ds1302(addr, * p);
            p ++ ;
            addr = addr + 2;
          }
        write_ds1302(0x8e,0x80);                           //写保护,不允许写
    }
void read_nowtime_ds1302(uchar addr,uchar * p,uchar n)     //DS1302 读取当前时间
    {
      for( ;n > 0;n -- )
        {
          * p = read_ds1302(addr);
          p ++ ;
          addr = addr + 2;
        }
    }
void init_ds1302()                                         //DS1302 初始化
    {
        reset = 0;
        sclk = 0;
        write_ds1302(0x80,0x00);
        write_ds1302(0x90,0xa6);                           //一个二极管 +4kΩ 电阻充电
        write_ds1302(0x8e,0x80);                           //写保护控制字,禁止写
    }
void init_PCF8574()                                        //PCF8574 程序初始化
    {
        sda = 1;
        _nop_();
        _nop_();
        scl = 1;
        _nop_();
```

```c
        _nop_();
    }
    void start_PCF8574()                        //I²C 开始条件,启动 PCF8574
    {
        sda = 1;                                //发送起始条件的数据信号
        _nop_();
        scl = 1;                                //起始条件建立时间大于 4.7μs,延时
        _nop_();
        _nop_();
        _nop_();
        _nop_();
        _nop_();
        sda = 0;                                //发送起始信号
        _nop_();                                //起始条件建立时间大于 4.7μs,延时
        _nop_();
        _nop_();
        _nop_();
        scl = 0;                                //钳住 I²C 总线,准备发送或接收数据
        _nop_();
        _nop_();
    }
    void stop_PCF8574()                         //I²C 停止,PCF8574 发送结束
    {
        sda = 0;                                //发送结束条件的数据信号
        _nop_();                                //发送结束条件的时钟信号
        scl = 1;                                //结束条件建立时间大于 4μs
        _nop_();
        _nop_();
        _nop_();
        _nop_();
        _nop_();
        sda = 1;                                //发送 I²C 总线结束信号
        _nop_();
        _nop_();
        _nop_();
        _nop_();
    }
    void respons_PCF8574()                      //应答
    {
        sda = 0;
        _nop_();
        _nop_();
        _nop_();
        scl = 1;                                //时钟低电平周期大于 4μs
        _nop_();
        _nop_();
        _nop_();
        _nop_();
        _nop_();
        scl = 0;                                //清时钟线,钳住 I²C 总线,以便继续接收
        _nop_();
        _nop_();
    }
    void write_byte_PCF8574(uchar date)         //写操作
    {
```

```
        uchar i;
        for( i = 0; i < 8; i ++ )                    //要传送的数据长度为 8 位
          {
              date <<= 1;
              scl = 0;
              _nop_( );
              _nop_( );
              sda = CY;
              _nop_( );
              _nop_( );
              scl = 1;
              _nop_( );
              _nop_( );
          }
              scl = 0;
              _nop_( );
              _nop_( );
              sda = 1;                                //释放总线
              _nop_( );
              _nop_( );
}
void write_pcf8574( uchar add, uchar date)          //写入 PCF8574 一字节数据
{
      start_PCF8574( );                              //开始信号
      write_byte_PCF8574( add);                      //写入器件地址 RW 为 0
      respons_PCF8574( );                            //应答信号
      write_byte_PCF8574( date);                     //写入数据
      respons_PCF8574( );                            //应答信号
      stop_PCF8574( );                               //停止信号
}
uchar Busy_Check( void)                              //测试 LCD 忙碌状态
{
      uchar LCD_Status;
      rs = 0;
      rw = 1;
      ep = 1;
      _nop_( );
      _nop_( );
      _nop_( );
      _nop_( );
      LCD_Status = P0&0x80;
      ep = 0;
      return LCD_Status;
}
void lcd_wcmd( uchar cmd)                            //写入指令数据到 LCD
{
      while( Busy_Check( ));                         //等待 LCD 空闲
      rs = 0;
      rw = 0;
      ep = 0;
      _nop_( );
      _nop_( );
      write_pcf8574( 0x40, cmd);
      _nop_( );
      _nop_( );
      _nop_( );
```

```c
    _nop_();
    ep = 1;
    _nop_();
    _nop_();
    _nop_();
    _nop_();
    ep = 0;
}
void lcd_wdat(uchar dat)                        //写入字符显示数据到 LCD
{
    while(Busy_Check());                        //等待 LCD 空闲
    rs = 1;
    rw = 0;
    ep = 0;
    write_pcf8574(0x40, dat);
    _nop_();
    _nop_();
    _nop_();
    _nop_();
    ep = 1;
    _nop_();
    _nop_();
    _nop_();
    _nop_();
    ep = 0;
}
void lcd_write_str(uchar addr, uchar * p)       //LCD1620 写字符串函数
{
    uchar i = 0;
    lcd_wcmd(addr);
    while(p[i] != '\0')
    {
        lcd_wdat(p[i]);
        i ++;
    }
}
void write_position(uchar row, uchar col)       //设定 LCD1602 显示位置
{
    uchar place;
    if(row == 1)
    {
        place = 0x80 + col - 1;
        lcd_wcmd(place);
    }
    else
    {
        place = 0xc0 + col - 1;
        lcd_wcmd(place);
    }
}
void  Set_place(uchar row, uchar col)           //指定 LCD1602 位置显示
{
    write_position(row, col);
    lcd_wdat(init1[0] + 0x30);
    write_position(row, col + 1);
    lcd_wdat(init1[1] + 0x30);
```

```
    }
    void   writetab( )                          //LCD1602 自定义字符写入 CGRAM
    {
        uchar i;
        lcd_wcmd(0x40);                         //写 CGRAM
        for(i = 0; i < 8; i ++)
        lcd_wdat(mytab[i]);
    }
    void beep( )
      {
        uchar y;
        for(y = 0;y < 100;y ++)
          {
            delay(1);
            BEEP = ! BEEP;                       //BEEP 取反
          }
        BEEP = 1;                                //关闭蜂鸣器
        delay(100);
      }
    void   Set_W1302(uchar addr)                 //设定值写入 DS1302
    {
        uchar   temp;
        write_ds1302(0x8e,0x00);
        temp = (init1[0] << 4) + init1[1];
        write_ds1302(addr,temp);
        write_ds1302(0x8e,0x80);
        beep();
    }
    void   flash( )                              //时间光标闪烁
    {
        if(flag)
          {
            write_position(2,9);
            lcd_wdat(':');
            write_position(2,12);
            lcd_wdat(':');
          }
        else
          {
            write_position(2,9);
            lcd_wdat(0x20);
            write_position(2,12);
            lcd_wdat(0x20);
          }
    }
    void   Play_nowtime( )                       //显示当前时间
    {
        read_nowtime_ds1302(0x81,init,7);        //读出当前时间,读出 7 个字节
        write_position(2,7);
        lcd_wdat((((init[2]&0xf0)>>4) + 0x30);
        write_position(2,8);
        lcd_wdat('0' + (init[2]&0x0f));          //读小时
        write_position(2,10);
        lcd_wdat('0' + ((init[1]&0xf0)>>4));
        write_position(2,11);
        lcd_wdat('0' + (init[1]&0x0f));          //读分钟
```

```
                write_position(2,13);
                lcd_wdat('0' + ((init[0]&0xf0)>>4));
                write_position(2,14);
                lcd_wdat('0' + (init[0]&0x0f));              //读秒
                write_position(1,1);
                lcd_wdat('0' + ((init[6]&0xf0)>>4));
                write_position(1,2);
                lcd_wdat('0' + (init[6]&0x0f));              //读年
                write_position(1,4);
                lcd_wdat('0' + ((init[4]&0xf0)>>4));
                write_position(1,5);
                lcd_wdat('0' + (init[4]&0x0f));              //读月
                write_position(1,7);
                lcd_wdat('0' + ((init[3]&0xf0)>>4));
                write_position(1,8);
                lcd_wdat('0' + (init[3]&0x0f));              //读日
                write_position(1,15);
                lcd_wdat('0' + (init[5]&0x0f));              //读周
                flash();
        }
        void  Set_Flash(uchar row,uchar col)                //被设置的数据闪烁
        {
            init1[0] = count/10;
            init1[1] = count%10;
            if(flag)
                {                                           //显示
                    write_position(row,col);
                    lcd_wdat(init1[0] + 0x30);
                    write_position(row,col + 1);
                    lcd_wdat(init1[1] + 0x30);
                }
            else
                {                                           //清屏
                    rite_position(row,col);
                    lcd_wdat(0x20);
                    write_position(row,col + 1);
                    lcd_wdat(0x20);
                }
        }
        void  key_set(uchar num,uchar row,uchar col)        //键设定函数
        {
            if(!K2)
                {
                    beep();
                    if(count! = num)
                    count ++ ;
                    else count = 0;
                }
            if(!K1)
                {
                    beep();
                    if(count! = 0)
                    count -- ;
                    else count = num;
                }
                Set_Flash(row,col);
```

```
    }
void    Play_alarmtime( )                                      //报警时间显示
{
    write_position(2,7);
    lcd_wdat(((bj_time[2]&0xf0)>>4)+0x30);
    write_position(2,8);
    lcd_wdat('0' + (bj_time[2]&0x0f));                          //读小时
    write_position(2,9);
    lcd_wdat(':');
    write_position(2,10);
    lcd_wdat('0' + ((bj_time[1]&0xf0)>>4));
    write_position(2,11);
    lcd_wdat('0' + (bj_time[1]&0x0f));                          //读分钟
    write_position(2,12);
    lcd_wdat(':');
    write_position(2,13);
    lcd_wdat('0' + ((bj_time[0]&0xf0)>>4));
    write_position(2,14);
    lcd_wdat('0' + (bj_time[0]&0x0f));                          //读秒
}
void    alarm_time( )                                          //报警时间设定
{
    if(!K4&flag)                                               //开始设定报警时间
    {
        lcd_write_str(0xc0,str3);                              //LCD 显示提示信息
        Play_alarmtime( );
        beep( );
        hour = 1;
        count = ((bj_time[2]&0xf0)>>4) * 10 + (bj_time[2]&0x0f);   //读当前时报警数据
        while(hour)                                            //设定时
        {
            key_set(23,2,7);
            if(!K4)
            {
                Set_place(2,7);
                bj_time[2] = ((init1[0] <<4)|init1[1]);
                beep( );
                hour = 0;
                min = 1;
                count = ((bj_time[1]&0xf0)>>4) * 10 + (bj_time[1]&0x0f);   //读当前分报警数据
            }
        }
        while(min)                                             //设定分
        {
            key_set(59,2,10);
            if(!K4)
            {
                Set_place(2,10);
                bj_time[1] = ((init1[0] <<4)|init1[1]);
                beep( );
                min = 0;
                sec = 0;
                count = ((bj_time[0]&0xf0)>>4) * 10 + (bj_time[0]&0x0f);   //读当前秒报警数据
                lcd_write_str(0xc0,str2);                      //LCD 显示提示信息
            }
        }
```

```
        }
    }
    void   Time_compare( )                       //时间比较
    {
        if( alarm_flag)
        {
            if( init[2] == bj_time[2])
            {
                if( init[1] == bj_time[1])
                    beep( );
            }
        }
    }
    void Time0( void) interrupt 1                 //Time0 中断函数
    {
        TH0 = 0x4c;                              //50ms 定时
        TL0 = 0x00;
        timecount ++ ;
        if( timecount > 9)
        {
            timecount = 0;
            flag = ～flag;
        }
    }
    void lcd_init( void)                          //LCD 初始化设定
    {
        lcd_wcmd( 0x38);                          //设置显示格式为:16 * 2 行显示,5 * 7 点阵,8 位数据接口
        delay( 1);
        lcd_wcmd( 0x0c);                          //显示开,关光标
        delay( 1);
        lcd_wcmd( 0x06);                          //0x06 —— 读写后指针加 1
        delay( 1);
        lcd_wcmd( 0x01);                          //清除 LCD 显示的内容
        delay( 1);
    }
    void time0_init( )
    {
        TMOD = 0x01;
        TH0 = 0x4c;                               //50ms 定时
        TL0 = 0x00;
        EA = 1;
        ET0 = 1;
        TR0 = 1;
    }
    void main( )
    {
        P1 = 0xff;
        time0_init( );
        init_PCF8574( );
        lcd_init( );                              //初始化 LCD
        lcd_write_str( 0x80,str1);                //LCD 显示提示信息
        lcd_write_str( 0xc0,str2);                //LCD 显示提示信息
        init_ds1302( );                           //初始化 DS1302
        writetab( );                              //自定义字符写入 CGRAM
        delay( 10);
        while( 1)
```

```
    {
    if( ! K1 )
        {
        if( ! K2 )
            {
                set_ds1302(0x80,init2,7);                    //设置初始时间,日期,年月
                beep( );
            }
            if( ! K3 )
            {
                lcd_write_str(0xc0,str3);                    //显示报警信息
                if( alarm_flag)                              //alarm_flag = 1,开定时
                {
                    write_position(2,16);
                    lcd_wdat(0x00);                          //显示自定义字符小喇叭
                }
                Play_alarmtime( );                           //查看报警时间
                beep( );
                delay(1400);
                lcd_write_str(0xc0,str2);                    //显示时间信息
                if( alarm_flag)                              //alarm_flag = 1,开定时
                {
                    write_position(2,16);
                    lcd_wdat(0x00);                          //显示自定义字符小喇叭
                }
            }
            if( ! K4 )
            {
                alarm_time( );                               //K4 键设定报警时间
                if( alarm_flag)                              //alarm_flag = 1,开定时
                {
                    write_position(2,16);
                    lcd_wdat(0x00);                          //显示自定义字符小喇叭
                }
            }
        }
    }
if( ! K4 )
    {
    beep( );
    alarm_flag = ~alarm_flag;
    if( alarm_flag)                                          //alarm_flag = 1,开定时
        {
        write_position(2,16);
        lcd_wdat(0x00);                                      //显示自定义字符小喇叭
        }
    else
        {
        write_position(2,16);
        lcd_wdat(0x20);                                      //显示自定义字符小喇叭
        }
    }
    if( ! K3&flag)                                           //开始设定时间
        {
        write_ds1302(0x8e,0x00);                            //写保护控制字,允许写
        write_ds1302(0x80,0x80);                            //停止时钟运行
        write_ds1302(0x8e,0x80);                            //写保护控制字,禁止写
```

```
        beep();
        year = 1;
        count = ((init[6]&0xf0)>>4) * 10 + (init[6]&0x0f);        //读当前年数据
        }
    while(year)                                                    //设定年
        {
            key_set(99,1,1);
            if(!K3)
                {
                    Set_W1302(0x8c);
                    Set_place(1,1);
                    year = 0;
                    month = 1;
                    count = ((init[4]&0xf0)>>4) * 10 + (init[4]&0x0f);    //读当前月数据
                }
        }
    while(month)                                                   //设定月
        {
            key_set(12,1,4);
            if(!K3)
                {
                    Set_W1302(0x88);
                    Set_place(1,4);
                    month = 0;
                    day = 1;
                    count = ((init[3]&0xf0)>>4) * 10 + (init[3]&0x0f);    //读当前日数据
                }
        }
    while(day)                                                     //设定日
        {
            key_set(31,1,7);
            if(!K3)
                {
                    Set_W1302(0x86);
                    Set_place(1,7);
                    day = 0;
                    week = 1;
                    count = init[5]&0x0f;                          //读当前星期数据
                }
        }
    while(week)                                                    //设定星期
        {
            if(!K2)
                {
                    beep();
                    if(count! = 7)
                    count ++;
                    else count = 1;
                }
            if(!K1)
                {
                    beep();
                    if(count! = 1)
                    count --;
                    else count = 7;
                }
```

```
    init1[1] = count%10;
if(flag)
{
write_position(1,15);
lcd_wdat(init1[1] +0x30);
}
else
{
write_position(1,15);
lcd_wdat(0x20);
}
  if(!K3)
    {
        Set_W1302(0x8a);
      write_position(1,15);
      lcd_wdat(init1[1] +0x30);
        week = 0;
        hour = 1;
      count = ((init[2]&0xf0)>>4) *10 + (init[2]&0x0f);    //读当前时数据
    }
}
while(hour)                                              //设定时
{
  key_set(23,2,7);
  if(!K3)
    {
        Set_W1302(0x84);
      Set_place(2,7);
        hour = 0;
        min = 1;
      count = ((init[1]&0xf0)>>4) *10 + (init[1]&0x0f);    //读当前分数据
    }
}
while(min)                                              //设定分
{
  key_set(59,2,10);
  if(!K3)
  {
    Set_W1302(0x82);
    Set_place(2,10);
      min = 0;
      sec = 1;
    count = ((init[0]&0xf0)>>4) *10 + (init[0]&0x0f);    //读当前秒数据
  }
}
while(sec)                                              //设定秒
{
key_set(59,2,13);
if(!K3)
 {
  Set_W1302(0x80);
  Set_place(2,13);
  sec = 0;
  count = 0;
 }
}
```

```
Play_nowtime( );
Time_compare( );
    }
}
```

**调试与仿真**

首先在 Keil 中创建项目，输入源代码并生成 Debug. OMF 文件，然后在 Proteus 8 Professional 中打开已创建的 DS1302 可调日历时钟电路图并进行相应设置，以实现 Keil 与 Proteus 的联机调试。单击 Proteus 8 Professional 模拟调试按钮的运行按钮 ▶ ，进入调试状态。在调试状态下，其运行仿真效果如图 11-38 所示。在 DS1302 时钟窗口中，时间的显示格式为"时 - 分 - 秒"；日期的显示格式为"日 - 月 - 年"。此系统具有计算 2000 ～ 2050 年的秒、分、时、日、月、年、星期的能力。按下按键 K3，可进行日期、星期、时间设置选择切换；按下按键 K1 进行减 1；按下按键 K2 进行加 1；按下按键 K4 可进行闹铃设置。

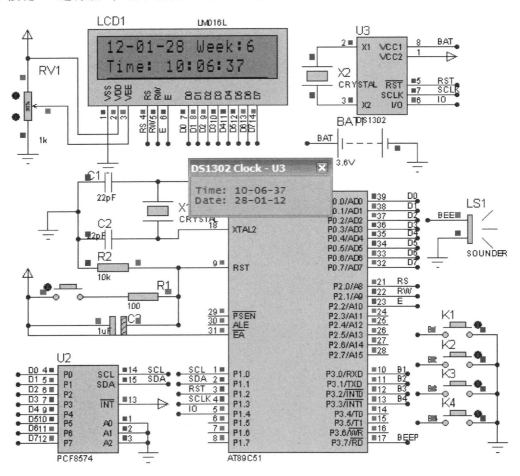

图 11-38　DS1302 可调日历时钟仿真效果图

# 项目十二　综合应用设计实例

**【知识目标】**

☺ 灵活运用单片机 C 语言程序中的字符串、数组、指针。

☺ 熟悉 LED 数码管显示、LCD 显示的编程方法。

**【能力目标】**

☺ 结合硬件电路，进行系统软件设计的分析。

☺ 编写程序，对各功能模块进行硬件、软件调试。

☺ 编程程序，进行硬件、软件综合调试，实现设计的全部功能要求的综合调试。

 任务1　LCD 数字钟的设计

 设计要求

设计一个时、分可调的 LCD 数字电子钟。开机后，LCD 的第一行显示"Digital clock"；第二行显示"9 – 58 – 00"。

 硬件设计

在桌面上双击图标 ◈，打开 Proteus 8 Professional 窗口。新建一个 DEFAULT 模板，添加表 12–1 所列的元器件，并完成如图 12–1 所列的硬件电路图设计。

**表 12–1　LCD 数字钟所使用的元器件**

| 单片机 AT89C51 | 电解电容 CAP – ELEC 10 μF | 瓷片电容 CAP22pF | 电阻 RES |
|---|---|---|---|
| 晶振 CRYSTAL 11.0592MHz | LM016L 字符式 LCD | 三极管 NPN | 按钮 BUTTON |
| 电阻排 RESPACK – 8 | 可调电阻 POT – HG | | |

 程序设计

使用数字电子钟的内部硬件定时器来进行计时，计时最小单位 sec100 为 10ms。若 sec100 每计满 100 次，表示已经计时 1s，则 sec100 清零且 sec 加 1；如果 sec 等于 60，应将 sec 清零，同时 min 加 1；如果 min 等于 60，应将 min 清零，同时 hour 加 1；如果 hour 大于 23，应将 hour 清零。通过分析可知，程序中可分别由 inc_sec( )、inc_min( )、inc_hour( ) 这 3 个函数负责秒、分、时的计时。sec100 的计时由 Timer0( ) 中断函数来实现。

按钮 K1（$\overline{\text{INT0}}$）和 K2（$\overline{\text{INT1}}$）为调时、调分控制按键。这两个按钮信号的输入采用外部中断方式来实现。若产生外部中断，通过调用 inc_hour( ) 或 inc_min( ) 函数来实现调时或调分操作。编写显示函数 display( ) 时，应考虑小时数小于 10 时应屏蔽时的十位数，使其不显示。

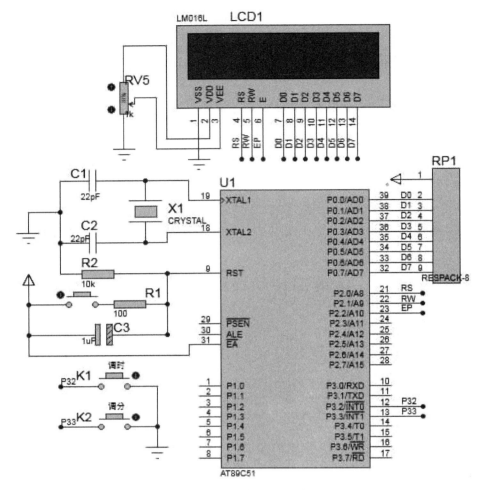

图 12-1    LCD 数字钟电路图

源程序

```
/ ******************************************************************
文件名:LCD 数字钟 . c
单片机型号:STC89C51RC
晶振频率:12. 0MHz
说明:第 1 行显示 Digital clock
     第 2 行显示初值为 9 – 58 – 00
  ****************************************************************** /
#include  < reg51. h >
#include  < intrins. h >
#define uchar unsigned char
#define uint unsigned int
sbit    k1 = P3^2;                        //调时
sbit    k2 = P3^3;                        //调分
sbit    rs = P2^0;
sbit    rw = P2^1;
sbit    ep = P2^2;
uchar code dis1[ ] = {"  Digital clock "};  //第一行显示内容
```

```
uint data dis_buff[8] = {0x00,0x00,0x00,0x00,0x00,0x00,0x00,0x00};    //定义8个显示数据
                                                                     和1个数据存储单元
uchar sec100,sec,min,hour;
void   delay(uint k)
{
    uint   m,n;
        for(m = 0;m < k;m + +)
            {
                for(n = 0;n < 120;n + +);
            }
}
uchar Busy_Check(void)                   //测试LCD忙碌状态
{
    uchar LCD_Status;
    rs = 0;
    rw = 1;
    ep = 1;
    _nop_();
    _nop_();
    _nop_();
    _nop_();
    LCD_Status = P0&0x80;
    ep = 0;
    return LCD_Status;
}
void lcd_wcmd(uchar cmd)                  //写入指令数据到LCD
{
    while(Busy_Check());                  //等待LCD空闲
    rs = 0;
    rw = 0;
    ep = 0;
    _nop_();
    _nop_();
    P0 = cmd;
    _nop_();
    _nop_();
    _nop_();
    _nop_();
    ep = 1;
    _nop_();
    _nop_();
    _nop_();
    _nop_();
    ep = 0;
}
void lcd_pos(uchar pos)                   //设定显示位置
{
    lcd_wcmd(pos|0x80);                   //设置LCD当前光标的位置
}
void lcd_wdat(uchar dat)                  //写入字符显示数据到LCD
```

```
    {
        while( Busy_Check( ) );              //等待 LCD 空闲
        rs = 1;
        rw = 0;
        ep = 0;
        P0 = dat;
        _nop_( );
        _nop_( );
        _nop_( );
        _nop_( );
        ep = 1;
        _nop_( );
        _nop_( );
        _nop_( );
        _nop_( );
        ep = 0;
    }
    void lcd_init( void )                    //LCD 初始化设定
    {
        lcd_wcmd(0x38);                      //设置显示格式为 16 * 2 行显示,5 * 7 点阵,8 位
        delay(1);
        lcd_wcmd(0x0C);                      //0x0C—显示开关设置
        delay(1);
        lcd_wcmd(0x06);                      //0x06—读写后指针加 1
        delay(1);
        lcd_wcmd(0x01);                      //清除 LCD 的显示内容
        delay(1);
    }
    void   disp_data( void )                 //LCD 显示内容控制
    {
        if( hour > 9 )                       //时大于 9 时,时十位显示
            {
                dis_buff[0] = (hour/10) + 0x30;  //时十位加 0x30,转换为 LCD 显示的 ASCII 码
            }
        else
            {
                dis_buff[0] = 0x20;          //时十位不显示
            }
        dis_buff[1] = (hour% 10) + 0x30;     //时个位加 0x30,转换为 LCD 显示的 ASCII 码
        dis_buff[2] = 0xb0;                  //LCD 显示" – "
        dis_buff[3] = (min/10) + 0x30;       //分十位加 0x30,转换为 LCD 显示的 ASCII 码
        dis_buff[4] = (min% 10) + 0x30;      //分个位加 0x30,转换为 LCD 显示的 ASCII 码
        dis_buff[5] = 0xb0;                  // LCD 显示" – "
        dis_buff[6] = (sec/10) + 0x30;       //秒十位加 0x30,转换为 LCD 显示的 ASCII 码
        dis_buff[7] = (sec% 10) + 0x30;      //秒个位加 0x30,转换为 LCD 显示的 ASCII 码
    }

    void LCD_disp( void )
    {
        uchar i;
```

```
    lcd_pos(0);                    //设置显示位置为第1行、第1个字符
    i = 0;
    while(dis1[i]! ='\0')          //显示第1行字符串
        {
          lcd_wdat(dis1[i]);
          i++;
        }
    lcd_pos(0x44);                 //设置显示位置为第2行、第4个字符
    for(i = 0;i < 8;i++)
        {
          lcd_wdat(dis_buff[i]);   //第2行显示时钟数据
        }
}


void inc_hour(void)                //时加1
{
  hour++;
  if(hour > 23)
      {
          hour = 0;
      }
}
void inc_min(void)                 //分加1
{
  min++;
  if(min > 59)
      {
          min = 0;
          inc_hour();
      }
}
void inc_sec(void)                 //秒加1
{
  sec++;
  if(sec > 59)
      {
          sec = 0;
          inc_min();
      }
}
void int0() interrupt  0           //调时
{
  delay(100);
  if(INT0 == 0)                    //延时消抖
      {
          inc_hour();
      }
}
void int1() interrupt  2           //调分
{
```

```
        delay(100);
      if(INT1 ==0)
          {
              inc_min();
          }
}
void timer0( ) interrupt 1
{
    TH0 = 0xDC;                          //重装 10ms 初值
    TL0 = 0x00;
    sec100 ++;
    if(sec100 >= 100)
        {
            sec100 = 0;
            inc_sec();
        }
}
void int_init(void)                      //T0、INT0、INT1 中断初始化
{
    TMOD = 0x01;
    TH0 = 0xDC;
    TL0 = 0x00;
    TR0 = 1;
    ET0 = 1;
    EX0 = 1;
    IT0 = 0;
    EX1 = 1;
    IT1 = 0;
    EA = 1;
}
void main(void)
{
    int_init();
    P0 = 0xFF;
    P2 = 0x00;
    hour = 9;                            //LCD 上电显示的时钟初值"9 – 58 – 00"
    min = 58;
    sec = 0;
    sec100 = 0;
    lcd_init();
    while(1)
     {
        disp_data();
        LCD_disp();
     }
}
```

调试与仿真

首先在 Keil 中创建项目，输入源代码并生成 Debug. OMF 文件，然后在 Proteus 8 Professional中打开已创建的 LCD 数字钟电路图并进行相应设置，以实现 Keil 与 Proteus 的联机调试。单击 Proteus 8 Professional 模拟调试按钮的运行按钮 ▶ ，进入调试状态。刚进入调试运行状态时，可看见 LM016L 液晶第 1 行显示"Digital clock"，第 2 行显示为"9 - 58 - 00"，而后每隔 1s 进行累计显示，其仿真效果如图 12-2 所示。每按一次按钮 K1，小时数会加 1；每按一次按钮 K2，分钟数加 1。

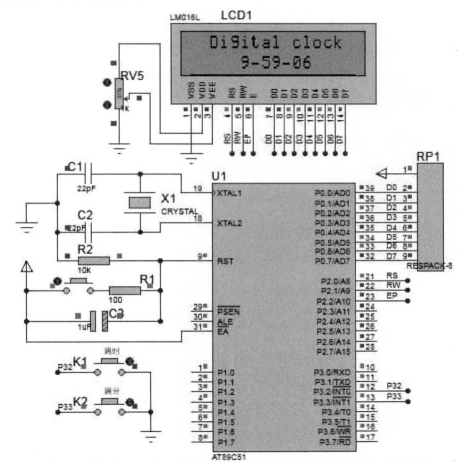

图 12-2　LCD 数字钟的运行仿真效果图

# 任务 2　篮球比赛计分器的设计

设计要求

设计一个篮球比赛计分器，能够显示比赛时间、甲队和乙队的得分。甲队和乙队的得分分别有加 1 分、加 2 分、加 3 分、减 1 分、比分清零、比分切换操作；比赛时间采用 10min 倒计时，可以进行加时或减时 1s 操作，还可以暂停计时及比赛时间复位等操作。

**硬件设计**

在桌面上双击图标 ，打开 Proteus 8 Professional 窗口。新建一个 DEFAULT 模板，添加表 12-2 所列的元器件，并完成如图 12-3 所示的硬件电路图设计。

表 12-2 篮球计分器所使用的元器件

| 单片机 AT89C51 | 电解电容 CAP – ELEC 10 μF | 瓷片电容 CAP22pF | 电阻 RES |
| --- | --- | --- | --- |
| 晶振 CRYSTAL 11.0592MHz | 数码管 7SEG – MPX2 – CA – BLUE | 三极管 NPN | 按钮 BUTTON |
| 电排阻 RESPACK – 8 | 蜂鸣器 SOUNDER | | |

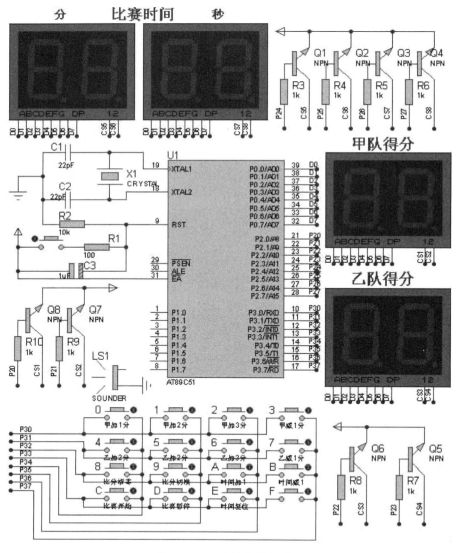

图 12-3 篮球计分器电路图

程序设计

篮球计分器有时间显示、甲队得分显示及乙队得分显示，因此可以使用 3 个显示函数。由于篮球计分器的控制按钮较多，采用 4 × 4 矩阵键盘可以实现这些功能操作，所以应有键盘扫描函数 keyscan( )。在键盘扫描函数中，除完成键盘扫描操作外，还需完成计分、计时等操作。

源程序

```c
/ ***********************************************
文件名:篮球比赛计分器.c
单片机型号:STC89C51RC
晶振频率:12.0MHz
*********************************************** /
#include  < reg52. h >
#define uchar unsigned char
#define uint unsigned int
uchar code tab[ ] = {0xc0,0xf9,0xa4,0xb0,0x99,0x92,
                  0x82,0xf8,0x80,0x90,0xff};        //0,1,2,3,4,5,6,7,8,9,关显示
uchar b,d,t;                                        //定义变量
uchar fen = 10,miao = 0;                            //定时初始时间变量
uchar flag;                                         //标志位
uchar temp;                                         //矩阵键盘键值
sbit   beep  = P1^7 ;                               //蜂鸣器
void delay( uint z)                                 //延时子函数
{
    uint x,y;
    for( x = z;x > 0;x − − )
    for( y = 110;y > 0;y − −);
}
void dispaly( )                                     //定时时间显示
{
    uchar miaoge,fenge,miaoshi,fenshi;
    miaoge = miao% 10;
    P2 = 0x80;;
    P0 = tab[ miaoge];
    delay( 1);
    miaoshi = miao/10;
    P2 = 0x40;
    P0 = tab[ miaoshi];
    delay( 1);
    fenge = fen% 10;
    P2 = 0x20;
    P0 = tab[ fenge];
    delay( 1);
    fenshi = fen/10;
    P2 = 0x10;
    P0 = tab[ fenshi];
    delay( 1);
    P2 = 0x00;
```

```
}
void dispaly1(char a)                        //甲队比分显示
{
    uchar ge1,shi1;
    b = a;
    ge1 = b%10;
    P2 = 0x02;
    P0 = tab[ge1];
    delay(1);
    shi1 = b/10;
    P2 = 0x01;
    P0 = tab[shi1];
    delay(1);
    P2 = 0x00;
}
void dispaly2(char c)                        //乙队比分显示
{
    uchar ge2,shi2;
    d = c;
    ge2 = d%10;
    P2 = 0x08;
    P0 = tab[ge2];
    delay(1);
    shi2 = d/10;
    P2 = 0x04;
    P0 = tab[shi2];
    delay(1);
    P2 = 0x80;
}
void keyscan()                               //矩阵键盘扫描控制
{
    char a,c,e,f;
    dispaly1(a);
    dispaly2(c);
    P3 = 0xfe;
    temp = P3;
    temp = temp&0xf0;
    while(temp!=0xf0)
    {
        delay(5);
        temp = P3;
        temp = temp&0xf0;
        while(temp!=0xf0)
        {
            temp = P3;
            if(temp==0xee)
            {
                delay(5);
                if(temp==0xee)
                {
                    a++;                      //甲队比分加1
                    if(a>=100)
```

```
                    a = 99;
                    dispaly1(a);
                }
            }
        if(temp == 0xde)
            {
                delay(5);
                if(temp == 0xde)
                {
                    a = a + 2;                 //甲队比分加2
                    if(a >= 100)
                    a = 99;
                    dispaly1(a);
                }
            }
        if(temp == 0xbe)
            {
                delay(5);
                if(temp == 0xbe)
                {
                    a = a + 3;                 //甲队比分加3
                    if(a >= 100)
                    a = 99;
                    dispaly1(a);
                }
            }
        if(temp == 0x7e)
            {
                delay(5);
                if(temp == 0x7e)
                {
                    a -- ;                     //甲队比分减1
                    if(a <= -1)
                    a = 0;
                    dispaly1(a);
                }
            }
        while(temp! = 0xf0)                    //松手检测
        {
            temp = P3;
            temp = temp&0xf0;
            dispaly1(a);
        }
        }
    }
}
P3 = 0xfd;
temp = P3;
temp = temp&0xf0;
while(temp! = 0xf0)
{
    delay(5);
    temp = P3;
```

```c
temp = temp&0xf0;
while( temp! = 0xf0 )
{
    temp = P3;
    if( temp == 0xed )
        {
            delay( 5 );
            if( temp == 0xed )
            {
                c ++ ;                          //乙队比分加 1
                if( c >= 100 )
                c = 99 ;
                dispaly2( c );
            }
        }
    if( temp == 0xdd )
        {
            delay( 5 );
            if( temp == 0xdd )
            {
                c = c + 2 ;                     //乙队比分加 2
                if( c >= 100 )
                c = 99 ;
                dispaly2( c );
            }
        }
    if( temp == 0xbd )
        {
            delay( 5 );
            if( temp == 0xbd )
            {
                c = c + 3 ;                     //乙队比分加 3
                if( c >= 100 )
                c = 99 ;
                dispaly2( c );
            }
        }
    if( temp == 0x7d )
        {
            delay( 5 );
            if( temp == 0x7d )
            {
                c - - ;                         //乙队比分减 1
                if( c <= - 1 )
                c = 0 ;
                dispaly2( c );
            }
        }
    while( temp! = 0xf0 )
    {
        temp = P3;
        temp = temp&0xf0;
```

```
                dispaly2(c);
            }
        }
    }
    P3 = 0xfb;
    temp = P3;
    temp = temp&0xf0;
    while(temp!=0xf0)
    {
        delay(5);
        temp = P3;
        temp = temp&0xf0;
        while(temp!=0xf0)
        {
            temp = P3;
            if(temp ==0xeb)
            {
                delay(5);
                if(temp ==0xeb)
                {
                    a =0;                     //双方比分清零
                    dispaly1(a);
                    c =0;
                    dispaly2(c);
                }
            }
            if(temp ==0xdb)
            {
                delay(5);
                if(temp ==0xdb)
                {
                    e = a;
                    f = c;
                    a = f;
                    dispaly1(a);               //双方比分切换
                    c = e;
                    dispaly2(c);
                }
            }
            if(flag!=1)       //避免误操作,只有在时间停止的情况下才能加/减定时时间
            {
            if(temp ==0xbb)
            {
                delay(5);
                if(temp ==0xbb)
                {
                    fen ++;                   //定时时间加1
                    if(fen ==99)
                    fen =0;
                }
            }
            if(temp ==0x7b)
```

```
                        {
                        delay(5);
                        if(temp==0x7b)
                        {
                            fen--;                      //定时时间减1
                            if(fen== -1)
                            fen=99;
                        }
                        }
                    }
                while(temp!=0xf0)
                {
                    temp=P3;
                    temp=temp&0xf0;
                    dispaly2(c);
                }
            }
        }
    P3=0xf7;
    temp=P3;
    temp=temp&0xf0;
    while(temp!=0xf0)
    {
        delay(5);
        temp=P3;
        temp=temp&0xf0;
        while(temp!=0xf0)
        {
            temp=P3;
            if(temp==0xe7)
                {
                    delay(5);
                    if(temp==0xe7)
                    {
                        TR0=1;                      //比赛开始计时按键
                        flag=1;
                    }
                }
            if(temp==0xd7)
                {
                    delay(5);
                    if(temp==0xd7)
                    {
                        TR0=0;                      //比赛暂停计时按键
                        flag=0;
                    }
                }
            if(temp==0xb7)
                {
                    delay(5);
                    if(temp==0xb7)
                    {
```

```
                        fen = 0;                              //比赛时间清零
                        miao = 0;
                    }
                }
            while( temp! = 0xf0 )
                {
                    temp = P3;
                    temp = temp&0xf0;
                    dispaly2( c );
                }
            }
        }
    }
}
void timer0( void ) interrupt 1                           //T0 中断服务
{
    TH0 = 0x4C;                                            //50ms 延时初值
    TL0 = 0x00;
    t ++;
    if( t == 20 )                                          //50ms 计 20 次刚好 1s,1s 时间到,减 1 操作
    {
        t = 0;
        miao -- ;
        if( miao == - 1 )
        {
            fen -- ;                                       //当 59s 减完,分减 1
            miao = 59;
        }
        if( fen == - 1 )
        {
            fen = 0;                                       //分清零
            miao = 0;
            beep = 0;                                      //时间停止,蜂鸣器响
        }
    }
}
void init( )                                               //T0 中断初始化
{
    TMOD = 0x01;
    TH0 = ( 65536 - 50000 )/256;
    TL0 = ( 65536 - 50000 )%256;
    ET0 = 1;
    EA = 1;
    TR0 = 0;
}
void main( )                                               //主程序
{
    P2 = 0xfe;
    init( );
    while( 1 )
        {
            dispaly( );
            keyscan( );
        }
}
```

调试与仿真

　　首先在 Keil 中创建项目，输入源代码并生成 Debug. OMF 文件，然后在 Proteus 8 Professional 中打开已创建的篮球比赛计分器电路图并进行相应设置，以实现 Keil 与 Proteus 的联机调试。单击 Proteus 8 Professional 模拟调试按钮的运行按钮▶，进入调试状态。刚运行时，LED 数码管显示的时间为 "10 00"，表示比赛的分节时间为 10min；LED 数码管显示的甲队和乙队得分均为 0。当按下比赛开始按钮后，比赛时间进行倒计时，操作按钮相应的得分按钮来控制甲队或乙队的得分情况，其运行仿真效果如图 12-4 所示。

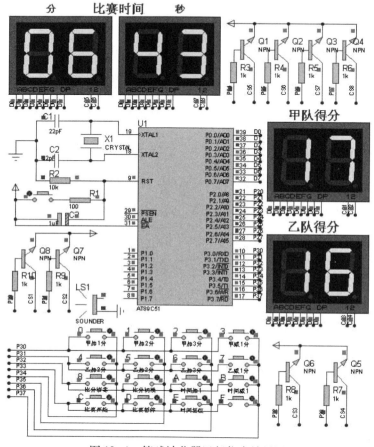

图 12-4　篮球计分器运行仿真效果图

# 任务 3　电子音乐播放器的设计

设计要求

　　单片机内置 5 首电子音乐，分别为送别、兰花草、两只老虎、哈巴狗、不倒翁。单片机的两个外部中断端口分别与 K1 和 K2 连接，要求通过这两个按键来选择播放的电子音乐，同时 LCD 显示当前播放的音乐名称。

【电子音乐的基础知识】

**1) 音频脉冲的产生**　音乐的产生主要是通过单片机的 I/O 端口输出高低不同的脉冲信号来控制蜂鸣器发音。要产生音频脉冲信号，需要计算出某一音频的周期（1/频率），然后将此周期除以 2，即为半周期的时间。利用单片机定时器计时这个半周期时间，每当计时到后，就将输出脉冲的 I/O 端口反相，然后重复计时此半周期时间再对 I/O 端口反相，这样就能在此 I/O 端口上得到此频率的脉冲。

通常利用 STC89C51RC 单片机的内部定时器 0，工作在方式 1 下，改变计数初值 TH0 和 TL0 来产生不同的频率。

例如，若单片机采用 12MHz 的晶振，要产生频率为 587Hz 的音频脉冲时，其音频脉冲信号的周期 $T = 1/587 = 1703.5775\mu s \approx 1704\mu s$，半周期的时间为 $852\mu s$，因此只要令计数器计数 $852\mu s /1\mu s = 852$，在每计数 852 次时将 I/O 端口反相，即可得到 C 调中音 Re。

计数脉冲值与频率的关系为

$$N = f_i \div 2 \div f_r$$

式中，$N$ 为计数值；$f_i$ 为内部计时，一次为 $1\mu s$，故其频率为 1MHz；$f_r$ 为要产生的频率。

那么计数值 $T$ 的求法为

$$T = 65536 - N = 65536 - f_i \div 2 \div f_r$$

例如，设 $f_i = 1$MHz，求低音 Do（262Hz），中音 Do（523Hz）和高音 Do（1046Hz）的计数值。

解：$T = 65536 - N = 65536 - f_i \div 2 \div f_r = 65536 - 1000000 \div 2 \div f_r = 35536 - 500000 \div f_r$

低音 Do 对应的 $T = 65536 - 500000 \div 262 = 63628$

中音 Do 对应的 $T = 65536 - 500000 \div 523 = 64580$

高音 Do 对应的 $T = 65536 - 500000 \div 1046 = 65058$

综上所述，在 11.0592MHz 频率下，C 调各音符频率计数值 $T$ 的关系见表 12-3。

表 12-3　C 调各音符频率与计数值 $T$ 的关系

| 音　符 | 频率/Hz | 简谱码（$T$值） | 音　符 | 频率/Hz | 简谱码（$T$值） | 音　符 | 频率/Hz | 简谱码（$T$值） |
|---|---|---|---|---|---|---|---|---|
| 低 1 Do | 262 | 62018 | 中 1 Do | 523 | 63773 | 高 1 Do | 1046 | 64654 |
| 低 2 Re | 294 | 62401 | 中 2 Re | 587 | 63965 | 高 2 Re | 1175 | 64751 |
| 低 3 Mi | 330 | 62491 | 中 3 Mi | 659 | 64137 | 高 3 Mi | 1318 | 64836 |
| 低 4 Fa | 349 | 62895 | 中 4 Fa | 698 | 64215 | 高 4 Fa | 1397 | 64876 |
| 低 5 So | 392 | 63184 | 中 5 So | 784 | 64360 | 高 5 So | 1568 | 64948 |
| 低 6 La | 440 | 63441 | 中 6 La | 880 | 64488 | 高 6 La | 1760 | 65012 |
| 低 7 Si | 494 | 63506 | 中 7 Si | 988 | 64603 | 高 7 Si | 1967 | 65067 |

注："#"表示半音，用于上升或下降半个音。

**2) 音乐节拍的产生**　每个音符使用 1 个字节，字节的高 4 位代表音符的高低，低 4 位代表音符的节拍，表 12-4 为节拍与节拍码的对照表。如果 1 拍为 0.4s，则 1/4 拍为 0.1s，只要设定延迟时间就可求得节拍的时间。假设 1/4 拍为 1 DELAY，那么 1 拍应为 4 DELAY，以此类推。所以只要求得 1/4 拍的 DELAY 时间，其他节拍就是其倍数。表 12-5 为 1/4 和 1/8 节拍的时间设定。

**表 12-4　节拍数与节拍码对照**

| 节 拍 码 | 节 拍 数 | 节 拍 码 | 节 拍 数 |
|---|---|---|---|
| 1 | 1/4 拍 | 1 | 1/8 拍 |
| 2 | 2/4 拍 | 2 | 1/4 拍 |
| 3 | 3/4 拍 | 3 | 3/8 拍 |
| 4 | 1 拍 | 4 | 1/2 拍 |
| 5 | $1\frac{1}{4}$ 拍 | 5 | 5/8 拍 |
| 6 | $1\frac{1}{2}$ 拍 | 6 | 3/4 拍 |
| 8 | 2 拍 | 8 | 1 拍 |
| A | $2\frac{1}{2}$ 拍 | A | $1\frac{1}{4}$ 拍 |
| C | 3 拍 | C | $1\frac{1}{2}$ 拍 |
| F | $3\frac{3}{4}$ 拍 | | |

**表 12-5　1/4 和 1/8 节拍的时间设定**

| 1/4 节拍的时间设定 | | 1/8 节拍的时间设定 | |
|---|---|---|---|
| 曲调值 | DELAY | 曲调值 | DELAY |
| 调 4/4 | 125ms | 调 4/4 | 62ms |
| 调 3/4 | 187ms | 调 3/4 | 94ms |
| 调 2/4 | 250ms | 调 2/4 | 125ms |

**3）移调**　一般的歌曲有 3/8、2/4、3/4、4/4 等节拍类型，但不管有几拍，基本上是在 C 调下演奏的。如果是 C 调，则音名 C 唱 Do，音名 D 唱 Re，音名 E 唱 Mi，音名 F 唱 Fa，音名 G 唱 So，音名 A 唱 La，音名 B 唱 Ti。但并不是所有的歌曲都是在 C 调下演奏的，还有 D 调、E 调、F 调、G 调等。D 调是将 C 调各音符上升一个频率来实现的，即 C 调下的音名 D 在 D 调下唱 Do，C 调下的音名 E 在 D 调下唱 Re，C 大调的音名 F 在 D 调下升高半音符 F#唱 Mi，C 调下的音名 G 在 D 调下唱 Fa，C 调下的音名 A 在 D 调下唱 So，C 调下的音名 B 在 D 调下唱 La，C 调下的音名 C 在 D 调下升高半音 C#符唱 Ti。这种改变唱法称为移调。

E 调是在 D 调的基础上进行移调的，而 F 调是在 E 调的基础上进行移调的……表 12-6 所列为各大调音符与音名的关系。

**表 12-6　各大调的音符与音名的关系**

| 音名　调 | Do | Re | Mi | Fa | So | La | Ti |
|---|---|---|---|---|---|---|---|
| C 调 | C | D | E | F | G | A | B |
| D 调 | D | E | F# | G | A | B | C |
| E 调 | E | F# | G# | A | B | C | D |
| F 调 | F | G | A | B | C | D | E |
| G 调 | G | A | B | C | D | E | F# |
| A 调 | A | B | C# | D | E | F# | G# |
| B 调 | B | C | D | E | F | G | A |

#### 4）音乐软件的设计

（1）音乐代码库的建立方法。

① 找出乐曲的最低音和最高音范围，确定音符表 $T$ 的顺序。

② 把 $T$ 值建立在 TABLE1，构成发音符的计数值放在 TABLE1 中。

③ 简谱码（音符）为高 4 位，节拍（节拍数）为低 4 位，音符节拍码放在程序的 "TABLE" 处。

④ 音符节拍码 0xFF 为音乐结束标志。

（2）选曲：在一个程序中，若需演奏两首或两首以上的歌曲时，音乐代码库的建立有两种方法：一种是为每首歌曲建立相互独立的音符表 T 和发音符计数值 TABLE；另一种是在建立共用的音符表 T 后，再写每首歌的发音计数值 TABLE 中的代码。无论采用哪种方法，当每首歌曲结束时，在 TABLE 中均需加上音乐结束符 0xFF。

**硬件设计**

在桌面上双击图标![icon]，打开 Proteus 8 Professional 窗口。新建一个 DEFAULT 模板，添加表 12-7 所示的元器件，并完成如图 12-5 所示的硬件电路图设计。

**表 12-7　电子音乐播放器所用元器件**

| 单片机 AT89C51 | 瓷片电容 CAP 22pF | 晶振 CRYSTAL 11.0592MHz | 电解电容 CAP – ELEC |
|---|---|---|---|
| 电阻 RES | 按钮 BUTTON | LM016L 字符式 LCD | 蜂鸣器 SOUNDER |
| 三极管 2N2905 | 电阻排 RESPACK – 8 | 可调电阻 POT – HG | |

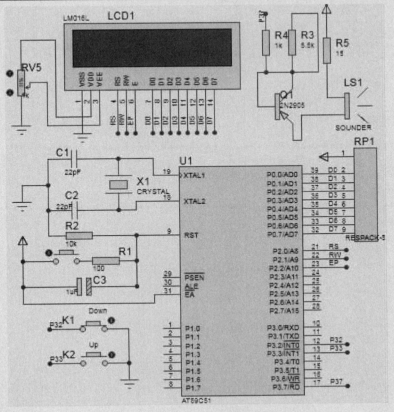

图 12-5　电子音乐播放器电路图

**程序设计**

这 5 首电子音乐的歌曲简谱如图 12-6 所示。从图中可以看出，这 5 首歌曲使用的音符较多，因此可以将表 12-3 中的所有 *T* 值都放在 Tone_tab[ ] 中，然后将每首歌的音符放在相应的 song_Tone 中，并将节拍数放在 song_Time 中。为了 LCD 显示不同的歌名，应定义多个 dis[ ]。

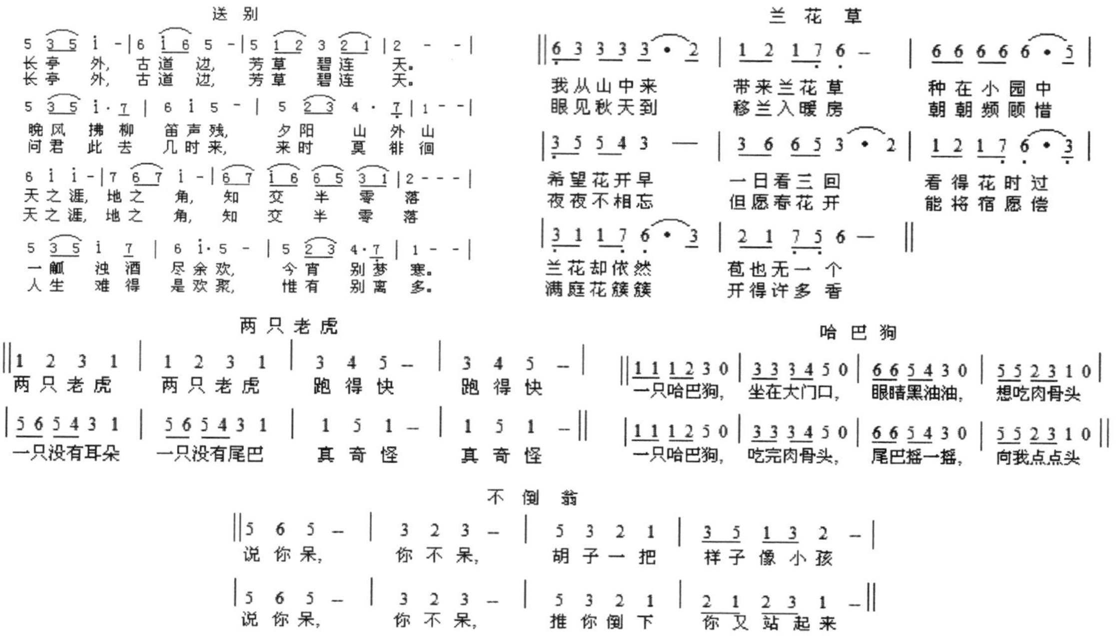

图 12-6　5 首电子音乐的歌曲

**源程序**

```
/******************************************************
文件名:电子音乐播放器.c
单片机型号:STC89C51RC
晶振频率:12.0MHz
*******************************************************/
#include < reg52. h >
#include < intrins. h >
#define uchar unsigned char
#define uint unsigned int
sbit K1 = P3^2;
sbit K2 = P3^3;
sbit beep = P3^7;
sbit  rs = P2^0;
sbit  rw = P2^1;
sbit  ep = P2^2;
uchar i;
uchar song_Index = 0,Tone_Index = 0;          //音乐片段索引,音符索引
uchar * song_Tone, * song_Time;               //音符指针,延时指针
uchar * discode;                              //暂存 LCD 需显示的歌名
uchar code dis1[ ] = {"      Song Bie      "};  //第 1 首歌名,dis1～dis5 为 LCD 第 1
```

```
                                                行显示内容
uchar code dis2[] = {"Liang Zhi Lao Hu"};        //第2首歌名
uchar code dis3[] = {"  Ha  Ba  Gou "};          //第3首歌名
uchar code dis4[] = {"  Lan  Hua  Cao "};        //第4首歌名
uchar code dis5[] = {"  Bu  Dao  Weng "};        //第5首歌名
uchar code dis[] = {"K1:Down   K2:UP"};          //LCD第2行显示内容
uint code  Tone_tab[] = {                        //音符频率对应的T计数值
     62018,62401,62491,62895,63184,63441,63506,
     63773,63965,64137,64215,64360,64488,64603,
     64654,64751,64836,64876,64948,65012,65067,65535};
uchar code  song1_Tone[] = {                     //《送别》
     11,9,11,14,12,14,12,11,11,7,8,9,8,7,8,       //第1行曲子音符
     11,9,11,14,13,12,14,11,11,7,8,9,6,7,         //第2行曲子音符
     12,14,14,13,12,13,14,12,13,14,12,12,11,10,7,8,//第3行曲子音符
     11,9,11,14,13,12,14,11,11,8,9,10,6,7,0xff};   //第4行曲子音符
uchar code  song1_Time[] = {
     4,2,2,8,4,2,2,8,4,2,2,4,2,2,12,              //第1行曲子节拍
     4,2,2,4,2,4,4,8,4,2,2,4,2,12,                //第2行曲子节拍
     4,4,8,4,2,2,8,2,2,2,2,2,2,2,2,16,            //第3行曲子节拍
     4,2,2,4,2,4,4,8,4,2,2,4,2,12,0xff};          //第4行曲子节拍
uchar code  song2_Tone[] = {                      //《两只老虎》
      7,8,9,7,7,8,9,7,9,10,11,9,10,11,            //第1行曲子音符
     11,12,11,10,9,7,11,12,11,10,9,7,7,4,7,7,4,7,0xff}; //第2行曲子音符
uchar code  song2_Time[] = {
     4,4,4,4,4,4,4,4,4,4,8,4,4,8,                 //第1行曲子节拍
     2,2,2,2,4,4,2,2,2,2,4,4,4,4,8,4,4,8,0xff};   //第2行曲子节拍
uchar code  song3_Tone[] = {                      //《哈巴狗》
     7,7,7,8,9,9,9,9,10,11,12,12,11,10,9,11,11,8,9,7, //第1行曲子音符
     7,7,7,8,11,9,9,9,10,11,12,12,11,10,9,11,11,8,9,7,0xff};//第2行曲子音符
uchar code  song3_Time[] = {
     2,2,2,2,4,2,2,2,2,4,2,2,2,2,4,2,2,2,2,4,     //第1行曲子节拍
     2,2,2,2,4,2,2,2,2,4,2,2,2,2,4,2,2,2,2,5,0xff}; //第2行曲子节拍
uchar code  song4_Tone[] = {                      //《兰花草》
     5,9,9,9,9,8,7,8,7,6,5,12,12,12,12,12,11,     //第1行曲子音符
     2,11,11,10,9,9,12,12,11,9,8,7,8,7,6,5,9,     //第2行曲子音符
     2,7,7,6,5,9,8,7,6,4,12,0xff};                //第3行曲子音符
uchar code  song4_Time[] = {
     2,2,2,2,2,2,2,2,2,2,8,2,2,2,2,4,2,           //第1行曲子节拍
     2,2,2,2,8,2,2,2,2,4,2,2,2,2,2,4,2,           //第2行曲子节拍
     2,2,2,2,4,2,2,2,2,2,8,0xff};                 //第3行曲子节拍
uchar code  song5_Tone[] = {                      //《不倒翁》
     11,12,11,9,8,9,11,9,8,7,9,11,7,9,8,          //第1行曲子音符
     11,12,11,9,8,9,11,9,8,7,8,7,8,9,7,0xff};     //第2行曲子音符
uchar code  song5_Time[] = {
     4,4,8,4,4,8,4,4,4,4,2,2,2,2,8,               //第1行曲子节拍
     4,4,8,4,4,8,4,4,4,4,2,2,2,2,8,0xff};         //第2行曲子节拍
void delayms(uint ms)
{
   uchar a;
   while(ms --)
   {
      for(a=230;a>0;a --);
   }
}
uchar Busy_Check(void)                            //测试LCD忙碌状态
```

```c
{
    uchar LCD_Status;
    rs = 0;
    rw = 1;
    ep = 1;
    _nop_();
    _nop_();
    _nop_();
    _nop_();
    LCD_Status = P0&0x80;
    ep = 0;
    return LCD_Status;
}
void lcd_wcmd(uchar cmd)                    //写入指令数据到 LCD
{
    while(Busy_Check());                    //等待 LCD 空闲
    rs = 0;
    rw = 0;
    ep = 0;
    _nop_();
    _nop_();
    P0 = cmd;
    _nop_();
    _nop_();
    _nop_();
    _nop_();
    ep = 1;
    _nop_();
    _nop_();
    _nop_();
    _nop_();
    ep = 0;
}
void lcd_pos(uchar pos)                     //设定显示位置
{
    lcd_wcmd(pos|0x80);                     //设置 LCD 当前光标的位置
}
void lcd_wdat(uchar dat)                    //写入字符显示数据到 LCD
{
    while(Busy_Check());                    //等待 LCD 空闲
    rs = 1;
    rw = 0;
    ep = 0;
    P0 = dat;
    _nop_();
    _nop_();
    _nop_();
    _nop_();
    ep = 1;
    _nop_();
    _nop_();
    _nop_();
    _nop_();
    ep = 0;
}
```

```
void lcd_init(void)                        //LCD 初始化设定
{
    lcd_wcmd(0x38);                        //设置显示格式为 16 * 2 行显示,5 * 7 点
                                             阵,8 位

    delayms(1);
    lcd_wcmd(0x0C);                        //0x0C—显示开关设置
    delayms(1);
    lcd_wcmd(0x06);                        //0x06—读写后指针加 1
    delayms(1);
    lcd_wcmd(0x01);                        //清除 LCD 的显示内容
    delayms(1);
}
void int0() interrupt 0                     //下一首选曲
{
  delayms(100);
  if(INT0 ==0)
    {
      TR0 =0;
        if(song_Index > 5)
        {
            song_Index = 5;
        }
        else
        {
            song_Index ++;
        }
        if(song_Index ==1)
        {
            song_Tone = song2_Tone;
            song_Time = song2_Time;
            discode = dis2;
        }
        if(song_Index ==2)
        {
            song_Tone = song3_Tone;
            song_Time = song3_Time;
            discode = dis3;
        }
        if(song_Index ==3)
        {
            song_Tone = song4_Tone;
            song_Time = song4_Time;
            discode = dis4;
        }
        if(song_Index ==4)
        {
            song_Tone = song5_Tone;
            song_Time = song5_Time;
            discode = dis5;
        }
        if(song_Index ==5)
        {
            song_Tone = song1_Tone;
            song_Time = song1_Time;
            discode = dis1;
```

```
                        song_Index = 0 ;
                    }
                TR0 = 1 ;
                i = 0 ;
            }
    }
void int1( ) interrupt 2                              //上一首选曲
{
    delayms( 100 ) ;
    if( INT1 == 0 )
        {
            TR0 = 0 ;
            if( song_Index < 1 )
            {
                song_Index = 0 ;
            }
            else
            {
                song_Index -- ;
            }
            if( song_Index == 1 )
            {
                song_Tone = song2_Tone ;
                song_Time = song2_Time ;
                discode = dis2 ;
            }
            if( song_Index == 2 )
            {
                song_Tone = song3_Tone ;
                song_Time = song3_Time ;
                discode = dis3 ;
            }
            if( song_Index == 3 )
            {
                song_Tone = song4_Tone ;
                song_Time = song4_Time ;
                discode = dis4 ;
            }
            if( song_Index == 4 )
            {
                song_Tone = song5_Tone ;
                song_Time = song5_Time ;
                discode = dis5 ;
            }
            if( song_Index == 5 )
            {
                song_Tone = song1_Tone ;
                song_Time = song1_Time ;
                discode = dis1 ;
                song_Index = 0 ;
            }
            TR0 = 1 ;
            i = 0 ;
        }
}
```

```c
void Timer0( ) interrupt 1
{
    TH0 = Tone_tab[ Tone_Index]/256;         //重置 T0 定时初值
    TL0 = Tone_tab[ Tone_Index]%256;
    beep = ~ beep;                           //蜂鸣器发出相应频率的声音
}
void LCD_disp( void)
{
    uchar i;
    lcd_pos(0);                              //设置显示位置为第 1 行、第 1 个字符
    i = 0;
    while( discode[i]!='\0')
        {                                    //显示第 1 行字符串
            lcd_wdat( discode[i]);
            i ++ ;
        }
    lcd_pos(0x40);                           //设置显示位置为第 2 行、第 1 个字符
    i = 0;
    while( dis[i]!='\0')
        {
            lcd_wdat( dis[i]);               //显示第 2 行
            i ++ ;
        }
}
void int_init( void)
{
    TMOD = 0x01;
    ET0 = 1;                                 //允许 Timer0 中断
    EX0 = 1;                                 //允许 INT0 中断
    IT0 = 1;                                 //INT0 为边沿触发
    EX1 = 1;                                 //允许 INT1 中断
    IT1 = 1;                                 //INT1 为边沿触发
    EA = 1;                                  //开启总中断
    TR0 = 0;                                 //Timer0 停止
}
void main( void)
{
    int_init( );
    song_Tone = song1_Tone;
    song_Time = song1_Time;
    discode = dis1;
    lcd_init( );
    while(1)
        {
            LCD_disp( );
            Tone_Index = song_Tone[i];
            if( Tone_Index ==0xFF)
              {
                i =0;
                TR0 =0;
              }
```

```
        TRO = 1;
        delayms(song_Time[Tone_Index] * 60);
        TRO = 0;
        i ++;
    }
}
```

### 调试与仿真

首先在 Keil 中创建项目，输入源代码并生成 Debug. OMF 文件，然后在 Proteus 8 Professional 中打开已创建的电子音乐播放器电路图并进行相应设置，以实现 Keil 与 Proteus 的联机调试。单击 Proteus 8 Professional 模拟调试按钮的运行按钮 ▶，进入调试状态。在调试运行状态下，LCD 的第 1 行显示正在播放的电子音乐的歌名，第 2 行显示按钮的含义，同时蜂鸣器发出相应的声音，其运行仿真效果如图 12-7 所示。如果按下按钮 K1 或 K2 时，可以向上或向下选择播放的歌曲。

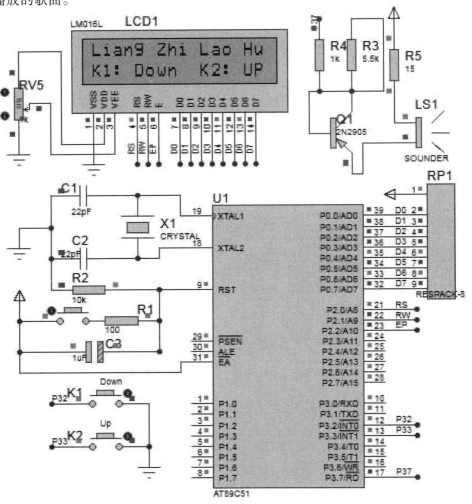

图 12-7   电子音乐播放器的仿真效果图

## 任务4 电子密码锁的设计

设计要求

设计一个8位数的电子密码锁，其功能为：电子密码锁预置密码为12345678；密码输入错误时，红色LED点亮，同时LCD显示密码错误及可输入密码次数；密码输入错误超过3次时，红色LED和绿色LED都熄灭，LCD显示密码错误并请用户等待；若密码输入正确，则绿色LED点亮，LCD显示密码输入正确。

硬件设计

电子密码锁的硬件主要由单片机最小系统、LCD显示电路、开锁机构及相应的指示电路构成。在Proteus中，开锁机构可用继电器控制电路替代，该电路由三极管放大电路、继电器、灯和直流电源组成。

在桌面上双击图标 ，打开Proteus 8 Professional窗口。新建一个DEFAULT模板，添加表12-8所列的元器件，并完成如图12-8所示的硬件电路图设计。

注意：图12-8中单片机的复位电路、晶振电路等部分均未绘制。

表12-8　电子密码锁所用元器件

| 单片机 AT89C51 | 瓷片电容 CAP 22pF | 晶振 CRYSTAL 11.0592MHz | 电解电容 CAP-ELEC |
|---|---|---|---|
| 电阻 RES | 按钮 BUTTON | LM016L 字符式 LCD | 蜂鸣器 SOUNDER |
| 三极管 2N2905 | 三极管 PNP | 发光二极管 LED-GREEN | 发光二极管 LED-RED |
| 二极管 DIODE | 电阻排 RESPACK-8 | 直流电源 BATTER | 继电器 RELAY |
| 可调电阻 POT-HG | | | |

程序设计

电子密码锁是一个综合性比较强的实例。该程序应由主程序、LCD1602液晶显示控制、键盘扫描控制等部分组成。LCD1602显示控制部分由LCD初始化、LCD忙碌状态测试、数据写入、指令写入等函数构成。由于电子密码锁要根据矩阵键盘值输入的状态，而显示不同的内容，所以还需编写3个LCD显示函数，一个函数专用于还能输入密码次数的字符显示函数，另一个专用于显示矩阵键值函数，还有一个函数专用于显示字符串。在键盘扫描控制部分，首先判断是否有按钮被按下，若有按钮被按下时，还要通过消抖动处理，以确认有按钮被按下。若真有按钮被按下时，则将相应的键值返回。在主程序中，首先进行初始化设置，然后进行输入的键值与设定密码值比较操作处理。初始化设置包括密码初始值的设置、LCD1602初始化函数调用、LCD1602初始界面的显示等内容。输入的键值与设定密码值比较操作时，首先再次判断矩阵键盘是否有按钮被按下，若有按钮被按下，则读取键值，再判断读取的键值是否在0~9的数字范围内，如果在此范围内，将该键值在LCD上显示，同时将该键值放置到前一键值的后面，以形成多位输入的键值字符串。当输入的键值字符串长度达到8位时，将输入的键值与设定密码值进行比较。如果二者相同，则LCD1602液晶显示

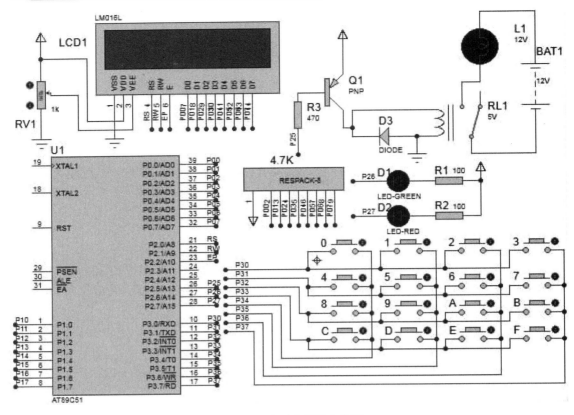

图 12-8　电子密码锁电路图

正确信息，绿色 LED 点亮，红色 LED 熄灭，同时继电器 Relay 为低电平，进行开锁控制；如果二者不相同，则 LCD1602 显示密码输入错误信息和还剩下输入密码输入次数，绿色 LED 熄灭，红色 LED 点亮，继电器 Relay 为高电平；当输入密码次数达到设置值而密码仍然错误时，则 LCD1602 显示密码输入错误信息，两个 LED 全部熄灭，系统进入死循环，实现系统的锁定。

### 源程序

```
/**************************************************************
文件名:数字密码锁.c
单片机型号:STC89C51RC
晶振频率:12.0MHz
说明:初始密码设置为12345678。输入密码过程中,LCD 为会显示输入数据
        如果 8 位密码输入正确,就会显示"right!!!""welcome back!!!"
        如果错误会显示 "wrong!!!""Input afresh!!!",直到密码输入正确。
**************************************************************/
#include < reg51. h >
#include < intrins. h >
#define uint unsigned int
#define uchar unsigned char
#define ulong unsigned long
sbit Relay = P2^5;                    //开锁控制端
sbit LED0 = P2^6;                     //密码输入正确此灯亮
sbit LED1 = P2^7;                     //密码输入错误此灯亮
```

```
sbit ep = P2^2;                           //1602 使能引脚
sbit rw = P2^1;                           //1602 读写引脚
sbit rs = P2^0;                           //1602 数据/命令选择引脚
uchar buff,times;
uchar code dis[ ] = {"123"};
void Delay_1ms(uint k)                    //1ms 延时
{
   uint  m,n;
   for(m = 0;m < k;m ++)
      {
           for(n = 0;n < 120;n ++);
      }
}
uchar Busy_Check(void)                    //测试 LCD 忙碌状态
{
     uchar LCD_Status;
     rs = 0;
     rw = 1;
     ep = 1;
     _nop_();
     _nop_();
     _nop_();
     _nop_();
     LCD_Status = P0&0x80;
     ep = 0;
     return LCD_Status;
}
void lcd_wcmd(uchar cmd)                  //写入指令数据到 LCD
{
     while(Busy_Check());                 //等待 LCD 空闲
     rs = 0;
     rw = 0;
     ep = 0;
     _nop_();
     _nop_();
     P0 = cmd;
     _nop_();
     _nop_();
     _nop_();
     _nop_();
     ep = 1;
     _nop_();
     _nop_();
     _nop_();
     _nop_();
     ep = 0;
}
void lcd_wdat(uchar dat)                  //写入字符显示数据到 LCD
{
     while(Busy_Check());                 //等待 LCD 空闲
     rs = 1;
     rw = 0;
     ep = 0;
     P0 = dat;
     _nop_();
     _nop_();
     _nop_();
     _nop_();
```

```c
    ep = 1;
    _nop_();
    _nop_();
    _nop_();
    _nop_();
    ep = 0;
}
void lcd_init(void)                          //LCD 初始化设定
{
    lcd_wcmd(0x38);                          //设置显示格式为:16 * 2 行显示,5 * 7 点阵,8 位数据
                                             //接口
    Delay_1ms(5);
    lcd_wcmd(0x38);                          //设置显示格式为:16 * 2 行显示,5 * 7 点阵,8 位数据
                                             //接口
    Delay_1ms(5);
    lcd_wcmd(0x38);                          //设置显示格式为:16 * 2 行显示,5 * 7 点阵,8 位数据
                                             //接口
    Delay_1ms(5);
    lcd_wcmd(0x38);
    lcd_wcmd(0x08);                          //0x0f -- 显示开关设置,显示光标并闪烁
    Delay_1ms(1);
    lcd_wcmd(0x0c);                          //0x06 -- 读写后指针加 1
    Delay_1ms(1);
    lcd_wcmd(0x04);
    lcd_wcmd(0x01);                          //清除 LCD 显示的内容
    Delay_1ms(1);
}
void lcd_number(uchar hang,uchar lie,char sign)    //显示还能输入密码次数
{
    uchar a;
    if(hang ==1) a = 0x80;
    a = a + lie - 1;
    lcd_wcmd(a);
    lcd_wdat(dis[sign - 1]);
}
void lcd_char(uchar hang,uchar lie,char sign)      //显示输入的矩阵键值
{
    uchar a;
    if(hang ==1) a = 0x80;
    if(hang ==2) a = 0xc0;
    a = a + lie - 1;
    lcd_wcmd(a);
    lcd_wdat(sign);
}
void lcd_string(uchar hang,uchar lie,uchar * p)    //显示字符串
{
    uchar a,b = 0;
    if(hang ==1) a = 0x80;
    if(hang ==2) a = 0xc0;
    a = a + lie - 1;
    while(1)
      {
        lcd_wcmd(a ++);
        b ++;
        if((* p =='\0')||(b ==16)) break;
        lcd_wdat(* p);
        p ++;
      }
```

```
    }
uchar KeyScan( )
{
    uchar hang,lie,key;
    P3 = 0xF0;
    if((P3&0xF0)!=0xF0)                  //行码为0,列码为1
      {
        Delay_1ms(1);
        if((P3&0xF0)!=0xF0)              //有键被按下,列码变为0
          {
            hang = 0xFE;                 //逐行扫描
            times ++ ;
            if(times == 9)
            times = 1;
            while((hang&0x10)!=0)        //扫描完4行后跳出
              { P3 = hang;
                if((P3&0xF0)!=0xF0)      //本行有键被按下
                  {
                    lie = (P3&0xF0)|0x0F;
                    buff = ((~hang) + (~lie));
                    switch(buff)
                      {
                        case 0x11：key = 0;break;
                        case 0x21：key = 1;break;
                        case 0x41：key = 2;break;
                        case 0x81：key = 3;break;
                        case 0x12：key = 4;break;
                        case 0x22：key = 5;break;
                        case 0x42：key = 6;break;
                        case 0x82：key = 7;break;
                        case 0x14：key = 8;break;
                        case 0x24：key = 9;break;
                        case 0x44：key = 10;break;
                        case 0x84：key = 11;break;
                        case 0x18：key = 12;break;
                        case 0x28：key = 13;break;
                        case 0x48：key = 14;break;
                        case 0x88：key = 15;break;
                        default:key = 16;break;
                      }
                  }
                else
                  hang = (hang < <1)|0x01;   //下一行扫描
              }
          }
      }
    return(key);                         //返回键值
}
void main(void)
{
    uchar i = 6;                         //设置键值显示位置
    uchar j = 0;                         //设置需读出的键值数目
    uchar k = 3;                         //设置最多输入密码次数
    ulong Key_Value;                     //暂存读出键值
    ulong init_value = 0x12345678;       //设置密码初值
    ulong input_value = 0;               //存储密码比较值
    lcd_init( );
    lcd_string(1,1,"  The code is:");
```

```c
    while(1)
    {
        Key_Value = 10;
        P3  = 0xf0;
        if( P3 != 0xf0)
        {
            Delay_1ms(20);                        //按键消抖
            if( P3 != 0xf0)
            {
                Delay_1ms(20);                    //按键消抖
                if( P3 !=0xf0)
                {
                    Key_Value = KeyScan();        //读出矩阵键值
                }
            }
        }
        if( Key_Value < 10)                       //输入键值 0~9 有效
        {
            lcd_char(2,i,Key_Value + 0x30);       //Key_Value +0x30 是将其转换为 ASCII 码
            input_value = input_value | (Key_Value < <((7-j)*4));
            i ++;
            j ++;
            Delay_1ms(300);
        }
        if(j ==8)                                 //若输入 8 位密码,则进行比较
        {
          if( input_value == init_value)          //密码输入正确
            {
                lcd_wcmd(0x01);
                lcd_string(1,1,"right!!!");       //第 1 行第 1 列开始显示字符串
                lcd_string(2,1,"welcome back!!!");//第 2 行第 1 列开始显示字符串
                LED0 = 0;    LED1 = 1;            //绿灯亮,红灯灭
                Relay = 0;                        //开锁
                k = 3;
                while(1);
            }
            else                                  //密码输入错误
            {
                k -- ;
                Relay = 1;
                if( k !=0)
                {
                    lcd_wcmd(0x01);
                    lcd_string(1,1,"warning!!!");    //第 1 行第 1 列开始显示字符串
                    lcd_number(1,14,k);              //第 1 行第 14 列显示还能输入密码次数
                    lcd_string(2,1,"Input afresh!!!");//第 2 行第 1 列开始显示字符串
                    LED0 = 1;    LED1 = 0;           //绿灯灭,红灯亮
                    Delay_1ms(2000);
                    i = 6;                           //重新设置键值显示位置
                    j = 0;                           //重新设置需读出的键值数目
                    lcd_wcmd(0x01);
                    lcd_string(1,1,"   The code is:");//第 1 行第 1 列开始显示字符串
                    LED0 = 1;    LED1 = 1;           //两灯均熄灭
                }
                else                                 //3 次密码输入错误,密码锁锁死
                {
                    lcd_wcmd(0x01);
                    lcd_string(1,1,"wrong!!!");      //第 1 行第 1 列开始显示字符串
```

```
        lcd_string(2,1,"Please wait");        //第2行第1列开始显示字符串
        LED0 = 0;    LED1 = 0;
        while(1);
      }
    }
   }
  }
 }
}
```

**调试与仿真**

　　首先在 Keil 中创建项目，输入源代码并生成 Debug. OMF 文件，然后在 Proteus 8 Professional 中打开已创建的电子密码锁电路图并进行相应设置，以实现 Keil 与 Proteus 的联机调试。单击 Proteus 8 Professional 模拟调试按钮的运行按钮▶，进入调试状态。在调试运行状态下，没有输入密码时，LCD 第 1 行显示为 "The code is:"，继电器没有动作，两个 LED 处于熄灭状态。通过矩阵键盘输入密码过程中，第 2 行会显示相应的键值。当输入了 8 位密码时，进行键值与系统设定密码值进行比较，若密码正确，LCD 第 1 行显示为 "right!!!"，第 2 行显示为 "welcome back!!!"，绿色 LED 点亮，同时继电器动作使得 LAMP 灯点亮表示系统处于开锁状态，其仿真效果如图 12-9 所示。如果第一次密码输入错误时，红色 LED 点亮，继电器不进行动作，LCD 第 1 行显示为 "warning!!!    2"，第 2 行显示为 "Input afresh!!!"，表示还允许用户输入两次密码。若 3 次密码全部错误，则两个 LED 将全部熄灭，继电器不进行动作，LCD 第 1 行显示为 "wrong!!!"，第 2 行显示为 "Please wait"，此时单片机不允许用户再次输入密码，进入了死循环状态。

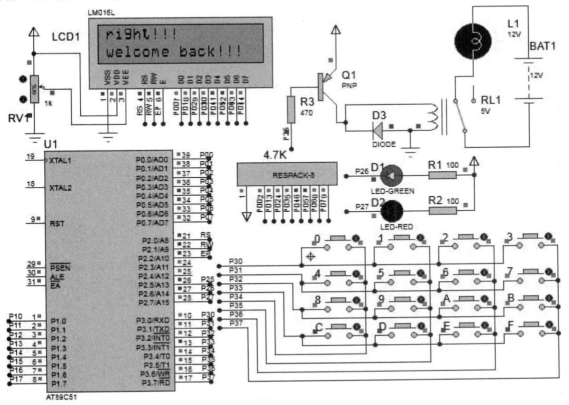

图 12-9　电子密码锁的仿真效果图

# 附录 A　Proteus 常用快捷键

| 快　捷　键 | 功　　能 | 快　捷　键 | 功　　能 |
| --- | --- | --- | --- |
| Ctrl + 0 | 打开设计 | Ctrl + Z | 撤销 |
| Ctrl + S | 保存设计 | Ctrl + Y | 恢复 |
| R | 刷新 | E | 查找并编辑元器件 |
| G | 背景栅格 | Ctrl + B | 放在后面 |
| O | 原点 | Ctrl + F | 放在前面 |
| X | X 轴指针 | Ctrl + N | 实时标注 |
| F1 | 栅格尺寸为 10 | W | 自动布线 |
| F2 | 栅格尺寸为 50 | T | 搜索并标注 |
| F3 | 栅格尺寸为 100 | A | 属性分配工具 |
| F4 | 栅格尺寸为 500 | Ctrl + A | 网络表导入 ARES |
| F5 | 选择显示中心 | Page − Up | 前一个原理图 |
| F6 | 缩小 | Page − Down | 下一个原理图 |
| F7 | 放大 | Alt + X | 设计浏览 |
| F8 | 显示全部 | Ctrl + A | 增加跟踪曲线 |
| Space | 仿真图形 | Alt + F12 | 断点运行 |
| Ctrl + V | 查看日记 | F10 | 单步执行 |
| Ctrl + F12 | 运行/停止调试 | F11 | 跟踪 |
| Pause | 暂停运行 | Ctrl + F11 | 单步跳出 |
| Shift + Pause | 停止运行 | Ctrl + F10 | 重置弹出窗口 |
| F12 | 运行 | P | 选择元器件/符号 |

# 附录 B  C51 库函数

C51 运行库中提供了 100 多个预定义的库函数，用户可在自己的 C51 程序中直接使用这些预定义的库函数。多使用库函数可以使程序代码简单、结构清晰，易于调试的维护。C51 库函数分为几大类，基本上分属于不同的 .h 头文件。C51 库函数的原型放在 "..\KEIL\C51\INC" 目录下，使用这些函数前，必须用 "#include" 包含头文件。

**1）专用寄存器 include 文件**  专用寄存器文件包括了标准型/增强型 51 单片机的 SFR（特殊功能寄存器）及位定义，一般 C51 程序中都必须包括本文件。

| 库 文 件 | 功 能 说 明 | 备 注 |
|---|---|---|
| reg51. h | 标准 MCS－51 系列单片机的 SFR 及其位定义 | 8031/8051 可使用此头文件 |
| reg52. h | 增强型 51 系列单片机的 SFR 及其位定义 | 8052/8054/STC89 系列等使用此头文件 |
| at89x51. h | 标准 AT89x51 系列单片机的 SFR 及其位定义 | AT89C51/AT89S51 可使用此头文件 |
| at89x51. h | 增强型 AT89x51 系列单片机的 SFR 及其位定义 | AT89S52/AT89S54 等使用此头文件 |

**2）绝对地址 include 文件 absacc. h**  absacc. h 中包含了允许直接访问 8051 单片机不同区域存储器的宏，使用时应该用#include ＜ absacc. h ＞指令将 absacc. h 头文件包含到源程序文件中。

| 函 数 名 | 功 能 | 举 例 说 明 |
|---|---|---|
| CBYTE | 允许访问 8051 程序存储器中的字节 | rval = CBYTE[0x0030]；//读出程序存储器 30H 单元中的字节 |
| CWORD | 允许访问 8051 程序存储器中的字 | rval = CWORD[0x004]；//读出程序存储器 04H 单元中的字 |
| DBYTE | 允许访问 8051 片内 RAM 中的字节 | rval = DBYTE[0x0030]；//读出片内 RAM 地址 30H 中的字节<br>DBYTE[0x0020] = 5；//常数 5 写入片内 RAM 地址 20H |
| DWORD | 允许访问 8051 片内 RAM 中的字 | rval = DBYTE[0x0004]；//读出片内 RAM 地址 08H 单元中的字<br>DBYTE[0x0003] = 15；//常数 15 写入片内 RAM 地址 06H |
| PBYTE | 允许访问 8051 片外 RAM 中的字节 | rval = PBYTE[0x0020]；<br>PBYTE[0x0020] = 5；<br>　　//从片外 RAM 相对地址 20H 单元读/写字节 |
| PWORD | 允许访问 8051 片外 RAM 中的字 | rval = PBYTE[0x0003]；<br>PBYTE[0x0003] = 5；<br>　　//从片外 RAM 相对地址 06H 单元读/写字 |
| XBYTE | 允许访问 8051 片内 RAM 中的字节 | rval = DBYTE[0x0030]；//读出片外 RAM 页面地址 30H 单元中的字节<br>DBYTE[0x0020] = 5；//常数 5 写入片外 RAM 页面地址 20H |
| XWORD | 允许访问 8051 片内 RAM 中的字 | rval = DBYTE[0x0004]；//读出片外 RAM 地址 08H 单元中的字<br>DBYTE[0x0003] = 15；//常数 15 写入片外 RAM 地址 06H |

**3）assert. h 创建测试条件文件**  assert. h 文件中包含的 assert 宏允许用户在自己的程序中创建测试条件。

**4）ctype. h 字符转换的分类程序文件**  ctype. h 头文件中包含 ASCII 码字符分类函数，以及字符转换函数的定义和原型。在使用字符函数时，要用#include ＜ ctype. h ＞指令将

ctype. h 头文件包含到源程序文件中。

| 函 数 原 型 | 功 能 说 明 | 返 回 值 |
|---|---|---|
| bit isalnum（char ch） | 检查 ch 是否为 0～9、字母 a～z 或 A～Z | 是，返回 1；否则返回 0 |
| bit isalpha（char ch） | 检查 ch 是否为字母 a～z 或 A～Z | 是，返回 1；否则返回 0 |
| bit iscntrl（char ch） | 检查 ch 是否为控制字符（ASCII 码在 0～0x1F 之间） | 是，返回 1；否则返回 0 |
| bit isdigit（char ch） | 检查 ch 是否为数字 0～9 | 是，返回 1；否则返回 0 |
| bit isgraph（char ch） | 检查 ch 是否为可打印字符，不包括空格 | 是，返回 1；否则返回 0 |
| bitislower（char ch） | 检查 ch 是否为小写字母 a～z | 是，返回 1；否则返回 0 |
| bit isprint（char ch） | 检查 ch 是否为可打印字符，包括空格 | 是，返回 1；否则返回 0 |
| bit ispunct（char ch） | 检查 ch 是否为标点符号 | 是，返回 1；否则返回 0 |
| bit isspace（char ch） | 检查 ch 是否为空格、跳格符或换行符 | 是，返回 1；否则返回 0 |
| bit isupper（char ch） | 检查 ch 是否为大写字母 A～Z | 是，返回 1；否则返回 0 |
| bit isxdigit（char ch） | 检查 ch 是否为十六进制数字 | 是，返回 1；否则返回 0 |
| bittoascii（char ch） | 将字符转换成 7 位 ASCII 码 | 返回与 ch 相对应的 ASCII 码 |
| bit toint（char ch） | 将十六进制数转换成十进制数 | 返回与 ch 相对应的十进制数 |
| char tolower（char ch） | 测试字符并将大写字母转换成小写字母 | 返回与 ch 相对应的小写字母 |
| char_tolower（char ch） | 无条件将字符转换成小写字母 | 返回与 ch 相对应的小写字母 |
| char toupper（char ch） | 测试字符并将小写字母转换成大写字母 | 返回与 ch 相对应的大写字母 |
| char_toupper（char ch） | 无条件将字符转换成大写字母 | 返回与 ch 相对应的大写字母 |

**5）intins. h 内部函数头文件**　intrins. h 属于 C51 编译器内部库函数，编译时直接将固定的代码插入当前行，而不是用 ACALL 或 LCALL 指令来实现，这样大大提高了函数访问的效率。在使用内部函数时，要用#include < intins. h > 指令将 intrins. h 头文件包含到源程序文件中。

| 函 数 原 型 | 功 能 说 明 |
|---|---|
| unsigned char_chkfloat_( float val） | 检查浮点数 val 的状态 |
| unsigned char_crol_( unsigned char val, unsigned char n） | 字符 val 循环左移 n 位 |
| unsigned char_cror_( unsigned char val, unsigned char n） | 字符 val 循环右移 n 位 |
| unsigned int_irol_( unsigned int val, unsigned char n） | 无符号整数 val 循环左移 n 位 |
| unsigned int_iror_( unsigned int val, unsigned char n） | 无符号整数 val 循环右移 n 位 |
| unsigned long_lrol_( unsigned long val, unsigned char n） | 无符号长整数 val 循环左移 n 位 |
| unsigned long_lror_( unsigned long val, unsigned char n） | 无符号长整数 val 循环右移 n 位 |
| void_nop_( void） | 在程序中插入 NOP 指令，可用做 C 程序的时间比较 |
| bit_testbit_( bit x） | 在程序中查入 JBC 指令 |

**6）math. h 数学运算头文件**　math. h 头文件包含所有浮点数运算和其他的算术运算。在使用数学运算函数时，要用#include < math. h > 指令将 math. h 头文件包含到源程序文件中。

| 函 数 原 型 | 功 能 说 明 |
|---|---|
| int abs（int val） | 计算无符号整数 val 的绝对值 |
| double acos（double val） | 计算参数 val 的反余弦值 |
| double asin（double val） | 计算参数 val 的反正弦值 |
| double atan（double val） | 计算参数 val 的反正切值 |
| double atan2（double val1，double val2） | 计算参数 val1/val2 的反正切值 |
| double cabs（struct complex val） | 计算复数 val 的绝对值 |
| doubleceil（double val） | 返回不小于参数 val 的最小整数值，结果以 double 形态返回 |
| double cos（double val） | 计算参数 val 的余弦值 |
| double cosh（double val） | 计算参数 val 的双曲线余弦值 |
| double exp（double x） | 计算以 e 为底的 x 次方值，即 $e^x$ |
| double fabs（double val） | 计算浮点数 val 的绝对值 |
| double floor（double val） | 返回小于参数 val 的最小整数值，结果以 double 形态返回 |
| double fmod（double x，double y） | 计算浮点数 x/y 的余数 |
| double frexp（double x，int * exp） | 将参数 x 的浮点型切割成底数和指数。底数部分直接返回，指数部分则借参数 exp 指针返回，将返回值乘以 $2^{exp}$ 即为 x 的值 |
| void fprestore（struct FPBUF * p） | 将浮点子程序的状态恢复为原始状态 |
| void fpsave（struct FPBUF * p） | 保存浮点子程序的状态 |
| long labs（long val） | 计算长整数 val 的绝对值 |
| double ldexp（double x） | 计算参数 x 乘上 $2^{exp}$ 的值 |
| double log（double x） | 计算以 e 为底的 x 对数值 |
| double log10（double x） | 计算以 10 为底的 x 对数值 |
| double modf（double val，double * iptr） | 将参数 val 的浮点型分割成整数部分和小数部分 |
| double pow（double x，double y） | 计算以 x 为底的 y 次方值，即 $x^y$ |
| double sin（double val） | 计算参数 val 的正弦值 |
| double sin（double val） | 计算参数 val 的正弦值 |
| double sinh（double val） | 计算参数 val 的双曲线正弦值 |
| double sqrt（double val） | 计算参数 val 的平方根 |
| double tan（double val） | 计算参数 val 的正切值 |
| double tanh（double val） | 计算参数 val 的双曲线正切值 |

**7）setjmp. h 全跳转头文件**　setjmp. h 头文件用于定义 setjmp 和 longjmp 程序的 jmp_buf 类型，其函数可实现不同程序之间的跳转，它允许从深层函数调用中直接返回。在使用跳转函数时，要用#include ＜ setjmp. h ＞指令将 setjmp. h 头文件包含到源程序文件中。

| 函 数 原 型 | 功 能 说 明 |
|---|---|
| int setjmp( jmp_buf env) | setjmp 将状态信息存入 env 供函数 longjmp 使用。当直接调用 setjmp 时，返回值为 0；当由 long jmp 调用时，返回非零值。setjmp 只能在语句 IF 或 SWITCH 中调用一次 |
| long jmp( jmp_buf env，int val) | longjmp 将堆栈恢复成调用 setjmp 时存在 env 中的状态 |

**8）stdarg. h 变量参数表头文件**　stdrag. h 头文件包括访问具有可变参数列表函数的参数

的宏定义。在使用变量参数函数时，要用#include ＜stdarg. h＞指令将 stdarg. h 头文件包含到源程序文件中。

| 宏　　名 | 功 能 说 明 |
| --- | --- |
| type va_arg( va_list pointer, type) | 读函数调用中的下一个参数，返回类型为 type 的参数 |
| va_list | 指向参数的指针 |
| va_start( va_list pointer, last_argumnet) | 开始读函数调用参数 |
| va_end( va_list pointer) | 结束读函数调用参数 |

**9）stddef. h 标准定义头文件**   stddef. h 头文件中定义了 offsetof 宏，使用该宏可得到结构成员的偏移量。

**10）stdio. h 一般 I/O 函数头文件**   stdio. h 头文件包含字符 I/O 函数，它们通过处理器的串行接口进行操作，为支持其他 I/O 机制，只需修改 getkey( ) 和 putchar( ) 函数即可，而其他所有 I/O 支持函数依赖这两个函数，不需要改动。在使用一般 I/O 函数时，要用#include ＜stdio. h＞指令将 stdio. h 头文件包含到源程序文件中。

| 函 数 原 型 | 功 能 说 明 |
| --- | --- |
| char_getkey( ) | _getkey( )从单片机串口中读入一个字符，然后等待字符输入，该函数是改变整个输入端口机制应作修改的唯一函数 |
| char getchar( void) | 该函数使用_getkey( )从串口读入字符，取了读入的字符马上传给 putchar( ) 函数以作响应外，其他功能与_getkey( )相同 |
| char * gets( char * s, int n) | 该函数通过 getchar( )控制台设备读入一个字符送入由 s 指向的数据组。考虑到 ANSI 标准的建议，限制每次调用时能读入的最大字符数，函数提供了一个字符读器 n，在所有情况下，当检测到换行符时，放弃字符输入 |
| int printf( const char * , …) | printf( )以一定格式通过单片机串口输出数值的字符串，返回值为实际输出的字符数，参量可以是指针、字符或数值，第一个参量是字符串指针 |
| putchar( char) | putcha( )通过单片机输出 char，和函数 getkey( )功能相同，putchar( )是改变整个输出机制所需修改的唯一函数 |
| int puts( const char * , …) | puts( )将字符串 s 和换行符写入控制台设备，错误时返回 EOF，否则返回一个非负数 |
| int scanf( const char * , …) | scanf( )在字符串控制下，利用 getchar 函数由控制台读入数据，每遇到一个值，就将它按顺序赋给每个参数。注意：每个参量必须为指针 |
| int sprintf( char * s, const char * , …) | sprintf( )与 printf( )类似，但输出不显示在控制台上，而是通过一个指针 s，送入可寻址的缓冲区 |
| int sscanf( const * s, const char * , …) | sscanf( )与 scanf( )方式类似，但串输入不是通过控制台，而是通过另一个以空结束的指针 |
| char ungetchar( char c) | ungetchar( )将输入字符推回输入缓冲区，因此下次 gets( )或 getchar( )可用该字符 |
| void vprintf( const char * fmstr, char * argptr) | 用指针向流输出 |
| void vsprintf( char * s, const char * fmtstr, char * argptr) | 写格式化数据到字符串 |

**11）stdlib. h 动态内存分配函数**   stdlib. h 头文件中包括类型转换和存储器分配函数的原

型和定义。在使用动态内存分配函数时，要用#include ＜stdlib.h＞指令将 stdlib.h 头文件包含到源程序文件中。

| 函 数 原 型 | 功 能 说 明 |
|---|---|
| flaoat atof( void * string) | atof( )将 string 字符串转换为浮点值 |
| int atoi( void * string) | atoi( )将 string 字符串转换为整数 |
| long atol( void * string) | atol( )将 string 字符串转换为长整数 |
| void * calloc( unsigned int num, unsigned int len) | calloc( )在存储器中动态分配内存空间的大小，num 指定元素的数目，len 指定每个元素的大小，两个参数的乘积即为内存空间的大小 |
| void free( void xdata * p) | 释放 calloc( )、malloc( )或 realloc( )定位的存储块 |
| void init_mempool( void * data * p, unsigned int size) | init_mempool( )用于动态分配内存空间并初始化。只有在初始化后，才能使用 malloc( )、malloc( )、free( )等函数，否则程序会出错 |
| void * malloc( unsigned int size) | malloc( )在存储器中动态分配内存空间的大小 size |
| int rand( void) | rand( )用于产生一个 0～32767 之间的伪随机数 |
| void * realloc( void xdata * p, unsigned int size) | realloc( )先释放 p 所指内存区域，并按照 size 指定的大小重新分配空间，同时将原有数据从头到尾复制到新分配的内存区域，并返回该内存区域的首地址 |
| void srand( int seed) | srand( )用于将随机数发生器初始化成一个已知值，对 rand( )的相继调用，将产生相同序列的随机数 |
| double strtod( char * string, char ** endptr) | strtod( )将字符串 string 转换成双精度浮点数。string 必须是双精度数的字符表示格式，如果字符串有非法的非数字字符，则 endptr 将负责获取该非法字符 |
| long strol( char * string, char ** endptr, unsigned char base) | strol( )会将字符串 string 根据 base（base 表示进制方式，范围为 0 或 2～36）来转换成长整数 |
| unsigned long stroul( char * string, char ** endptr, unsigned char base) | stroul( )会将字符串 string 根据 base（base 表示进制方式，范围为 0 或 2～36）来转换成无符号的长整数 |

**12) string.h 缓冲处理函数**　　string.h 头文件中包含字符串的缓冲区操作的原型。在使用缓冲处理函数时，要用#include ＜string.h＞指令将 string.h 头文件包含到源程序文件中。

| 函 数 原 型 | 功 能 说 明 |
|---|---|
| void * memccpy( void * dest, void * src, char c, int len) | 复制 src 中 len 个字符到 dest 中，如果实际复制了 len 个字符返回 NULL。若复制完字符 val 后就停止，此时返回指向 dest 中下一个元素的指针 |
| void * memchr( void * buf, char c, int len) | 顺序查找 buf 中的 len 个字符找出字符 c，找到则返回 buf 中指向 c 的指针，没找到时返回 NULL |
| char memcmp( void * buf1, void * buf2, int len) | 逐个比较字符串 buf1 和 buf2 的前 len 个字符，相等则返回 0；如果字符串 buf1 大于或小于 buf2，则相应返回一个正数或负数 |
| void * memcpy( void * dest, void * src, int len) | 由 src 所指内存中复制 len 个字符到 dest 中，返回指向 dest 中的最后一个字符指针。如果 src 和 dest 发生交迭，则结果是不可预测的 |
| void * memmove( void * dest, void * src, int len) | memmove( )工作方式与 mencpy( )相同，但复制可以交迭 |
| void * memset( void * buf, char c, int len) | memset( )将 c 值填充指针 buf 中 len 个单元 |

| 函 数 原 型 | 功 能 说 明 |
|---|---|
| char * strcat( char * dest , char * src ) | 将字符串 src 复制到字符串 dest 尾端。它假定 dest 定义的地址区足以接受两个字符串。返回指针指向 src 字符串的第一字符 |
| char * strchr( const char * string , char c ) | 查找字符串 string1 中第一个出现的 c 字符，如果找到，返回首次出现指向该字符的指针 |
| char strcmp( char * string1 , char * string2 ) | 比较字符串 string1 和 string2，如果相等则返回 0 |
| char * strcpy( char * dest , char * src ) | 将字符串 src 包括结束符复制到 dest 中，返回指向 dest 的第一个字符的指针 |
| int strcspn( char * src , char * set ) | 查找 src 字符串中第一个不包含在 set 中的字符，返回值是 src 中包含在 set 里字符的个数。如果 src 中所有字符都包含在 set 里，则返回 src 的长度（包括结束符）。如果 src 是空字符串，则返回 0 |
| int strlen( char * src ) | 返回 src 字符串中字符的个数（包括结束字符） |
| char * strncat( char dest , char * src , int len ) | 复制字符串 src 中 len 个字符到字符串 dest 的结尾。如果 src 的长度小于 len，则只复制 src |
| char strncmp( char * string1 , char * string2 , int len ) | 比较字符串 string1 和 string2 中前 len 个字符，如果相等则返回 0 |
| char strncpy( char * dest , char * src , int len ) | strncpy( )与 strcpy( )相似，但它只复制 len 个字符。如果 str 长度小于 len，则 string1 字符串以 "0" 补齐到长度 len |
| char * strpbrk( cahr * string , char * set ) | strbrk( )与 strspn( )相似，但它返回指向查找到字符的指针，而不是个数。如果没找到，则返回 NULL |
| int strrpos( const char * string , char c ) | 查找 string 字符串中最后一个出现的 c 字符，如果找到，返回该字符在 string 字符串中的位置 |
| char * strrchr( const char * string , char c ) | 查找 string 字符串中最后一个出现的 c 字符，如果找到，返回指向该字符的指针，否则返回 NULL。对 string 查找也返回指向字符的指针而不是空指针 |
| char * strrpbrk( char * string , char * set ) | strrpbrk( )与 strpbrk( )相似，但它返回 string 中指向找到 set 字符串中最后一个字符的指针 |
| int strrpos( const char * string , char c ) | strrpos( )与 strrchr( )相似，但它返回字符在 string 字符串中的位置 |
| int strspn( char * string , char * set ) | strspn( )是查找 string 字符串中第一个包含在 set 中的字符，返回值是 string 中包含在 set 里字符的个数。如果 string 中所有字符都包含在 set 里，则返回 string 的长度（包括结束符）。如果 string 是字符串，则返回 0 |

# 参 考 文 献

［1］侯玉宝，陈忠平，李成群等．基于 Proteus 的 51 系列单片机设计与仿真．北京：电子工业出版社，2008.

［2］陈忠平．基于 Proteus 的 AVR 单片机 C 语言程序设计与仿真．北京：电子工业出版社，2011.

［3］陈忠平，曹巧媛等．单片机原理及接口（第 2 版）．北京：清华大学出版社，2011.

［4］徐刚强，陈忠平等．单片机原理及接口（第 2 版）应用指导．北京：清华大学出版社，2011.

［5］刘同法，陈忠平等．单片机外围接口电路与工程实践．北京：北京航空航天大学出版社，2009.

［6］陈忠平，曹巧媛等．单片机原理及接口．北京：清华大学出版社，2007.

［7］刘同法，陈忠平等．单片机基础与最小系统实践．北京：北京航空航天大学出版社，2007.

［8］李刚民，曹巧媛．曹琳琳，陈忠平．单片机原理及实用技术．北京：高等教育出版社，2005.

［9］http：//www. sunman. com. cn.

［10］http：//www. stcmcu. com.

［11］http：//www. 51c51. com

# 《51 单片机 C 语言程序设计经典实例（第 2 版)》
## 读者调查表

尊敬的读者：

欢迎您参加读者调查活动，对我们的图书提出真诚的意见，您的建议将是我们创造精品的动力源泉。为方便大家，我们提供了两种填写调查表的方式：

1. 您可以登录 http：//yydz.phei.com.cn，进入"读者调查表"栏目，下载并填好本调查表后反馈给我们。

2. 您可以填写下表后寄给我们（北京海淀区万寿路 173 信箱电子信息出版分社　邮编：100036）。

姓名：_____　　性别：□ 男　□ 女　　年龄：_____　　职业：_____
电话：_____　　移动电话：_____
传真：_____　　E-mail：_____
邮编：_____　　通信地址：_____

1. 影响您购买本书的因素（可多选）：
□封面、封底　　□价格　　□内容简介　　□前言和目录　　□正文内容
□出版物名声　　□作者名声　　□书评广告　　□其他_____

2. 您对本书的满意度：

| | | | | | |
|---|---|---|---|---|---|
| 从技术角度 | □很满意 | □比较满意 | □一般 | □较不满意 | □不满意 |
| 从文字角度 | □很满意 | □比较满意 | □一般 | □较不满意 | □不满意 |
| 从版式角度 | □很满意 | □比较满意 | □一般 | □较不满意 | □不满意 |
| 从封面角度 | □很满意 | □比较满意 | □一般 | □较不满意 | □不满意 |

3. 您最喜欢书中的哪篇（或章、节)？请说明理由。
_____
_____

4. 您最不喜欢书中的哪篇（或章、节)？请说明理由。
_____
_____

5. 您希望本书在哪些方面进行改进？
_____
_____

6. 您感兴趣或希望增加的图书选题有：
_____
_____

邮寄地址：北京市万寿路 173 信箱电子信息出版分社　张剑　收　邮编：100036
电　话：（010）88254450　　E-mail：zhang@ phei.com.cn